“十二五”普通高等教育本

本教材第五版曾获首届全国
全国优秀教材二等奖

线性代数与空间解析几何

第六版

黄廷祝 主编

高等教育出版社·北京

内容提要

本书是为适应新时代本科教育高质量发展要求，适应新工科创新人才培养而编写的创新性线性代数与空间解析几何教材，是国内第一部在本科数学基础课程中充分反映新工科特色和科教融合特色的教材，为大学一年级新生搭建起连接数学基础课程与前沿信息科技的桥梁，有利于激发学生学习与探索未知的兴趣。

本书主要内容包括矩阵及其初等变换、行列式、几何空间、n 维向量空间、特征值与特征向量、二次型与二次曲面、线性空间与线性变换等，共七章。前六章内容自成体系，完全满足教育部高等学校大学数学课程教学指导委员会制定的工科类本科线性代数与空间解析几何课程教学基本要求；第七章线性空间与线性变换供教学要求较高的学校或专业选用。

本书具有三方面的特色：(1) 对线性代数与空间解析几何的传统内容进行了全新处理。将矩阵的初等变换作为贯穿全书的计算和重要的理论推导工具，注重不同知识点与重要概念、重要理论之间的本质联系，将 n 维向量空间概念和抽象线性空间概念的建立从特殊到一般进行铺垫，在理论体系的处理上科学简洁、深入浅出、易教易学、可读性强；(2) 除了传统的应用实例，还精心设计了一批与课程内容紧密贴合，反映人工智能、大数据技术等新工科前沿科技的内容（如图像处理、电影推荐、搜索引擎、卫星定位等），这些内容有机融入教材正文或教学资源当中；(3) 本书设计为新形态教材，除了纸质内容，还配有丰富的数字教学资源。

本书可作为工科和其他非数学类专业线性代数与空间解析几何课程的教材或教学参考书。

图书在版编目（CIP）数据

线性代数与空间解析几何/黄廷祝主编．--6版．--北京：高等教育出版社，2022.2
ISBN 978-7-04-057237-7

Ⅰ．①线… Ⅱ．①黄… Ⅲ．①线性代数-高等学校-教材②立体几何-解析几何-高等学校-教材 Ⅳ．①O151.2②O182.2

中国版本图书馆 CIP 数据核字(2021)第 217895 号

Xianxing Daishu yu Kongjian Jiexi Jihe(Di-liu Ban)

策划编辑　兰莹莹　　责任编辑　杨　帆　　封面设计　贺雅馨　　版式设计　马　云
插图绘制　邓　超　　责任校对　窦丽娜　　责任印制　刁　毅

出版发行	高等教育出版社	网　址	http://www.hep.edu.cn
社　址	北京市西城区德外大街 4 号		http://www.hep.com.cn
邮政编码	100120	网上订购	http://www.hepmall.com.cn
印　刷	肥城新华印刷有限公司		http://www.hepmall.com
开　本	787mm×1092mm　1/16		http://www.hepmall.cn
印　张	18	版　次	2000 年 8 月第 1 版
字　数	390 千字		2022 年 2 月第 6 版
购书热线	010－58581118	印　次	2022 年 2 月第 1 次印刷
咨询电话	400－810－0598	定　价	38.80 元

物 料 号　57237-00

线性代数与空间解析几何

第六版

黄廷祝　主编

1 计算机访问https://abook.hep.com.cn/1260275，或手机扫描二维码、下载并安装Abook应用。

2 注册并登录，进入“我的课程”。

3 输入封底数字课程账号（20位密码，刮开涂层可见），或通过Abook应用扫描封底数字课程账号二维码，完成课程绑定。

4 单击“进入课程”按钮，开始本数字课程的学习。

课程绑定后一年为数字课程使用有效期。受硬件限制，部分内容无法在手机端显示，请按提示通过计算机访问学习。

如有使用问题，请发邮件至abook@hep.com.cn。

https://abook.hep.com.cn/1260275

preface

第六版前言

本教材第一版(2000 年)、第二版(普通高等教育"十五"国家级规划教材,2003 年)、第三版(普通高等教育"十一五"国家级规划教材,2008 年)、第四版("十二五"普通高等教育本科国家级规划教材,2015 年)和第五版("十二五"普通高等教育本科国家级规划教材,2018 年)都被全国高校广泛地选为教材,受到普遍好评。本教材第五版曾获首届全国教材建设奖全国优秀教材二等奖。

在新工科背景下,人工智能、数据科学、5G 通信和区块链等前沿科技领域数学问题的不断涌现,线性代数与空间解析几何的基础地位及发挥的关键性基础作用更加凸显。线性代数与空间解析几何基本的思想、概念、理论和方法不仅本身极具魅力,在新工科背景下还不断得到新的阐释和应用,成为人工智能、大数据技术等新工科前沿科技的基础。然而,目前还没有适应新工科创新人才培养需要、反映新工科特色的线性代数与空间解析几何教材。为此,本教材主编发挥其科研团队长期从事数学与信息科学交叉领域科学研究的优势,带领科研团队骨干在保持原有教材的内容体系创新与优势的基础上,精心设计了一批与课程内容紧密贴合、反映人工智能与大数据技术等新工科前沿科技的内容并有机融入教材。这些内容涉及图像处理、电影推荐、搜索引擎、卫星定位等,通过将其融入每章引例、正文内容、例题、习题、应用案例的方式实现"开窗口""重实践"。部分内容还设计为数字教学资源,包含应用案例的背景、建模过程、数学问题描述以及求解问题的算法和代码,让有兴趣进一步尝试研究的学生一步就可以接触到前沿科技领域实际问题,并可通过挑战性自主学习进行研究。

本教材是纸质教材与数字资源一体化设计的新形态教材。数字资源包括前沿视角、概念解析、典型例题精讲、自测题、部分习题参考答案、前沿应用案例等;配套出版的数字课程为师生开展在线教学、混合式教学提供便利。

概括起来,本书具有三方面的特色:(1) 对线性代数与空间解析几何的传统内容进行了全新处理,在内容体系上具有显著的创新性。将矩阵的初等变换作为贯穿全书的计算和重要的理论推导工具;注重不同知识点与重要概念、重要理论之间的本质联系;

将 n 维向量空间概念和抽象线性空间概念的建立从特殊到一般进行铺垫;在理论体系的处理上科学简洁、深入浅出、易教易学、可读性强。(2) 除了传统的应用实例,还精心设计了一批与课程内容紧密贴合,反映人工智能、大数据技术等新工科前沿科技的内容(如图像处理、电影推荐、搜索引擎、卫星定位等),这些内容有机融入教材正文或教学资源当中。(3) 本书设计为新形态教材,除了纸质内容,还配有丰富的数字教学资源。本版的数字教学资源为重新建设的全新资源。

本教材由黄廷祝教授主编,编者为黄廷祝教授、成孝予教授、李良副教授、黄捷副教授和赵熙乐教授。

本教材的编写得到高等学校大学数学教学研究与发展中心 2020 年重点项目和电子科技大学教材建设项目的资助。作者特别感谢教育部高等学校大学数学课程教学指导委员会主任委员徐宗本院士长期以来给予的指导和支持,特别感谢高等教育出版社林金安副总编辑和理科事业部领导建议和鼓励作者编写此创新性新工科教材并给予了极大的支持。借此机会,对全国高校的同行们长期以来的关心、支持致以诚挚谢意。

编　者

2021 年 6 月于成都

preface

第五版前言

本书自高等教育出版社出版第一版(2000 年)、第二版(普通高等教育“十五”国家级规划教材,2003 年)、第三版(普通高等教育“十一五”国家级规划教材,2008 年)和第四版(“十二五”普通高等教育本科国家级规划教材,2015 年)以来,被全国高校较广泛地采用为教材。

随着信息技术在教学中的广泛应用,国际国内都在大力推动信息技术与教育教学的深度融合,更加重视教学方法改革,更加重视学生自主学习和终身学习能力的培养。随着国家精品资源共享课和在线开放课程的建设与推广,本次修订为适应学生学习方式改变的新趋势,以“纸质教材+数字课程”的方式对教材的内容和形式进行了整体设计。纸质教材与丰富的数字教学资源一体化设计,以新颖的版式设计和内容编排,方便学生使用。数字课程对纸质内容起到巩固、补充和拓展的作用。

数字教学资源以知识点为基础,设置了重点难点、重难点分析微视频、典型题讲解微视频、知识点注释、自测题、习题答案、应用案例等。与正文相关知识点对应的数字教学资源用 标出。

数字教学资源建设或配备由黄廷祝、何军华、王转德、房秀芬、蒲和平、李厚彪、荆燕飞和于佳丽等老师完成。

向付出辛勤劳动的高等教育出版社数学分社的编辑老师表示衷心感谢。

另外,“爱课程”网有与本书完全配套和同名的中国大学 MOOC 课程、国家级精品资源共享课,还为学生配备了开拓视野的国家级精品视频公开课“线性代数与信息科技”,为师生的教与学带来方便,欢迎师生使用。

编　者

2017 年 8 月于成都

preface

第四版前言

本书自高等教育出版社出版第一版(2000 年)、第二版(普通高等教育“十五”国家级规划教材,2003 年)和第三版(普通高等教育“十一五”国家级规划教材,2008 年)以来,被全国高校较广泛地选为教材。我们根据几年来的教学实践与体会和高等教育出版社的宝贵建议,进行了如下修订:

1. 对少量内容在处理上进行了优化和适度补充;

2. 把原写在第七章的关于 $\mathbf{R}^n$ 的基变换与坐标变换内容调至第四章的“$\mathbf{R}^n$ 的基、维数与坐标”当中;

3. 对少量例题和习题进行了增删;

4. 增加了与本书配套的数字课程资源。

另外,在“爱课程”网有与本教材完全配套和同名的国家级精品资源共享课,欢迎师生使用。课程相关资源为师生的教与学带来了方便。

借本书再版的机会,向给予我们工作关心和支持的教育部大学数学课程教学指导委员会、高等教育出版社数学分社和全国高校的同行们致以诚挚谢意。

编　者

2015 年 2 月于成都

preface

第三版前言

本书自高等教育出版社出版第一版(2000年)和第二版(普通高等教育"十五"国家级规划教材,2003年)以来,被全国多所高校采用为教材。经过几年来的教学实践并广泛征求同行们的宝贵建议,根据我们的教学体会和对教材的细致再研究,在保持原来的框架和风格的基础上,此次修订有如下几个方面:

1. 除了对个别地方进行了勘误外,对部分内容进行了增删、优化。

2. 较大幅度增加了习题、复习题和例题,其中不少为近些年来出现的新题型。

3. 在每章复习题后新增了进一步的"思考题",有利于加深读者对重要概念的理解和数学思维的培养。

4. 对于第二版中作为最后一章的应用实例,现经修订,拆分到每章的正文中,更有利于将数学建模思想融入课程教学与学习中。

借本书再版的机会,向对于我们工作给予关心、支持的教育部高等学校非数学类专业数学基础课程教学指导分委员会和高等教育出版社数学分社致以诚挚的谢意。

编　者

2007年9月于成都

preface

第二版前言

本书自2000年出版以来，我们采用它作为教材已经历了三年的教学实践。根据我们在教学过程中的体会和使用本教材的同行们所提出的宝贵意见，此次所做的调整和修改主要有以下几个方面：

一、考虑到国内部分高校已将“数学实验”列为一门单独的课程开设，故在此次修改时，原书中关于“数学实验”的内容没有再编入本书。

二、为便于教学实施和读者阅读，将原书中关于应用的内容集中在第八章，同时增加了一些应用实例，以便读者在学习本门课程之后，对本课程理论与方法的应用有初步的了解，并增强应用意识，提高应用能力。

三、对几何空间中“内积”的定义方式进行了调整，以使其与“外积”的定义方式协调一致。

四、在“线性空间与线性变换”一章中增加了“欧氏空间”一节，以期使读者对抽象的“空间”概念有更全面的了解。

此外，在例题和习题的选配上，也做了一些修改和调整。

借本书再版的机会，向对本书给予了大力支持和关心的清华大学谭泽光教授，北京理工大学史荣昌教授，电子科技大学李正良教授、谢云荪教授、钟守铭教授，成都信息工程学院张志让教授，以及对本书提出宝贵意见的同行们表示衷心的感谢，并对高等教育出版社理工分社对本书的关心和扶持致以诚挚谢意。

编　者

2003年1月

preface

第一版前言

电子科技大学是国家工科数学课程教学基地建设单位，根据基地建设规划的要求，已出版了多部教材，《线性代数与空间解析几何》是其中的一本。本书是在该教材的基础上，根据21世纪科技人才素质的要求，吸取国内外改革教材的长处修改而成的，具有以下特点：

一、重视代数与几何的结合

本书将线性代数与空间解析几何的内容结合在一起，用代数方法解决几何问题，为代数理论提供几何背景。在讲几何空间向量的运算规则时，有意识地将它们按线性空间的八条公理形式表述，为线性空间的定义奠定几何基础。在介绍 n 维向量的线性相关性定义与性质时，特意介绍三维空间中的几何背景。在特征值与特征向量概念之后介绍相应的几何意义。用正交变换的方法处理二次曲面方程化简的问题。对线性空间的概念及基变换与坐标变换的问题都从几何意义上作出了相应的解释。对代数与几何的有机结合进行了大胆而有益的尝试。

二、将初等变换作为贯穿全书的计算工具

线性代数中解线性方程组、求矩阵的秩与逆、确定向量组的最大无关组与秩、矩阵的特征值与特征向量的计算、行列式的性质（保值初等变换）等，都与矩阵的初等变换有着密切关系，因此本书将初等变换作为贯穿全书的一个基本计算工具。在第一章就尽早引出矩阵的行初等变换，利用行初等变换将矩阵化为行阶梯形矩阵与行简化阶梯形矩阵，然后研究初等变换的有关性质，使学生在计算过程中尽可能地使用初等变换。使用同一种计算手段解决不同类型的问题，更有利于计算过程与计算格式的程序化。在理论推导中多次使用矩阵的初等变换使推导过程更容易理解，同时使理论推导与计算方法的介绍更加紧密且自然地结合在一起。

三、精选应用实例，安排数学实验

工科学生在学习数学课程之后应该了解数学的应用，学会用数学思维与方法分析和解决实际问题。本书对重要概念都尽可能地介绍应用背景，重要结果都尽可能地举出应用实例。应用范围涉及经济、社会、生物、医学等学科领域，许多典型应用与数学建模结合起来。在某些应用性较强的章节后除编写了应用实例外，还安排了数学实验，培养学生建立数学模型和利用数学软件解决实际问题的意识与能力。

四、结构合理，可读性强，便于教学

本书既考虑到教学改革的发展与需要，又充分考虑到教学的实际情况与可能，将传统与现代，理论与应用进行了较好的结合。

本书在克拉默法则、矩阵可逆的等价条件、矩阵乘积的行列式等的证明中，采用了简便的处理方法。注意强调重要理论的内在联系，多次使用一系列等价命题的方式给出重要定理。将线性空间作为代数系统$(V,P,+,\cdot)$来定义。将几何空间，n 维向量空间到线性空间的概念从特殊到一般作了较好的铺垫。

本书的编者是黄廷祝与成孝予。谢云荪教授对全书的内容体系与章节结构提出了十分宝贵的意见，对本书进行了全面的修改，并提供了部分应用实例与数学实验题目。本书由李正良教授、张志让教授、钟守铭教授主审，他们认真地审阅了全书，并提出了重要的修改意见。谨向他们表示衷心的感谢。刘金水副教授仔细地校阅了全书，电子科技大学应用数学系的教师们也对本书提出了许多修改意见，在此一并致谢。

编写具有改革新意的线性代数与空间解析几何教材，缺乏经验，限于水平，疏漏之处，恳请同行专家及读者提出宝贵的意见。

编　者

2000 年 1 月

contents

目　录

第一章　矩阵及其初等变换

在自然科学和工程技术中有大量的问题与矩阵这一数学概念有关，并且这些问题的研究常常反映为对矩阵的研究.甚至有些表面上完全没有联系的、性质完全不同的问题，归结成矩阵问题以后却是相同的.这就使矩阵成为数学中一个极其重要的、应用广泛的工具，因而也就成为代数、特别是线性代数的一个主要研究对象，尤其是随着计算机的广泛应用，矩阵知识已成为现代科技人员必备的数学基础.

本章主要介绍矩阵的运算、解线性方程组的高斯消元法与矩阵的初等变换、逆矩阵和分块矩阵.

§1.0　引例

大数据时代，形式千变万化的数据（文本、图像和视频等）爆发式增长.如何简洁且统一地表示形式千变万化的数据是数据科学的基础问题之一.例如，在图 1.1 中，如何用数学语言表示灰度图像？本章将要学习的矩阵概念可以帮助我们表示这个纷繁复杂的世界.

前沿视角
矩阵与矩阵运算

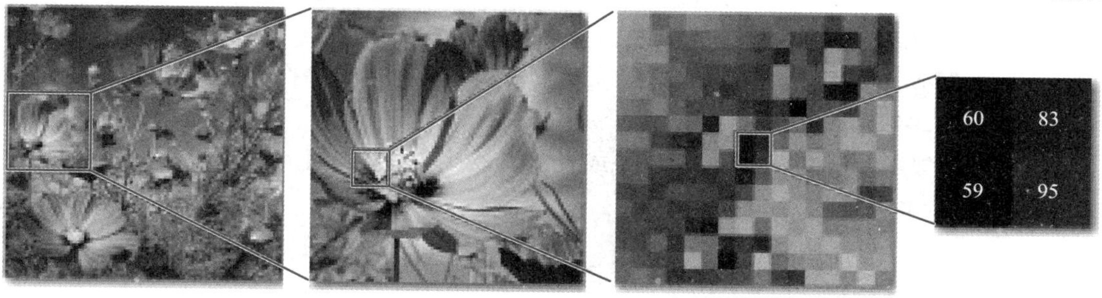

图 1.1

§1.1 矩阵及其运算

一、矩阵的概念

在物资调运中,某类物资有 3 个产地、5 个销地,它的调运方案可在表 1.1 中反映.

表 1.1 物资调运方案 单位:t

调运数		销地				
		Ⅰ	Ⅱ	Ⅲ	Ⅳ	Ⅴ
产地	Ⅰ	0	3	4	7	5
	Ⅱ	8	2	3	0	2
	Ⅲ	5	4	0	6	6

如果我们用 $a_{ij}(i=1,2,3;j=1,2,3,4,5)$ 表示从第 i 个产地运往第 j 个销地的运量(如 $a_{12}=3,a_{24}=0,a_{35}=6$),这样就能把调运方案表简写成一个 3 行 5 列的数表

$$\begin{pmatrix} 0 & 3 & 4 & 7 & 5 \\ 8 & 2 & 3 & 0 & 2 \\ 5 & 4 & 0 & 6 & 6 \end{pmatrix}.$$

用这种数表来表达某种状态或数量关系,在自然科学、技术科学以及实际生活中都是常见的.这种数表我们称为**矩阵**.

定义 1 由 $m\times n$ 个数排成的 m 行 n 列数表

$$\begin{pmatrix} a_{11} & a_{12} & \cdots & a_{1n} \\ a_{21} & a_{22} & \cdots & a_{2n} \\ \vdots & \vdots & & \vdots \\ a_{m1} & a_{m2} & \cdots & a_{mn} \end{pmatrix}$$

称为一个 m 行 n 列矩阵,简称为 $m\times n$ 矩阵,其中 a_{ij} 表示第 i 行第 j 列处的元(或称元素),i 称为 a_{ij} 的行指标,j 称为 a_{ij} 的列指标.

元是实数的矩阵称为实矩阵,元是复数的矩阵称为复矩阵.本书中的矩阵除特别说明外,都指实矩阵.

通常用大写黑体字母 $\boldsymbol{A},\boldsymbol{B},\cdots$ 或者 $(a_{ij}),(b_{ij}),\cdots$ 表示矩阵.若需指明矩阵的行数和列数,常写为 $\boldsymbol{A}_{m\times n}$ 或 $\boldsymbol{A}=(a_{ij})_{m\times n}$.

例如,$\boldsymbol{A}=\begin{pmatrix} 0 & -1 & 2 \\ 1 & 2 & 3 \end{pmatrix}$ 为一个 2×3 矩阵.

n 元线性方程组

$$\begin{cases} a_{11}x_1+a_{12}x_2+\cdots+a_{1n}x_n=b_1, \\ a_{21}x_1+a_{22}x_2+\cdots+a_{2n}x_n=b_2, \\ \cdots\cdots\cdots\cdots \\ a_{m1}x_1+a_{m2}x_2+\cdots+a_{mn}x_n=b_m \end{cases}$$

的系数可以组成一个 m 行 n 列矩阵

$$\boldsymbol{A}=\begin{pmatrix} a_{11} & a_{12} & \cdots & a_{1n} \\ a_{21} & a_{22} & \cdots & a_{2n} \\ \vdots & \vdots & & \vdots \\ a_{m1} & a_{m2} & \cdots & a_{mn} \end{pmatrix},$$

称为方程组的**系数矩阵**;而系数及常数项可以组成一个 m 行$n+1$列矩阵

$$\overline{\boldsymbol{A}}=\begin{pmatrix} a_{11} & a_{12} & \cdots & a_{1n} & b_1 \\ a_{21} & a_{22} & \cdots & a_{2n} & b_2 \\ \vdots & \vdots & & \vdots & \vdots \\ a_{m1} & a_{m2} & \cdots & a_{mn} & b_m \end{pmatrix},$$

称为方程组的**增广矩阵**.我们将利用矩阵这一工具来研究线性方程组.

元全为零的矩阵称为**零矩阵**,记作 $\boldsymbol{O}_{m\times n}$ 或 $\boldsymbol{O}$.如

$$\boldsymbol{O}_{2\times 2}=\begin{pmatrix} 0 & 0 \\ 0 & 0 \end{pmatrix}, \quad \boldsymbol{O}_{2\times 3}=\begin{pmatrix} 0 & 0 & 0 \\ 0 & 0 & 0 \end{pmatrix}.$$

当 $m=n$ 时,称 $\boldsymbol{A}$ 为 n **阶矩阵**(或 n **阶方阵**).

只有 1 行($1\times n$)或 1 列($m\times 1$)的矩阵

$$(a_{11},a_{12},\cdots,a_{1n}), \begin{pmatrix} a_{11} \\ a_{21} \\ \vdots \\ a_{m1} \end{pmatrix}$$

分别称为**行矩阵**和**列矩阵**.

若方阵 $\boldsymbol{A}=(a_{ij})_{n\times n}$ 的元 $a_{ij}=0(i\neq j)$,则称 $\boldsymbol{A}$ 为**对角矩阵**,$a_{ii}(i=1,2,\cdots,n)$称为 $\boldsymbol{A}$ 的**对角元**,记作 $\boldsymbol{A}=\mathrm{diag}(a_{11},a_{22},\cdots,a_{nn})$.例如,

$$\boldsymbol{A}=\begin{pmatrix} -1 & 0 \\ 0 & 5 \end{pmatrix}=\mathrm{diag}(-1,5)$$

为二阶对角矩阵.

对角元全为数 1 的对角矩阵称为**单位矩阵**,n 阶单位矩阵记为 $\boldsymbol{I}_n$,在不致混淆时也记为 $\boldsymbol{I}$,即

$$I=\mathrm{diag}(1,1,\cdots,1)=\begin{pmatrix}1&&&\\&1&&\\&&\ddots&\\&&&1\end{pmatrix}.$$

形如

$$\begin{pmatrix}a_{11}&a_{12}&\cdots&a_{1n}\\0&a_{22}&\cdots&a_{2n}\\\vdots&\vdots&&\vdots\\0&0&\cdots&a_{nn}\end{pmatrix},\quad\begin{pmatrix}a_{11}&0&\cdots&0\\a_{21}&a_{22}&\cdots&0\\\vdots&\vdots&&\vdots\\a_{n1}&a_{n2}&\cdots&a_{nn}\end{pmatrix}$$

的矩阵分别称为**上三角形矩阵**和**下三角形矩阵**.

二、矩阵的线性运算

矩阵是线性代数的基本运算对象之一，为了讨论矩阵的运算，我们首先给出矩阵相等的概念.

如果 $\boldsymbol{A}$ 和 $\boldsymbol{B}$ 都是 $m\times n$ 矩阵，就称 $\boldsymbol{A}$ 和 $\boldsymbol{B}$ 为**同型矩阵**.

两个矩阵 $\boldsymbol{A}=(a_{ij})$ 和 $\boldsymbol{B}=(b_{ij})$，如果它们为同型矩阵，且对应元相等，即

$$a_{ij}=b_{ij}\quad(i=1,2,\cdots,m;j=1,2,\cdots,n),$$

就称 $\boldsymbol{A}$ 和 $\boldsymbol{B}$ **相等**，记为 $\boldsymbol{A}=\boldsymbol{B}$.

例如，

$$\boldsymbol{A}=\begin{pmatrix}0&x&-1\\3&4&y\end{pmatrix},\quad\boldsymbol{B}=\begin{pmatrix}z&3&-1\\3&4&2\end{pmatrix},$$

若 $\boldsymbol{A}=\boldsymbol{B}$，则立即得 $x=3,y=2,z=0$.

现在我们介绍矩阵的加法运算及矩阵与数的乘积.

设有两种物资(单位：t)，要从三个产地运往四个销地，其调运方案分别为矩阵 $\boldsymbol{A}$ 和 $\boldsymbol{B}$：

$$\boldsymbol{A}=\begin{pmatrix}30&25&17&0\\20&0&14&23\\0&20&20&30\end{pmatrix},\quad\boldsymbol{B}=\begin{pmatrix}10&15&13&30\\0&40&16&17\\50&10&0&10\end{pmatrix},$$

那么，从各产地运往各销地两种物资的总运量是 $\boldsymbol{A}$ 与 $\boldsymbol{B}$ 的和，即

$$\boldsymbol{A}+\boldsymbol{B}=\begin{pmatrix}40&40&30&30\\20&40&30&40\\50&30&20&40\end{pmatrix}.$$

定义 2(矩阵的加法)　**设矩阵**

$$\boldsymbol{A}=\begin{pmatrix} a_{11} & a_{12} & \cdots & a_{1n} \\ a_{21} & a_{22} & \cdots & a_{2n} \\ \vdots & \vdots & & \vdots \\ a_{m1} & a_{m2} & \cdots & a_{mn} \end{pmatrix} \quad 与 \quad \boldsymbol{B}=\begin{pmatrix} b_{11} & b_{12} & \cdots & b_{1n} \\ b_{21} & b_{22} & \cdots & b_{2n} \\ \vdots & \vdots & & \vdots \\ b_{m1} & b_{m2} & \cdots & b_{mn} \end{pmatrix}$$

是两个 $m\times n$ 矩阵，将它们的对应元相加，得到一个新的 $m\times n$ 矩阵

$$\boldsymbol{C}=\begin{pmatrix} a_{11}+b_{11} & a_{12}+b_{12} & \cdots & a_{1n}+b_{1n} \\ a_{21}+b_{21} & a_{22}+b_{22} & \cdots & a_{2n}+b_{2n} \\ \vdots & \vdots & & \vdots \\ a_{m1}+b_{m1} & a_{m2}+b_{m2} & \cdots & a_{mn}+b_{mn} \end{pmatrix},$$

则称矩阵 $\boldsymbol{C}$ 是矩阵 $\boldsymbol{A}$ 与 $\boldsymbol{B}$ 的和，记为 $\boldsymbol{C}=\boldsymbol{A}+\boldsymbol{B}$.

值得注意的是，只有同型矩阵才能相加，且同型矩阵之和仍为同型矩阵.如

$$\boldsymbol{A}=\begin{pmatrix} 2 & 0 & -1 \\ 0 & 1 & 2 \end{pmatrix}, \quad \boldsymbol{B}=\begin{pmatrix} 1 \\ 2 \\ 1 \end{pmatrix},$$

$\boldsymbol{A}$ 与 $\boldsymbol{B}$ 不能相加.

设矩阵 $\boldsymbol{A}=(a_{ij})$，若把它的每一元换为其相反数，得到的矩阵

$$\begin{pmatrix} -a_{11} & -a_{12} & \cdots & -a_{1n} \\ -a_{21} & -a_{22} & \cdots & -a_{2n} \\ \vdots & \vdots & & \vdots \\ -a_{m1} & -a_{m2} & \cdots & -a_{mn} \end{pmatrix}$$

称为 $\boldsymbol{A}$ 的**负矩阵**，记为 $-\boldsymbol{A}$.显然有 $\boldsymbol{A}+(-\boldsymbol{A})=\boldsymbol{O}$.

利用矩阵的加法与负矩阵的概念，我们可以定义两个 $m\times n$ 矩阵 $\boldsymbol{A}$ 与 $\boldsymbol{B}$ 的**差**，即矩阵的**减法**：

$$\boldsymbol{A}-\boldsymbol{B}=\boldsymbol{A}+(-\boldsymbol{B}),$$

就是把 $\boldsymbol{A}$ 与 $\boldsymbol{B}$ 的对应元相减.

显然，$\boldsymbol{A}-\boldsymbol{B}=\boldsymbol{O}$ 与 $\boldsymbol{A}=\boldsymbol{B}$ 等价.

下面介绍矩阵与数的乘积.

设从某三个地区分别到另两个地区的距离(单位:km)可用 3×2 的矩阵

$$\boldsymbol{A}=\begin{pmatrix} 90 & 60 \\ 120 & 70 \\ 80 & 55 \end{pmatrix}\begin{matrix} \text{Ⅰ} \\ \text{Ⅱ} \\ \text{Ⅲ} \end{matrix}$$
$$\qquad 甲 \quad 乙$$

表示，已知货物的运费为 2 元/(t·km)，那么，各地区之间每吨货物的运费只要将 $\boldsymbol{A}$ 中每一元都乘 2，即得

$$\begin{pmatrix}180 & 120\\ 240 & 140\\ 160 & 110\end{pmatrix}\begin{matrix}\text{I}\\ \text{II}\\ \text{III}\end{matrix}.$$
$$\begin{matrix}\text{甲} & \text{乙}\end{matrix}$$

矩阵与数的乘积的定义如下：

定义 3（矩阵的数乘）　设 $\boldsymbol{A}=(a_{ij})_{m\times n}$ 是一个 $m\times n$ 矩阵，k 是一个数，则称矩阵

$$\begin{pmatrix}ka_{11} & ka_{12} & \cdots & ka_{1n}\\ ka_{21} & ka_{22} & \cdots & ka_{2n}\\ \vdots & \vdots & & \vdots\\ ka_{m1} & ka_{m2} & \cdots & ka_{mn}\end{pmatrix}$$

为矩阵 $\boldsymbol{A}$ 与数 k 的乘积（简称矩阵的数乘），记为 $k\boldsymbol{A}$.

也就是说，用数 k 乘矩阵 $\boldsymbol{A}$ 就是将 $\boldsymbol{A}$ 中的每一元都乘 k.

矩阵的加法与数乘统称为矩阵的**线性运算**.

容易证明，设 $\boldsymbol{A},\boldsymbol{B},\boldsymbol{C}$ 为同型矩阵，k,l 为数，那么矩阵的线性运算满足下列八条性质：

1° $\boldsymbol{A}+\boldsymbol{B}=\boldsymbol{B}+\boldsymbol{A}$；

2° $(\boldsymbol{A}+\boldsymbol{B})+\boldsymbol{C}=\boldsymbol{A}+(\boldsymbol{B}+\boldsymbol{C})$；

3° $\boldsymbol{A}+\boldsymbol{O}=\boldsymbol{A}$；

4° $\boldsymbol{A}+(-\boldsymbol{A})=\boldsymbol{O}$；

5° $1\boldsymbol{A}=\boldsymbol{A}$；

6° $k(l\boldsymbol{A})=(kl)\boldsymbol{A}$；

7° $k(\boldsymbol{A}+\boldsymbol{B})=k\boldsymbol{A}+k\boldsymbol{B}$；

8° $(k+l)\boldsymbol{A}=k\boldsymbol{A}+l\boldsymbol{A}$.

例 1　设矩阵

$$\boldsymbol{A}=\begin{pmatrix}3 & -1 & 2\\ 1 & 5 & 7\end{pmatrix},\quad \boldsymbol{B}=\begin{pmatrix}7 & 5 & -4\\ 5 & 1 & 9\end{pmatrix},$$

且 $\boldsymbol{A}+2\boldsymbol{X}=\boldsymbol{B}$，求矩阵 $\boldsymbol{X}$.

解　由 $\boldsymbol{A}+2\boldsymbol{X}=\boldsymbol{B}$ 得

$$\boldsymbol{X}=\frac{1}{2}(\boldsymbol{B}-\boldsymbol{A})=\frac{1}{2}\begin{pmatrix}7-3 & 5-(-1) & -4-2\\ 5-1 & 1-5 & 9-7\end{pmatrix}=\begin{pmatrix}2 & 3 & -3\\ 2 & -2 & 1\end{pmatrix}.$$

前面学习了矩阵的相关概念，我们很自然地想到用矩阵表示数字图像和用矩阵运算处理数字图像.例如，用矩阵 $\boldsymbol{A}$ 表示猫的图像，矩阵 $\boldsymbol{B}$ 表示老虎的图像，它们的线性运算结果表示合成的图像（见图 1.2）.我们观察到随着系数变化合成的图像也相应变化.

A $0.75A+0.25B$ $0.5A+0.5B$ $0.25A+0.75B$ B

图 1.2

三、矩阵的乘法

设甲、乙两家公司生产Ⅰ、Ⅱ、Ⅲ三种型号的计算机，月产量(单位：台)为

$$\begin{matrix} \text{Ⅰ} & \text{Ⅱ} & \text{Ⅲ} & \\ \end{matrix}$$
$$\begin{pmatrix} 25 & 20 & 18 \\ 24 & 16 & 27 \end{pmatrix}\begin{matrix}\text{甲}\\ \text{乙}\end{matrix}.$$

若生产这三种型号的计算机每台的利润(单位：万元/台)为

$$\begin{pmatrix} 0.5 \\ 0.2 \\ 0.7 \end{pmatrix}\begin{matrix}\text{Ⅰ}\\ \text{Ⅱ}\\ \text{Ⅲ}\end{matrix},$$

则这两家公司的月利润(单位：万元)应为

$$\begin{pmatrix} 25\times0.5+20\times0.2+18\times0.7 \\ 24\times0.5+16\times0.2+27\times0.7 \end{pmatrix}=\begin{pmatrix} 29.1 \\ 34.1 \end{pmatrix}\begin{matrix}\text{甲}\\ \text{乙}\end{matrix}.$$

可见，甲公司每月的利润为 29.1 万元，乙公司每月的利润为 34.1 万元.

矩阵的乘法的定义如下：

定义 4 **设 $m\times p$ 矩阵 $\boldsymbol{A}=(a_{ij})_{m\times p}$，$p\times n$ 矩阵 $\boldsymbol{B}=(b_{ij})_{p\times n}$，则由元**

$$c_{ij}=a_{i1}b_{1j}+a_{i2}b_{2j}+\cdots+a_{ip}b_{pj}=\sum_{k=1}^{p}a_{ik}b_{kj}$$
$$(i=1,2,\cdots,m;j=1,2,\cdots,n)$$

构成的 $m\times n$ 矩阵 $\boldsymbol{C}=(c_{ij})_{m\times n}$ 称为矩阵 $\boldsymbol{A}$ 与 $\boldsymbol{B}$ 的乘积，记为 $\boldsymbol{C}=\boldsymbol{AB}$.

由定义可知：

(1) $\boldsymbol{A}$ 的列数必须等于 $\boldsymbol{B}$ 的行数，$\boldsymbol{A}$ 与 $\boldsymbol{B}$ 才能相乘；

(2) 乘积 $\boldsymbol{C}$ 的行数等于 $\boldsymbol{A}$ 的行数，$\boldsymbol{C}$ 的列数等于 $\boldsymbol{B}$ 的列数；

(3) 乘积 $\boldsymbol{C}$ 中第 i 行第 j 列元 c_{ij} 等于 $\boldsymbol{A}$ 的第 i 行元与 $\boldsymbol{B}$ 的第 j 列元对应乘积之和，即

$$c_{ij}=a_{i1}b_{1j}+a_{i2}b_{2j}+\cdots+a_{ip}b_{pj}.$$

例 2　设 $\boldsymbol{A}=\begin{pmatrix}1&2&3\\3&2&1\end{pmatrix}$，$\boldsymbol{B}=\begin{pmatrix}1&3\\3&1\\2&2\end{pmatrix}$，$\boldsymbol{D}=\begin{pmatrix}1&0\\3&2\end{pmatrix}$，求 $\boldsymbol{AB},\boldsymbol{AD}$.

解

$$\boldsymbol{AB}=\begin{pmatrix}1\times1+2\times3+3\times2 & 1\times3+2\times1+3\times2\\3\times1+2\times3+1\times2 & 3\times3+2\times1+1\times2\end{pmatrix}=\begin{pmatrix}13&11\\11&13\end{pmatrix}.$$

$\boldsymbol{AD}$ 无意义.

例 3　对于线性方程组

$$\begin{cases}a_{11}x_1+a_{12}x_2+\cdots+a_{1n}x_n=b_1,\\a_{21}x_1+a_{22}x_2+\cdots+a_{2n}x_n=b_2,\\\cdots\cdots\cdots\cdots\\a_{m1}x_1+a_{m2}x_2+\cdots+a_{mn}x_n=b_m,\end{cases}\tag{1.1}$$

若令矩阵

$$\boldsymbol{A}=\begin{pmatrix}a_{11}&a_{12}&\cdots&a_{1n}\\a_{21}&a_{22}&\cdots&a_{2n}\\\vdots&\vdots&&\vdots\\a_{m1}&a_{m2}&\cdots&a_{mn}\end{pmatrix},\quad\boldsymbol{X}=\begin{pmatrix}x_1\\x_2\\\vdots\\x_n\end{pmatrix},\quad\boldsymbol{b}=\begin{pmatrix}b_1\\b_2\\\vdots\\b_m\end{pmatrix},$$

则

$$\boldsymbol{AX}=\begin{pmatrix}a_{11}x_1+a_{12}x_2+\cdots+a_{1n}x_n\\a_{21}x_1+a_{22}x_2+\cdots+a_{2n}x_n\\\cdots\cdots\cdots\cdots\\a_{m1}x_1+a_{m2}x_2+\cdots+a_{mn}x_n\end{pmatrix}=\begin{pmatrix}b_1\\b_2\\\vdots\\b_m\end{pmatrix}=\boldsymbol{b},$$

即方程组(1.1)可表为如下矩阵形式：

$$\boldsymbol{AX}=\boldsymbol{b}.$$

矩阵乘法满足下列运算规律：

1°　结合律　$(\boldsymbol{AB})\boldsymbol{C}=\boldsymbol{A}(\boldsymbol{BC})$；

2°　数乘结合律　$k(\boldsymbol{AB})=(k\boldsymbol{A})\boldsymbol{B}=\boldsymbol{A}(k\boldsymbol{B})$，$k$ 为数；

3°　分配律　$\boldsymbol{A}(\boldsymbol{B}+\boldsymbol{C})=\boldsymbol{AB}+\boldsymbol{AC}$，

$(\boldsymbol{B}+\boldsymbol{C})\boldsymbol{A}=\boldsymbol{BA}+\boldsymbol{CA}$.

这里只证明结合律，其他两条请读者自证.

设 $\boldsymbol{A}$ 是 $m\times n$ 矩阵，$\boldsymbol{B}$ 是 $n\times p$ 矩阵，$\boldsymbol{C}$ 是 $p\times s$ 矩阵，则 $\boldsymbol{AB}$ 是 $m\times p$ 矩阵，$\boldsymbol{BC}$ 是 $n\times s$ 矩阵，故 $(\boldsymbol{AB})\boldsymbol{C}$ 与 $\boldsymbol{A}(\boldsymbol{BC})$ 都是 $m\times s$ 矩阵，因而是同型矩阵.

现在比较它们的对应元.

矩阵 $(\boldsymbol{AB})\boldsymbol{C}$ 的第 i 行第 j 列元为

$$\sum_{k=1}^{p}\left(\sum_{l=1}^{n} a_{il} b_{lk}\right) c_{kj}=\sum_{k=1}^{p} \sum_{l=1}^{n} a_{il} b_{lk} c_{kj}.$$

矩阵 $\boldsymbol{A}(\boldsymbol{BC})$的第 i 行第 j 列元为

$$\sum_{l=1}^{n} a_{il}\left(\sum_{k=1}^{p} b_{lk} c_{kj}\right)=\sum_{l=1}^{n} \sum_{k=1}^{p} a_{il} b_{lk} c_{kj}=\sum_{k=1}^{p} \sum_{l=1}^{n} a_{il} b_{lk} c_{kj}.$$

上式成立是由于双重有限项求和符号可以交换次序，因此$(\boldsymbol{AB})\boldsymbol{C}$ 与 $\boldsymbol{A}(\boldsymbol{BC})$的对应元相等，故有

$$(\boldsymbol{AB})\boldsymbol{C}=\boldsymbol{A}(\boldsymbol{BC}).$$

典型例题精讲
矩阵的运算

例 4 设 $\boldsymbol{A}=\begin{pmatrix}1 & 1\\ -1 & -1\end{pmatrix}$，$\boldsymbol{B}=\begin{pmatrix}1 & -1\\ -1 & 1\end{pmatrix}$，求 $\boldsymbol{AB}$ 和 $\boldsymbol{BA}$.

解 显然

$$\boldsymbol{AB}=\begin{pmatrix}0 & 0\\ 0 & 0\end{pmatrix},\quad \boldsymbol{BA}=\begin{pmatrix}2 & 2\\ -2 & -2\end{pmatrix}.$$

在例 4 中，我们已经看出矩阵乘法一般不满足交换律，即一般

$$\boldsymbol{AB}\neq\boldsymbol{BA}.$$

当 $\boldsymbol{AB}\neq\boldsymbol{BA}$ 时，称 $\boldsymbol{A}$ 与 $\boldsymbol{B}$ **不可交换**；当 $\boldsymbol{AB}=\boldsymbol{BA}$ 时，称 $\boldsymbol{A}$ 与 $\boldsymbol{B}$ **可交换**.

从例 4 还可见，$\boldsymbol{A}$，$\boldsymbol{B}$ 都是非零矩阵，但 $\boldsymbol{AB}=\boldsymbol{O}$.由此可知，矩阵的乘法不满足消去律，即 $\boldsymbol{A}\neq\boldsymbol{O}$ 时，由 $\boldsymbol{AB}=\boldsymbol{AC}$ 不能推出 $\boldsymbol{B}=\boldsymbol{C}$.事实上，由

$$\boldsymbol{AB}-\boldsymbol{AC}=\boldsymbol{A}(\boldsymbol{B}-\boldsymbol{C})=\boldsymbol{O}$$

不能推出 $\boldsymbol{B}-\boldsymbol{C}=\boldsymbol{O}$.

矩阵乘法一般不满足交换律，但是，容易得到如下常用结果：

$$\boldsymbol{I}_m\boldsymbol{A}_{m\times n}=\boldsymbol{A}_{m\times n},\quad \boldsymbol{A}_{m\times n}\boldsymbol{I}_n=\boldsymbol{A}_{m\times n}.$$

可见，单位矩阵在矩阵乘法中的作用与数 1 在数的乘法中的作用类似.

我们称

$$k\boldsymbol{I}=\operatorname{diag}(k,k,\cdots,k)=\begin{pmatrix}k & & & \\ & k & & \\ & & \ddots & \\ & & & k\end{pmatrix}\quad (k\neq 0)$$

为**数量矩阵**.

n 阶数量矩阵 $k\boldsymbol{I}$ 与任意 n 阶矩阵 $\boldsymbol{A}$ 也是可交换的.这是因为

$$(k\boldsymbol{I})\boldsymbol{A}=k(\boldsymbol{IA})=k\boldsymbol{A},\boldsymbol{A}(k\boldsymbol{I})=k(\boldsymbol{AI})=k\boldsymbol{A}.$$

我们还可定义方阵的幂和方阵的多项式.

定义 5 **设 $\boldsymbol{A}$ 是 n 阶方阵, k 为正整数,定义**

$$\begin{cases}\boldsymbol{A}^1=\boldsymbol{A}, \\ \boldsymbol{A}^{k+1}=\boldsymbol{A}^k\boldsymbol{A}, \quad k=1,2,\cdots.\end{cases}$$

由定义可以证明:当 m,k 为正整数时,

$$\boldsymbol{A}^m\boldsymbol{A}^k=\boldsymbol{A}^{m+k},$$

$$(\boldsymbol{A}^m)^k=\boldsymbol{A}^{mk}.$$

但需注意,一般

$$(\boldsymbol{AB})^k\neq\boldsymbol{A}^k\boldsymbol{B}^k.$$

当 $\boldsymbol{AB}=\boldsymbol{BA}$ 时, $(\boldsymbol{AB})^k=\boldsymbol{A}^k\boldsymbol{B}^k=\boldsymbol{B}^k\boldsymbol{A}^k$,但其逆不真.

定义 6 **设 $f(x)=a_kx^k+a_{k-1}x^{k-1}+\cdots+a_1x+a_0$ 是 x 的 k 次多项式, $\boldsymbol{A}$ 是 n 阶方阵,则**

$$f(\boldsymbol{A})=a_k\boldsymbol{A}^k+a_{k-1}\boldsymbol{A}^{k-1}+\cdots+a_1\boldsymbol{A}+a_0\boldsymbol{I}$$

称为方阵 $\boldsymbol{A}$ 的 k 次多项式.

由定义容易证明:若 $f(x),g(x)$ 为多项式, $\boldsymbol{A},\boldsymbol{B}$ 均为 n 阶方阵,则

$$f(\boldsymbol{A})g(\boldsymbol{A})=g(\boldsymbol{A})f(\boldsymbol{A}).$$

例如

$$(\boldsymbol{A}+3\boldsymbol{I})(2\boldsymbol{A}-\boldsymbol{I})=(2\boldsymbol{A}-\boldsymbol{I})(\boldsymbol{A}+3\boldsymbol{I})=2\boldsymbol{A}^2+5\boldsymbol{A}-3\boldsymbol{I}.$$

但是一般情况下

$$f(\boldsymbol{A})g(\boldsymbol{B})\neq g(\boldsymbol{B})f(\boldsymbol{A}).$$

这里要注意,一般来说

$$(\boldsymbol{A}+\boldsymbol{B})^2\neq\boldsymbol{A}^2+2\boldsymbol{AB}+\boldsymbol{B}^2,$$

$$(\boldsymbol{A}+\boldsymbol{B})(\boldsymbol{A}-\boldsymbol{B})\neq(\boldsymbol{A}-\boldsymbol{B})(\boldsymbol{A}+\boldsymbol{B})\neq\boldsymbol{A}^2-\boldsymbol{B}^2,$$

等等.但是,由于 $\boldsymbol{AI}=\boldsymbol{IA}$,因而

$$(\boldsymbol{A}+\boldsymbol{I})^2=\boldsymbol{A}^2+2\boldsymbol{AI}+\boldsymbol{I}^2=\boldsymbol{A}^2+2\boldsymbol{A}+\boldsymbol{I},$$

$$(\boldsymbol{A}+\boldsymbol{I})(\boldsymbol{A}-\boldsymbol{I})=\boldsymbol{A}^2-\boldsymbol{I}^2=\boldsymbol{A}^2-\boldsymbol{I},$$

等等.

由于数量矩阵 $\lambda\boldsymbol{I}$ 与任意方阵可交换,因此下式可按二项式定理展开

$$(\boldsymbol{A}+\lambda\boldsymbol{I})^n=\boldsymbol{A}^n+\mathrm{C}_n^1\lambda\boldsymbol{A}^{n-1}+\mathrm{C}_n^2\lambda^2\boldsymbol{A}^{n-2}+\cdots+\mathrm{C}_n^{n-1}\lambda^{n-1}\boldsymbol{A}+\lambda^n\boldsymbol{I}.$$

例 5 求与 $\boldsymbol{A}=\begin{pmatrix}1 & 1 & 0\\ 0 & 1 & 0\\ 0 & 0 & 1\end{pmatrix}$ 可交换的矩阵 $\boldsymbol{B}$.

解　设 $\boldsymbol{B}=\begin{pmatrix}a_1 & a_2 & a_3\\ b_1 & b_2 & b_3\\ c_1 & c_2 & c_3\end{pmatrix}$，则

$$\boldsymbol{AB}=\begin{pmatrix}a_1+b_1 & a_2+b_2 & a_3+b_3\\ b_1 & b_2 & b_3\\ c_1 & c_2 & c_3\end{pmatrix},\quad \boldsymbol{BA}=\begin{pmatrix}a_1 & a_1+a_2 & a_3\\ b_1 & b_1+b_2 & b_3\\ c_1 & c_1+c_2 & c_3\end{pmatrix}.$$

由 $\boldsymbol{AB}=\boldsymbol{BA}$ 得

$$\begin{gathered}a_1+b_1=a_1,a_2+b_2=a_1+a_2,a_3+b_3=a_3,\\ b_1=b_1,\quad b_2=b_1+b_2,\quad b_3=b_3,\\ c_1=c_1,\quad c_2=c_1+c_2,\quad c_3=c_3.\end{gathered}$$

所以 $b_1=b_3=0,c_1=0,b_2=a_1$，于是与 $\boldsymbol{A}$ 可交换的矩阵

$$\boldsymbol{B}=\begin{pmatrix}a_1 & a_2 & a_3\\ 0 & a_1 & 0\\ 0 & c_2 & c_3\end{pmatrix},$$

其中 a_1,a_2,a_3,c_2,c_3 为任意数.

例 6　设

$$\boldsymbol{A}=\begin{pmatrix}1 & a & b\\ 0 & 1 & a\\ 0 & 0 & 1\end{pmatrix},$$

求 $\boldsymbol{A}^n$（n 为正整数）.

解

$$\boldsymbol{A}^2=\begin{pmatrix}1 & a & b\\ 0 & 1 & a\\ 0 & 0 & 1\end{pmatrix}\begin{pmatrix}1 & a & b\\ 0 & 1 & a\\ 0 & 0 & 1\end{pmatrix}=\begin{pmatrix}1 & 2a & a^2+2b\\ 0 & 1 & 2a\\ 0 & 0 & 1\end{pmatrix},$$

$$\boldsymbol{A}^3=\begin{pmatrix}1 & 2a & a^2+2b\\ 0 & 1 & 2a\\ 0 & 0 & 1\end{pmatrix}\begin{pmatrix}1 & a & b\\ 0 & 1 & a\\ 0 & 0 & 1\end{pmatrix}=\begin{pmatrix}1 & 3a & (1+2)a^2+3b\\ 0 & 1 & 3a\\ 0 & 0 & 1\end{pmatrix},$$

$$\cdots$$

设

$$\boldsymbol{A}^k=\begin{pmatrix}1 & ka & [1+2+\cdots+(k-1)]a^2+kb\\ 0 & 1 & ka\\ 0 & 0 & 1\end{pmatrix}$$

成立，有

$$\boldsymbol{A}^{k+1}=\begin{pmatrix}1 & ka & [1+2+\cdots+(k-1)]a^2+kb\\ 0 & 1 & ka\\ 0 & 0 & 1\end{pmatrix}\begin{pmatrix}1 & a & b\\ 0 & 1 & a\\ 0 & 0 & 1\end{pmatrix}$$

$$=\begin{pmatrix}1 & (k+1)a & (1+2+\cdots+k)a^2+(k+1)b\\0 & 1 & (k+1)a\\0 & 0 & 1\end{pmatrix}.$$

由数学归纳法知

$$\boldsymbol{A}^n=\begin{pmatrix}1 & na & [1+2+\cdots+(n-1)]a^2+nb\\0 & 1 & na\\0 & 0 & 1\end{pmatrix}.$$

n 个变量 $x_1,x_2,\cdots,x_n$ 与 m 个变量 $y_1,y_2,\cdots,y_m$ 之间的关系式

$$\begin{cases}y_1=a_{11}x_1+a_{12}x_2+\cdots+a_{1n}x_n,\\y_2=a_{21}x_1+a_{22}x_2+\cdots+a_{2n}x_n,\\\cdots\cdots\cdots\cdots\\y_m=a_{m1}x_1+a_{m2}x_2+\cdots+a_{mn}x_n\end{cases}$$

称为从变量 $x_1,x_2,\cdots,x_n$ 到变量 $y_1,y_2,\cdots,y_m$ 的**线性变换**，其中 a_{ij} 为常数.可以看出，上述变换可写为

$$\boldsymbol{Y}=\boldsymbol{A}\boldsymbol{X},$$

其中

$$\boldsymbol{A}=\begin{pmatrix}a_{11} & a_{12} & \cdots & a_{1n}\\a_{21} & a_{22} & \cdots & a_{2n}\\\vdots & \vdots & & \vdots\\a_{m1} & a_{m2} & \cdots & a_{mn}\end{pmatrix},\quad \boldsymbol{X}=\begin{pmatrix}x_1\\x_2\\\vdots\\x_n\end{pmatrix},\quad \boldsymbol{Y}=\begin{pmatrix}y_1\\y_2\\\vdots\\y_m\end{pmatrix}.$$

当 $\boldsymbol{A}=\boldsymbol{I}$ 时，$\boldsymbol{Y}=\boldsymbol{A}\boldsymbol{X}=\boldsymbol{X}$ 为**恒等变换**.

例 7　在平面直角坐标系中，线性变换

$$\begin{pmatrix}x'\\y'\end{pmatrix}=\begin{pmatrix}\cos\theta & -\sin\theta\\\sin\theta & \cos\theta\end{pmatrix}\begin{pmatrix}x\\y\end{pmatrix}$$

是将点 (x,y) 逆时针旋转 θ 角得到新点 (x',y') 的**旋转变换**.

下面我们通过一个例子来直观理解矩阵和矩阵的乘积.给定矩阵 $\boldsymbol{A}$ 和矩阵 $\boldsymbol{X}$，

$$\boldsymbol{A}=\begin{pmatrix}0.5 & 0\\0 & 1\end{pmatrix},\quad \boldsymbol{X}=\begin{pmatrix}-6\\-7\end{pmatrix},$$

则矩阵 $\boldsymbol{A}$ 与矩阵 $\boldsymbol{X}$ 的乘积可以直观理解为将二维空间的点 $\boldsymbol{X}$ 变换为二维空间的点 $\boldsymbol{A}\boldsymbol{X}$（$x$ 轴坐标缩小一半，y 轴坐标保持不变）.矩阵 $\boldsymbol{A}$ 与矩阵

$$\begin{pmatrix}-6\\-7\end{pmatrix},\begin{pmatrix}-6\\2\end{pmatrix},\begin{pmatrix}-7\\1\end{pmatrix},\begin{pmatrix}0\\8\end{pmatrix},\begin{pmatrix}7\\1\end{pmatrix},\begin{pmatrix}6\\2\end{pmatrix},\begin{pmatrix}6\\-7\end{pmatrix},\begin{pmatrix}-3\\-7\end{pmatrix},\begin{pmatrix}-3\\-2\end{pmatrix},\begin{pmatrix}0\\-2\end{pmatrix},\begin{pmatrix}0\\-7\end{pmatrix}$$

的乘积可以直观理解为将二维空间的一组点变换为二维空间的另一组点.我们观察到变换前的点连接起来是房子的形状（如图 1.3(a)所示），而变换后的点连接起来是 x

轴坐标缩小一半和 y 轴坐标保持不变的房子的形状(如图 1.3(b)所示).

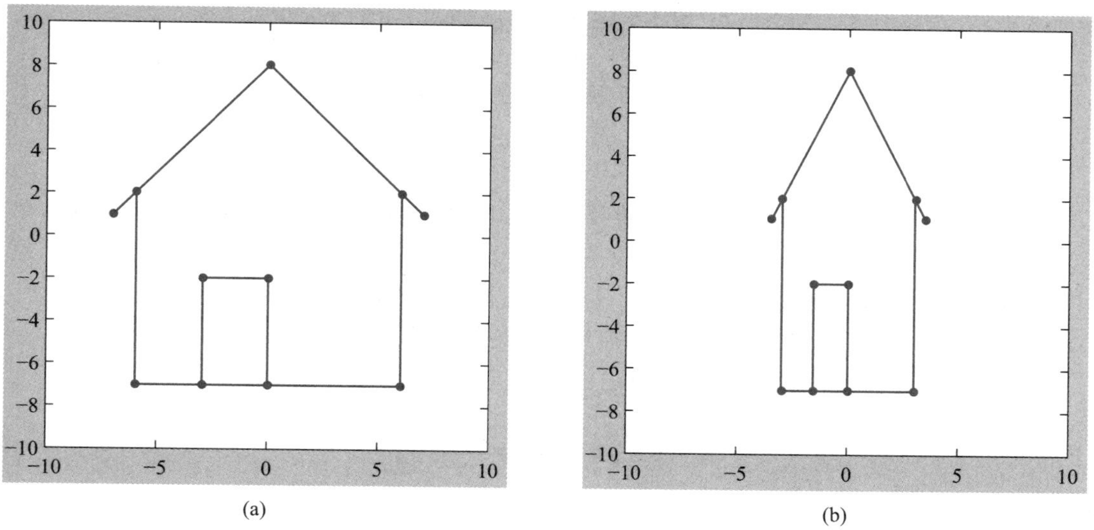

图 1.3

进一步考虑如下变换矩阵：

$$A_1=\begin{pmatrix}2 & 0\\ 0 & -1\end{pmatrix},\quad A_2=\begin{pmatrix}1 & 0\\ 0 & 0\end{pmatrix},\quad A_3=\begin{pmatrix}\frac{\sqrt{2}}{2} & -\frac{\sqrt{2}}{2}\\ \frac{\sqrt{2}}{2} & \frac{\sqrt{2}}{2}\end{pmatrix},$$

则变换后的点连接起来是什么形状呢?

应用实例一：职工轮训

某公司为了实现技术更新，计划对职工实行分批脱产轮训.现有不脱产职工 8 000 人，脱产轮训职工 2 000 人.若每年从不脱产职工中抽调 30%的人脱产轮训，同时又有 60%脱产轮训职工结业回到生产岗位，若职工总数保持不变，一年后不脱产职工及脱产轮训职工各有多少？两年后又怎样?

解 令

$$A=\begin{pmatrix}0.70 & 0.60\\ 0.30 & 0.40\end{pmatrix},\quad X=\begin{pmatrix}8\ 000\\ 2\ 000\end{pmatrix},$$

则一年后不脱产职工及脱产轮训职工人数可用 AX 表示：

$$AX=\begin{pmatrix}0.70 & 0.60\\ 0.30 & 0.40\end{pmatrix}\begin{pmatrix}8\ 000\\ 2\ 000\end{pmatrix}=\begin{pmatrix}6\ 800\\ 3\ 200\end{pmatrix}.$$

两年后不脱产职工及脱产轮训职工人数可用 A^2X 表示：

$$A^2X=A(AX)=\begin{pmatrix}0.70&0.60\\0.30&0.40\end{pmatrix}\begin{pmatrix}6\ 800\\3\ 200\end{pmatrix}=\begin{pmatrix}6\ 680\\3\ 320\end{pmatrix},$$

故两年后脱产轮训职工人数约占不脱产职工人数的一半.

应用实例二：神经网络

深度神经网络是人工智能的重要研究方向之一.神经元是构成神经网络的基本单元,用以模拟生物神经元特征,接收一组输入信号并产生输出.如图 1.4 所示,a_j^{l-1} 是第 $l-1$ 层第 j 个神经元的输出,a_i^l 是第 l 层神经元第 i 个神经元的输入,w_{ij}^l 是第 $l-1$ 层第 j 个神经元到第 l 层第 i 个神经元的连接权重.

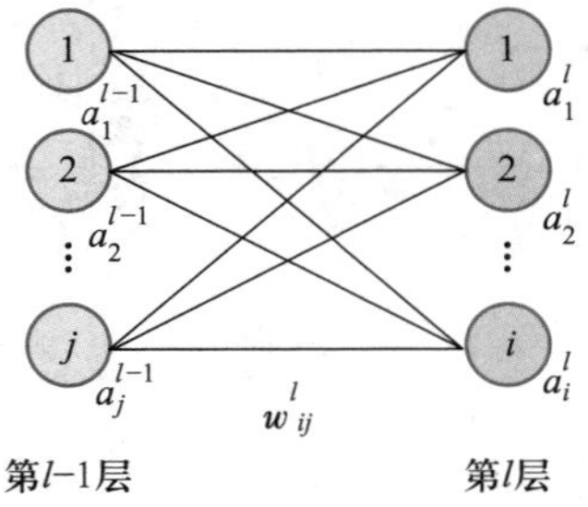

图 1.4

我们可以用矩阵和矩阵的乘积表示神经网络第 $l-1$ 层和第 l 层神经元的关系为

$$\begin{pmatrix}a_1^l\\a_2^l\\\vdots\\a_i^l\end{pmatrix}=\begin{pmatrix}w_{11}^l&w_{12}^l&\cdots&w_{1j}^l\\w_{21}^l&w_{22}^l&\cdots&w_{2j}^l\\\vdots&\vdots&&\vdots\\w_{i1}^l&w_{i2}^l&\cdots&w_{ij}^l\end{pmatrix}\begin{pmatrix}a_1^{l-1}\\a_2^{l-1}\\\vdots\\a_j^{l-1}\end{pmatrix},$$

简记为 $\boldsymbol{a}^l=\boldsymbol{W}\boldsymbol{a}^{l-1}$,其中向量 $\boldsymbol{a}^{l-1}$ 表示第 $l-1$ 层神经元的输出,$\boldsymbol{a}^l$ 表示第 l 层神经元的输入,矩阵 $\boldsymbol{W}$ 表示神经元的连接权重.

四、矩阵的转置

把一个矩阵 $\boldsymbol{A}$ 的行列互换,所得到的矩阵称为 $\boldsymbol{A}$ 的**转置**,记为 $\boldsymbol{A}^{\mathrm{T}}$.确切的定义如下:

定义 7 **设**

$$\boldsymbol{A}=\begin{pmatrix}a_{11}&a_{12}&\cdots&a_{1n}\\a_{21}&a_{22}&\cdots&a_{2n}\\\vdots&\vdots&&\vdots\\a_{m1}&a_{m2}&\cdots&a_{mn}\end{pmatrix},$$

则称

$$\boldsymbol{A}^{\mathrm{T}}=\begin{pmatrix}a_{11} & a_{21} & \cdots & a_{m1}\\ a_{12} & a_{22} & \cdots & a_{m2}\\ \vdots & \vdots & & \vdots\\ a_{1n} & a_{2n} & \cdots & a_{mn}\end{pmatrix}$$

为 $\boldsymbol{A}$ 的转置.

显然，$m\times n$ 矩阵的转置是 $n\times m$ 矩阵.

矩阵的转置满足以下规律：

1° $(\boldsymbol{A}^{\mathrm{T}})^{\mathrm{T}}=\boldsymbol{A}$；

2° $(\boldsymbol{A}+\boldsymbol{B})^{\mathrm{T}}=\boldsymbol{A}^{\mathrm{T}}+\boldsymbol{B}^{\mathrm{T}}$；

3° $(k\boldsymbol{A})^{\mathrm{T}}=k\boldsymbol{A}^{\mathrm{T}}$，$k$ 为数；

4° $(\boldsymbol{AB})^{\mathrm{T}}=\boldsymbol{B}^{\mathrm{T}}\boldsymbol{A}^{\mathrm{T}}$.

1°，2°，3°都容易证明.下面证明 4°.设 $\boldsymbol{A}=(a_{ij})_{m\times n}$，$\boldsymbol{B}=(b_{ij})_{n\times s}$.因为 $\boldsymbol{AB}$ 是 $m\times s$ 矩阵，所以$(\boldsymbol{AB})^{\mathrm{T}}$ 是 $s\times m$ 矩阵，而 $\boldsymbol{B}^{\mathrm{T}}$ 是 $s\times n$ 矩阵，$\boldsymbol{A}^{\mathrm{T}}$ 是 $n\times m$ 矩阵，因此 $\boldsymbol{B}^{\mathrm{T}}\boldsymbol{A}^{\mathrm{T}}$ 是 $s\times m$ 矩阵，故$(\boldsymbol{AB})^{\mathrm{T}}$ 与 $\boldsymbol{B}^{\mathrm{T}}\boldsymbol{A}^{\mathrm{T}}$ 是同型矩阵.

现比较它们的对应元.$(\boldsymbol{AB})^{\mathrm{T}}$ 的第 i 行第 j 列元，也就是 $\boldsymbol{AB}$ 的第 j 行第 i 列元，即为

$$\sum_{k=1}^{n} a_{jk}b_{ki}.$$

另一方面，$\boldsymbol{B}^{\mathrm{T}}$ 的第 i 行第 k 列元是 b_{ki}，$\boldsymbol{A}^{\mathrm{T}}$ 的第 k 行第 j 列元是 a_{jk}，因此，$\boldsymbol{B}^{\mathrm{T}}\boldsymbol{A}^{\mathrm{T}}$ 的第 i 行第 j 列元为

$$\sum_{k=1}^{n} b_{ki}a_{jk}=\sum_{k=1}^{n} a_{jk}b_{ki},$$

从而$(\boldsymbol{AB})^{\mathrm{T}}$ 与 $\boldsymbol{B}^{\mathrm{T}}\boldsymbol{A}^{\mathrm{T}}$ 的对应元相等，故有$(\boldsymbol{AB})^{\mathrm{T}}=\boldsymbol{B}^{\mathrm{T}}\boldsymbol{A}^{\mathrm{T}}$.

例 8 设

$$\boldsymbol{A}=\begin{pmatrix}1 & -1 & 2\\ 0 & 1 & 3\\ 1 & 2 & 1\end{pmatrix},\quad \boldsymbol{B}=\begin{pmatrix}3 & 1\\ 2 & 2\\ 1 & -1\end{pmatrix},$$

求 $\boldsymbol{A}^{\mathrm{T}}$，$\boldsymbol{B}^{\mathrm{T}}$，$\boldsymbol{AB}$，$\boldsymbol{B}^{\mathrm{T}}\boldsymbol{A}^{\mathrm{T}}$.

解

$$\boldsymbol{A}^{\mathrm{T}}=\begin{pmatrix}1 & 0 & 1\\ -1 & 1 & 2\\ 2 & 3 & 1\end{pmatrix},\quad \boldsymbol{B}^{\mathrm{T}}=\begin{pmatrix}3 & 2 & 1\\ 1 & 2 & -1\end{pmatrix},$$

$$\boldsymbol{AB}=\begin{pmatrix}1 & -1 & 2\\ 0 & 1 & 3\\ 1 & 2 & 1\end{pmatrix}\begin{pmatrix}3 & 1\\ 2 & 2\\ 1 & -1\end{pmatrix}=\begin{pmatrix}3 & -3\\ 5 & -1\\ 8 & 4\end{pmatrix},$$

$$\boldsymbol{B}^{\mathrm{T}}\boldsymbol{A}^{\mathrm{T}}=(\boldsymbol{AB})^{\mathrm{T}}=\begin{pmatrix}3 & 5 & 8\\ -3 & -1 & 4\end{pmatrix}.$$

例 9 证明：$(\boldsymbol{ABC})^{\mathrm{T}}=\boldsymbol{C}^{\mathrm{T}}\boldsymbol{B}^{\mathrm{T}}\boldsymbol{A}^{\mathrm{T}}$.

证 $(\boldsymbol{ABC})^{\mathrm{T}}=[(\boldsymbol{AB})\boldsymbol{C}]^{\mathrm{T}}=\boldsymbol{C}^{\mathrm{T}}(\boldsymbol{AB})^{\mathrm{T}}=\boldsymbol{C}^{\mathrm{T}}\boldsymbol{B}^{\mathrm{T}}\boldsymbol{A}^{\mathrm{T}}$.

对于有限多个矩阵乘积的转置，用数学归纳法容易证明

$$(\boldsymbol{A}_1\boldsymbol{A}_2\cdots\boldsymbol{A}_k)^{\mathrm{T}}=\boldsymbol{A}_k{}^{\mathrm{T}}\boldsymbol{A}_{k-1}{}^{\mathrm{T}}\cdots\boldsymbol{A}_1{}^{\mathrm{T}}.$$

定义 8 **若 $\boldsymbol{A}^{\mathrm{T}}=\boldsymbol{A}$，则称 $\boldsymbol{A}$ 为对称矩阵；若 $\boldsymbol{A}^{\mathrm{T}}=-\boldsymbol{A}$，则称 $\boldsymbol{A}$ 为反称矩阵.**

显然，对称矩阵和反称矩阵都是方阵，对称矩阵 $\boldsymbol{A}$ 中的元之间有关系

$$a_{ij}=a_{ji},$$

反称矩阵 $\boldsymbol{A}$ 的元之间有关系

$$a_{ii}=0,\quad a_{ij}=-a_{ji},\quad i\neq j.$$

例如，$\begin{pmatrix}0 & 2\\ -2 & 0\end{pmatrix}$，$\begin{pmatrix}1 & 0 & 3\\ 0 & 2 & 1\\ 3 & 1 & 4\end{pmatrix}$分别为反称矩阵和对称矩阵.

显然，数乘对称矩阵仍为对称矩阵；同阶对称矩阵之和仍为对称矩阵.但是，对称矩阵的乘积未必是对称矩阵.

例如，$\begin{pmatrix}0 & -1\\ -1 & 1\end{pmatrix}$和$\begin{pmatrix}1 & 1\\ 1 & 1\end{pmatrix}$均为对称矩阵，但

$$\begin{pmatrix}0 & -1\\ -1 & 1\end{pmatrix}\begin{pmatrix}1 & 1\\ 1 & 1\end{pmatrix}=\begin{pmatrix}-1 & -1\\ 0 & 0\end{pmatrix}$$

为非对称矩阵.

例 10 设 $\boldsymbol{A}$ 与 $\boldsymbol{B}$ 为两个 n 阶对称矩阵，证明：$\boldsymbol{AB}$ 为对称矩阵的充要条件是 $\boldsymbol{AB}=\boldsymbol{BA}$.

证 若 $\boldsymbol{AB}=\boldsymbol{BA}$，则$(\boldsymbol{AB})^{\mathrm{T}}=\boldsymbol{B}^{\mathrm{T}}\boldsymbol{A}^{\mathrm{T}}=\boldsymbol{BA}=\boldsymbol{AB}$，即 $\boldsymbol{AB}$ 为对称矩阵.

反之，若 $\boldsymbol{AB}$ 为对称矩阵，即$(\boldsymbol{AB})^{\mathrm{T}}=\boldsymbol{AB}$，则 $\boldsymbol{AB}=(\boldsymbol{AB})^{\mathrm{T}}=\boldsymbol{B}^{\mathrm{T}}\boldsymbol{A}^{\mathrm{T}}=\boldsymbol{BA}$，即 $\boldsymbol{A}$ 与 $\boldsymbol{B}$ 可交换.

容易证明，对任意矩阵 $\boldsymbol{A}$，$\boldsymbol{AA}^{\mathrm{T}}$ 和 $\boldsymbol{A}^{\mathrm{T}}\boldsymbol{A}$ 都是对称矩阵.

例 11 设 $\boldsymbol{A}$,$\boldsymbol{B}$ 为同阶方阵，$\boldsymbol{A}$ 为反称矩阵，$\boldsymbol{B}$ 为对称矩阵，则 $\boldsymbol{AB}-\boldsymbol{BA}$ 为对称矩阵.

证
$$\begin{aligned}(\boldsymbol{AB}-\boldsymbol{BA})^{\mathrm{T}}&=(\boldsymbol{AB})^{\mathrm{T}}-(\boldsymbol{BA})^{\mathrm{T}}=\boldsymbol{B}^{\mathrm{T}}\boldsymbol{A}^{\mathrm{T}}-\boldsymbol{A}^{\mathrm{T}}\boldsymbol{B}^{\mathrm{T}}\\&=\boldsymbol{B}(-\boldsymbol{A})-(-\boldsymbol{A})\boldsymbol{B}=\boldsymbol{AB}-\boldsymbol{BA},\end{aligned}$$

即 $\boldsymbol{AB}-\boldsymbol{BA}$ 为对称矩阵.

习题 1.1

1. 设 $\boldsymbol{A}=\begin{pmatrix}5 & -2 & 1\\ 3 & 4 & -1\end{pmatrix}$，$\boldsymbol{B}=\begin{pmatrix}-3 & 2 & 0\\ -2 & 0 & 1\end{pmatrix}$，计算 $\boldsymbol{A}-\boldsymbol{B}$，$2\boldsymbol{A}+5\boldsymbol{B}$，$3\boldsymbol{A}-4\boldsymbol{B}$.

2. 求矩阵 $\boldsymbol{X}$：

$$2\begin{pmatrix}3 & -1 & 1\\ -2 & 0 & 2\end{pmatrix}-3\boldsymbol{X}+\begin{pmatrix}-2 & -1 & 1\\ 3 & 1 & -1\end{pmatrix}=\boldsymbol{O}.$$

3. 计算：

(1) $\begin{pmatrix}3 & -2\\ 0 & 1\\ 2 & 4\\ -1 & 0\end{pmatrix}\begin{pmatrix}2 & 1 & -1\\ 0 & -1 & 2\end{pmatrix}$； (2) $(a_1,a_2,\cdots,a_n)\begin{pmatrix}b_1\\ b_2\\ \vdots\\ b_n\end{pmatrix}$；

(3) $\begin{pmatrix}a_1\\ a_2\\ \vdots\\ a_n\end{pmatrix}(b_1,b_2,\cdots,b_n)$； (4) $(x_1,x_2)\begin{pmatrix}a_{11} & a_{12}\\ a_{21} & a_{22}\end{pmatrix}\begin{pmatrix}x_1\\ x_2\end{pmatrix}$；

(5) $\begin{pmatrix}1 & 1 & 0\\ 1 & -1 & 0\\ \frac{1}{2} & \frac{1}{2} & 1\end{pmatrix}\begin{pmatrix}0 & -2 & 1\\ -2 & 0 & 1\\ 1 & 1 & 0\end{pmatrix}\begin{pmatrix}1 & 1 & \frac{1}{2}\\ 1 & -1 & \frac{1}{2}\\ 0 & 0 & 1\end{pmatrix}$.

4. $\boldsymbol{A},\boldsymbol{B}$ 皆为 n 阶方阵，问下列等式成立的条件是什么？

(1) $(\boldsymbol{A}+\boldsymbol{B})^3=\boldsymbol{A}^3+3\boldsymbol{A}^2\boldsymbol{B}+3\boldsymbol{A}\boldsymbol{B}^2+\boldsymbol{B}^3$；

(2) $(\boldsymbol{A}+\boldsymbol{B})^2-(\boldsymbol{A}^2+2\boldsymbol{A}\boldsymbol{B}+\boldsymbol{B}^2)=\boldsymbol{O}$.

5. 若 $\boldsymbol{AB}=\boldsymbol{BA},\boldsymbol{AC}=\boldsymbol{CA}$，证明：$\boldsymbol{A},\boldsymbol{B},\boldsymbol{C}$ 是同阶矩阵，且

$$\boldsymbol{A}(\boldsymbol{B}+\boldsymbol{C})=(\boldsymbol{B}+\boldsymbol{C})\boldsymbol{A},\quad \boldsymbol{A}(\boldsymbol{BC})=(\boldsymbol{BC})\boldsymbol{A}.$$

6. 计算（n 为正整数）：

(1) $\begin{pmatrix}1 & 0\\ 1 & 1\end{pmatrix}^n$； (2) $\begin{pmatrix}a & 1 & 0\\ 0 & a & 1\\ 0 & 0 & a\end{pmatrix}^n$； (3) $\begin{pmatrix}a & 0 & 0\\ 0 & -b & 0\\ 0 & 0 & c\end{pmatrix}^n$.

7. 求 $\begin{pmatrix}\cos\theta & -\sin\theta\\ \sin\theta & \cos\theta\end{pmatrix}^n$，并借助例 7 中的旋转变换说明此结果的几何意义.

8. 设 $f(x)=x^2-x-1,\boldsymbol{A}=\begin{pmatrix}3 & 1 & 1\\ 3 & 1 & 2\\ 1 & -1 & 0\end{pmatrix}$，求 $f(\boldsymbol{A})$.

9. 已知 $\boldsymbol{\alpha}=(1,2,3),\boldsymbol{\beta}=\left(1,\frac{1}{2},\frac{1}{3}\right)$，且 $\boldsymbol{A}=\boldsymbol{\alpha}^{\mathrm{T}}\boldsymbol{\beta}$，计算 $\boldsymbol{A}^n$.

10. 举反例说明下列命题是错误的：

(1) 若 $\boldsymbol{A}^2=\boldsymbol{O}$，则 $\boldsymbol{A}=\boldsymbol{O}$；

(2) 若 $\boldsymbol{A}^2=\boldsymbol{A}$，则 $\boldsymbol{A}=\boldsymbol{O}$ 或 $\boldsymbol{A}=\boldsymbol{I}$；

(3) 若 $\boldsymbol{AX}=\boldsymbol{AY}$，且 $\boldsymbol{A}\neq\boldsymbol{O}$，则 $\boldsymbol{X}=\boldsymbol{Y}$.

11. 如果 $\boldsymbol{A}$ 是实对称矩阵，且 $\boldsymbol{A}^2=\boldsymbol{O}$，证明：$\boldsymbol{A}=\boldsymbol{O}$.

12. 设 $\boldsymbol{A}=\frac{1}{2}(\boldsymbol{B}+\boldsymbol{I})$，证明：$\boldsymbol{A}^2=\boldsymbol{A}$ 当且仅当 $\boldsymbol{B}^2=\boldsymbol{I}$.

13. 设 $\boldsymbol{X}$ 是 $n\times 1$ 矩阵，且 $\boldsymbol{X}^{\mathrm{T}}\boldsymbol{X}=1$，证明：$\boldsymbol{S}=\boldsymbol{I}-2\boldsymbol{X}\boldsymbol{X}^{\mathrm{T}}$ 是对称矩阵，且$\boldsymbol{S}^2=\boldsymbol{I}$.

14. 利用等式

$$\begin{pmatrix}17 & -6\\ 35 & -12\end{pmatrix}=\begin{pmatrix}2 & 3\\ 5 & 7\end{pmatrix}\begin{pmatrix}2 & 0\\ 0 & 3\end{pmatrix}\begin{pmatrix}-7 & 3\\ 5 & -2\end{pmatrix},$$

$$\begin{pmatrix}-7 & 3\\ 5 & -2\end{pmatrix}\begin{pmatrix}2 & 3\\ 5 & 7\end{pmatrix}=\begin{pmatrix}1 & 0\\ 0 & 1\end{pmatrix},$$

计算 $\begin{pmatrix}17 & -6\\ 35 & -12\end{pmatrix}^5$.

15. 求平方等于零矩阵的所有二阶矩阵.

§1.2 高斯消元法与矩阵的初等变换

在中学代数里，研究的中心问题之一是解方程，而其中最简单的便是线性(一次)方程及方程组.解线性方程组之所以重要，是因为一个复杂的实际问题往往可以简化或归结为一个线性方程组.

线性方程组在数学的许多分支以及其他学科领域(如物理学、经济学、工程技术)中都有着广泛的应用.

前沿视角
线性代数方程组求解与计算机辅助工程(CAE)

实际问题提出的线性方程组往往是很复杂的，未知量的个数和方程的个数都很多.例如，水坝设计可以提出几十个，甚至几百个未知量和方程的线性方程组，数学物理问题中常常需要求解上万个甚至更多未知量的方程组，而且未知量的个数与方程的个数也不一定相等.

一般地，我们把有 n 个未知量 $x_1,x_2,\cdots,x_n$ 和 m 个方程的方程组写为

$$\begin{cases}a_{11}x_1+a_{12}x_2+\cdots+a_{1n}x_n=b_1,\\ a_{21}x_1+a_{22}x_2+\cdots+a_{2n}x_n=b_2,\\ \qquad\cdots\cdots\cdots\cdots\\ a_{m1}x_1+a_{m2}x_2+\cdots+a_{mn}x_n=b_m.\end{cases}$$

如果常数项 $b_i(i=1,2,\cdots,m)$ 中至少有一个不为 0，则称方程组为**非齐次方程组**；否则称为**齐次方程组**.满足方程组的一组数：$x_1=c_1,x_2=c_2,\cdots,x_n=c_n$ 称为方程组的一个**解**.

对于一般线性方程组，我们要讨论的问题是：它在什么条件下有解？如果有解，有多少解？又如何求出其全部解？所谓解方程组，就是当方程组有解时求出它的全部解，当它无解时判明它无解.

一、高斯消元法

在初等数学中，解二元、三元线性方程组用的是加减消元法和代入消元法.本节所

讲的一般线性方程组的消元法，就是将中学所用的方法加以一般化和规范化.

我们先从一些例子来说明解线性方程组的消元法：

例 1 解线性方程组

$$\begin{cases}3x_1-x_2+5x_3=3,\\ x_1-x_2+2x_3=1,\\ x_1-2x_2-x_3=2.\end{cases}$$

解 将方程组中的第一个与第三个方程交换位置，得方程组

$$\begin{cases}x_1-2x_2-x_3=2,\\ x_1-x_2+2x_3=1,\\ 3x_1-x_2+5x_3=3.\end{cases}$$

将方程组的第一个方程的(−1)倍加到第二个方程，然后将第一个方程的(−3)倍加到第三个方程，得方程组

$$\begin{cases}x_1-2x_2-x_3=2,\\ x_2+3x_3=-1,\\ 5x_2+8x_3=-3.\end{cases}$$

再将方程组中第二个方程的(−5)倍加到第三个方程，得方程组

$$\begin{cases}x_1-2x_2-x_3=2,\\ x_2+3x_3=-1,\\ -7x_3=2.\end{cases}$$

最后将方程组的第三个方程乘$-\dfrac{1}{7}$，得方程组

$$\begin{cases}x_1-2x_2-x_3=2,\\ x_2+3x_3=-1,\\ x_3=-\dfrac{2}{7}.\end{cases}$$

这就是高斯消元过程.于是得方程组的惟一解为

$$\begin{cases}x_1=\dfrac{10}{7},\\ x_2=-\dfrac{1}{7},\\ x_3=-\dfrac{2}{7}.\end{cases}$$

例 2 解线性方程组

$$\begin{cases} x_1+3x_2+4x_3=-2, \\ 2x_1+5x_2+9x_3=3, \\ 3x_1+7x_2+14x_3=8, \\ -x_2+x_3=7. \end{cases}$$

解　将第一个方程的(−2)倍加到第二个方程,第一个方程的(−3)倍加到第三个方程,得方程组

$$\begin{cases} x_1+3x_2+4x_3=-2, \\ -x_2+x_3=7, \\ -2x_2+2x_3=14, \\ -x_2+x_3=7. \end{cases}$$

先将第二个方程乘(−1),再将第二个方程的 2 倍加到第三个方程,最后将第二个方程加到第四个方程,得方程组

$$\begin{cases} x_1+3x_2+4x_3=-2, \\ x_2-x_3=-7, \\ 0=0, \\ 0=0. \end{cases}$$

即

$$\begin{cases} x_1+3x_2+4x_3=-2, \\ x_2-x_3=-7. \end{cases}$$

为求方程组的解,将第二个方程改写为 $x_2=x_3-7$,再将它代入第一个方程,得 $x_1=-7x_3+19$.于是得

$$\begin{cases} x_1=-7x_3+19, \\ x_2=x_3-7, \end{cases}$$

其中 x_3 可以任意取值.我们称 x_3 为**自由未知量**.因为 x_3 可以任意取值,所以方程组有无穷多个解.

例 3　解线性方程组

$$\begin{cases} x_1-2x_2+3x_3-x_4+2x_5=2, \\ 3x_1-x_2+5x_3-3x_4-x_5=6, \\ 2x_1+x_2+2x_3-2x_4-3x_5=8. \end{cases}$$

解　将方程组的第一个方程的(−3)倍加到第二个方程,将第一个方程的(−2)倍加到第三个方程,得方程组

$$\begin{cases} x_1-2x_2+3x_3-x_4+2x_5=2, \\ 5x_2-4x_3 \qquad -7x_5=0, \\ 5x_2-4x_3 \qquad -7x_5=4. \end{cases}$$

再将方程组的第二个方程的(−1)倍加到第三个方程,得方程组

$$\begin{cases} x_1-2x_2+3x_3-x_4+2x_5=2, \\ 5x_2-4x_3 \qquad -7x_5=0, \\ \qquad\qquad\qquad 0x_5=4. \end{cases}$$

因为方程组的第三个方程无解,所以所给方程组无解.

前面三个例子在解方程组的过程中,我们总要先通过一些变换,将方程组化为容易求解的同解方程组,这些变换可以归纳为以下三种变换:

1° 交换两个方程的位置;

2° 用一个非零数乘某一个方程;

3° 把一个方程的适当倍数加到另一个方程上去.

为了后面叙述方便,我们称这三种变换为**线性方程组的初等变换**.

高斯消元法的过程就是反复施行初等变换的过程,且**总是将方程组变成同解方程组**.

二、 矩阵的初等变换

在解线性方程组的过程中,我们已经看到,如果线性方程组各个方程的系数和常数项定了,那么这个线性方程组的解就完全确定了.至于一个方程组的未知量用什么符号是无关紧要的.

由于线性方程组由多个方程的未知量的系数与常数项完全决定,因此可将方程组的系数与常数项用矩阵表示,整个消元过程都可在矩阵上进行.为此,我们比照线性方程组的初等变换引入矩阵的初等变换的概念.

定义 1 矩阵的行(列)初等变换指对矩阵施以下列三种变换:

1° 交换两行(列)的位置;

2° 用一非零数乘某一行(列)的所有元;

3° 把矩阵的某一行(列)的适当倍数加到另一行(列)上去.

现在解线性方程组可用对增广矩阵施以行初等变换来代替,这样在书写上更方便.

为方便计算,用 r_i 表示矩阵的第 i 行,交换 i,j 两行,记为$r_i \leftrightarrow r_j$;数 k 乘第 i 行,记为 kr_i;数 k 乘第 i 行加到第 j 行,记为kr_i+r_j.

现在我们对前面三个例子用矩阵的行初等变换来求解.

先解例 1 的方程组

$$\begin{cases} 3x_1-x_2+5x_3=3, \\ x_1-x_2+2x_3=1, \\ x_1-2x_2-x_3=2. \end{cases}$$

对增广矩阵施以行初等变换:

$$\overline{\boldsymbol{A}}=\left(\begin{array}{ccc|c}3&-1&5&3\\1&-1&2&1\\1&-2&-1&2\end{array}\right)\xrightarrow{r_1\leftrightarrow r_3}\left(\begin{array}{ccc|c}1&-2&-1&2\\1&-1&2&1\\3&-1&5&3\end{array}\right)$$

$$\xrightarrow[-3r_1+r_3]{-r_1+r_2}\left(\begin{array}{ccc|c}1&-2&-1&2\\0&1&3&-1\\0&5&8&-3\end{array}\right)\xrightarrow{-5r_2+r_3}\left(\begin{array}{ccc|c}1&-2&-1&2\\0&1&3&-1\\0&0&-7&2\end{array}\right)$$

$$\xrightarrow{-\frac{1}{7}r_3}\left(\begin{array}{ccc|c}1&-2&-1&2\\0&1&3&-1\\0&0&1&-\frac{2}{7}\end{array}\right)\xrightarrow[-3r_3+r_2]{r_3+r_1}\left(\begin{array}{ccc|c}1&-2&0&\frac{12}{7}\\0&1&0&-\frac{1}{7}\\0&0&1&-\frac{2}{7}\end{array}\right)$$

$$\xrightarrow{2r_2+r_1}\left(\begin{array}{ccc|c}1&0&0&\frac{10}{7}\\0&1&0&-\frac{1}{7}\\0&0&1&-\frac{2}{7}\end{array}\right).$$

于是得原方程组的解为

$$\begin{cases}x_1=\dfrac{10}{7},\\x_2=-\dfrac{1}{7},\\x_3=-\dfrac{2}{7}.\end{cases}$$

注意，最后两步初等变换我们使用了高斯消元法的改进方法——**高斯-若尔当消元法**，即在行阶梯形矩阵基础上进一步化为简化行阶梯形矩阵.

若一个矩阵每个非零行的非零首元都出现在上一行非零首元的右边，同时没有一个非零行出现在零行之下，则称这种矩阵为**行阶梯形矩阵**.若行阶梯形矩阵的每一个非零行的非零首元都是 1，且非零首元所在列的其余元都为 0，则称这种矩阵为**简化行阶梯形矩阵**.

例如下面两个矩阵都是行阶梯形矩阵：

$$\boldsymbol{A}=\begin{pmatrix}1&2&0&0&2\\0&0&1&0&-1\\0&0&0&1&0\end{pmatrix},\quad \boldsymbol{B}=\begin{pmatrix}1&3&0&-1\\0&2&1&0\\0&0&0&1\end{pmatrix},$$

且 $\boldsymbol{A}$ 为简化行阶梯形矩阵，而 $\boldsymbol{B}$ 不是简化行阶梯形矩阵.

显然，用有限次行初等变换可以把任何矩阵化为一个简化行阶梯形矩阵，以后还会知道，所得到的简化行阶梯形矩阵是惟一的.于是，这就为用行初等变换将增广矩阵化简的过程提供了一个明确的目标.

再解例 2 的方程组

$$\begin{cases} x_1+3x_2+4x_3=-2, \\ 2x_1+5x_2+9x_3=3, \\ 3x_1+7x_2+14x_3=8, \\ -x_2+x_3=7. \end{cases}$$

对增广矩阵施以行初等变换:

$$\overline{\boldsymbol{A}}=\left(\begin{array}{ccc:c} 1 & 3 & 4 & -2 \\ 2 & 5 & 9 & 3 \\ 3 & 7 & 14 & 8 \\ 0 & -1 & 1 & 7 \end{array}\right) \xrightarrow[-3r_1+r_3]{-2r_1+r_2} \left(\begin{array}{ccc:c} 1 & 3 & 4 & -2 \\ 0 & -1 & 1 & 7 \\ 0 & -2 & 2 & 14 \\ 0 & -1 & 1 & 7 \end{array}\right)$$

$$\xrightarrow{(-1)r_2} \left(\begin{array}{ccc:c} 1 & 3 & 4 & -2 \\ 0 & 1 & -1 & -7 \\ 0 & -2 & 2 & 14 \\ 0 & -1 & 1 & 7 \end{array}\right) \xrightarrow[r_2+r_4]{2r_2+r_3} \left(\begin{array}{ccc:c} 1 & 3 & 4 & -2 \\ 0 & 1 & -1 & -7 \\ 0 & 0 & 0 & 0 \\ 0 & 0 & 0 & 0 \end{array}\right)$$

$$\xrightarrow{-3r_2+r_1} \left(\begin{array}{ccc:c} 1 & 0 & 7 & 19 \\ 0 & 1 & -1 & -7 \\ 0 & 0 & 0 & 0 \\ 0 & 0 & 0 & 0 \end{array}\right).$$

与矩阵对应的方程组为

$$\begin{cases} x_1 \qquad +7x_3=19, \\ \qquad x_2-x_3=-7, \end{cases}$$

令 $x_3=k$(k 为任意数),则方程组的通解为

$$\begin{cases} x_1=-7k+19, \\ x_2=k-7, \\ x_3=k. \end{cases}$$

最后解例 3 的方程组

$$\begin{cases} x_1-2x_2+3x_3-x_4+2x_5=2, \\ 3x_1-x_2+5x_3-3x_4-x_5=6, \\ 2x_1+x_2+2x_3-2x_4-3x_5=8. \end{cases}$$

对增广矩阵施以行初等变换:

$$\overline{\boldsymbol{A}}=\left(\begin{array}{ccccc:c} 1 & -2 & 3 & -1 & 2 & 2 \\ 3 & -1 & 5 & -3 & -1 & 6 \\ 2 & 1 & 2 & -2 & -3 & 8 \end{array}\right) \xrightarrow[-2r_1+r_3]{-3r_1+r_2} \left(\begin{array}{ccccc:c} 1 & -2 & 3 & -1 & 2 & 2 \\ 0 & 5 & -4 & 0 & -7 & 0 \\ 0 & 5 & -4 & 0 & -7 & 4 \end{array}\right)$$

$$\xrightarrow{-r_2+r_3}\left(\begin{array}{ccccc:c}1 & -2 & 3 & -1 & 2 & 2\\ 0 & 5 & -4 & 0 & -7 & 0\\ 0 & 0 & 0 & 0 & 0 & 4\end{array}\right).$$

典型例题精讲
线性方程组的求解

与矩阵对应的方程组为

$$\begin{cases}x_1-2x_2+3x_3-x_4+2x_5=2,\\ \qquad 5x_2-4x_3 \qquad -7x_5=0,\\ \qquad\qquad\qquad\qquad 0x_5=4,\end{cases}$$

由第三个方程知方程组无解.

从上面的三个例子可见,对于一般的线性方程组 $\boldsymbol{AX}=\boldsymbol{b}$,通过消元步骤,即对增广矩阵作三种行初等变换,可将其化为简化行阶梯形矩阵.为了便于作一般的讨论,不妨假设 $\overline{\boldsymbol{A}}=(\boldsymbol{A},\boldsymbol{b})$化为如下的简化行阶梯形矩阵:

$$\overline{\boldsymbol{A}}=(\boldsymbol{A},\boldsymbol{b})\to\left(\begin{array}{ccccccc:c}c_{11} & 0 & \cdots & 0 & c_{1,r+1} & \cdots & c_{1n} & d_1\\ 0 & c_{22} & \cdots & 0 & c_{2,r+1} & \cdots & c_{2n} & d_2\\ \vdots & \vdots & & \vdots & \vdots & & \vdots & \vdots\\ 0 & 0 & \cdots & c_{rr} & c_{r,r+1} & \cdots & c_{rn} & d_r\\ 0 & 0 & \cdots & 0 & 0 & \cdots & 0 & d_{r+1}\\ 0 & 0 & \cdots & 0 & 0 & \cdots & 0 & 0\\ \vdots & \vdots & & \vdots & \vdots & & \vdots & \vdots\\ 0 & 0 & \cdots & 0 & 0 & \cdots & 0 & 0\end{array}\right), \tag{1.2}$$

其中 $c_{ii}=1(i=1,2,\cdots,r)$.

与这个矩阵对应的非齐次线性方程组与 $\boldsymbol{AX}=\boldsymbol{b}$ 是同解方程组.由矩阵易见,方程组有解的充要条件是 $d_{r+1}=0$.这是因为当 $d_{r+1}\neq 0$ 时,式(1.2)中第 $r+1$ 行对应的方程

$$0x_1+0x_2+\cdots+0x_n=d_{r+1}$$

是无解的.

当 $d_{r+1}=0$ 时,即在有解的情况下,又分两种情况:

(1) 当 $r=n$ 时,有惟一解

$$\begin{cases}x_1 \qquad\qquad =d_1,\\ \qquad x_2 \qquad =d_2,\\ \cdots\cdots\cdots\cdots\\ \qquad\qquad x_n=d_n;\end{cases}$$

(2) 当 $r<n$ 时,有无穷多个解,求解时,把矩阵中每行第一个非零元 $c_{ii}(i=1,2,\cdots,r)$ 所在列对应的未知量(这里是 $x_1,x_2,\cdots,x_r$)取为**基本未知量**,其余未知量(这里是 x_{r+1}, $x_{r+2},\cdots,x_n$)取为**自由未知量**,然后将 $n-r$ 个自由未知量依次取任意常数 $k_1,k_2,\cdots,k_{n-r}$,即可解得 $x_1,x_2,\cdots,x_r$,从而得到方程组的全部解.

将上述结果总结为如下定理:

定理 1 **设 n 元非齐次线性方程组 $\boldsymbol{AX}=\boldsymbol{b}$，对它的增广矩阵施以行初等变换，得到简化行阶梯形矩阵(1.2)，若 $d_{r+1}\neq 0$，则方程组无解；若 $d_{r+1}=0$，则方程组有解，而且当 $r=n$ 时有惟一解，当 $r<n$ 时有无穷多解.**

用不同的消元步骤，将增广矩阵化为行阶梯形矩阵时，行阶梯形矩阵的形式不是惟一的，但行阶梯形矩阵的非零行的行数是惟一确定的.当方程组有解时，表明解中任意常数的个数是相同的，但解的表示式不是惟一的，然而每一种解的表示式中，包含的无穷多个解的集合又是相等的.这些重要的结论，在第四章研究了向量组的线性相关性理论后才能给以严格的论证.

关于齐次线性方程组 $\boldsymbol{AX}=\boldsymbol{0}$，我们知道它总有**平凡解**（**零解**）

$$x_1=x_2=\cdots=x_n=0.$$

当 $r<n$ 时，有无穷多解，求解的方法与非齐次线性方程组相同.如果齐次线性方程组的方程个数 m 小于未知量个数 n，则必有 $r\leqslant m<n$，因而必有无穷多个非零解，于是有如下定理：

定理 2 **设 m 个 n 元方程组成的齐次线性方程组 $\boldsymbol{AX}=\boldsymbol{0}$，若 $m<n$，则方程组必有非零解.**

最后需要指出：初等变换是可逆变换.初等变换和它的逆变换对比如表 1.2 所示：

表 1.2 初等变换及其逆变换的对比

类型	初等变换	逆变换
Ⅰ	交换两行（列）	交换同样的两行（列）
Ⅱ	用 $k\neq 0$ 乘某一行（列）	用 $\dfrac{1}{k}$ 乘同一行（列）
Ⅲ	把第 i 行（列）的 k 倍加到第 j 行（列）上	把第 i 行（列）的 $-k$ 倍加到第 j 行（列）上

如果矩阵 $\boldsymbol{A}$ 经过有限次初等变换变成矩阵 $\boldsymbol{B}$，就称矩阵 $\boldsymbol{A}$ 与 $\boldsymbol{B}$ **等价**，记作 $\boldsymbol{A}\cong\boldsymbol{B}$.若使用的是行（列）初等变换，则称 $\boldsymbol{A}$ 与 $\boldsymbol{B}$ **行（列）等价**.

不难证明，矩阵的等价关系具有

(1) 反身性　$\boldsymbol{A}\cong\boldsymbol{A}$；

(2) 对称性　若 $\boldsymbol{A}\cong\boldsymbol{B}$，则 $\boldsymbol{B}\cong\boldsymbol{A}$；

(3) 传递性　若 $\boldsymbol{A}\cong\boldsymbol{B}$，$\boldsymbol{B}\cong\boldsymbol{C}$，则 $\boldsymbol{A}\cong\boldsymbol{C}$.

三、初等矩阵

初等变换在矩阵理论中具有十分重要的作用.根据矩阵乘法运算的特定涵义，我们可以把矩阵的初等变换表示为矩阵的乘法运算.先看几个矩阵的乘法运算.

设 $\boldsymbol{A}=\begin{pmatrix} a_{11} & a_{12} & \cdots & a_{1n} \\ a_{21} & a_{22} & \cdots & a_{2n} \\ a_{31} & a_{32} & \cdots & a_{3n} \end{pmatrix}$，则

$$\begin{pmatrix}0&1&0\\1&0&0\\0&0&1\end{pmatrix}\begin{pmatrix}a_{11}&a_{12}&\cdots&a_{1n}\\a_{21}&a_{22}&\cdots&a_{2n}\\a_{31}&a_{32}&\cdots&a_{3n}\end{pmatrix}=\begin{pmatrix}a_{21}&a_{22}&\cdots&a_{2n}\\a_{11}&a_{12}&\cdots&a_{1n}\\a_{31}&a_{32}&\cdots&a_{3n}\end{pmatrix},$$

$$\begin{pmatrix}1&0&0\\0&c&0\\0&0&1\end{pmatrix}\begin{pmatrix}a_{11}&a_{12}&\cdots&a_{1n}\\a_{21}&a_{22}&\cdots&a_{2n}\\a_{31}&a_{32}&\cdots&a_{3n}\end{pmatrix}=\begin{pmatrix}a_{11}&a_{12}&\cdots&a_{1n}\\ca_{21}&ca_{22}&\cdots&ca_{2n}\\a_{31}&a_{32}&\cdots&a_{3n}\end{pmatrix},$$

$$\begin{pmatrix}1&0&0\\0&1&0\\c&0&1\end{pmatrix}\begin{pmatrix}a_{11}&a_{12}&\cdots&a_{1n}\\a_{21}&a_{22}&\cdots&a_{2n}\\a_{31}&a_{32}&\cdots&a_{3n}\end{pmatrix}=\begin{pmatrix}a_{11}&a_{12}&\cdots&a_{1n}\\a_{21}&a_{22}&\cdots&a_{2n}\\ca_{11}+a_{31}&ca_{12}+a_{32}&\cdots&ca_{1n}+a_{3n}\end{pmatrix}.$$

由此可见，上面左边三个三阶矩阵左乘 $\boldsymbol{A}$，分别对 $\boldsymbol{A}$ 作了三种行初等变换（第 1，2 行交换；第 2 行乘 c；第 1 行乘 c 加到第 3 行）.这三个三阶矩阵本身又是单位矩阵作同样的行初等变换（即对 $\boldsymbol{A}$ 所作的三种行初等变换）而得到的，它们称为**初等矩阵**.上面三个式子表明 $\boldsymbol{A}$ 的行初等变换可以表示成相应的初等矩阵左乘 $\boldsymbol{A}$ 的运算.

下面给出初等矩阵的一般定义，并讨论矩阵的行（列）初等变换如何表示为矩阵与初等矩阵的乘法运算.

典型例题精讲
初等矩阵的应用

定义 2　将单位矩阵作一次初等变换得到的矩阵，称为初等矩阵.

对应于三种初等变换有三种类型的初等矩阵.

$$1^\circ\quad \boldsymbol{E}_{ij}=\begin{pmatrix}1&&&&&&&&\\&\ddots&&&&&&&\\&&1&&&&&&\\&&&0&\cdots&1&&&\\&&&&1&&&&\\&&&\vdots&\ddots&\vdots&&&\\&&&&&1&&&\\&&&1&\cdots&0&&&\\&&&&&&1&&\\&&&&&&&\ddots&\\&&&&&&&&1\end{pmatrix}\begin{matrix}\\ \\ \\ \text{第 } i \text{ 行}\\ \\ \\ \\ \text{第 } j \text{ 行}\\ \\ \\ \\ \end{matrix}.$$

$\boldsymbol{E}_{ij}$ 是由单位矩阵第 i，j 行（或列）交换而得到的.

$$2^\circ\quad \boldsymbol{E}_i(c)=\begin{pmatrix}1&&&&&\\&\ddots&&&&\\&&1&&&\\&&&c&&\\&&&&1&&\\&&&&&\ddots&\\&&&&&&1\end{pmatrix}\begin{matrix}\\ \\ \\ \text{第 } i \text{ 行,}\\ \\ \\ \\ \end{matrix}$$

其中 $c\neq0$，$\boldsymbol{E}_i(c)$ 是由单位矩阵第 i 行（或列）乘 c 而得到的.

$$3^\circ \quad \boldsymbol{E}_{ij}(c)=\begin{pmatrix}1 & & & & & & \\ & \ddots & & & & & \\ & & 1 & & & & \\ & & \vdots & \ddots & & & \\ & & c & \cdots & 1 & & \\ & & & & & \ddots & \\ & & & & & & 1\end{pmatrix}\begin{matrix} \\ \\ \text{第 } i \text{ 行} \\ \\ \text{第 } j \text{ 行} \\ \\ \\ \end{matrix}.$$

$\boldsymbol{E}_{ij}(c)$是由单位矩阵第 i 行乘 c 加到第 j 行而得到的，或由第 j 列乘 c 加到第 i 列而得到的.

由矩阵乘法定义立即可得如下定理：

定理 3　对一个 $m\times n$ 矩阵 $\boldsymbol{A}$ 作一次行初等变换就相当于在 $\boldsymbol{A}$ 的左边乘上相应的 $m\times m$ 初等矩阵；对 $\boldsymbol{A}$ 作一次列初等变换就相当于在 $\boldsymbol{A}$ 的右边乘上相应的 $n\times n$ 初等矩阵.

若矩阵 $\boldsymbol{B}$ 是由 $\boldsymbol{A}$ 经过有限次行初等变换得到的，则必存在有限个初等矩阵 $\boldsymbol{E}_1$，$\boldsymbol{E}_2$，…，$\boldsymbol{E}_k$，使得

$$\boldsymbol{B}=\boldsymbol{E}_k\boldsymbol{E}_{k-1}\cdots\boldsymbol{E}_1\boldsymbol{A}.$$

若矩阵 $\boldsymbol{B}$ 是由 $\boldsymbol{A}$ 经过有限次列初等变换得到的，则必存在有限个初等矩阵 $\boldsymbol{E}_1'$，$\boldsymbol{E}_2'$，…，$\boldsymbol{E}_s'$，使得

$$\boldsymbol{B}=\boldsymbol{A}\boldsymbol{E}_1'\boldsymbol{E}_2'\cdots\boldsymbol{E}_s'.$$

若矩阵 $\boldsymbol{B}$ 是由 $\boldsymbol{A}$ 经过有限次初等变换得到的，则必存在有限个初等矩阵 $\boldsymbol{P}_1$，$\boldsymbol{P}_2$，…，$\boldsymbol{P}_k$ 与 $\boldsymbol{Q}_1$，$\boldsymbol{Q}_2$，…，$\boldsymbol{Q}_l$，使得

$$\boldsymbol{B}=\boldsymbol{P}_k\boldsymbol{P}_{k-1}\cdots\boldsymbol{P}_1\boldsymbol{A}\boldsymbol{Q}_1\cdots\boldsymbol{Q}_{l-1}\boldsymbol{Q}_l.$$

例 4　设

$$\boldsymbol{P}_1=\begin{pmatrix}1 & 0 & 3 & 1\\ 0 & 2 & 1 & -1\\ 1 & 2 & 1 & 2\\ 2 & 1 & 0 & 1\end{pmatrix},\quad \boldsymbol{P}_2=\begin{pmatrix}1 & 0 & 0 & 0\\ 0 & 1 & 0 & 0\\ 0 & 0 & 1 & 0\\ c & 0 & 0 & 1\end{pmatrix},\quad \boldsymbol{P}_3=\begin{pmatrix}1 & & & \\ & k & & \\ & & 1 & \\ & & & 1\end{pmatrix},$$

求 $\boldsymbol{P}_1\boldsymbol{P}_2\boldsymbol{P}_3$.

解

$$\boldsymbol{P}_1\boldsymbol{P}_2\boldsymbol{P}_3=(\boldsymbol{P}_1\boldsymbol{P}_2)\boldsymbol{P}_3=\begin{pmatrix}1+c & 0 & 3 & 1\\ -c & 2 & 1 & -1\\ 1+2c & 2 & 1 & 2\\ 2+c & 1 & 0 & 1\end{pmatrix}\begin{pmatrix}1 & & & \\ & k & & \\ & & 1 & \\ & & & 1\end{pmatrix}$$

$$=\begin{pmatrix}1+c & 0 & 3 & 1\\ -c & 2k & 1 & -1\\ 1+2c & 2k & 1 & 2\\ 2+c & k & 0 & 1\end{pmatrix}.$$

应用实例一：卷积

卷积神经网络在计算机视觉等领域有重要应用，其核心是经典的卷积运算.设卷积核 $\boldsymbol{w}=(w(-a),w(-a+1),\cdots,w(a))^{\mathrm{T}}$，信号 $\boldsymbol{f}=(f(1),f(2),\cdots,f(n))^{\mathrm{T}}$，$\boldsymbol{w}$ 和 $\boldsymbol{f}$ 的卷积定义为 $\boldsymbol{g}=(g(1),g(2),\cdots,g(n))^{\mathrm{T}}$，其中

$$g(x)=w(x)*f(x)=\sum_{s=-a}^{a}w(s)f(x-s),\quad x=1,2,\cdots,n,$$

$*$ 表示卷积运算.例如 $\boldsymbol{w}=(w(-1),w(0),w(1))^{\mathrm{T}}$ 和 $\boldsymbol{f}=(f(1),f(2),f(3),f(4),f(5))^{\mathrm{T}}$，根据卷积的定义有

$$\begin{aligned}
g(1)&=w(1)f(0)+w(0)f(1)+w(-1)f(2),\\
g(2)&=w(1)f(1)+w(0)f(2)+w(-1)f(3),\\
g(3)&=w(1)f(2)+w(0)f(3)+w(-1)f(4),\\
g(4)&=w(1)f(3)+w(0)f(4)+w(-1)f(5),\\
g(5)&=w(1)f(4)+w(0)f(5)+w(-1)f(6).
\end{aligned}$$

假设满足零边界条件，即 $f(0)=f(6)=0$.我们可以用矩阵和矩阵的乘积将 $\boldsymbol{w}$ 和 $\boldsymbol{f}$ 的卷积简洁地表示为

$$\begin{pmatrix}g(1)\\g(2)\\g(3)\\g(4)\\g(5)\end{pmatrix}=\begin{pmatrix}w(0)&w(-1)&&&\\w(1)&w(0)&w(-1)&&\\&w(1)&w(0)&w(-1)&\\&&w(1)&w(0)&w(-1)\\&&&w(1)&w(0)\end{pmatrix}\begin{pmatrix}f(1)\\f(2)\\f(3)\\f(4)\\f(5)\end{pmatrix}.$$

来看一个现实世界的例子，图 1.5(a)中曲线表示存在噪声污染的脑电信号 $\boldsymbol{f}$，图

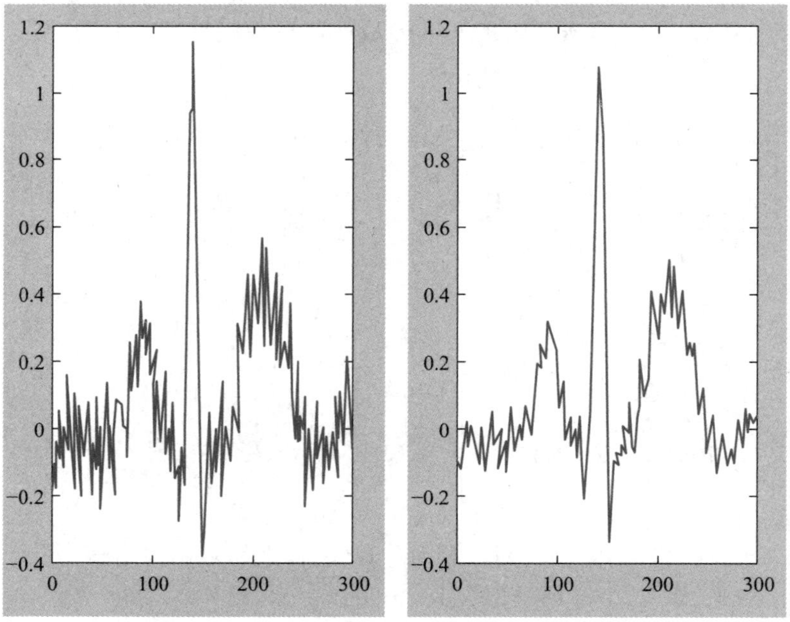

(a) (b)

图 1.5

1.5(b)中曲线表示卷积核 $\boldsymbol{w}=\left(\frac{1}{3},\frac{1}{3},\frac{1}{3}\right)^{\mathrm{T}}$ 和 $\boldsymbol{f}$ 的卷积.我们观察到此卷积核和脑电信号的卷积更加光滑.

本质上,给定卷积核 $\boldsymbol{w}$ 和信号 $\boldsymbol{f}$,计算其卷积 $\boldsymbol{g}$ 是计算矩阵和矩阵的乘积.反之,给定卷积核 $\boldsymbol{w}$ 和卷积 $\boldsymbol{g}$,计算信号 $\boldsymbol{f}$(即反卷积)是求解线性方程组.

应用实例二:计算机断层成像(**Computed Tomography**)

基于不同的密度组织对 X 射线的吸收能力不同的原理,计算机断层成像利用计算机将不同角度的 X 射线观测合成为特定区域的断层面图像.由于其在诊断和治疗方面的巨大价值,豪斯费尔德与科马克凭借计算机断层成像技术获 1979 年诺贝尔生理学或医学奖.计算机断层成像问题可以建模为

$$y_i=a_{i1}x_1+a_{i2}x_2+\cdots+a_{in}x_n,$$

其中 y_i 表示射线 i 的观测值,x_j 表示区域内的像素 j 的密度,a_{ij} 表示射线 i 经过像素 j 的长度(见图 1.6(a)).

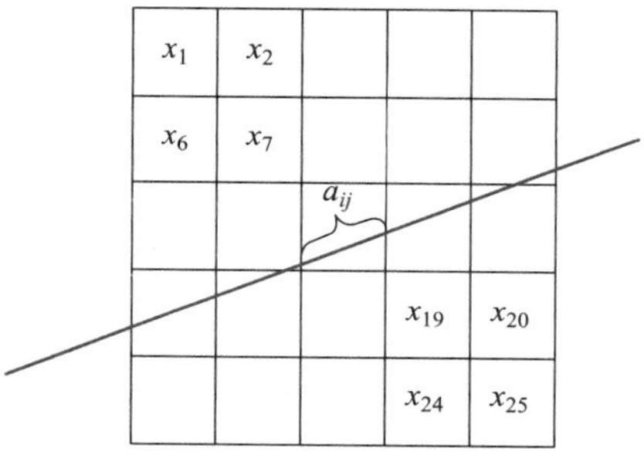

(a)

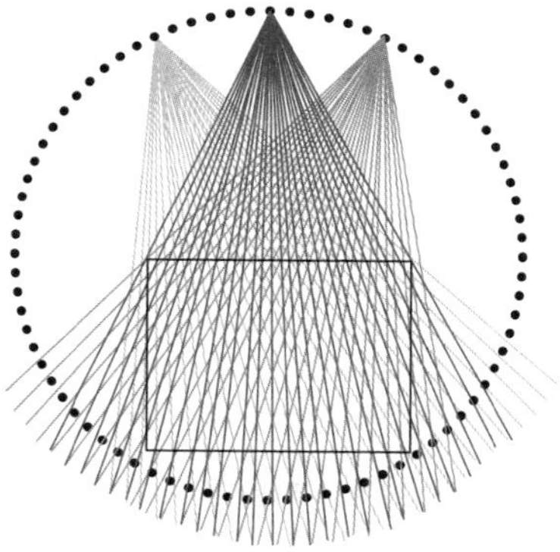
(b)

图 1.6

对于每条射线 i,可以列出一个线性方程.对于不同角度的射线(见图 1.6(b)),就可以列出线性方程组

$$\begin{cases}a_{11}x_1+a_{12}x_2+\cdots+a_{1n}x_n=y_1,\\ a_{21}x_1+a_{22}x_2+\cdots+a_{2n}x_n=y_2,\\ \cdots\cdots\cdots\cdots\\ a_{m1}x_1+a_{m2}x_2+\cdots+a_{mn}x_n=y_m.\end{cases}$$

通过计算线性方程组的解 $\boldsymbol{X}=(x_1,x_2,\cdots,x_n)^{\mathrm{T}}$,我们就能知道特定区域的密度.

习题 1.2

1. 解下列线性方程组:

(1) $\begin{cases}x_1+2x_2+3x_3=8,\\ 2x_1+5x_2+9x_3=16,\\ 3x_1-4x_2-5x_3=32;\end{cases}$ (2) $\begin{cases}x_1+2x_2+3x_3=4,\\ 3x_1+5x_2+7x_3=9,\\ 5x_1+8x_2+11x_3=14;\end{cases}$

(3) $\begin{cases}2x_1+x_2+3x_3=6,\\3x_1+2x_2+x_3=1,\\5x_1+3x_2+4x_3=27;\end{cases}$ (4) $\begin{cases}x_1+x_2+x_3=1,\\x_1+2x_2-5x_3=2,\\2x_1+3x_2-4x_3=5;\end{cases}$

(5) $\begin{cases}x_1-x_2+2x_4+x_5=0,\\3x_1-3x_2+7x_4=0,\\x_1-x_2+2x_3+3x_4+2x_5=0,\\2x_1-2x_2+2x_3+7x_4-3x_5=0.\end{cases}$

2. 用行初等变换将矩阵 $\boldsymbol{A}$ 变为单位矩阵：

(1) $\boldsymbol{A}=\begin{pmatrix}1&0&0&0\\1&1&0&0\\1&1&1&0\\1&1&1&1\end{pmatrix}$； (2) $\boldsymbol{A}=\begin{pmatrix}1&1&1&1\\1&1&-1&-1\\1&-1&1&-1\\1&-1&-1&1\end{pmatrix}$；

(3) $\boldsymbol{A}=\begin{pmatrix}2&a\\b&2\end{pmatrix}$，$ab\neq4$.

3. 讨论 λ 为何值时，$\boldsymbol{A}=\begin{pmatrix}3&1&1&4\\\lambda&4&10&1\\1&7&17&3\\2&2&4&3\end{pmatrix}$ 经行初等变换所得行阶梯形矩阵分别有两个、三个非零行.

4. 设 $\boldsymbol{A}$ 是 3 阶矩阵，将 $\boldsymbol{A}$ 的第 1 列与第 2 列交换得 $\boldsymbol{B}$，再把 $\boldsymbol{B}$ 的第 2 列加到第 3 列得 $\boldsymbol{C}$，求矩阵 $\boldsymbol{Q}$，使得 $\boldsymbol{AQ}=\boldsymbol{C}$.

§1.3 逆矩阵

一、逆矩阵的概念与性质

前面我们定义了矩阵的加法、减法和乘法三种运算.自然地，欲在矩阵中引入类似于“除法”的概念，其关键是要引入类似于数的倒数的概念.

对于任意方阵 $\boldsymbol{A}$，有

$$\boldsymbol{AI}=\boldsymbol{IA}=\boldsymbol{A}.$$

所以，从矩阵乘法的角度来看，单位矩阵 $\boldsymbol{I}$ 类似于数 1 的作用.一个数 $a\neq0$ 的倒数 a^{-1} 可用

$$aa^{-1}=1 \quad 或 \quad a^{-1}a=1$$

来刻画.类似地，我们引入逆矩阵的概念.

定义 **设 $\boldsymbol{A}$ 为 n 阶方阵，若存在 n 阶方阵 $\boldsymbol{B}$，使得**

$$AB=BA=I,$$

则称 A 是可逆矩阵，简称 A 可逆，并称 B 是 A 的逆矩阵.

定理 1　设 A 是可逆矩阵，则它的逆矩阵是惟一的.

证　设 A 有两个逆矩阵 B 和 C，即

$$AB=BA=I, AC=CA=I.$$

于是

$$B=BI=B(AC)=(BA)C=IC=C.$$

故可逆矩阵的逆矩阵是惟一的.

由定义可知，若 B 是 A 的逆矩阵，则 A 亦是 B 的逆矩阵，它们互为逆矩阵.

若 A 可逆，则 A 的逆矩阵存在，记为 A^{-1}，且有 $AA^{-1}=A^{-1}A=I$.

在后面的 §2.2 中我们将证明：若 A，B 为 n 阶方阵，且 $AB=I$（或 $BA=I$），则 $B=A^{-1}$.这样，检验矩阵可逆时，就不必按定义证明 $AB=I$ 且 $BA=I$，而只要证明 $AB=I$（或 $BA=I$）就行了.

显然，$I^{-1}=I$.由逆矩阵的定义易得对角矩阵的逆矩阵.设

$$A=\mathrm{diag}(d_1,d_2,\cdots,d_n), d_i\neq 0(i=1,2,\cdots,n),$$

则

$$A^{-1}=\mathrm{diag}\left(\frac{1}{d_1},\frac{1}{d_2},\cdots,\frac{1}{d_n}\right).$$

要注意的是，并非每个矩阵都有逆矩阵，例如矩阵 $\begin{pmatrix}0&0\\1&1\end{pmatrix}$ 不可能有逆矩阵，这是因为它与任何二阶矩阵的乘积都不可能为单位矩阵.

例 1　设 $A=\begin{pmatrix}0&1\\1&2\end{pmatrix}$，求 A 的逆矩阵.

典型例题精讲
逆矩阵的运算

解　用待定系数法，令 $A^{-1}=\begin{pmatrix}a&b\\c&d\end{pmatrix}$，则可得

$$AA^{-1}=\begin{pmatrix}0&1\\1&2\end{pmatrix}\begin{pmatrix}a&b\\c&d\end{pmatrix}=\begin{pmatrix}1&0\\0&1\end{pmatrix}=I,$$

所以

$$\begin{pmatrix}c&d\\a+2c&b+2d\end{pmatrix}=\begin{pmatrix}1&0\\0&1\end{pmatrix}.$$

因此可得线性方程组

$$\begin{cases} c=1, \\ d=0, \\ a+2c=0, \\ b+2d=1. \end{cases}$$

解得 $a=-2, b=1, c=1, d=0$.

$$\boldsymbol{A}^{-1}=\begin{pmatrix} -2 & 1 \\ 1 & 0 \end{pmatrix}.$$

用待定系数法求 n 阶矩阵的逆矩阵，当 n 较大时，工作量很大，并不方便，后面将介绍简便的方法.在介绍其他方法之前，先研究逆矩阵的性质.

定理 2　设 $\boldsymbol{A},\boldsymbol{B}$ 均为 n 阶可逆矩阵，数 $\lambda\neq 0$，则

1°　**$\boldsymbol{A}^{-1}$ 可逆，且 $(\boldsymbol{A}^{-1})^{-1}=\boldsymbol{A}$；**

2°　**$\lambda\boldsymbol{A}$ 可逆，且 $(\lambda\boldsymbol{A})^{-1}=\dfrac{1}{\lambda}\boldsymbol{A}^{-1}$；**

3°　**$\boldsymbol{AB}$ 可逆，且 $(\boldsymbol{AB})^{-1}=\boldsymbol{B}^{-1}\boldsymbol{A}^{-1}$；**

4°　**$\boldsymbol{A}^{\mathrm{T}}$ 可逆，且 $(\boldsymbol{A}^{\mathrm{T}})^{-1}=(\boldsymbol{A}^{-1})^{\mathrm{T}}$.**

证　我们证明其中的 3°和 4°.

3°　因为

$$(\boldsymbol{AB})(\boldsymbol{B}^{-1}\boldsymbol{A}^{-1})=\boldsymbol{A}(\boldsymbol{BB}^{-1})\boldsymbol{A}^{-1}=\boldsymbol{AIA}^{-1}=\boldsymbol{AA}^{-1}=\boldsymbol{I},$$

所以 $\boldsymbol{AB}$ 可逆，且 $(\boldsymbol{AB})^{-1}=\boldsymbol{B}^{-1}\boldsymbol{A}^{-1}$.

4°　因为

$$\boldsymbol{A}^{\mathrm{T}}(\boldsymbol{A}^{-1})^{\mathrm{T}}=(\boldsymbol{A}^{-1}\boldsymbol{A})^{\mathrm{T}}=\boldsymbol{I}^{\mathrm{T}}=\boldsymbol{I},$$

所以 $\boldsymbol{A}^{\mathrm{T}}$ 可逆，且 $(\boldsymbol{A}^{\mathrm{T}})^{-1}=(\boldsymbol{A}^{-1})^{\mathrm{T}}$.

对于上述性质中的 3°，由数学归纳法不难推广到 s 个矩阵的乘积.若 $\boldsymbol{A}_1,\boldsymbol{A}_2,\cdots,\boldsymbol{A}_s$ 均为同阶可逆矩阵，则

$$(\boldsymbol{A}_1\boldsymbol{A}_2\cdots\boldsymbol{A}_s)^{-1}=\boldsymbol{A}_s{}^{-1}\boldsymbol{A}_{s-1}{}^{-1}\cdots\boldsymbol{A}_1{}^{-1}.$$

例 2　设方阵 $\boldsymbol{B}$ 为幂等矩阵(即 $\boldsymbol{B}^2=\boldsymbol{B}$，从而 $\forall k\in\mathbf{N}^*$①，$\boldsymbol{B}^k=\boldsymbol{B}$)，$\boldsymbol{A}=\boldsymbol{I}+\boldsymbol{B}$，证明：$\boldsymbol{A}$ 可逆，且

$$\boldsymbol{A}^{-1}=\frac{1}{2}(3\boldsymbol{I}-\boldsymbol{A}).$$

证

$$\boldsymbol{A}\left(\frac{1}{2}(3\boldsymbol{I}-\boldsymbol{A})\right)=\frac{1}{2}(3\boldsymbol{A}-\boldsymbol{A}^2),$$

---

① $\mathbf{N}^*$ 表示正整数集合，即 $\mathbf{N}^*=\mathbf{N}\backslash\{0\}$，其中 $\mathbf{N}=\{0,1,2,\cdots\}$ 是自然数集.

而

$$\boldsymbol{A}^2=(\boldsymbol{I}+\boldsymbol{B})^2=\boldsymbol{I}+2\boldsymbol{B}+\boldsymbol{B}^2=\boldsymbol{I}+3\boldsymbol{B}=\boldsymbol{I}+3(\boldsymbol{A}-\boldsymbol{I})=3\boldsymbol{A}-2\boldsymbol{I},$$

于是

$$\boldsymbol{A}\left(\frac{1}{2}(3\boldsymbol{I}-\boldsymbol{A})\right)=\frac{1}{2}(3\boldsymbol{A}-3\boldsymbol{A}+2\boldsymbol{I})=\boldsymbol{I},$$

故 $\boldsymbol{A}$ 可逆，且 $\boldsymbol{A}^{-1}=\frac{1}{2}(3\boldsymbol{I}-\boldsymbol{A})$.

例 3　设矩阵 $\boldsymbol{A}$ 满足 $\boldsymbol{A}^2-3\boldsymbol{A}-10\boldsymbol{I}=\boldsymbol{O}$，证明：$\boldsymbol{A}$，$\boldsymbol{A}-4\boldsymbol{I}$ 都可逆，并求它们的逆矩阵.

典型例题精讲
逆矩阵的性质

证　由 $\boldsymbol{A}^2-3\boldsymbol{A}-10\boldsymbol{I}=\boldsymbol{O}$ 得 $\boldsymbol{A}(\boldsymbol{A}-3\boldsymbol{I})=10\boldsymbol{I}$，即

$$\boldsymbol{A}\left(\frac{1}{10}(\boldsymbol{A}-3\boldsymbol{I})\right)=\boldsymbol{I},$$

故由逆矩阵的定义知，$\boldsymbol{A}$ 可逆，且 $\boldsymbol{A}^{-1}=\frac{1}{10}(\boldsymbol{A}-3\boldsymbol{I})$.

再由 $\boldsymbol{A}^2-3\boldsymbol{A}-10\boldsymbol{I}=\boldsymbol{O}$ 得 $(\boldsymbol{A}+\boldsymbol{I})(\boldsymbol{A}-4\boldsymbol{I})=6\boldsymbol{I}$，即

$$\frac{1}{6}(\boldsymbol{A}+\boldsymbol{I})(\boldsymbol{A}-4\boldsymbol{I})=\boldsymbol{I},$$

故 $\boldsymbol{A}-4\boldsymbol{I}$ 可逆，且 $(\boldsymbol{A}-4\boldsymbol{I})^{-1}=\frac{1}{6}(\boldsymbol{A}+\boldsymbol{I})$.

由初等变换可逆及其与逆变换的对应关系可知，初等矩阵是可逆的，且逆矩阵仍为初等矩阵，事实上，

$$\boldsymbol{E}_{ij}{}^{-1}=\boldsymbol{E}_{ij};\boldsymbol{E}_i{}^{-1}(c)=\boldsymbol{E}_i\left(\frac{1}{c}\right),c\neq 0;\boldsymbol{E}_{ij}{}^{-1}(c)=\boldsymbol{E}_{ij}(-c).$$

定理 3　设 $\boldsymbol{A}$ 为 n 阶矩阵，则下列各命题是等价的：

1°　$\boldsymbol{A}$ 是可逆的；

2°　齐次线性方程组 $\boldsymbol{AX}=\boldsymbol{0}$ 只有零解；

3°　$\boldsymbol{A}$ 与 $\boldsymbol{I}$ 行等价；

4°　$\boldsymbol{A}$ 可表示为有限个初等矩阵的乘积.

证　1°⇒2°　设 $\boldsymbol{A}$ 是可逆的且 $\boldsymbol{X}$ 是 $\boldsymbol{AX}=\boldsymbol{0}$ 的解，则

$$\boldsymbol{X}=\boldsymbol{IX}=(\boldsymbol{A}^{-1}\boldsymbol{A})\boldsymbol{X}=\boldsymbol{A}^{-1}(\boldsymbol{AX})=\boldsymbol{A}^{-1}\boldsymbol{0}=\boldsymbol{0},$$

因此，$\boldsymbol{AX}=\boldsymbol{0}$ 只有零解.

2°⇒3°　若齐次线性方程组 $\boldsymbol{AX}=\boldsymbol{0}$ 只有零解，设

$$\boldsymbol{A}\xrightarrow{\text{行初等变换}}\boldsymbol{B}\ (\boldsymbol{B}\text{ 为行阶梯形矩阵}),$$

则 $\boldsymbol{AX}=\boldsymbol{0}$ 与 $\boldsymbol{BX}=\boldsymbol{0}$ 同解.若 $\boldsymbol{B}$ 有一对角元为零，则 $\boldsymbol{B}$ 的最后一行元全为零，这样 $\boldsymbol{AX}=\boldsymbol{0}$ 同解于未知量个数多于方程个数的线性方程组.于是 $\boldsymbol{AX}=\boldsymbol{0}$ 有非零解，这与已知矛盾.因而行阶梯形矩阵 $\boldsymbol{B}$ 的对角元全为非零，从而 $\boldsymbol{A}$ 经过行初等变换可化为的简化行

阶梯形矩阵是 $\boldsymbol{I}$，即 $\boldsymbol{A}$ 与 $\boldsymbol{I}$ 行等价.

3°⇒4° 因为 $\boldsymbol{A}$ 与 $\boldsymbol{I}$ 行等价，所以 $\boldsymbol{A}$ 经过行初等变换可以得到 $\boldsymbol{I}$. 又因对 $\boldsymbol{A}$ 施以行初等变换相当于用初等矩阵左乘 $\boldsymbol{A}$，从而存在初等矩阵 $\boldsymbol{P}_1,\boldsymbol{P}_2,\cdots,\boldsymbol{P}_k$，使得 $\boldsymbol{P}_k\cdots\boldsymbol{P}_2\boldsymbol{P}_1\boldsymbol{A}=\boldsymbol{I}$，又因初等矩阵可逆，故

$$\boldsymbol{A}=\boldsymbol{P}_1{}^{-1}\boldsymbol{P}_2{}^{-1}\cdots\boldsymbol{P}_k{}^{-1},$$

而初等矩阵的逆矩阵仍为初等矩阵，因此 $\boldsymbol{A}$ 可表示为有限个初等矩阵的乘积.

4°⇒1° 设存在初等矩阵 $\boldsymbol{E}_1,\boldsymbol{E}_2,\cdots,\boldsymbol{E}_k$，使得

$$\boldsymbol{A}=\boldsymbol{E}_1\boldsymbol{E}_2\cdots\boldsymbol{E}_k,$$

由初等矩阵可逆及定理 2 中 3°的推广知 $\boldsymbol{E}_1\boldsymbol{E}_2\cdots\boldsymbol{E}_k$ 也可逆.故 $\boldsymbol{A}$ 可逆.

推论　设 $\boldsymbol{A}$ 为 n 阶矩阵，则非齐次线性方程组 $\boldsymbol{AX}=\boldsymbol{b}$ 有惟一解的充要条件是 $\boldsymbol{A}$ 可逆.

证　充分性：若 $\boldsymbol{A}$ 可逆，则 $\boldsymbol{AX}=\boldsymbol{b}$ 有惟一解 $\boldsymbol{X}=\boldsymbol{A}^{-1}\boldsymbol{b}$.

必要性：设 $\boldsymbol{AX}=\boldsymbol{b}$ 有惟一解 $\boldsymbol{X}$，但 $\boldsymbol{A}$ 不可逆，则 $\boldsymbol{AX}=\boldsymbol{0}$有非零解 $\boldsymbol{Z}\neq\boldsymbol{0}$.令

$$\boldsymbol{Y}=\boldsymbol{X}+\boldsymbol{Z},$$

易知，$\boldsymbol{Y}\neq\boldsymbol{X}$ 且

$$\boldsymbol{AY}=\boldsymbol{A}(\boldsymbol{X}+\boldsymbol{Z})=\boldsymbol{AX}+\boldsymbol{AZ}=\boldsymbol{b}+\boldsymbol{0}=\boldsymbol{b},$$

即 $\boldsymbol{Y}$ 也为 $\boldsymbol{AX}=\boldsymbol{b}$ 的解，矛盾.故 $\boldsymbol{A}$ 可逆.

二、用行初等变换求逆矩阵

现在我们介绍一个求 $\boldsymbol{A}^{-1}$ 的简便方法.设 $\boldsymbol{A}$ 可逆，故存在初等矩阵 $\boldsymbol{E}_1,\boldsymbol{E}_2,\cdots,\boldsymbol{E}_k$，使得

$$\boldsymbol{E}_k\boldsymbol{E}_{k-1}\cdots\boldsymbol{E}_1\boldsymbol{A}=\boldsymbol{I},$$

即

$$\boldsymbol{A}^{-1}=\boldsymbol{E}_k\boldsymbol{E}_{k-1}\cdots\boldsymbol{E}_1=\boldsymbol{E}_k\boldsymbol{E}_{k-1}\cdots\boldsymbol{E}_1\boldsymbol{I}.$$

因此，若用一系列行初等变换将 $\boldsymbol{A}$ 化为 $\boldsymbol{I}$，则用同样的行初等变换就将 $\boldsymbol{I}$ 化为 $\boldsymbol{A}^{-1}$.这就给我们提供了一个计算 $\boldsymbol{A}^{-1}$ 的有效方法：**若对$(\boldsymbol{A},\boldsymbol{I})$施以行初等变换将 $\boldsymbol{A}$ 变为 $\boldsymbol{I}$，则 $\boldsymbol{I}$ 就变为 $\boldsymbol{A}^{-1}$**，即

$$(\boldsymbol{A},\boldsymbol{I})\xrightarrow{\text{行初等变换}}(\boldsymbol{I},\boldsymbol{A}^{-1}).$$

例 4　利用行初等变换求 $\boldsymbol{A}=\begin{pmatrix}0&2&-1\\1&1&2\\-1&-1&-1\end{pmatrix}$ 的逆矩阵 $\boldsymbol{A}^{-1}$.

解　因

$$(\boldsymbol{A},\boldsymbol{I})=\left(\begin{array}{ccc:ccc}0&2&-1&1&0&0\\1&1&2&0&1&0\\-1&-1&-1&0&0&1\end{array}\right)\xrightarrow{r_1\leftrightarrow r_2}\left(\begin{array}{ccc:ccc}1&1&2&0&1&0\\0&2&-1&1&0&0\\-1&-1&-1&0&0&1\end{array}\right)$$

$$\xrightarrow{r_1+r_3}\left(\begin{array}{ccc:ccc}1&1&2&0&1&0\\0&2&-1&1&0&0\\0&0&1&0&1&1\end{array}\right)\xrightarrow{r_3+r_2}\left(\begin{array}{ccc:ccc}1&1&2&0&1&0\\0&2&0&1&1&1\\0&0&1&0&1&1\end{array}\right)$$

$$\xrightarrow{-2r_3+r_1}\left(\begin{array}{ccc:ccc}1&1&0&0&-1&-2\\0&2&0&1&1&1\\0&0&1&0&1&1\end{array}\right)\xrightarrow{\frac{1}{2}r_2}\left(\begin{array}{ccc:ccc}1&1&0&0&-1&-2\\0&1&0&\frac{1}{2}&\frac{1}{2}&\frac{1}{2}\\0&0&1&0&1&1\end{array}\right)$$

$$\xrightarrow{-r_2+r_1}\left(\begin{array}{ccc:ccc}1&0&0&-\frac{1}{2}&-\frac{3}{2}&-\frac{5}{2}\\0&1&0&\frac{1}{2}&\frac{1}{2}&\frac{1}{2}\\0&0&1&0&1&1\end{array}\right),$$

故

$$\boldsymbol{A}^{-1}=\begin{pmatrix}-\frac{1}{2}&-\frac{3}{2}&-\frac{5}{2}\\\frac{1}{2}&\frac{1}{2}&\frac{1}{2}\\0&1&1\end{pmatrix}.$$

值得注意的是,用行初等变换求逆矩阵时,必须始终用行初等变换,其间不能做任何列初等变换.

例 5 问矩阵 $\boldsymbol{A}=\begin{pmatrix}1&-2&1\\2&0&1\\0&4&-1\end{pmatrix}$ 是否可逆?

解

$$(\boldsymbol{A},\boldsymbol{I})=\left(\begin{array}{ccc:ccc}1&-2&1&1&0&0\\2&0&1&0&1&0\\0&4&-1&0&0&1\end{array}\right)\to\left(\begin{array}{ccc:ccc}1&-2&1&1&0&0\\0&4&-1&-2&1&0\\0&4&-1&0&0&1\end{array}\right)$$

$$\to\left(\begin{array}{ccc:ccc}1&-2&1&1&0&0\\0&4&-1&-2&1&0\\0&0&0&2&-1&1\end{array}\right),$$

故 $\boldsymbol{A}$ 不可逆.

例 6　解线性方程组 $\begin{cases} 2x_2 - x_3 = 2, \\ x_1 + x_2 + 2x_3 = 1, \\ -x_1 - x_2 - x_3 = 1. \end{cases}$

解　以前我们用高斯消元法求解，现在用逆矩阵求解. 设原方程组为 $\boldsymbol{AX}=\boldsymbol{b}$，其中

$$\boldsymbol{A}=\begin{pmatrix} 0 & 2 & -1 \\ 1 & 1 & 2 \\ -1 & -1 & -1 \end{pmatrix},\quad \boldsymbol{b}=\begin{pmatrix} 2 \\ 1 \\ 1 \end{pmatrix},$$

由例 4 知 $\boldsymbol{A}^{-1}=\begin{pmatrix} -\frac{1}{2} & -\frac{3}{2} & -\frac{5}{2} \\ \frac{1}{2} & \frac{1}{2} & \frac{1}{2} \\ 0 & 1 & 1 \end{pmatrix}$，故原方程组有惟一解

$$\boldsymbol{X}=\boldsymbol{A}^{-1}\boldsymbol{b}=(-5,2,2)^{\mathrm{T}}.$$

典型例题精讲
矩阵方程的计算

方程组 $\boldsymbol{AX}=\boldsymbol{B}$ 可以认为是矩阵方程，若 $\boldsymbol{A}$ 可逆，则有解 $\boldsymbol{X}=\boldsymbol{A}^{-1}\boldsymbol{B}$. 而对于矩阵方程 $\boldsymbol{XA}=\boldsymbol{B}$，若 $\boldsymbol{A}$ 可逆，则有解 $\boldsymbol{X}=\boldsymbol{BA}^{-1}$. 若 $\boldsymbol{A},\boldsymbol{B}$ 均可逆，对于矩阵方程 $\boldsymbol{AXB}=\boldsymbol{C}$，则有解

$$\boldsymbol{X}=\boldsymbol{A}^{-1}\boldsymbol{CB}^{-1}.$$

类似于前面关于"$(\boldsymbol{A},\boldsymbol{I})\xrightarrow{\text{行初等变换}}(\boldsymbol{I},\boldsymbol{A}^{-1})$"的推导方法，我们很容易知道可以用如下方法求 $\boldsymbol{A}^{-1}\boldsymbol{B}$（留给读者自证）：

$$(\boldsymbol{A},\boldsymbol{B})\xrightarrow{\text{行初等变换}}(\boldsymbol{I},\boldsymbol{A}^{-1}\boldsymbol{B}).$$

例 7　设 $(2\boldsymbol{I}-\boldsymbol{C}^{-1}\boldsymbol{B})\boldsymbol{A}^{\mathrm{T}}=\boldsymbol{C}^{-1}$，其中 $\boldsymbol{I}$ 是 4 阶单位矩阵，

$$\boldsymbol{B}=\begin{pmatrix} 1 & 2 & -3 & -2 \\ 0 & 1 & 2 & -3 \\ 0 & 0 & 1 & 2 \\ 0 & 0 & 0 & 1 \end{pmatrix},\quad \boldsymbol{C}=\begin{pmatrix} 1 & 2 & 0 & 1 \\ 0 & 1 & 2 & 0 \\ 0 & 0 & 1 & 2 \\ 0 & 0 & 0 & 1 \end{pmatrix},$$

求 $\boldsymbol{A}$.

解　由题设有 $\boldsymbol{C}(2\boldsymbol{I}-\boldsymbol{C}^{-1}\boldsymbol{B})\boldsymbol{A}^{\mathrm{T}}=\boldsymbol{I}$，即 $(2\boldsymbol{C}-\boldsymbol{B})\boldsymbol{A}^{\mathrm{T}}=\boldsymbol{I}$，也就是 $\boldsymbol{A}(2\boldsymbol{C}-\boldsymbol{B})^{\mathrm{T}}=\boldsymbol{I}$. 由于

$$2\boldsymbol{C}-\boldsymbol{B}=\begin{pmatrix} 1 & 2 & 3 & 4 \\ 0 & 1 & 2 & 3 \\ 0 & 0 & 1 & 2 \\ 0 & 0 & 0 & 1 \end{pmatrix},$$

且易知 $2\boldsymbol{C}-\boldsymbol{B}$ 可逆，因而 $(2\boldsymbol{C}-\boldsymbol{B})^{\mathrm{T}}$ 也可逆，于是

$$\boldsymbol{A}=((2\boldsymbol{C}-\boldsymbol{B})^{\mathrm{T}})^{-1}=((2\boldsymbol{C}-\boldsymbol{B})^{-1})^{\mathrm{T}}=\begin{pmatrix}1&0&0&0\\-2&1&0&0\\1&-2&1&0\\0&1&-2&1\end{pmatrix}.$$

例 8 设

$$\boldsymbol{P}_1=\begin{pmatrix}0&0&1&0\\0&1&0&0\\1&0&0&0\\0&0&0&1\end{pmatrix},\quad \boldsymbol{P}_2=\begin{pmatrix}1&0&0&0\\0&1&0&0\\0&0&1&0\\c&0&0&1\end{pmatrix},\quad \boldsymbol{P}_3=\begin{pmatrix}1&&&\\&k&&\\&&1&\\&&&1\end{pmatrix},$$

求$(\boldsymbol{P}_1\boldsymbol{P}_2\boldsymbol{P}_3)^{-1}$.

解

$$(\boldsymbol{P}_1\boldsymbol{P}_2\boldsymbol{P}_3)^{-1}=\boldsymbol{P}_3^{-1}\boldsymbol{P}_2^{-1}\boldsymbol{P}_1^{-1}=\begin{pmatrix}1&&&\\&\frac{1}{k}&&\\&&1&\\&&&1\end{pmatrix}\begin{pmatrix}1&0&0&0\\0&1&0&0\\0&0&1&0\\-c&0&0&1\end{pmatrix}\begin{pmatrix}0&0&1&0\\0&1&0&0\\1&0&0&0\\0&0&0&1\end{pmatrix}$$

$$=\begin{pmatrix}1&&&\\&\frac{1}{k}&&\\&&1&\\&&&1\end{pmatrix}\begin{pmatrix}0&0&1&0\\0&1&0&0\\1&0&0&0\\0&0&-c&1\end{pmatrix}=\begin{pmatrix}0&0&1&0\\0&\frac{1}{k}&0&0\\1&0&0&0\\0&0&-c&1\end{pmatrix}.$$

应用实例一：颜色空间的转换

RGB 颜色空间中 3×1 矩阵表示一种颜色，其三个分量分别表示红、绿、蓝的值. YUV 颜色空间中 3×1 矩阵表示一种颜色，其三个分量分别表示明亮度 Y、色度 U 和 V 的值.在不同的应用场景下，我们需要在不同的颜色空间之间转换.矩阵乘积 $\begin{pmatrix}Y\\U\\V\end{pmatrix}=\begin{pmatrix}0.299&0.587&0.114\\-0.147&-0.289&0.436\\0.615&-0.515&-0.100\end{pmatrix}\begin{pmatrix}R\\G\\B\end{pmatrix}$ 将 RGB 颜色空间的颜色变换到 YUV 颜色空间的颜色.而其逆矩阵的乘积 $\begin{pmatrix}R\\G\\B\end{pmatrix}=\begin{pmatrix}1&0&1.140\\1&-0.395&-0.581\\1&2.032&0\end{pmatrix}\begin{pmatrix}Y\\U\\V\end{pmatrix}$ 将 YUV 颜色空间的颜色变换到 RGB 颜色空间的颜色.

下面我们展示一张图像及其对应的 RGB 分量图像和 YUV 分量图像(图 1.7).

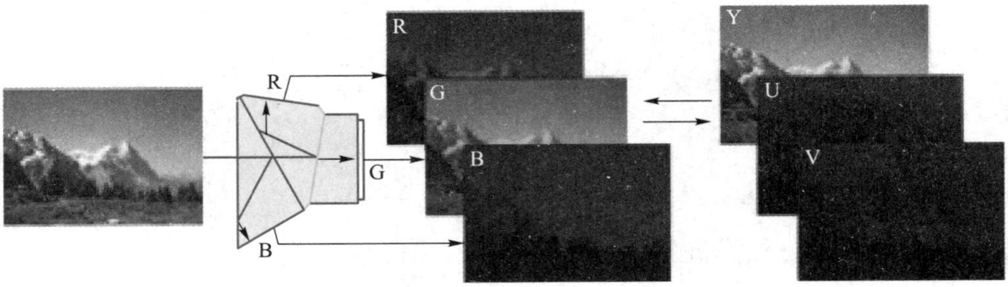

图 1.7

应用实例二：敏感度分析——扰动分析

一个家具厂生产桌子、椅子和沙发，该厂一个月可用 550 单位木材，475 单位劳力及 222 单位纺织品.家具厂要为每月用完这些资源制订生产计划表.不同产品所需资源的数量如表 1.3 所示.

表 1.3　不同产品所需资源的数量

	桌子	椅子	沙发
木　材	4	2	5
劳　力	3	2	5
纺织品	0	2	4

试确定：

(1) 每种产品应生产出多少个？

(2) 若纺织品的数量增加 10 个单位，所生产沙发的数量改变多少？

解　(1) 设每月生产桌子、椅子和沙发的数量分别为 x_1, x_2, x_3.

$$\boldsymbol{X}=\begin{pmatrix}x_1\\x_2\\x_3\end{pmatrix},\quad \boldsymbol{A}=\begin{pmatrix}4&2&5\\3&2&5\\0&2&4\end{pmatrix},\quad \boldsymbol{b}=\begin{pmatrix}550\\475\\222\end{pmatrix},$$

则有 $\boldsymbol{AX}=\boldsymbol{b}$.

$$\boldsymbol{A}^{-1}=\begin{pmatrix}1&-1&0\\6&-8&\frac{5}{2}\\-3&4&-1\end{pmatrix},\quad \boldsymbol{X}=\boldsymbol{A}^{-1}\boldsymbol{b}=\begin{pmatrix}75\\55\\28\end{pmatrix}.$$

(2) 在许多实际问题中，求出满足已知需求的量，只是全过程的一半.人们还对如下问题感兴趣：需求微小改变对解 $\boldsymbol{X}$ 有怎样的影响？这个课题称为**敏感度分析——扰动分析**.

纺织品数量增加 10 个单位，使得 $\boldsymbol{b}$ 改变 $\Delta\boldsymbol{b}=\begin{pmatrix}0\\0\\10\end{pmatrix}$.研究 $\Delta\boldsymbol{b}$ 对解的影响，我们建

立新的关系式 $\boldsymbol{AX}^*=\boldsymbol{b}+\Delta\boldsymbol{b}$,则

$$\boldsymbol{X}^*=\boldsymbol{A}^{-1}(\boldsymbol{b}+\Delta\boldsymbol{b})=\boldsymbol{A}^{-1}\boldsymbol{b}+\boldsymbol{A}^{-1}\Delta\boldsymbol{b}=\boldsymbol{X}+\Delta\boldsymbol{X}.$$

于是,

$$\Delta\boldsymbol{X}=\boldsymbol{A}^{-1}\Delta\boldsymbol{b}=\begin{pmatrix}1&-1&0\\6&-8&\dfrac{5}{2}\\-3&4&-1\end{pmatrix}\begin{pmatrix}0\\0\\10\end{pmatrix}=\begin{pmatrix}0\\25\\-10\end{pmatrix},$$

故所生产椅子的数量增加 25 个,生产沙发的数量需减少 10 个.

习题 1.3

1. 设 $\boldsymbol{A}=\begin{pmatrix}1&2\\-3&4\end{pmatrix}$, $\boldsymbol{B}=\begin{pmatrix}\dfrac{4}{10}&x\\\dfrac{3}{10}&y\end{pmatrix}$,确定 x,y,使 $\boldsymbol{B}$ 成为 $\boldsymbol{A}$ 的逆矩阵.

2. 若 $\boldsymbol{A},\boldsymbol{B}$ 均为 n 阶可逆矩阵,问 $\boldsymbol{A}-\boldsymbol{B},\boldsymbol{AB},\boldsymbol{AB}^{-1}$ 是否一定为可逆矩阵?若不是,请举例说明.

3. 已知 $\boldsymbol{A}^{-1}=\begin{pmatrix}1&2&1\\0&1&3\\1&2&4\end{pmatrix}$, $\boldsymbol{B}^{-1}=\begin{pmatrix}2&1&0\\-1&2&1\\-2&3&1\end{pmatrix}$,求 $(\boldsymbol{AB})^{-1}$, $(\boldsymbol{A}^{\mathrm{T}}\boldsymbol{B})^{-1}$, $[(\boldsymbol{AB})^{\mathrm{T}}]^{-1}$.

4. 利用行初等变换求矩阵的逆:

(1) $\begin{pmatrix}1&1&-1\\2&1&0\\1&-1&0\end{pmatrix}$; (2) $\begin{pmatrix}2&2&3\\1&-1&0\\-1&2&1\end{pmatrix}$;

(3) $\begin{pmatrix}1&1&1&1\\1&1&-1&-1\\1&-1&1&-1\\1&-1&-1&1\end{pmatrix}$; (4) $\begin{pmatrix}0&0&1&-1\\0&3&1&4\\2&7&6&-1\\1&2&2&-1\end{pmatrix}$.

5. 设 $\boldsymbol{A}$ 是 n 阶矩阵,

(1) 若 $\boldsymbol{A}$ 满足矩阵方程 $\boldsymbol{A}^2-\boldsymbol{A}+\boldsymbol{I}=\boldsymbol{O}$,证明:$\boldsymbol{A}$ 和 $\boldsymbol{I}-\boldsymbol{A}$ 都可逆,并求它们的逆矩阵;

(2) 若 $\boldsymbol{A}$ 满足矩阵方程 $\boldsymbol{A}^2-2\boldsymbol{A}-4\boldsymbol{I}=\boldsymbol{O}$,证明:$\boldsymbol{A}+\boldsymbol{I}$ 和 $\boldsymbol{A}-3\boldsymbol{I}$ 都可逆,并求它们的逆矩阵.

6. 设 n 阶矩阵 $\boldsymbol{A}$ 满足条件 $\boldsymbol{A}^k=\boldsymbol{O}$,$k$ 为正整数,证明:$\boldsymbol{I}-\boldsymbol{A}$ 可逆,且

$$(\boldsymbol{I}-\boldsymbol{A})^{-1}=\boldsymbol{I}+\boldsymbol{A}+\boldsymbol{A}^2+\cdots+\boldsymbol{A}^{k-1}.$$

7. 设 $f(x)=a_kx^k+a_{k-1}x^{k-1}+\cdots+a_0$,$a_0\neq0$,$\boldsymbol{A}$ 为 n 阶矩阵,证明:若 $f(\boldsymbol{A})=\boldsymbol{O}$,则 $\boldsymbol{A}$ 可逆,并写出 $\boldsymbol{A}^{-1}$.

8. 求下列各矩阵方程中的 $\boldsymbol{X}$：

(1) $\begin{pmatrix}1&1&-1\\0&2&2\\1&-1&0\end{pmatrix}\boldsymbol{X}=\begin{pmatrix}1&-1\\1&1\\2&1\end{pmatrix}$； (2) $\boldsymbol{X}\begin{pmatrix}1&1&-1\\0&2&2\\1&-1&0\end{pmatrix}=\begin{pmatrix}1&-1&1\\1&1&0\end{pmatrix}$；

(3) $\begin{pmatrix}1&1&-1\\0&2&2\\1&-1&0\end{pmatrix}\boldsymbol{X}+\begin{pmatrix}0&1\\1&0\\4&3\end{pmatrix}=\begin{pmatrix}1&-1\\1&1\\2&1\end{pmatrix}$.

9. 设

$$\boldsymbol{B}=\begin{pmatrix}1&-1&0&0\\0&1&-1&0\\0&0&1&-1\\0&0&0&1\end{pmatrix},\quad \boldsymbol{C}=\begin{pmatrix}2&1&3&4\\0&2&1&3\\0&0&2&1\\0&0&0&2\end{pmatrix},$$

且 $\boldsymbol{A}$ 满足 $\boldsymbol{A}(\boldsymbol{I}-\boldsymbol{C}^{-1}\boldsymbol{B})^{\mathrm{T}}\boldsymbol{C}^{\mathrm{T}}=\boldsymbol{I}$，求 $\boldsymbol{A}$.

10. 设 $\boldsymbol{A},\boldsymbol{B}$ 都是可逆矩阵，证明：

(1) 若 $\boldsymbol{AX}=\boldsymbol{AY}$，则 $\boldsymbol{X}=\boldsymbol{Y}$； (2) 若 $\boldsymbol{XA}=\boldsymbol{YA}$，则 $\boldsymbol{X}=\boldsymbol{Y}$.

11. 证明可逆对称矩阵 $\boldsymbol{A}$ 的逆矩阵 $\boldsymbol{A}^{-1}$ 也是对称矩阵.

12. 设 $\boldsymbol{A}=\boldsymbol{PBP}^{-1}$，证明 $f(\boldsymbol{A})=\boldsymbol{P}f(\boldsymbol{B})\boldsymbol{P}^{-1}$，其中 f 是一个多项式.

13. 设 $\boldsymbol{P}^{-1}\boldsymbol{AP}=\boldsymbol{B}$，$\boldsymbol{P}=\begin{pmatrix}-1&-4\\1&1\end{pmatrix}$，$\boldsymbol{B}=\begin{pmatrix}-1&0\\0&2\end{pmatrix}$，求 $\boldsymbol{A}^{11}$.

14. (1) 设 $\boldsymbol{u}$ 和 $\boldsymbol{v}$ 均是 $n\times 1$ 矩阵，$1+\boldsymbol{v}^{\mathrm{T}}\boldsymbol{u}\neq 0$，证明

$$(\boldsymbol{I}+\boldsymbol{uv}^{\mathrm{T}})^{-1}=\boldsymbol{I}-\frac{\boldsymbol{uv}^{\mathrm{T}}}{1+\boldsymbol{v}^{\mathrm{T}}\boldsymbol{u}};$$

(2) 设 $\boldsymbol{U},\boldsymbol{V}$ 均是 $n\times k$ 矩阵，$\boldsymbol{I}+\boldsymbol{V}^{\mathrm{T}}\boldsymbol{U}$ 可逆，证明

$$(\boldsymbol{I}+\boldsymbol{UV}^{\mathrm{T}})^{-1}=\boldsymbol{I}-\boldsymbol{U}(\boldsymbol{I}+\boldsymbol{V}^{\mathrm{T}}\boldsymbol{U})^{-1}\boldsymbol{V}^{\mathrm{T}}.$$

§1.4 分块矩阵

有时候，我们用几条纵线与横线将矩阵分割，把一个大矩阵看成是由一些小矩阵组成的，就如矩阵是由数组成的一样，构成一个**分块矩阵**，从而把大型矩阵的运算化为若干小型矩阵的运算，使运算更为简明.这是处理阶数较高的矩阵的重要方法.

若将 $\boldsymbol{A}$ 分块为

$$\boldsymbol{A}=\left(\begin{array}{cc:c}a_{11}&a_{12}&a_{13}\\a_{21}&a_{22}&a_{23}\\ \hdashline a_{31}&a_{32}&a_{33}\end{array}\right),$$

则得四个**子矩阵**

$$\boldsymbol{A}_{11}=\begin{pmatrix}a_{11}&a_{12}\\a_{21}&a_{22}\end{pmatrix},\quad \boldsymbol{A}_{12}=\begin{pmatrix}a_{13}\\a_{23}\end{pmatrix},\quad \boldsymbol{A}_{21}=(a_{31}\quad a_{32}),\quad \boldsymbol{A}_{22}=(a_{33}).$$

这样，$\boldsymbol{A}$ 就能表为

$$\boldsymbol{A}=\begin{pmatrix}\boldsymbol{A}_{11} & \boldsymbol{A}_{12}\\ \boldsymbol{A}_{21} & \boldsymbol{A}_{22}\end{pmatrix}.$$

于是，$\boldsymbol{A}$ 被看作是以矩阵为元的 2×2 矩阵.这样就能将行与列较多的矩阵根据需要简单地表出.

又如，对矩阵 $\boldsymbol{A}$ 进行如下形式分块：

$$\boldsymbol{A}=\left(\begin{array}{ccc:cc}1 & 0 & 0 & 0 & 2\\ 0 & 1 & 0 & 1 & -3\\ 0 & 0 & 1 & -1 & 0\\ \hdashline 0 & 0 & 0 & 4 & 1\end{array}\right),$$

记

$$\boldsymbol{I}=\begin{pmatrix}1 & 0 & 0\\ 0 & 1 & 0\\ 0 & 0 & 1\end{pmatrix},\quad \boldsymbol{A}_1=\begin{pmatrix}0 & 2\\ 1 & -3\\ -1 & 0\end{pmatrix},\quad \boldsymbol{O}=(0\quad 0\quad 0),\quad \boldsymbol{A}_2=(4\quad 1),$$

则

$$\boldsymbol{A}=\begin{pmatrix}\boldsymbol{I} & \boldsymbol{A}_1\\ \boldsymbol{O} & \boldsymbol{A}_2\end{pmatrix}.$$

当考虑一个矩阵的分块时，一个重要的原则是使分块后的子矩阵中有便于利用的特殊矩阵，如单位矩阵、零矩阵、对角矩阵、三角形矩阵等.

常用的分块矩阵，除了上面的 2×2 分块矩阵，还有以下几种形式：

将 $m\times n$ 矩阵 $\boldsymbol{A}=(a_{ij})_{m\times n}$ 按行分块为 $m\times 1$ 分块矩阵

$$\boldsymbol{A}=\begin{pmatrix}\boldsymbol{\alpha}_1\\ \boldsymbol{\alpha}_2\\ \vdots\\ \boldsymbol{\alpha}_m\end{pmatrix},$$

其中 $\boldsymbol{\alpha}_i=(a_{i1},a_{i2},\cdots,a_{in})\quad(i=1,2,\cdots,m)$.

将 $m\times n$ 矩阵 $\boldsymbol{A}=(a_{ij})_{m\times n}$ 按列分块为 $1\times n$ 分块矩阵

$$\boldsymbol{A}=(\boldsymbol{\beta}_1,\boldsymbol{\beta}_2,\cdots,\boldsymbol{\beta}_n),$$

其中 $\boldsymbol{\beta}_j=(a_{1j},a_{2j},\cdots,a_{mj})^{\mathrm{T}}\quad(j=1,2,\cdots,n)$.

当矩阵 $\boldsymbol{A}=(a_{ij})_{n\times n}$ 中非零元都集中在主对角线附近时可将 $\boldsymbol{A}$ 分块成下面的**块对角矩阵**(又称为**准对角矩阵**)：

$$\boldsymbol{A}=\operatorname{diag}(\boldsymbol{A}_1,\boldsymbol{A}_2,\cdots,\boldsymbol{A}_t)=\begin{pmatrix}\boldsymbol{A}_1 & & & \\ & \boldsymbol{A}_2 & & \\ & & \ddots & \\ & & & \boldsymbol{A}_t\end{pmatrix},$$

其中 $\boldsymbol{A}_i(i=1,2,\cdots,t)$ 是 r_i 阶方阵 $\left(\sum_{i=1}^{t} r_i=n\right)$.

例如

$$\boldsymbol{A}=\begin{pmatrix}1&3&0&0&0&0\\0&2&0&0&0&0\\0&0&-1&0&0&0\\0&0&0&2&5&0\\0&0&0&0&1&1\\0&0&0&0&0&2\end{pmatrix}=\begin{pmatrix}\boldsymbol{A}_1&&\\&\boldsymbol{A}_2&\\&&\boldsymbol{A}_3\end{pmatrix},$$

其中

$$\boldsymbol{A}_1=\begin{pmatrix}1&3\\0&2\end{pmatrix},\quad \boldsymbol{A}_2=(-1),\quad \boldsymbol{A}_3=\begin{pmatrix}2&5&0\\0&1&1\\0&0&2\end{pmatrix}.$$

下面讨论分块矩阵的运算.

设分块矩阵

$$\boldsymbol{A}=\begin{pmatrix}\boldsymbol{A}_{11}&\cdots&\boldsymbol{A}_{1s}\\\vdots&&\vdots\\\boldsymbol{A}_{r1}&\cdots&\boldsymbol{A}_{rs}\end{pmatrix},\quad \boldsymbol{B}=\begin{pmatrix}\boldsymbol{B}_{11}&\cdots&\boldsymbol{B}_{1s}\\\vdots&&\vdots\\\boldsymbol{B}_{r1}&\cdots&\boldsymbol{B}_{rs}\end{pmatrix},$$

若 $\boldsymbol{A},\boldsymbol{B}$ 分块的办法相同,即相应小矩阵 $\boldsymbol{A}_{ij}$ 和 $\boldsymbol{B}_{ij}$ 的行数、列数对应相等,则

$$\boldsymbol{A}+\boldsymbol{B}=\begin{pmatrix}\boldsymbol{A}_{11}+\boldsymbol{B}_{11}&\cdots&\boldsymbol{A}_{1s}+\boldsymbol{B}_{1s}\\\vdots&&\vdots\\\boldsymbol{A}_{r1}+\boldsymbol{B}_{r1}&\cdots&\boldsymbol{A}_{rs}+\boldsymbol{B}_{rs}\end{pmatrix}.$$

例 1 设 $\boldsymbol{A}=\left(\begin{array}{c:ccc}1&2&3&4\\2&3&-1&-4\\\hdashline 3&-1&-2&2\end{array}\right)$, $\boldsymbol{B}=\left(\begin{array}{c:ccc}2&5&-6&-1\\4&7&3&-2\\\hdashline -1&2&4&5\end{array}\right)$,则

$$\boldsymbol{A}+\boldsymbol{B}=\begin{pmatrix}\boldsymbol{A}_{11}+\boldsymbol{B}_{11}&\boldsymbol{A}_{12}+\boldsymbol{B}_{12}\\\boldsymbol{A}_{21}+\boldsymbol{B}_{21}&\boldsymbol{A}_{22}+\boldsymbol{B}_{22}\end{pmatrix},$$

其中

$$\boldsymbol{A}_{11}+\boldsymbol{B}_{11}=\begin{pmatrix}1\\2\end{pmatrix}+\begin{pmatrix}2\\4\end{pmatrix}=\begin{pmatrix}3\\6\end{pmatrix},$$

$$\boldsymbol{A}_{12}+\boldsymbol{B}_{12}=\begin{pmatrix}2&3&4\\3&-1&-4\end{pmatrix}+\begin{pmatrix}5&-6&-1\\7&3&-2\end{pmatrix}=\begin{pmatrix}7&-3&3\\10&2&-6\end{pmatrix},$$

$$\boldsymbol{A}_{21}+\boldsymbol{B}_{21}=(3)+(-1)=(2),$$

$A_{22}+B_{22}=(-1\quad -2\quad 2)+(2\quad 4\quad 5)=(1\quad 2\quad 7)$.

设分块矩阵 $\boldsymbol{A}=(\boldsymbol{A}_{ij})_{s\times t}$，$k$ 是一个数，则分块矩阵的数乘为

$$k\boldsymbol{A}=(k\boldsymbol{A}_{ij})_{s\times t}.$$

对于分块矩阵 $\boldsymbol{A}$ 与 $\boldsymbol{B}$ 的乘法 $\boldsymbol{AB}$，若 $\boldsymbol{A}$ 的列的分法与 $\boldsymbol{B}$ 的行的分法相同，则可以将子块看成"数"那样按乘法的规则进行运算，至于 $\boldsymbol{A}$ 的行的分法及 $\boldsymbol{B}$ 的列的分法没有任何要求.

设 $\boldsymbol{A}=(a_{ij})_{m\times n}$，$\boldsymbol{B}=(b_{ij})_{n\times p}$，若把 $\boldsymbol{A}$，$\boldsymbol{B}$ 分别分块为 $r\times s$ 和 $s\times t$ 分块矩阵，且 $\boldsymbol{A}$ 的列的分法与 $\boldsymbol{B}$ 的行的分法相同，则

$$\boldsymbol{AB}=\begin{pmatrix}\boldsymbol{A}_{11} & \boldsymbol{A}_{12} & \cdots & \boldsymbol{A}_{1s}\\ \vdots & \vdots & & \vdots\\ \boldsymbol{A}_{r1} & \boldsymbol{A}_{r2} & \cdots & \boldsymbol{A}_{rs}\end{pmatrix}\begin{pmatrix}\boldsymbol{B}_{11} & \cdots & \boldsymbol{B}_{1t}\\ \boldsymbol{B}_{21} & \cdots & \boldsymbol{B}_{2t}\\ \vdots & & \vdots\\ \boldsymbol{B}_{s1} & \cdots & \boldsymbol{B}_{st}\end{pmatrix}=\boldsymbol{C},$$

其中 $\boldsymbol{C}$ 是 $r\times t$ 分块矩阵，且

$$\begin{aligned}\boldsymbol{C}_{kl}&=\boldsymbol{A}_{k1}\boldsymbol{B}_{1l}+\boldsymbol{A}_{k2}\boldsymbol{B}_{2l}+\cdots+\boldsymbol{A}_{ks}\boldsymbol{B}_{sl}\\&=\sum_{i=1}^{s}\boldsymbol{A}_{ki}\boldsymbol{B}_{il}\quad(k=1,2,\cdots,r;l=1,2,\cdots,t).\end{aligned}$$

可以证明：用分块矩阵乘法求得的 $\boldsymbol{AB}$ 与不分块作乘法求得的 $\boldsymbol{AB}$ 是相同的(略).

例 2　设 $\boldsymbol{A}=\begin{pmatrix}1&0&0&0\\0&1&0&0\\-1&2&1&0\\1&1&0&1\end{pmatrix}$，$\boldsymbol{B}=\begin{pmatrix}1&0\\-1&2\\1&0\\-1&-1\end{pmatrix}$，求 $\boldsymbol{AB}$.

解　令 $\boldsymbol{A}_1=\begin{pmatrix}-1&2\\1&1\end{pmatrix}$，则

$$\boldsymbol{A}=\begin{pmatrix}\boldsymbol{I}&\boldsymbol{O}\\\boldsymbol{A}_1&\boldsymbol{I}\end{pmatrix}.$$

再将 $\boldsymbol{B}$ 分块为

$$\boldsymbol{B}=\begin{pmatrix}1&0\\-1&2\\\hdashline 1&0\\-1&-1\end{pmatrix}=\begin{pmatrix}\boldsymbol{B}_1\\\boldsymbol{B}_2\end{pmatrix}.$$

于是

$$\boldsymbol{AB}=\begin{pmatrix}\boldsymbol{I} & \boldsymbol{O}\\ \boldsymbol{A}_1 & \boldsymbol{I}\end{pmatrix}\begin{pmatrix}\boldsymbol{B}_1\\ \boldsymbol{B}_2\end{pmatrix}=\begin{pmatrix}\boldsymbol{B}_1\\ \boldsymbol{A}_1\boldsymbol{B}_1+\boldsymbol{B}_2\end{pmatrix}=\begin{pmatrix}1 & 0\\ -1 & 2\\ -2 & 4\\ -1 & 1\end{pmatrix}.$$

例 3 若 n 阶矩阵 $\boldsymbol{A},\boldsymbol{B}$ 为同型块对角矩阵，即

$$\boldsymbol{A}=\operatorname{diag}(\boldsymbol{A}_1,\boldsymbol{A}_2,\cdots,\boldsymbol{A}_t),\quad \boldsymbol{B}=\operatorname{diag}(\boldsymbol{B}_1,\boldsymbol{B}_2,\cdots,\boldsymbol{B}_t),$$

其中 $\boldsymbol{A}_i$ 和 $\boldsymbol{B}_i$ 是同阶方阵($i=1,2,\cdots,t$)，则

$$\boldsymbol{AB}=\begin{pmatrix}\boldsymbol{A}_1\boldsymbol{B}_1 & & & \\ & \boldsymbol{A}_2\boldsymbol{B}_2 & & \\ & & \ddots & \\ & & & \boldsymbol{A}_t\boldsymbol{B}_t\end{pmatrix}.$$

若块对角矩阵 $\boldsymbol{A}=\operatorname{diag}(\boldsymbol{A}_1,\boldsymbol{A}_2,\cdots,\boldsymbol{A}_t)$，其中 $\boldsymbol{A}_i$($i=1,2,\cdots,t$)可逆，因为

$$\begin{pmatrix}\boldsymbol{A}_1 & & & \\ & \boldsymbol{A}_2 & & \\ & & \ddots & \\ & & & \boldsymbol{A}_t\end{pmatrix}\begin{pmatrix}\boldsymbol{A}_1^{-1} & & & \\ & \boldsymbol{A}_2^{-1} & & \\ & & \ddots & \\ & & & \boldsymbol{A}_t^{-1}\end{pmatrix}$$

$$=\begin{pmatrix}\boldsymbol{A}_1\boldsymbol{A}_1^{-1} & & & \\ & \boldsymbol{A}_2\boldsymbol{A}_2^{-1} & & \\ & & \ddots & \\ & & & \boldsymbol{A}_t\boldsymbol{A}_t^{-1}\end{pmatrix}=\boldsymbol{I},$$

所以

$$\boldsymbol{A}^{-1}=\operatorname{diag}(\boldsymbol{A}_1^{-1},\boldsymbol{A}_2^{-1},\cdots,\boldsymbol{A}_t^{-1}).$$

同理，若 $\boldsymbol{A}_i$($i=1,2,\cdots,t$)可逆，则

$$\begin{pmatrix} & & & \boldsymbol{A}_1\\ & & \boldsymbol{A}_2 & \\ & \iddots & & \\ \boldsymbol{A}_t & & & \end{pmatrix}^{-1}=\begin{pmatrix} & & & \boldsymbol{A}_t^{-1}\\ & & \iddots & \\ & \boldsymbol{A}_2^{-1} & & \\ \boldsymbol{A}_1^{-1} & & & \end{pmatrix}.$$

若分块矩阵

$$\boldsymbol{A}=\begin{pmatrix}\boldsymbol{A}_{11} & \boldsymbol{A}_{12} & \cdots & \boldsymbol{A}_{1s}\\ \boldsymbol{A}_{21} & \boldsymbol{A}_{22} & \cdots & \boldsymbol{A}_{2s}\\ \vdots & \vdots & & \vdots\\ \boldsymbol{A}_{r1} & \boldsymbol{A}_{r2} & \cdots & \boldsymbol{A}_{rs}\end{pmatrix},$$

则不难验证

$$\boldsymbol{A}^{\mathrm{T}}=\begin{pmatrix}\boldsymbol{A}_{11}^{\mathrm{T}} & \boldsymbol{A}_{21}^{\mathrm{T}} & \cdots & \boldsymbol{A}_{r1}^{\mathrm{T}} \\ \boldsymbol{A}_{12}^{\mathrm{T}} & \boldsymbol{A}_{22}^{\mathrm{T}} & \cdots & \boldsymbol{A}_{r2}^{\mathrm{T}} \\ \vdots & \vdots & & \vdots \\ \boldsymbol{A}_{1s}^{\mathrm{T}} & \boldsymbol{A}_{2s}^{\mathrm{T}} & \cdots & \boldsymbol{A}_{rs}^{\mathrm{T}}\end{pmatrix},$$

即除了把子块的行与列对换外，每个子块还要进行转置.

例 4　若乘法 $\boldsymbol{AB}$ 有意义，$\boldsymbol{B}$ 按列分块，$\boldsymbol{B}=(\boldsymbol{b}_1,\boldsymbol{b}_2,\cdots,\boldsymbol{b}_n)$，则

$$\boldsymbol{AB}=\boldsymbol{A}(\boldsymbol{b}_1,\boldsymbol{b}_2,\cdots,\boldsymbol{b}_n)=(\boldsymbol{Ab}_1,\boldsymbol{Ab}_2,\cdots,\boldsymbol{Ab}_n).$$

可见，若 $\boldsymbol{AB}=\boldsymbol{O}$，则

$$\boldsymbol{Ab}_i=\mathbf{0},\quad i=1,2,\cdots,n,$$

即 $\boldsymbol{B}$ 的每一列 $\boldsymbol{b}_i(i=1,2,\cdots,n)$ 都是齐次线性方程组 $\boldsymbol{AX}=\mathbf{0}$ 的解.

例 5　设 $m\times n$ 矩阵 $\boldsymbol{A}=(\boldsymbol{\alpha}_1,\boldsymbol{\alpha}_2,\cdots,\boldsymbol{\alpha}_n)$，则

$$\boldsymbol{AA}^{\mathrm{T}}=(\boldsymbol{\alpha}_1,\boldsymbol{\alpha}_2,\cdots,\boldsymbol{\alpha}_n)\begin{pmatrix}\boldsymbol{\alpha}_1^{\mathrm{T}} \\ \boldsymbol{\alpha}_2^{\mathrm{T}} \\ \vdots \\ \boldsymbol{\alpha}_n^{\mathrm{T}}\end{pmatrix}=\boldsymbol{\alpha}_1\boldsymbol{\alpha}_1^{\mathrm{T}}+\boldsymbol{\alpha}_2\boldsymbol{\alpha}_2^{\mathrm{T}}+\cdots+\boldsymbol{\alpha}_n\boldsymbol{\alpha}_n^{\mathrm{T}},$$

$$\boldsymbol{A}^{\mathrm{T}}\boldsymbol{A}=\begin{pmatrix}\boldsymbol{\alpha}_1^{\mathrm{T}} \\ \boldsymbol{\alpha}_2^{\mathrm{T}} \\ \vdots \\ \boldsymbol{\alpha}_n^{\mathrm{T}}\end{pmatrix}(\boldsymbol{\alpha}_1,\boldsymbol{\alpha}_2,\cdots,\boldsymbol{\alpha}_n)=\begin{pmatrix}\boldsymbol{\alpha}_1^{\mathrm{T}}\boldsymbol{\alpha}_1 & \boldsymbol{\alpha}_1^{\mathrm{T}}\boldsymbol{\alpha}_2 & \cdots & \boldsymbol{\alpha}_1^{\mathrm{T}}\boldsymbol{\alpha}_n \\ \boldsymbol{\alpha}_2^{\mathrm{T}}\boldsymbol{\alpha}_1 & \boldsymbol{\alpha}_2^{\mathrm{T}}\boldsymbol{\alpha}_2 & \cdots & \boldsymbol{\alpha}_2^{\mathrm{T}}\boldsymbol{\alpha}_n \\ \vdots & \vdots & & \vdots \\ \boldsymbol{\alpha}_n^{\mathrm{T}}\boldsymbol{\alpha}_1 & \boldsymbol{\alpha}_n^{\mathrm{T}}\boldsymbol{\alpha}_2 & \cdots & \boldsymbol{\alpha}_n^{\mathrm{T}}\boldsymbol{\alpha}_n\end{pmatrix}.$$

应用实例：图像压缩

相对矩阵运算，矩阵分块运算在计算上能够更加高效地进行实现. 例如经典的 JPEG2000 图像压缩算法就是将如图 1.8 所示 168×168 图像分块为 21×21 个图像块，然后分别处理每个 8×8 小图像块.

图 1.8

习题 1.4

1. 将下列矩阵适当分块后进行计算：

(1) $\begin{pmatrix} -2 & 3 & 0 & 0 \\ 1 & 2 & 0 & 0 \\ 0 & 0 & 1 & 2 \\ 0 & 0 & 2 & 5 \end{pmatrix}\begin{pmatrix} 1 & 2 & 0 & 0 \\ 3 & 2 & 0 & 0 \\ 0 & 0 & 2 & 1 \\ 0 & 0 & 3 & 4 \end{pmatrix}$； (2) $\begin{pmatrix} 1 & -1 & 0 & 0 \\ 2 & 3 & 0 & 0 \\ 0 & 1 & 0 & 0 \\ 0 & 0 & 1 & 4 \end{pmatrix}\begin{pmatrix} 1 & 0 & 0 \\ -2 & 0 & 0 \\ 0 & 3 & 2 \\ 0 & 4 & 3 \end{pmatrix}$；

(3) $\begin{pmatrix} 1 & 0 & 0 & 0 & 0 \\ 0 & 1 & 0 & 0 & 0 \\ -1 & 2 & 1 & 0 & 0 \\ 1 & 1 & 0 & 1 & 0 \\ -2 & 0 & 0 & 0 & 1 \end{pmatrix}\begin{pmatrix} 3 & 2 & 0 & 1 & 0 \\ 1 & 3 & 0 & 0 & 1 \\ -1 & 0 & 0 & 0 & 0 \\ 0 & -1 & 0 & 0 & 0 \\ 0 & 0 & -1 & 0 & 0 \end{pmatrix}$.

2. 利用矩阵分块求 $\boldsymbol{A}$ 的逆矩阵 $\boldsymbol{A}^{-1}$：

(1) $\boldsymbol{A}=\begin{pmatrix} 2 & 0 & 0 & 0 & 0 \\ 0 & -1 & 0 & 0 & 0 \\ 0 & 0 & 1 & 1 & -1 \\ 0 & 0 & 2 & 1 & 0 \\ 0 & 0 & 1 & -1 & 0 \end{pmatrix}$； (2) $\boldsymbol{A}=\begin{pmatrix} 0 & 0 & 0 & 0 & -3 \\ 0 & 0 & 0 & 2 & 0 \\ 2 & 2 & 3 & 0 & 0 \\ 1 & -1 & 0 & 0 & 0 \\ -1 & 2 & 1 & 0 & 0 \end{pmatrix}$；

(3) $\boldsymbol{A}=\begin{pmatrix} 0 & a_1 & 0 & \cdots & 0 \\ 0 & 0 & a_2 & \cdots & 0 \\ \vdots & \vdots & \vdots & & \vdots \\ 0 & 0 & 0 & \cdots & a_{n-1} \\ a_n & 0 & 0 & \cdots & 0 \end{pmatrix}$，$\prod_{i=1}^{n} a_i \neq 0$.

3. 设 $\boldsymbol{A},\boldsymbol{B},\boldsymbol{C},\boldsymbol{D}$ 都是 n 阶矩阵，$\boldsymbol{A}$ 可逆，

$$\boldsymbol{X}=\begin{pmatrix} \boldsymbol{I} & \boldsymbol{O} \\ -\boldsymbol{C}\boldsymbol{A}^{-1} & \boldsymbol{I} \end{pmatrix},\quad \boldsymbol{Y}=\begin{pmatrix} \boldsymbol{A} & \boldsymbol{B} \\ \boldsymbol{C} & \boldsymbol{D} \end{pmatrix},\quad \boldsymbol{Z}=\begin{pmatrix} \boldsymbol{I} & -\boldsymbol{A}^{-1}\boldsymbol{B} \\ \boldsymbol{O} & \boldsymbol{I} \end{pmatrix},$$

求 $\boldsymbol{XYZ}$.

4. 设

$$\boldsymbol{A}=\begin{pmatrix} a_1\boldsymbol{I}_1 & & & \\ & a_2\boldsymbol{I}_2 & & \\ & & \ddots & \\ & & & a_r\boldsymbol{I}_r \end{pmatrix},\quad a_i \neq a_j\ (i \neq j),$$

$\boldsymbol{I}_i$ 是 n_i 阶单位矩阵，$\sum_{i=1}^{r} n_i = n$.证明：与 $\boldsymbol{A}$ 可交换的矩阵只能是如下形式的分块对角矩阵

$$\boldsymbol{B}=\begin{pmatrix}\boldsymbol{A}_1 & & & \\ & \boldsymbol{A}_2 & & \\ & & \ddots & \\ & & & \boldsymbol{A}_r\end{pmatrix},$$

其中 $\boldsymbol{A}_i$ 是 n_i 阶方阵($i=1,2,\cdots,r$).

5. 解矩阵方程 $\boldsymbol{AX}=\boldsymbol{B}$,其中

$$\boldsymbol{A}=\begin{pmatrix}2&3&0&0&0\\3&6&0&0&0\\0&0&4&0&0\\0&0&0&3&2\\0&0&0&7&5\end{pmatrix},\quad \boldsymbol{B}=\begin{pmatrix}-1&2&3&1&0\\-3&6&15&-6&3\\8&0&4&12&-4\\1&2&-3&1&1\\3&1&-2&4&1\end{pmatrix}.$$

复习题一

1. 设 $\boldsymbol{A},\boldsymbol{B},\boldsymbol{C}$ 和 $\boldsymbol{D}$ 都是二阶矩阵,$\boldsymbol{AB}=\boldsymbol{CD}$,试问:是否可以推出,对所有二阶矩阵 $\boldsymbol{X}$,有 $\boldsymbol{AXB}=\boldsymbol{CXD}$?

2. 已知 n 阶矩阵 $\boldsymbol{A}$ 与 $\boldsymbol{B}$ 可交换(即 $\boldsymbol{AB}=\boldsymbol{BA}$),证明:

$$(\boldsymbol{A}-\boldsymbol{B})^3=\boldsymbol{A}^3-3\boldsymbol{A}^2\boldsymbol{B}+3\boldsymbol{AB}^2-\boldsymbol{B}^3,$$

当 $\boldsymbol{A}$ 与 $\boldsymbol{B}$ 不能交换时,$(\boldsymbol{A}-\boldsymbol{B})^3$ 的正确展开式是什么?

3. 设 $\boldsymbol{A}=(a_{ij})_{m\times n}$,$\boldsymbol{A}^{\mathrm{T}}\boldsymbol{A}=\boldsymbol{O}$,证明:$\boldsymbol{A}=\boldsymbol{O}$.

4. 证明:任意方阵可以写成对称矩阵与反称矩阵的和.

5. 证明:$\begin{pmatrix}\lambda&0&0\\1&\lambda&0\\0&1&\lambda\end{pmatrix}^n=\begin{pmatrix}\lambda^n&0&0\\n\lambda^{n-1}&\lambda^n&0\\\dfrac{n(n-1)}{2}\lambda^{n-2}&n\lambda^{n-1}&\lambda^n\end{pmatrix}$.

6. 设 $\boldsymbol{A}=\begin{pmatrix}1&1\\0&1\end{pmatrix}$,求所有与 $\boldsymbol{A}$ 可交换的矩阵.

7. 设 $\boldsymbol{\alpha}=(1,2)$,$\boldsymbol{\beta}=(-2,3)$,求 $\boldsymbol{\alpha\beta}^{\mathrm{T}}$,$\boldsymbol{\alpha}^{\mathrm{T}}\boldsymbol{\beta}$,$(\boldsymbol{\alpha}^{\mathrm{T}}\boldsymbol{\beta})^{100}$.

8. 证明:两个上三角形矩阵的乘积仍是上三角形矩阵.

9. 已知 $\boldsymbol{A}$ 是一个 n 阶对称矩阵,$\boldsymbol{B}$ 是一个反称矩阵.

(1) 问 $\boldsymbol{A}^k$,$\boldsymbol{B}^k$ 是不是对称矩阵或反称矩阵?(k 为正整数)

(2) 证明:$\boldsymbol{AB}+\boldsymbol{BA}$ 是一个反称矩阵.

10. 设 $\boldsymbol{A}=\begin{pmatrix}1&0&1\\0&2&0\\1&0&1\end{pmatrix}$,$n\geqslant 2$ 为正整数,求 $\boldsymbol{A}^n-2\boldsymbol{A}^{n-1}$.

11. 设 $\boldsymbol{A}=\begin{pmatrix}5&2&-4\\2&8&2\\-4&2&5\end{pmatrix}$,证明:$\boldsymbol{A}$ 满足方程 $\boldsymbol{A}^2-9\boldsymbol{A}=\boldsymbol{O}$,并由此证明 $\boldsymbol{A}$ 不可逆.

12. 设 $a_1,a_2,\cdots,a_n$ 互不相同，$\boldsymbol{A}=\mathrm{diag}(a_1,a_2,\cdots,a_n)$，证明：所有与 $\boldsymbol{A}$ 可交换的矩阵 $\boldsymbol{B}$ 只能是对角矩阵.

13. 下列矩阵是否可逆？若可逆，则求其逆矩阵：

(1) $\begin{pmatrix}1 & 2\\3 & 4\end{pmatrix}$； (2) $\begin{pmatrix}3 & 0 & 1\\0 & 5 & 0\\-1 & 1 & -1\end{pmatrix}$； (3) $\begin{pmatrix}3 & -2 & 0 & -1\\0 & 2 & 2 & 1\\1 & -2 & -3 & -2\\0 & 1 & 2 & 1\end{pmatrix}$.

14. 设 $\boldsymbol{A}=\begin{pmatrix}-1 & 0 & 0\\1 & -1 & 0\\1 & 1 & -1\end{pmatrix}$，计算 $(\boldsymbol{A}+2\boldsymbol{I})^{-1}(\boldsymbol{A}^2-4\boldsymbol{I})$ 及 $(\boldsymbol{A}+2\boldsymbol{I})^{-1}(\boldsymbol{A}-2\boldsymbol{I})$.

15. 已知 $\boldsymbol{ABA}^{\mathrm{T}}=2\boldsymbol{BA}^{\mathrm{T}}+\boldsymbol{I}$，其中 $\boldsymbol{A}=\begin{pmatrix}1 & 0 & 0\\0 & 1 & 2\\0 & 0 & 1\end{pmatrix}$，求 $\boldsymbol{B}$.

16. 设矩阵 $\boldsymbol{A}$ 和 $\boldsymbol{B}$ 满足关系 $\boldsymbol{AB}=\boldsymbol{A}+2\boldsymbol{B}$，$\boldsymbol{A}=\begin{pmatrix}3 & 0 & 1\\1 & 1 & 0\\0 & 1 & 4\end{pmatrix}$，求矩阵 $\boldsymbol{B}$.

17. 设 n 阶矩阵 $\boldsymbol{A}$ 和 $\boldsymbol{B}$ 满足条件 $\boldsymbol{A}+\boldsymbol{B}=\boldsymbol{AB}$.

(1) 证明 $\boldsymbol{A}-\boldsymbol{I}$ 为可逆矩阵； (2) 已知 $\boldsymbol{B}=\begin{pmatrix}1 & -3 & 0\\2 & 1 & 0\\0 & 0 & 2\end{pmatrix}$，求 $\boldsymbol{A}$.

18. 设 $\boldsymbol{A}$ 为 n 阶矩阵.

(1) 若 $\boldsymbol{A}^2=\boldsymbol{A}$，证明：$\boldsymbol{I}+\boldsymbol{A}$ 可逆，并求 $(\boldsymbol{I}+\boldsymbol{A})^{-1}$；

(2) 若 $\boldsymbol{A}^3=3\boldsymbol{A}(\boldsymbol{A}-\boldsymbol{I})$，证明：$\boldsymbol{I}-\boldsymbol{A}$ 可逆，并求 $(\boldsymbol{I}-\boldsymbol{A})^{-1}$.

19. 设 $\boldsymbol{A}$ 是 n 阶可逆矩阵，将 $\boldsymbol{A}$ 的第 i 行和第 j 行对换后得到的矩阵记为 $\boldsymbol{B}$.

(1) 证明 $\boldsymbol{B}$ 可逆； (2) 求 $\boldsymbol{AB}^{-1}$.

20. 设 $\boldsymbol{A}$ 是 $m\times n$ 矩阵，$\boldsymbol{B}$ 是 $n\times s$ 矩阵，$\boldsymbol{X}$ 是 $n\times 1$ 矩阵，证明：$\boldsymbol{AB}=\boldsymbol{O}$ 的充要条件是 $\boldsymbol{B}$ 的每一列都是齐次线性方程组 $\boldsymbol{AX}=\boldsymbol{0}$ 的解.

21. 设 $\boldsymbol{A}=(a_{ij})$ 是 n 阶矩阵，其对角元的和称为 $\boldsymbol{A}$ 的迹，记为 $\mathrm{tr}(\boldsymbol{A})$，即 $\mathrm{tr}(\boldsymbol{A})=\sum\limits_{i=1}^{n}a_{ii}$. 证明 $\mathrm{tr}(\boldsymbol{AB})=\mathrm{tr}(\boldsymbol{BA})$，其中 $\boldsymbol{A},\boldsymbol{B}$ 为 n 阶方阵.

22. 证明：无论对怎样的矩阵 $\boldsymbol{A},\boldsymbol{B}$，关系式 $\boldsymbol{AB}-\boldsymbol{BA}=\boldsymbol{I}$ 都不成立.

23. 设 $\boldsymbol{C}$ 是 n 阶可逆矩阵，$\boldsymbol{D}$ 是 $3\times n$ 矩阵，且 $\boldsymbol{D}=\begin{pmatrix}1 & 2 & \cdots & n\\0 & 0 & \cdots & 0\\0 & 0 & \cdots & 0\end{pmatrix}$，求一个 $n\times(n+3)$ 矩阵 $\boldsymbol{A}$，使得 $\boldsymbol{A}\begin{pmatrix}\boldsymbol{C}\\\boldsymbol{D}\end{pmatrix}=\boldsymbol{I}_n$.

24. 求方阵 $\boldsymbol{A}=\begin{pmatrix}1 & a & a^2 & a^3 & \cdots & a^n\\ 0 & 1 & a & a^2 & \cdots & a^{n-1}\\ 0 & 0 & 1 & a & \cdots & a^{n-2}\\ \vdots & \vdots & \vdots & \vdots & & \vdots\\ 0 & 0 & 0 & 0 & \cdots & 1\end{pmatrix}$ 的逆矩阵.

思考题一

1. n 阶可逆上三角形矩阵的逆矩阵 $\boldsymbol{A}^{-1}$ 是否仍为上三角形矩阵？若是，证明之.

2. 设 $\boldsymbol{A}=\begin{pmatrix}a_1b_1 & a_1b_2 & \cdots & a_1b_n\\ a_2b_1 & a_2b_2 & \cdots & a_2b_n\\ \vdots & \vdots & & \vdots\\ a_nb_1 & a_nb_2 & \cdots & a_nb_n\end{pmatrix}$，试问：如何求 $\boldsymbol{A}^k$（k 为正整数）？

3. 设 $\boldsymbol{B}$ 是元全为 1 的 n 阶（$n\geqslant 2$）矩阵，证明：

   (1) $\boldsymbol{B}^k=n^{k-1}\boldsymbol{B}$（$k\geqslant 2$ 为正整数）； (2) $(\boldsymbol{I}-\boldsymbol{B})^{-1}=\boldsymbol{I}-\dfrac{1}{n-1}\boldsymbol{B}$.

4. 以 2×2 分块矩阵 $\boldsymbol{A}=\begin{pmatrix}\boldsymbol{A}_{11} & \boldsymbol{A}_{12}\\ \boldsymbol{A}_{21} & \boldsymbol{A}_{22}\end{pmatrix}$ 为例，是否可以同样定义它的三类行初等变换和列初等变换，并相应地定义三类分块初等矩阵？若能，如何定义？对于你所定义的分块初等矩阵，在保证可乘的情况下，其作用与本章所述初等矩阵左乘（或右乘）矩阵的作用是否是相同的？

5. 是否可将逆矩阵的概念推广到不可逆方阵和非方阵，即更加一般的广义逆矩阵？

自测题一

第二章　行列式

在线性代数一些问题研究中，如线性方程组、矩阵等问题，常要以行列式为工具.在初等代数中，已经讨论过二、三阶行列式的定义、性质和计算，本章进一步讨论 n 阶行列式的定义、性质和计算.

§2.0　引例

前沿视角
矩阵的秩和推荐系统

上一章学习的矩阵概念可以简洁且统一地表示形式千变万化的数据（文本、图像和视频等）.更进一步，如何定量地刻画矩阵所表示的信息？行列式和秩是刻画矩阵的重要数值指标，在图像处理、计算机视觉、机器学习中具有广泛的应用.比如思考图 2.1 有何特点？如何利用这种特点进行图像压缩？

图 2.1

§2.1　n 阶行列式的定义

我们先从解二元及三元线性方程组引入二阶、三阶行列式的概念及计算.

考虑二元线性方程组

$$\begin{cases} a_{11}x_1+a_{12}x_2=b_1, \\ a_{21}x_1+a_{22}x_2=b_2, \end{cases}$$

如果 $a_{11}a_{22}-a_{12}a_{21}\neq 0$,那么方程组的解为

$$\begin{cases} x_1=\dfrac{b_1a_{22}-a_{12}b_2}{a_{11}a_{22}-a_{12}a_{21}}, \\ x_2=\dfrac{a_{11}b_2-b_1a_{21}}{a_{11}a_{22}-a_{12}a_{21}}. \end{cases}$$

如果对于方程组的系数矩阵

$$\boldsymbol{A}=\begin{pmatrix} a_{11} & a_{12} \\ a_{21} & a_{22} \end{pmatrix},$$

引入行列式记号"| |"和 $\det \boldsymbol{A}$,那么就可以得到一个二阶行列式,并规定 $\boldsymbol{A}$ 的行列式的值为

$$\det \boldsymbol{A}=\begin{vmatrix} a_{11} & a_{12} \\ a_{21} & a_{22} \end{vmatrix}=a_{11}a_{22}-a_{12}a_{21}.$$

系数矩阵 $\boldsymbol{A}$ 的行列式 $\det \boldsymbol{A}$ 称为方程组的**系数行列式**.

记

$$\det \boldsymbol{A}_1=\begin{vmatrix} b_1 & a_{12} \\ b_2 & a_{22} \end{vmatrix}, \quad \det \boldsymbol{A}_2=\begin{vmatrix} a_{11} & b_1 \\ a_{21} & b_2 \end{vmatrix},$$

那么二元线性方程组的解可写成

$$x_1=\frac{\det \boldsymbol{A}_1}{\det \boldsymbol{A}}, \quad x_2=\frac{\det \boldsymbol{A}_2}{\det \boldsymbol{A}}.$$

类似地,三元线性方程组

$$\begin{cases} a_{11}x_1+a_{12}x_2+a_{13}x_3=b_1, \\ a_{21}x_1+a_{22}x_2+a_{23}x_3=b_2, \\ a_{31}x_1+a_{32}x_2+a_{33}x_3=b_3 \end{cases}$$

的系数矩阵 $\boldsymbol{A}$ 的行列式规定为

$$\det \boldsymbol{A}=\begin{vmatrix} a_{11} & a_{12} & a_{13} \\ a_{21} & a_{22} & a_{23} \\ a_{31} & a_{32} & a_{33} \end{vmatrix}=a_{11}a_{22}a_{33}+a_{12}a_{23}a_{31}+a_{13}a_{21}a_{32}-$$

$$a_{11}a_{23}a_{32}-a_{12}a_{21}a_{33}-a_{13}a_{22}a_{31}.$$

那么,当 $\det \boldsymbol{A}\neq 0$ 时,方程组的解也可写成

$$x_1=\frac{\det \boldsymbol{A}_1}{\det \boldsymbol{A}}, \quad x_2=\frac{\det \boldsymbol{A}_2}{\det \boldsymbol{A}}, \quad x_3=\frac{\det \boldsymbol{A}_3}{\det \boldsymbol{A}},$$

其中 $\det \boldsymbol{A}_1$,$\det \boldsymbol{A}_2$,$\det \boldsymbol{A}_3$ 是将系数行列式的第 1 列、第 2 列、第 3 列分别换成常数列所得的行列式.

三阶行列式的计算方法可用图示记忆法(如图 2.2 所示).凡是实线上三个元相乘

所得到的项带正号，凡是虚线上三个元相乘所得到的项带负号.

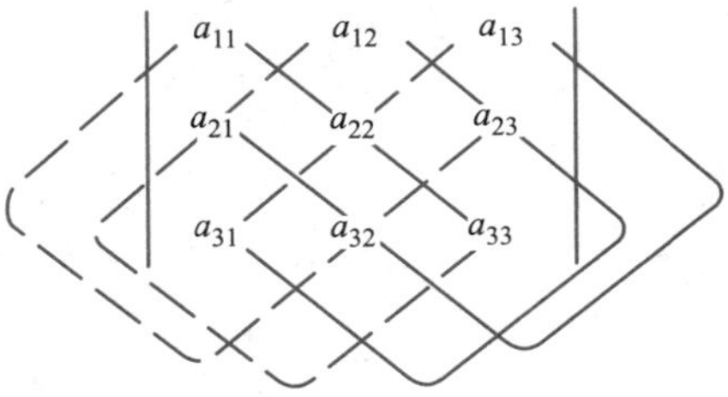

图 2.2

对 n 元线性方程组的解要得到类似的结果，显然要对 n 阶行列式给出合理的定义.

观察三阶行列式的值，我们不难看出可以将三阶行列式写成如下展开式形式：

$$\begin{vmatrix} a_{11} & a_{12} & a_{13} \\ a_{21} & a_{22} & a_{23} \\ a_{31} & a_{32} & a_{33} \end{vmatrix} = a_{11}\begin{vmatrix} a_{22} & a_{23} \\ a_{32} & a_{33} \end{vmatrix} - a_{12}\begin{vmatrix} a_{21} & a_{23} \\ a_{31} & a_{33} \end{vmatrix} + a_{13}\begin{vmatrix} a_{21} & a_{22} \\ a_{31} & a_{32} \end{vmatrix}$$
$$= a_{11}A_{11} + a_{12}A_{12} + a_{13}A_{13}, \tag{2.1}$$

其中 A_{11}, A_{12}, A_{13} 分别称为 a_{11}, a_{12}, a_{13} 的**代数余子式**，

$$A_{11} = (-1)^{1+1}\begin{vmatrix} a_{22} & a_{23} \\ a_{32} & a_{33} \end{vmatrix},\ A_{12} = (-1)^{1+2}\begin{vmatrix} a_{21} & a_{23} \\ a_{31} & a_{33} \end{vmatrix},\ A_{13} = (-1)^{1+3}\begin{vmatrix} a_{21} & a_{22} \\ a_{31} & a_{32} \end{vmatrix}.$$

二阶行列式的展开式 $\begin{vmatrix} a_{11} & a_{12} \\ a_{21} & a_{22} \end{vmatrix} = a_{11}a_{22} - a_{12}a_{21}$ 也可视为按第 1 行展开，且 a_{22} 恰为 a_{11} 的代数余子式，$-a_{21}$ 恰为 a_{12} 的代数余子式，即

$$\begin{vmatrix} a_{11} & a_{12} \\ a_{21} & a_{22} \end{vmatrix} = a_{11}A_{11} + a_{12}A_{12}. \tag{2.2}$$

如果把(2.1)，(2.2)两式分别作为三阶和二阶行列式的定义，显然这种定义的方法是统一的，都是用低阶行列式定义高一阶的行列式.因此，我们自然也就希望用这种递归的方法来定义一般的n 阶行列式.

定义　**设 $\boldsymbol{A}$ 为一个 n 阶矩阵，$\boldsymbol{A}$ 的行列式**

$$\det \boldsymbol{A} = \begin{vmatrix} a_{11} & a_{12} & \cdots & a_{1n} \\ a_{21} & a_{22} & \cdots & a_{2n} \\ \vdots & \vdots & & \vdots \\ a_{n1} & a_{n2} & \cdots & a_{nn} \end{vmatrix}$$

是由 $\boldsymbol{A}$ 确定的一个数：

(1) **当** $n=1$ **时**，$\det \boldsymbol{A} = \det(a_{11}) = a_{11}$；

(2) **当** $n \geqslant 2$ **时**，$\det \boldsymbol{A} = a_{11}A_{11} + a_{12}A_{12} + \cdots + a_{1n}A_{1n} = \sum_{j=1}^{n} a_{1j}A_{1j}$，**其中** $A_{1j} =$

$(-1)^{1+j}M_{1j}$，

$$M_{1j}=\begin{vmatrix} a_{21} & \cdots & a_{2,j-1} & a_{2,j+1} & \cdots & a_{2n} \\ a_{31} & \cdots & a_{3,j-1} & a_{3,j+1} & \cdots & a_{3n} \\ \vdots & & \vdots & \vdots & & \vdots \\ a_{n1} & \cdots & a_{n,j-1} & a_{n,j+1} & \cdots & a_{nn} \end{vmatrix} \quad (j=1,2,\cdots,n),$$

称 M_{1j} 为元 a_{1j} 的余子式，即为划掉 $\boldsymbol{A}$ 的第 1 行第 j 列后所得的 $n-1$ 阶行列式，A_{1j} 称为 a_{1j} 的代数余子式.

为了书写方便，在不引起混淆的时候，本书也用 $|\boldsymbol{A}|$ 表示矩阵 $\boldsymbol{A}$ 的行列式.

由定义可以看出，行列式是由行列式不同行不同列的元乘积构成的和式，这种定义方法称为**归纳定义**.通常，把上述定义简称为**按行列式的第 1 行展开**.

例 1 计算

$$D_4=\begin{vmatrix} 2 & 0 & 0 & 4 \\ 7 & 1 & 0 & 5 \\ 2 & 6 & 1 & 0 \\ 8 & 4 & 3 & 5 \end{vmatrix}.$$

解 因为 $a_{12}=a_{13}=0$，所以由定义

$$\begin{aligned} D_4&=a_{11}A_{11}+a_{14}A_{14} \\ &=2\times(-1)^{1+1}\begin{vmatrix} 1 & 0 & 5 \\ 6 & 1 & 0 \\ 4 & 3 & 5 \end{vmatrix}+4\times(-1)^{1+4}\begin{vmatrix} 7 & 1 & 0 \\ 2 & 6 & 1 \\ 8 & 4 & 3 \end{vmatrix} \\ &=2\left[1\times(-1)^{1+1}\begin{vmatrix} 1 & 0 \\ 3 & 5 \end{vmatrix}+5\times(-1)^{1+3}\begin{vmatrix} 6 & 1 \\ 4 & 3 \end{vmatrix}\right] \\ &\quad -4\left[7\times(-1)^{1+1}\begin{vmatrix} 6 & 1 \\ 4 & 3 \end{vmatrix}+1\times(-1)^{1+2}\begin{vmatrix} 2 & 1 \\ 8 & 3 \end{vmatrix}\right] \\ &=2[5+5(18-4)]-4[7(18-4)-(6-8)]=-250. \end{aligned}$$

例 2 考虑如图 2.3 所示的黑白图像（每个小方块表示一个像素）.若记黑色和白色像素分别为 0 和 1，则其对应矩阵为

$$\boldsymbol{A}=\begin{pmatrix} 0 & 1 & 0 & 1 \\ 1 & 0 & 1 & 0 \\ 0 & 1 & 0 & 1 \\ 1 & 0 & 1 & 0 \end{pmatrix}$$

计算矩阵 $\boldsymbol{A}$ 的行列式 $\det \boldsymbol{A}$.

解 因为 $a_{11}=a_{13}=0$，所以由行列式定义有

图 2.3

$$\det \boldsymbol{A}=a_{12}A_{12}+a_{14}A_{14}=1\times(-1)^{1+2}\begin{vmatrix}1&1&0\\0&0&1\\1&1&0\end{vmatrix}+1\times(-1)^{1+4}\begin{vmatrix}1&0&1\\0&1&0\\1&0&1\end{vmatrix}=0.$$

例 3 计算行列式

$$D_n=\begin{vmatrix}a_{11}&&&\\a_{21}&a_{22}&&\\\vdots&\vdots&\ddots&\\a_{n1}&a_{n2}&\cdots&a_{nn}\end{vmatrix},$$

其中未写出的元均为 0(以下同).

解 由定义,将 D_n 按第一行展开,得

$$D_n=a_{11}\begin{vmatrix}a_{22}&&&\\a_{32}&a_{33}&&\\\vdots&\vdots&\ddots&\\a_{n2}&a_{n3}&\cdots&a_{nn}\end{vmatrix}=a_{11}a_{22}\begin{vmatrix}a_{33}&&&\\a_{43}&a_{44}&&\\\vdots&\vdots&\ddots&\\a_{n3}&a_{n4}&\cdots&a_{nn}\end{vmatrix}$$

$$=\cdots=a_{11}a_{22}\cdots a_{nn}.$$

同理可得

$$\begin{vmatrix}a_{11}&&&\\&a_{22}&&\\&&\ddots&\\&&&a_{nn}\end{vmatrix}=a_{11}a_{22}\cdots a_{nn}.$$

单位矩阵 $\boldsymbol{I}$ 和数量矩阵的行列式分别为

$$\det \boldsymbol{I}=1,\quad \det(k\boldsymbol{I}_n)=k^n.$$

例 4 计算 n 阶**下三角形行列式**

$$D_n=\begin{vmatrix} & & & a_n \\ & & \iddots & \\ & a_2 & & * \\ a_1 & & & \end{vmatrix}.$$

解　由行列式定义有

$$D_n=a_n(-1)^{1+n}\begin{vmatrix} & & & a_{n-1} \\ & & \iddots & \\ & a_2 & & * \\ a_1 & & & \end{vmatrix}$$

$$\begin{aligned}&=(-1)^{n-1}a_nD_{n-1}\\&=(-1)^{n-1}a_n(-1)^{n-2}a_{n-1}D_{n-2}\\&=\cdots=(-1)^{(n-1)+(n-2)+\cdots+2+1}a_na_{n-1}\cdots a_2a_1\\&=(-1)^{\frac{n(n-1)}{2}}a_1a_2\cdots a_n.\end{aligned}$$

同理

$$\begin{vmatrix} & & & a_n \\ & * & \iddots & \\ & a_2 & & \\ a_1 & & & \end{vmatrix}=(-1)^{\frac{n(n-1)}{2}}a_1a_2\cdots a_n.$$

习题 2.1

1. 用行列式的定义计算下列行列式：

(1) $\begin{vmatrix} 1 & 2 & 0 & 0 \\ 3 & 4 & 0 & 0 \\ 0 & 0 & -1 & 3 \\ 0 & 0 & 5 & 1 \end{vmatrix}$；　　(2) $\begin{vmatrix} 1 & 0 & 2 & 0 \\ -1 & 0 & 3 & 0 \\ 0 & 2 & 0 & -1 \\ 0 & 1 & 0 & 3 \end{vmatrix}$；

(3) $\begin{vmatrix} 0 & 0 & 0 & 4 \\ 0 & 0 & 4 & 3 \\ 0 & 4 & 3 & 2 \\ 4 & 3 & 2 & 1 \end{vmatrix}$；　　(4) $\begin{vmatrix} 0 & 0 & \cdots & 0 & 1 & 0 \\ 0 & 0 & \cdots & 2 & 0 & 0 \\ \vdots & \vdots & & \vdots & \vdots & \vdots \\ 0 & 8 & \cdots & 0 & 0 & 0 \\ 9 & 0 & \cdots & 0 & 0 & 0 \\ 0 & 0 & \cdots & 0 & 0 & 10 \end{vmatrix}$.

2. 用行列式的定义计算下列行列式：

(1) $\begin{vmatrix} a & 0 & 0 & b \\ 0 & c & d & 0 \\ 0 & e & f & 0 \\ g & 0 & 0 & h \end{vmatrix}$； (2) $\begin{vmatrix} x & y & 0 & \cdots & 0 & 0 \\ 0 & x & y & \cdots & 0 & 0 \\ 0 & 0 & x & \cdots & 0 & 0 \\ \vdots & \vdots & \vdots & & \vdots & \vdots \\ 0 & 0 & 0 & \cdots & x & y \\ y & 0 & 0 & \cdots & 0 & x \end{vmatrix}$.

§2.2 行列式的性质与计算

一、行列式的性质

为了进一步讨论 n 阶行列式，简化行列式的计算，下面介绍 n 阶行列式的性质.

性质 1 **n 阶矩阵 $\boldsymbol{A}$ 的行列式按任一行展开，其值相等，即**

$$\det \boldsymbol{A}=a_{i1}A_{i1}+a_{i2}A_{i2}+\cdots+a_{in}A_{in}=\sum_{j=1}^{n}a_{ij}A_{ij}\quad(i=1,2,\cdots,n),$$

其中 $A_{ij}=(-1)^{i+j}M_{ij}$，M_{ij} 是 $\det \boldsymbol{A}$ 中去掉第 i 行和第 j 列元所成的 $n-1$ 阶行列式，称为元 a_{ij} 的余子式，A_{ij} 称为元 a_{ij} 的代数余子式.

证明从略.

推论 **若行列式的某行元全为零，则行列式等于零.**

例 1 计算 n 阶上三角形行列式（即当 $i>j$ 时，$a_{ij}=0$）

$$D_n=\begin{vmatrix} a_{11} & a_{12} & \cdots & a_{1n} \\ & a_{22} & \cdots & a_{2n} \\ & & \ddots & \vdots \\ & & & a_{nn} \end{vmatrix}.$$

解 先将 D_n 按第 n 行展开，以后每次都按最后一行展开.

$$D_n=a_{nn}\begin{vmatrix} a_{11} & a_{12} & \cdots & a_{1,n-1} \\ & a_{22} & \cdots & a_{2,n-1} \\ & & \ddots & \vdots \\ & & & a_{n-1,n-1} \end{vmatrix}$$

$$=a_{nn}a_{n-1,n-1}\begin{vmatrix} a_{11} & a_{12} & \cdots & a_{1,n-2} \\ & a_{22} & \cdots & a_{2,n-2} \\ & & \ddots & \vdots \\ & & & a_{n-2,n-2} \end{vmatrix}$$

$$=\cdots=a_{11}a_{22}\cdots a_{nn}.$$

例 2 计算四阶行列式

$$D=\begin{vmatrix}6 & 1 & 0 & 0\\5 & -1 & 3 & -2\\0 & 2 & 0 & 0\\1 & 3 & 4 & -3\end{vmatrix}.$$

解　由于第 3 行除 $a_{32}=2$ 外，其他元均为零，故由性质 1 得

$$D=a_{32}A_{32}=2\times(-1)^{3+2}\begin{vmatrix}6 & 0 & 0\\5 & 3 & -2\\1 & 4 & -3\end{vmatrix},$$

再按第 1 行展开有

$$D=-2\times 6\times(-1)^{1+1}\begin{vmatrix}3 & -2\\4 & -3\end{vmatrix}=-12\times(-9+8)=12.$$

性质 2　若 n 阶行列式某两行对应元全相等，则行列式为零.

即当 $a_{ik}=a_{jk}, i\neq j, k=1,2,\cdots,n$ 时，$\det \boldsymbol{A}=0$.

证　用数学归纳法证明.结论对二阶行列式显然成立.当$n\geqslant 3$时，假设结论对$n-1$阶行列式成立，在 n 阶的情况下，对第 k 行展开($k\neq i,j$)，则

$$\det \boldsymbol{A}=a_{k1}A_{k1}+a_{k2}A_{k2}+\cdots+a_{kn}A_{kn}=\sum_{l=1}^{n}a_{kl}A_{kl},$$

因为 $M_{kl}(l=1,2,\cdots,n)$是 $n-1$ 阶行列式，且其中都有两行元全相等，所以

$$A_{kl}=(-1)^{k+l}M_{kl}=0\quad(k=1,2,\cdots,n),$$

故 $\det \boldsymbol{A}=0$.

性质 3

$$\begin{vmatrix}a_{11} & a_{12} & \cdots & a_{1n}\\ \vdots & \vdots & & \vdots\\ b_{i1}+c_{i1} & b_{i2}+c_{i2} & \cdots & b_{in}+c_{in}\\ \vdots & \vdots & & \vdots\\ a_{n1} & a_{n2} & \cdots & a_{nn}\end{vmatrix}$$

$$=\begin{vmatrix}a_{11} & a_{12} & \cdots & a_{1n}\\ \vdots & \vdots & & \vdots\\ b_{i1} & b_{i2} & \cdots & b_{in}\\ \vdots & \vdots & & \vdots\\ a_{n1} & a_{n2} & \cdots & a_{nn}\end{vmatrix}+\begin{vmatrix}a_{11} & a_{12} & \cdots & a_{1n}\\ \vdots & \vdots & & \vdots\\ c_{i1} & c_{i2} & \cdots & c_{in}\\ \vdots & \vdots & & \vdots\\ a_{n1} & a_{n2} & \cdots & a_{nn}\end{vmatrix}.$$

证　由性质 1，将上式左端行列式按第 i 行展开得

$$\begin{aligned}左&=(b_{i1}+c_{i1})A_{i1}+(b_{i2}+c_{i2})A_{i2}+\cdots+(b_{in}+c_{in})A_{in}\\&=(b_{i1}A_{i1}+b_{i2}A_{i2}+\cdots+b_{in}A_{in})+(c_{i1}A_{i1}+c_{i2}A_{i2}+\cdots+c_{in}A_{in})\end{aligned}$$

$$=\begin{vmatrix} a_{11} & a_{12} & \cdots & a_{1n} \\ \vdots & \vdots & & \vdots \\ b_{i1} & b_{i2} & \cdots & b_{in} \\ \vdots & \vdots & & \vdots \\ a_{n1} & a_{n2} & \cdots & a_{nn} \end{vmatrix} + \begin{vmatrix} a_{11} & a_{12} & \cdots & a_{1n} \\ \vdots & \vdots & & \vdots \\ c_{i1} & c_{i2} & \cdots & c_{in} \\ \vdots & \vdots & & \vdots \\ a_{n1} & a_{n2} & \cdots & a_{nn} \end{vmatrix}.$$

性质 3 说明:如果行列式的某一行是两组数的和,那么这个行列式就等于两个行列式的和,这两个行列式分别以这两组数为这一行的元,其他各行与原来行列式的对应各行不变.

性质 4(行列式的初等变换) **若把行初等变换施于 n 阶矩阵 $\boldsymbol{A}$ 上:**

(1) 将 $\boldsymbol{A}$ 的某一行乘数 k 得到 $\boldsymbol{A}_1$,则 $\det \boldsymbol{A}_1 = k(\det \boldsymbol{A})$;

(2) 将 $\boldsymbol{A}$ 的某一行的 k 倍加到另一行得到 $\boldsymbol{A}_2$,则 $\det \boldsymbol{A}_2 = \det \boldsymbol{A}$;

(3) 交换 $\boldsymbol{A}$ 的两行得到 $\boldsymbol{A}_3$,则 $\det \boldsymbol{A}_3 = -\det \boldsymbol{A}$.

证 (1) 利用性质 1,按乘数 k 的那一行展开,即得 $\det \boldsymbol{A}_1 = k(\det \boldsymbol{A})$.

(2) 由性质 3 及(1)得

$$\det \boldsymbol{A}_2 = \begin{vmatrix} a_{11} & \cdots & a_{1n} \\ \vdots & & \vdots \\ a_{i1} & \cdots & a_{in} \\ \vdots & & \vdots \\ a_{j1}+ka_{i1} & \cdots & a_{jn}+ka_{in} \\ \vdots & & \vdots \\ a_{n1} & \cdots & a_{nn} \end{vmatrix}$$

$$= \begin{vmatrix} a_{11} & \cdots & a_{1n} \\ \vdots & & \vdots \\ a_{i1} & \cdots & a_{in} \\ \vdots & & \vdots \\ a_{j1} & \cdots & a_{jn} \\ \vdots & & \vdots \\ a_{n1} & \cdots & a_{nn} \end{vmatrix} + \begin{vmatrix} a_{11} & \cdots & a_{1n} \\ \vdots & & \vdots \\ a_{i1} & \cdots & a_{in} \\ \vdots & & \vdots \\ ka_{i1} & \cdots & ka_{in} \\ \vdots & & \vdots \\ a_{n1} & \cdots & a_{nn} \end{vmatrix}$$

$$= \det \boldsymbol{A} + k \cdot 0 = \det \boldsymbol{A}.$$

(3) 由(2)可知

$$\det \boldsymbol{A}_3 = \begin{vmatrix} a_{11} & \cdots & a_{1n} \\ \vdots & & \vdots \\ a_{j1} & \cdots & a_{jn} \\ \vdots & & \vdots \\ a_{i1} & \cdots & a_{in} \\ \vdots & & \vdots \\ a_{n1} & \cdots & a_{nn} \end{vmatrix} \begin{matrix} \\ \\ \text{第 } i \text{ 行} \\ \\ \text{第 } j \text{ 行} \\ \\ \\ \end{matrix} = \begin{vmatrix} a_{11} & \cdots & a_{1n} \\ \vdots & & \vdots \\ a_{j1} & \cdots & a_{jn} \\ \vdots & & \vdots \\ a_{j1}+a_{i1} & \cdots & a_{jn}+a_{in} \\ \vdots & & \vdots \\ a_{n1} & \cdots & a_{nn} \end{vmatrix}$$

$$
=\begin{vmatrix} a_{11} & \cdots & a_{1n} \\ \vdots & & \vdots \\ -a_{i1} & \cdots & -a_{in} \\ \vdots & & \vdots \\ a_{j1}+a_{i1} & \cdots & a_{jn}+a_{in} \\ \vdots & & \vdots \\ a_{n1} & \cdots & a_{nn} \end{vmatrix}=\begin{vmatrix} a_{11} & \cdots & a_{1n} \\ \vdots & & \vdots \\ -a_{i1} & \cdots & -a_{in} \\ \vdots & & \vdots \\ a_{j1} & \cdots & a_{jn} \\ \vdots & & \vdots \\ a_{n1} & \cdots & a_{nn} \end{vmatrix}=-\det \boldsymbol{A}.
$$

推论　若行列式某两行对应元成比例，则行列式的值为零.

由性质 4 可知下列常用结论成立，设 $\boldsymbol{A}$ 为 n 阶矩阵，则

$$\det(k\boldsymbol{A})=k^n(\det \boldsymbol{A}).$$

必须指出，不能把矩阵的初等变换与行列式的初等变换混淆，首先矩阵是数表，行列式是数；其次，前者是保持两矩阵的等价关系，不是相等，而后者是保持两行列式的等值关系.

为了研究矩阵转置的行列式，我们先来讨论初等矩阵的行列式.对于三个初等矩阵 $\boldsymbol{E}_{ij}$，$\boldsymbol{E}_i(c)$和 $\boldsymbol{E}_{ij}(c)$，设 $\boldsymbol{A}$ 为 n 阶矩阵，由性质 4 有

$$\det(\boldsymbol{E}_{ij})=\det(\boldsymbol{E}_{ij}\boldsymbol{I})=-\det \boldsymbol{I}=-1,$$

$$\det \boldsymbol{E}_i(c)=c\neq 0,$$

$$\det \boldsymbol{E}_{ij}(c)=1.$$

于是，设 $\boldsymbol{A}$ 为 n 阶矩阵，由性质 4 得

$$\det(\boldsymbol{E}_{ij}\boldsymbol{A})=-\det \boldsymbol{A}=(\det \boldsymbol{E}_{ij})(\det \boldsymbol{A}),$$

$$\det(\boldsymbol{E}_i(c)\boldsymbol{A})=c(\det \boldsymbol{A})=(\det \boldsymbol{E}_i(c))(\det \boldsymbol{A}),$$

$$\det(\boldsymbol{E}_{ij}(c)\boldsymbol{A})=\det \boldsymbol{A}=(\det \boldsymbol{E}_{ij}(c))(\det \boldsymbol{A}).$$

故对任一初等矩阵 $\boldsymbol{E}$，都有

$$\det(\boldsymbol{E}\boldsymbol{A})=(\det \boldsymbol{E})(\det \boldsymbol{A}).$$

一般地，设 $\boldsymbol{E}_1,\boldsymbol{E}_2,\cdots,\boldsymbol{E}_t$ 为初等矩阵，则

$$\det(\boldsymbol{E}_1\boldsymbol{E}_2\cdots\boldsymbol{E}_t\boldsymbol{A})=(\det \boldsymbol{E}_1)(\det \boldsymbol{E}_2)\cdots(\det \boldsymbol{E}_t)(\det \boldsymbol{A}).$$

性质 5　n 阶矩阵 $\boldsymbol{A}$ 的行列式 $\det \boldsymbol{A}$ 与其转置矩阵的行列式 $\det(\boldsymbol{A}^{\mathrm{T}})$ 的值相等，即

$$\det(\boldsymbol{A}^{\mathrm{T}})=\det \boldsymbol{A}.$$

证　当 $\boldsymbol{A}$ 不可逆时，由于 $\boldsymbol{A}^{\mathrm{T}}$ 可逆的充要条件为 $\boldsymbol{A}$ 可逆，所以 $\boldsymbol{A}^{\mathrm{T}}$ 也不可逆.设 $\boldsymbol{A}$ 经行初等变换化为行阶梯形矩阵 $\boldsymbol{R}$，$\boldsymbol{R}$ 的最后一行的元全为零，即存在初等矩阵 $\boldsymbol{E}_1$，$\boldsymbol{E}_2,\cdots,\boldsymbol{E}_t$，使得

$$\boldsymbol{A}=\boldsymbol{E}_1\boldsymbol{E}_2\cdots\boldsymbol{E}_t\boldsymbol{R}.$$

由性质 1 的推论知 $\det \boldsymbol{R}=0$，因而

$$\det \boldsymbol{A}=(\det \boldsymbol{E}_1)(\det \boldsymbol{E}_2)\cdots(\det \boldsymbol{E}_t)(\det \boldsymbol{R})=0.$$

又 $\boldsymbol{A}^{\mathrm{T}}$ 也不可逆，同理，$\det(\boldsymbol{A}^{\mathrm{T}})=0$.故 $\det(\boldsymbol{A}^{\mathrm{T}})=\det \boldsymbol{A}$.

当 $\boldsymbol{A}$ 可逆时，由 §1.3 的定理 3，存在初等矩阵 $\boldsymbol{E}_1,\boldsymbol{E}_2,\cdots,\boldsymbol{E}_s$，使得 $\boldsymbol{A}=\boldsymbol{E}_1\boldsymbol{E}_2\cdots\boldsymbol{E}_s$，从而

$$\det(\boldsymbol{A}^{\mathrm{T}})=\det(\boldsymbol{E}_s^{\mathrm{T}}\cdots\boldsymbol{E}_2^{\mathrm{T}}\boldsymbol{E}_1^{\mathrm{T}})=(\det \boldsymbol{E}_s^{\mathrm{T}})\cdots(\det \boldsymbol{E}_2^{\mathrm{T}})(\det \boldsymbol{E}_1^{\mathrm{T}}),$$

又由于对于三种初等矩阵，显然其行列式均分别等于它们转置的行列式，因而

$$\begin{aligned}\det(\boldsymbol{A}^{\mathrm{T}})&=(\det \boldsymbol{E}_s)\cdots(\det \boldsymbol{E}_2)(\det \boldsymbol{E}_1)\\&=(\det \boldsymbol{E}_1)(\det \boldsymbol{E}_2)\cdots(\det \boldsymbol{E}_s)\\&=\det(\boldsymbol{E}_1\boldsymbol{E}_2\cdots\boldsymbol{E}_s)=\det \boldsymbol{A}.\end{aligned}$$

性质 5 说明，行列式对行成立的性质对列也成立.于是，由性质 1 和性质 5 知，**n 阶行列式 $\det \boldsymbol{A}$ 可按任一行或任一列展开**，即

$$\det \boldsymbol{A}=\sum_{k=1}^{n}a_{kj}A_{kj}\quad(j=1,2,\cdots,n).$$

例 3 试证：奇数阶反称矩阵的行列式必为零.

证 设 $\boldsymbol{A}$ 为 n 阶反称矩阵（n 为奇数），则 $\boldsymbol{A}^{\mathrm{T}}=-\boldsymbol{A}$，因而

$$\det \boldsymbol{A}=\det \boldsymbol{A}^{\mathrm{T}}=\det(-\boldsymbol{A})=(-1)^n\det \boldsymbol{A}=-\det \boldsymbol{A},$$

故 $\det \boldsymbol{A}=0$.

二、行列式的计算

计算行列式的一个基本方法是利用行列式的性质，把行列式化成上三角形行列式.由于这一方法程序固定，故适合在计算机上使用，而且计算工作量比按定义展开的方法要少.

例 4 计算行列式

$$D=\begin{vmatrix}1&1&-1&3\\-1&-1&2&1\\2&5&2&4\\\frac{1}{2}&1&\frac{3}{2}&1\end{vmatrix}.$$

解

$$D=\frac{1}{2}\begin{vmatrix}1&1&-1&3\\-1&-1&2&1\\2&5&2&4\\1&2&3&2\end{vmatrix}\xlongequal[-r_1+r_4]{\substack{r_1+r_2\\-2r_1+r_3}}\frac{1}{2}\begin{vmatrix}1&1&-1&3\\0&0&1&4\\0&3&4&-2\\0&1&4&-1\end{vmatrix}$$

$$\xlongequal{r_2\leftrightarrow r_4}-\frac{1}{2}\begin{vmatrix}1&1&-1&3\\0&1&4&-1\\0&3&4&-2\\0&0&1&4\end{vmatrix}\xlongequal{-3r_2+r_3}-\frac{1}{2}\begin{vmatrix}1&1&-1&3\\0&1&4&-1\\0&0&-8&1\\0&0&1&4\end{vmatrix}$$

$$\xlongequal{r_3 \leftrightarrow r_4} \frac{1}{2}\begin{vmatrix} 1 & 1 & -1 & 3 \\ 0 & 1 & 4 & -1 \\ 0 & 0 & 1 & 4 \\ 0 & 0 & -8 & 1 \end{vmatrix} \xlongequal{8r_3+r_4} \frac{1}{2}\begin{vmatrix} 1 & 1 & -1 & 3 \\ 0 & 1 & 4 & -1 \\ 0 & 0 & 1 & 4 \\ 0 & 0 & 0 & 33 \end{vmatrix} = \frac{33}{2}.$$

计算行列式的另一基本方法是，恰当地利用性质，将某一行(列)的元尽可能化为零，然后按该行(列)展开，降阶后再计算.

例 5 计算四阶行列式

$$D=\begin{vmatrix} 5 & 2 & -6 & -3 \\ -4 & 7 & -2 & 4 \\ -2 & 3 & 4 & 1 \\ 7 & -8 & -10 & -5 \end{vmatrix}.$$

解

$$D \xlongequal[\substack{-3c_4+c_2 \\ -4c_4+c_3}]{2c_4+c_1} \begin{vmatrix} -1 & 11 & 6 & -3 \\ 4 & -5 & -18 & 4 \\ 0 & 0 & 0 & 1 \\ -3 & 7 & 10 & -5 \end{vmatrix}$$

$$\xlongequal{\text{按 } r_3 \text{ 展开}} 1\times(-1)^{3+4}\begin{vmatrix} -1 & 11 & 6 \\ 4 & -5 & -18 \\ -3 & 7 & 10 \end{vmatrix} \xlongequal[-3r_1+r_3]{4r_1+r_2} -\begin{vmatrix} -1 & 11 & 6 \\ 0 & 39 & 6 \\ 0 & -26 & -8 \end{vmatrix}$$

$$=-(-1)(-1)^{1+1}\begin{vmatrix} 39 & 6 \\ -26 & -8 \end{vmatrix}=-156.$$

这里 c_i 表示第 i 列.

例 6 计算 n 阶行列式

$$D_n=\begin{vmatrix} x & y & y & \cdots & y \\ y & x & y & \cdots & y \\ \vdots & \vdots & \vdots & & \vdots \\ y & y & y & \cdots & x \end{vmatrix}.$$

解 注意到每行除了一个 x 外，其余 $n-1$ 个数全为 y，故将第 2 列，第 3 列，…，第 n 列都加到第 1 列，得

$$D_n=\begin{vmatrix} x+(n-1)y & y & \cdots & y \\ x+(n-1)y & x & \cdots & y \\ \vdots & \vdots & & \vdots \\ x+(n-1)y & y & \cdots & x \end{vmatrix}=[x+(n-1)y]\begin{vmatrix} 1 & y & \cdots & y \\ 1 & x & \cdots & y \\ \vdots & \vdots & & \vdots \\ 1 & y & \cdots & x \end{vmatrix}$$

$$\xlongequal{-r_1+r_i(i=2,\cdots,n)}[x+(n-1)y]\begin{vmatrix}1 & y & \cdots & y\\0 & x-y & \cdots & 0\\\vdots & \vdots & & \vdots\\0 & 0 & \cdots & x-y\end{vmatrix}$$

$$=[x+(n-1)y](x-y)^{n-1}.$$

例 7 证明

$$\begin{vmatrix}a_1+b_1 & b_1+c_1 & c_1+a_1\\a_2+b_2 & b_2+c_2 & c_2+a_2\\a_3+b_3 & b_3+c_3 & c_3+a_3\end{vmatrix}=2\begin{vmatrix}a_1 & b_1 & c_1\\a_2 & b_2 & c_2\\a_3 & b_3 & c_3\end{vmatrix}.$$

证一 把左端行列式的第 2,3 列加到第 1 列,提取公因子 2,再把第 1 列乘 −1 加到第 2,3 列得

$$左式=2\begin{vmatrix}a_1+b_1+c_1 & -a_1 & -b_1\\a_2+b_2+c_2 & -a_2 & -b_2\\a_3+b_3+c_3 & -a_3 & -b_3\end{vmatrix}.$$

把第 2,3 列加到第 1 列,然后分别提取 2,3 列的公因数 −1,再作两次列对换,等式得证.

证二

$$左式=\begin{vmatrix}a_1 & b_1+c_1 & c_1+a_1\\a_2 & b_2+c_2 & c_2+a_2\\a_3 & b_3+c_3 & c_3+a_3\end{vmatrix}+\begin{vmatrix}b_1 & b_1+c_1 & c_1+a_1\\b_2 & b_2+c_2 & c_2+a_2\\b_3 & b_3+c_3 & c_3+a_3\end{vmatrix}$$

$$=\begin{vmatrix}a_1 & b_1 & c_1+a_1\\a_2 & b_2 & c_2+a_2\\a_3 & b_3 & c_3+a_3\end{vmatrix}+\begin{vmatrix}a_1 & c_1 & c_1+a_1\\a_2 & c_2 & c_2+a_2\\a_3 & c_3 & c_3+a_3\end{vmatrix}+$$

$$\begin{vmatrix}b_1 & b_1 & c_1+a_1\\b_2 & b_2 & c_2+a_2\\b_3 & b_3 & c_3+a_3\end{vmatrix}+\begin{vmatrix}b_1 & c_1 & c_1+a_1\\b_2 & c_2 & c_2+a_2\\b_3 & c_3 & c_3+a_3\end{vmatrix}$$

$$=\begin{vmatrix}a_1 & b_1 & c_1\\a_2 & b_2 & c_2\\a_3 & b_3 & c_3\end{vmatrix}+0+0+0+0+0+0+\begin{vmatrix}b_1 & c_1 & a_1\\b_2 & c_2 & a_2\\b_3 & c_3 & a_3\end{vmatrix}=右式.$$

例 8 证明范德蒙德(Vandermonde)行列式

$$V_n=\begin{vmatrix}1 & 1 & 1 & \cdots & 1\\x_1 & x_2 & x_3 & \cdots & x_n\\x_1^2 & x_2^2 & x_3^2 & \cdots & x_n^2\\\vdots & \vdots & \vdots & & \vdots\\x_1^{n-1} & x_2^{n-1} & x_3^{n-1} & \cdots & x_n^{n-1}\end{vmatrix}=\prod_{1\leqslant j<i\leqslant n}(x_i-x_j),$$

其中 $n\geqslant 2$,连乘积

$$\prod_{1\leqslant j<i\leqslant n}(x_i-x_j)$$
$$=(x_2-x_1)(x_3-x_1)\cdots(x_n-x_1)(x_3-x_2)\cdots(x_n-x_2)\cdots(x_{n-1}-x_{n-2})\cdot(x_n-x_{n-2})(x_n-x_{n-1})$$

是满足条件 $1\leqslant j<i\leqslant n$ 的所有因子 (x_i-x_j) 的乘积.

证　对行列式的阶数 n 作数学归纳法.

当 $n=2$ 时,有

$$\begin{vmatrix} 1 & 1 \\ x_1 & x_2 \end{vmatrix}=x_2-x_1,$$

结论成立.

假设对于 $n-1$ 阶范德蒙德行列式结论成立.下证对 n 阶范德蒙德行列式结论也成立.

在 V_n 中从第 n 行开始,逐行减去上一行的 x_1 倍,可得

$$V_n=\begin{vmatrix} 1 & 1 & 1 & \cdots & 1 \\ 0 & x_2-x_1 & x_3-x_1 & \cdots & x_n-x_1 \\ 0 & x_2(x_2-x_1) & x_3(x_3-x_1) & \cdots & x_n(x_n-x_1) \\ \vdots & \vdots & \vdots & & \vdots \\ 0 & x_2^{n-2}(x_2-x_1) & x_3^{n-2}(x_3-x_1) & \cdots & x_n^{n-2}(x_n-x_1) \end{vmatrix}$$

$$=\begin{vmatrix} x_2-x_1 & x_3-x_1 & \cdots & x_n-x_1 \\ x_2(x_2-x_1) & x_3(x_3-x_1) & \cdots & x_n(x_n-x_1) \\ \vdots & \vdots & & \vdots \\ x_2^{n-2}(x_2-x_1) & x_3^{n-2}(x_3-x_1) & \cdots & x_n^{n-2}(x_n-x_1) \end{vmatrix}$$

$$=(x_2-x_1)(x_3-x_1)\cdots(x_n-x_1)\begin{vmatrix} 1 & 1 & \cdots & 1 \\ x_2 & x_3 & \cdots & x_n \\ x_2^2 & x_3^2 & \cdots & x_n^2 \\ \vdots & \vdots & & \vdots \\ x_2^{n-2} & x_3^{n-2} & \cdots & x_n^{n-2} \end{vmatrix},$$

上式右端的行列式是一个 $n-1$ 阶范德蒙德行列式,根据归纳假设有

$$V_n=(x_2-x_1)(x_3-x_1)\cdots(x_n-x_1)\prod_{2\leqslant j<i\leqslant n}(x_i-x_j)=\prod_{1\leqslant j<i\leqslant n}(x_i-x_j),$$

由归纳法,结论成立.

显然,$V_n\neq 0$ 的充要条件是 $x_1,x_2,\cdots,x_n$ 互不相同.

由上例可见,利用数学归纳法证明行列式时,在降阶过程中注意保持行列式的“原形”是很重要的.

在 n 阶行列式的计算中,一般都将高阶行列式转化为低阶行列式来计算.但对某

些特殊的行列式，也常采用“加边”法.

典型例题精讲
行列式的计算

例 9 计算 n 阶行列式

$$D_n=\begin{vmatrix} x_1-m & x_2 & \cdots & x_n \\ x_1 & x_2-m & \cdots & x_n \\ \vdots & \vdots & & \vdots \\ x_1 & x_2 & \cdots & x_n-m \end{vmatrix}.$$

解 我们利用如下的加边法：

$$D_n=\begin{vmatrix} 1 & x_1 & x_2 & \cdots & x_n \\ 0 & x_1-m & x_2 & \cdots & x_n \\ 0 & x_1 & x_2-m & \cdots & x_n \\ \vdots & \vdots & \vdots & & \vdots \\ 0 & x_1 & x_2 & \cdots & x_n-m \end{vmatrix},$$

将第 1 行的(-1)倍分别加到第 2 行，第 3 行，…，第 $n+1$ 行，得

$$D_n=\begin{vmatrix} 1 & x_1 & x_2 & \cdots & x_n \\ -1 & -m & 0 & \cdots & 0 \\ -1 & 0 & -m & \cdots & 0 \\ \vdots & \vdots & \vdots & & \vdots \\ -1 & 0 & 0 & \cdots & -m \end{vmatrix},$$

若 $m=0$，则

$$D_n=\begin{cases} x_1, & n=1, \\ 0, & n>1. \end{cases}$$

若 $m\neq 0$，则将 D_n 中第 2 列，第 3 列，…，第 $n+1$ 列都乘$-\dfrac{1}{m}$后加到第 1 列得

$$\begin{aligned} D_n &= \begin{vmatrix} 1-\sum\limits_{i=1}^{n}\dfrac{x_i}{m} & x_1 & x_2 & \cdots & x_n \\ 0 & -m & 0 & \cdots & 0 \\ 0 & 0 & -m & \cdots & 0 \\ \vdots & \vdots & \vdots & & \vdots \\ 0 & 0 & 0 & \cdots & -m \end{vmatrix} \\ &= (-m)^n\left(1-\frac{1}{m}\sum_{i=1}^{n}x_i\right) \\ &= (-1)^{n-1}m^{n-1}\left(\sum_{i=1}^{n}x_i-m\right). \end{aligned}$$

三、方阵乘积的行列式

本段中，我们来进一步讨论方阵乘积的行列式以及用行列式来刻画矩阵可逆的充

要条件.

定理 1 **n 阶矩阵 $\boldsymbol{A}$ 可逆的充要条件为** $\det \boldsymbol{A}\neq 0$.

证 设 $\boldsymbol{A}$ 经行初等变换化为简化行阶梯形矩阵 $\boldsymbol{R}$,即存在初等矩阵 $\boldsymbol{E}_1,\boldsymbol{E}_2,\cdots,\boldsymbol{E}_t$,使得

$$\boldsymbol{A}=\boldsymbol{E}_1\boldsymbol{E}_2\cdots\boldsymbol{E}_t\boldsymbol{R}.$$

若 $\boldsymbol{A}$ 可逆,则 $\boldsymbol{R}=\boldsymbol{I}$,因此

$$\det \boldsymbol{A}=(\det \boldsymbol{E}_1)(\det \boldsymbol{E}_2)\cdots(\det \boldsymbol{E}_t)(\det \boldsymbol{I})\neq 0.$$

反之,若 $\det \boldsymbol{A}\neq 0$,但 $\boldsymbol{A}$ 不可逆,则 $\boldsymbol{R}$ 的最后一行的元全为零,因此由行列式的性质知 $\det \boldsymbol{R}=0$,则

$$\det \boldsymbol{A}=(\det \boldsymbol{E}_1)(\det \boldsymbol{E}_2)\cdots(\det \boldsymbol{E}_t)(\det \boldsymbol{R})=0,$$

矛盾,故 $\boldsymbol{A}$ 可逆.

下面我们证明一个重要结果:两个 n 阶矩阵乘积的行列式等于这两个矩阵的行列式的乘积.

定理 2 **设 $\boldsymbol{A},\boldsymbol{B}$ 为 n 阶矩阵,则**

$$\det(\boldsymbol{AB})=(\det \boldsymbol{A})(\det \boldsymbol{B}).$$

证 设 $\boldsymbol{A}$ 经行初等变换化为简化行阶梯形矩阵 $\boldsymbol{R}$,即存在初等矩阵 $\boldsymbol{E}_1,\boldsymbol{E}_2,\cdots,\boldsymbol{E}_t$,使得 $\boldsymbol{A}=\boldsymbol{E}_1\boldsymbol{E}_2\cdots\boldsymbol{E}_t\boldsymbol{R}$,则

$$\det(\boldsymbol{AB})=\det(\boldsymbol{E}_1\boldsymbol{E}_2\cdots\boldsymbol{E}_t\boldsymbol{RB})=(\det \boldsymbol{E}_1)(\det \boldsymbol{E}_2)\cdots(\det \boldsymbol{E}_t)(\det(\boldsymbol{RB})).$$

若 $\boldsymbol{A}$ 可逆,则 $\boldsymbol{R}=\boldsymbol{I}$.此时 $\boldsymbol{A}=\boldsymbol{E}_1\boldsymbol{E}_2\cdots\boldsymbol{E}_t$,于是

$$\det \boldsymbol{A}=(\det \boldsymbol{E}_1)(\det \boldsymbol{E}_2)\cdots(\det \boldsymbol{E}_t),$$

故

$$\det(\boldsymbol{AB})=(\det \boldsymbol{A})(\det(\boldsymbol{IB}))=(\det \boldsymbol{A})(\det \boldsymbol{B}).$$

若 $\boldsymbol{A}$ 不可逆,则 $\boldsymbol{R}$ 的最后一行全为零,因而 $\boldsymbol{RB}$ 的最后一行也全为零,故由行列式性质,

$$\det(\boldsymbol{RB})=0,$$

从而 $\det(\boldsymbol{AB})=0$,又由定理 1 知 $\det \boldsymbol{A}=0$,故

$$\det(\boldsymbol{AB})=(\det \boldsymbol{A})(\det \boldsymbol{B}).$$

推论 1 **设 $\boldsymbol{A}_i(i=1,2,\cdots,r)$ 均为 n 阶矩阵,则**

$$\det(\boldsymbol{A}_1\boldsymbol{A}_2\cdots\boldsymbol{A}_r)=(\det \boldsymbol{A}_1)(\det \boldsymbol{A}_2)\cdots(\det \boldsymbol{A}_r).$$

推论 2 **若 $\boldsymbol{A},\boldsymbol{B}$ 为 n 阶矩阵,且 $\boldsymbol{AB}=\boldsymbol{I}$(或 $\boldsymbol{BA}=\boldsymbol{I}$),则 $\boldsymbol{B}=\boldsymbol{A}^{-1}$.**

证 因为 $\det(\boldsymbol{AB})=(\det \boldsymbol{A})(\det \boldsymbol{B})=\det \boldsymbol{I}=1$,所以 $\det \boldsymbol{A}\neq 0$,故 $\boldsymbol{A}^{-1}$ 存在,于是

$$\boldsymbol{B}=\boldsymbol{I}\boldsymbol{B}=(\boldsymbol{A}^{-1}\boldsymbol{A})\boldsymbol{B}=\boldsymbol{A}^{-1}(\boldsymbol{A}\boldsymbol{B})=\boldsymbol{A}^{-1}\boldsymbol{I}=\boldsymbol{A}^{-1}.$$

设 $\boldsymbol{A}$ 为可逆矩阵，则 $\det\boldsymbol{A}\neq 0$.由定理 2 和 $\boldsymbol{A}\boldsymbol{A}^{-1}=\boldsymbol{I}$ 有

$$(\det\boldsymbol{A})(\det(\boldsymbol{A}^{-1}))=\det\boldsymbol{I}=1,$$

因而

$$\det(\boldsymbol{A}^{-1})=(\det\boldsymbol{A})^{-1}.$$

这说明 $\boldsymbol{A}$ 的逆矩阵的行列式等于 $\boldsymbol{A}$ 的行列式的倒数.

例 10 设

$$\boldsymbol{A}=\begin{pmatrix}1&2&4\\0&-2&7\\0&0&-3\end{pmatrix},\quad \boldsymbol{B}=\begin{pmatrix}4&9&5\\0&1&-7\\0&0&2\end{pmatrix},$$

求 $\det(\boldsymbol{A}\boldsymbol{B}^{\mathrm{T}})$，$\det(\boldsymbol{A}+\boldsymbol{B})$，$\det(2\boldsymbol{A})$，$\det(\boldsymbol{A}^{-1})$，$\det(2\boldsymbol{A}^{2}\boldsymbol{B}^{-1})$.

解 显然 $\det\boldsymbol{A}=6\neq 0$，$\det\boldsymbol{B}=8\neq 0$，故 $\boldsymbol{A}$，$\boldsymbol{B}$ 可逆，且

$$\det(\boldsymbol{A}\boldsymbol{B}^{\mathrm{T}})=(\det\boldsymbol{A})(\det\boldsymbol{B}^{\mathrm{T}})=48,$$

$$\det(\boldsymbol{A}+\boldsymbol{B})=\begin{vmatrix}5&11&9\\0&-1&0\\0&0&-1\end{vmatrix}=5,$$

$$\det(2\boldsymbol{A})=2^{3}\det\boldsymbol{A}=48,$$

$$\det(\boldsymbol{A}^{-1})=\frac{1}{\det\boldsymbol{A}}=\frac{1}{6},$$

$$\det(2\boldsymbol{A}^{2}\boldsymbol{B}^{-1})=2^{3}\det(\boldsymbol{A}^{2})(\det\boldsymbol{B}^{-1})=2^{3}\cdot(\det\boldsymbol{A})^{2}\cdot\frac{1}{\det\boldsymbol{B}}=36.$$

典型例题精讲
行列式的性质

例 11 已知矩阵 $\boldsymbol{A}=(\boldsymbol{\alpha},\boldsymbol{v}_1,\boldsymbol{v}_2,\boldsymbol{v}_3)$，$\boldsymbol{B}=(\boldsymbol{\beta},\boldsymbol{v}_1,\boldsymbol{v}_2,\boldsymbol{v}_3)$，其中 $\boldsymbol{\alpha}$，$\boldsymbol{\beta}$，$\boldsymbol{v}_1$，$\boldsymbol{v}_2$，$\boldsymbol{v}_3$ 都是 4×1 矩阵.设 $|\boldsymbol{A}|=4$，$|\boldsymbol{B}|=1$，求 $|\boldsymbol{A}^{\mathrm{T}}+\boldsymbol{B}^{\mathrm{T}}|$.

解

$$\begin{aligned}|\boldsymbol{A}^{\mathrm{T}}+\boldsymbol{B}^{\mathrm{T}}|&=|(\boldsymbol{A}+\boldsymbol{B})^{\mathrm{T}}|=|\boldsymbol{A}+\boldsymbol{B}|\\&=|(\boldsymbol{\alpha}+\boldsymbol{\beta},2\boldsymbol{v}_1,2\boldsymbol{v}_2,2\boldsymbol{v}_3)|\\&=|(\boldsymbol{\alpha},2\boldsymbol{v}_1,2\boldsymbol{v}_2,2\boldsymbol{v}_3)|+|(\boldsymbol{\beta},2\boldsymbol{v}_1,2\boldsymbol{v}_2,2\boldsymbol{v}_3)|\\&=2^{3}|(\boldsymbol{\alpha},\boldsymbol{v}_1,\boldsymbol{v}_2,\boldsymbol{v}_3)|+2^{3}|(\boldsymbol{\beta},\boldsymbol{v}_1,\boldsymbol{v}_2,\boldsymbol{v}_3)|=40.\end{aligned}$$

习题 2.2

1. 计算下列行列式：

(1) $\begin{vmatrix}0&1&1&1\\1&0&1&1\\1&1&0&1\\1&1&1&0\end{vmatrix}$； (2) $\begin{vmatrix}1&1&1&1\\1&-1&1&1\\1&1&-1&1\\1&1&1&-1\end{vmatrix}$；

(3) $\begin{vmatrix} 5 & 0 & 4 & 2 \\ 1 & -1 & 2 & 1 \\ 4 & 1 & 2 & 0 \\ 1 & 1 & 1 & 1 \end{vmatrix}$；　(4) $\begin{vmatrix} 0 & a & b & c \\ a & 0 & c & b \\ b & c & 0 & a \\ c & b & a & 0 \end{vmatrix}$；

(5) $\begin{vmatrix} 1 & 2 & 2 & \cdots & 2 \\ 2 & 2 & 2 & \cdots & 2 \\ 2 & 2 & 3 & \cdots & 2 \\ \vdots & \vdots & \vdots & & \vdots \\ 2 & 2 & 2 & \cdots & n \end{vmatrix}$；　(6) $\begin{vmatrix} 1+a_1b_1 & 1+a_1b_2 & 1+a_1b_3 & 1+a_1b_4 \\ 1+a_2b_1 & 1+a_2b_2 & 1+a_2b_3 & 1+a_2b_4 \\ 1+a_3b_1 & 1+a_3b_2 & 1+a_3b_3 & 1+a_3b_4 \\ 1+a_4b_1 & 1+a_4b_2 & 1+a_4b_3 & 1+a_4b_4 \end{vmatrix}$；

(7) $\begin{vmatrix} 1 & 2 & 3 & \cdots & n-1 & n \\ 1 & -1 & 0 & \cdots & 0 & 0 \\ 0 & 2 & -2 & \cdots & 0 & 0 \\ \vdots & \vdots & \vdots & & \vdots & \vdots \\ 0 & 0 & 0 & \cdots & n-1 & -(n-1) \end{vmatrix}$.

2. 证明下列等式：

(1) $\begin{vmatrix} a_1+b_1x & a_1x+b_1 & c_1 \\ a_2+b_2x & a_2x+b_2 & c_2 \\ a_3+b_3x & a_3x+b_3 & c_3 \end{vmatrix}=(1-x^2)\begin{vmatrix} a_1 & b_1 & c_1 \\ a_2 & b_2 & c_2 \\ a_3 & b_3 & c_3 \end{vmatrix}$；

(2) $\begin{vmatrix} ax+by & ay+bz & az+bx \\ ay+bz & az+bx & ax+by \\ az+bx & ax+by & ay+bz \end{vmatrix}=(a^3+b^3)\begin{vmatrix} x & y & z \\ y & z & x \\ z & x & y \end{vmatrix}$；

(3) $D_n=\begin{vmatrix} \cos\theta & 1 & 0 & \cdots & 0 & 0 \\ 1 & 2\cos\theta & 1 & \cdots & 0 & 0 \\ 0 & 1 & 2\cos\theta & \cdots & 0 & 0 \\ \vdots & \vdots & \vdots & & \vdots & \vdots \\ 0 & 0 & 0 & \cdots & 2\cos\theta & 1 \\ 0 & 0 & 0 & \cdots & 1 & 2\cos\theta \end{vmatrix}=\cos n\theta.$

3. 计算下列行列式：

(1) $\begin{vmatrix} a_1+\lambda_1 & a_2 & \cdots & a_n \\ a_1 & a_2+\lambda_2 & \cdots & a_n \\ \vdots & \vdots & & \vdots \\ a_1 & a_2 & \cdots & a_n+\lambda_n \end{vmatrix}$　$(\lambda_i\neq 0, i=1,2,\cdots,n)$；

(2) $\begin{vmatrix} a_1^n & a_1^{n-1}b_1 & \cdots & a_1b_1^{n-1} & b_1^n \\ a_2^n & a_2^{n-1}b_2 & \cdots & a_2b_2^{n-1} & b_2^n \\ \vdots & \vdots & & \vdots & \vdots \\ a_n^n & a_n^{n-1}b_n & \cdots & a_nb_n^{n-1} & b_n^n \\ a_{n+1}^n & a_{n+1}^{n-1}b_{n+1} & \cdots & a_{n+1}b_{n+1}^{n-1} & b_{n+1}^n \end{vmatrix}$　$(a_i\neq 0, i=1,2,\cdots,n+1)$.

4. 若 $\boldsymbol{A}$ 为 n 阶矩阵，$\boldsymbol{A}\boldsymbol{A}^{\mathrm{T}}=\boldsymbol{I}$，试求 $\det\boldsymbol{A}$.

5. 设 $\boldsymbol{A}$ 为 n 阶矩阵，$\boldsymbol{A}\boldsymbol{A}^{\mathrm{T}}=\boldsymbol{I}$，$\det\boldsymbol{A}=-1$，证明：$\det(\boldsymbol{I}+\boldsymbol{A})=0$.

6. 设 $\boldsymbol{A}=\boldsymbol{B}=-\boldsymbol{C}=\boldsymbol{D}^{\mathrm{T}}=\begin{pmatrix}1&0\\0&1\end{pmatrix}$，求 $\begin{vmatrix}\boldsymbol{A}&\boldsymbol{B}\\\boldsymbol{C}&\boldsymbol{D}\end{vmatrix}$，$\begin{vmatrix}|\boldsymbol{A}|&|\boldsymbol{B}|\\|\boldsymbol{C}|&|\boldsymbol{D}|\end{vmatrix}$.

7. 设 $\boldsymbol{A}$，$\boldsymbol{B}$ 均为 4 阶矩阵，$|\boldsymbol{A}|=-2$，$|\boldsymbol{B}|=3$，计算：

(1) $\left|\dfrac{1}{2}\boldsymbol{A}\boldsymbol{B}^{-1}\right|$；　　(2) $|-\boldsymbol{A}\boldsymbol{B}^{\mathrm{T}}|$；

(3) $|(\boldsymbol{A}\boldsymbol{B})^{-1}|$；　　(4) $|[(\boldsymbol{A}\boldsymbol{B})^{\mathrm{T}}]^{-1}|$.

8. 已知 n 阶矩阵 $\boldsymbol{A}$ 满足 $\boldsymbol{A}^2=\boldsymbol{A}$，证明：$\boldsymbol{A}=\boldsymbol{I}$ 或 $\det\boldsymbol{A}=0$.

§2.3 拉普拉斯定理

拉普拉斯（Laplace）定理是行列式按一行（列）展开的推广.下面我们先将余子式与代数余子式的概念加以推广.

定义　**在 n 阶行列式 D 中，任取 k 行、k 列（$1\leqslant k\leqslant n$），位于这 k 行、k 列的交点上的 k^2 个元按原来的相对位置组成的 k 阶行列式 S，称为 D 的一个 k 阶子式.在 D 中划去 S 所在的 k 行与 k 列，余下的元按原来的相对位置组成的 $n-k$ 阶行列式 M 称为 S 的余子式.设 S 的各行位于 D 中第 $i_1,i_2,\cdots,i_k$ 行（$i_1<i_2<\cdots<i_k$），S 的各列位于 D 中第 $j_1,j_2,\cdots,j_k$ 列（$j_1<j_2<\cdots<j_k$），则称**

$$A=(-1)^{(i_1+i_2+\cdots+i_k)+(j_1+j_2+\cdots+j_k)}M$$

为 S 的代数余子式.

例如，在四阶行列式

$$D=\begin{vmatrix}1&2&1&4\\3&1&4&4\\0&0&2&1\\1&1&1&4\end{vmatrix}$$

中选取第 1,3 行，第 2,4 列得一个二阶子式

$$S=\begin{vmatrix}2&4\\0&1\end{vmatrix}=2,$$

S 的余子式为

$$M=\begin{vmatrix}3&4\\1&1\end{vmatrix}=-1,$$

S 的代数余子式为

$$A=(-1)^{(1+3)+(2+4)}M=\begin{vmatrix}3&4\\1&1\end{vmatrix}=-1.$$

由于从 n 个行中任取 k 行，共有 C_n^k 种取法，从 n 个列中任取 k 列，也有 C_n^k 种取法，故 n 阶行列式 D 的 $k(1\leqslant k\leqslant n)$ 阶子式共有 $(C_n^k)^2$ 个.而对 D 的每一个子式 S，它的余子式 M 和代数余子式 A 都由 S 惟一确定.

定理（拉普拉斯定理） **若在行列式 D 中任意取定 k 个行 $(1\leqslant k\leqslant n-1)$，则由这 k 个行组成的所有 k 阶子式与它们的代数余子式的乘积之和等于 D.**

设 D 的某 k 行组成的所有 k 阶子式分别为 $S_1,S_2,\cdots,S_t$ $(t=C_n^k)$，它们相应的代数余子式分别为 $A_1,A_2,\cdots,A_t$，则

$$D=S_1A_1+S_2A_2+\cdots+S_tA_t.$$

定理的证明从略.

当 $k=1$ 时，拉普拉斯定理就是行列式按一行（列）展开，因此拉普拉斯定理是行列式按一行（列）展开性质的推广，它是行列式按某 k 行（列）的展开.

例 1 计算

$$D=\begin{vmatrix}2&1&0&0&0\\1&2&1&0&0\\0&1&2&1&0\\0&0&1&2&1\\0&0&0&1&2\end{vmatrix}.$$

解 按第 1,2 行展开，这两行元共组成 $C_5^2=10$ 个二阶子式，但其中不为 0 的二阶子式只有 3 个，即

$$S_1=\begin{vmatrix}2&1\\1&2\end{vmatrix}=3,\ S_2=\begin{vmatrix}2&0\\1&1\end{vmatrix}=2,\ S_3=\begin{vmatrix}1&0\\2&1\end{vmatrix}=1,$$

它们对应的代数余子式为

$$A_1=(-1)^{(1+2)+(1+2)}\begin{vmatrix}2&1&0\\1&2&1\\0&1&2\end{vmatrix}=4,$$

$$A_2=(-1)^{(1+2)+(1+3)}\begin{vmatrix}1&1&0\\0&2&1\\0&1&2\end{vmatrix}=-3,$$

$$A_3=(-1)^{(1+2)+(2+3)}\begin{vmatrix}0&1&0\\0&2&1\\0&1&2\end{vmatrix}=0,$$

故由拉普拉斯定理

$$D=S_1A_1+S_2A_2+S_3A_3=6.$$

由拉普拉斯定理可得下列常用结果:**分块下三角形矩阵**

$$\boldsymbol{A}=\begin{pmatrix}\boldsymbol{B}_{m\times m} & \boldsymbol{O}\\ * & \boldsymbol{C}_{n\times n}\end{pmatrix}$$

或**分块上三角形矩阵**

$$\boldsymbol{A}=\begin{pmatrix}\boldsymbol{B}_{m\times m} & *\\ \boldsymbol{O} & \boldsymbol{C}_{n\times n}\end{pmatrix}$$

的行列式

$$\det\boldsymbol{A}=(\det\boldsymbol{B})(\det\boldsymbol{C}).$$

事实上,对于

$$\boldsymbol{A}=\begin{pmatrix}\boldsymbol{B}_{m\times m} & \boldsymbol{O}\\ * & \boldsymbol{C}_{n\times n}\end{pmatrix},$$

在 $\det\boldsymbol{A}$ 的前 m 行的所有 m 阶子式中,只有一个可能不为零,故由拉普拉斯定理,按前 m 行展开,易知 $\det\boldsymbol{A}=(\det\boldsymbol{B})(\det\boldsymbol{C})$成立.同理,对于

$$\boldsymbol{A}=\begin{pmatrix}\boldsymbol{B}_{m\times m} & *\\ \boldsymbol{O} & \boldsymbol{C}_{n\times n}\end{pmatrix},$$

按 $\det\boldsymbol{A}$ 的前 m 列展开便知结论成立.

特别地,分块对角矩阵行列式的常用结果:设

$$\boldsymbol{A}=\operatorname{diag}(\boldsymbol{A}_1,\boldsymbol{A}_2,\cdots,\boldsymbol{A}_t),$$

其中 $\boldsymbol{A}_i(i=1,2,\cdots,t)$为方阵,则

$$\det\boldsymbol{A}=(\det\boldsymbol{A}_1)(\det\boldsymbol{A}_2)\cdots(\det\boldsymbol{A}_t).$$

例 2 设分块矩阵 $\boldsymbol{A}=\begin{pmatrix}\boldsymbol{B} & \boldsymbol{O}\\ \boldsymbol{C} & \boldsymbol{D}\end{pmatrix}$,其中 $\boldsymbol{O}$ 是零矩阵,$\boldsymbol{B}$ 和 $\boldsymbol{D}$ 是可逆矩阵,求 $\boldsymbol{A}^{-1}$.

解 根据拉普拉斯定理 $\det\boldsymbol{A}=(\det\boldsymbol{B})(\det\boldsymbol{D})\neq 0$,所以 $\boldsymbol{A}$ 可逆.

设 $\boldsymbol{A}^{-1}$对应的分块矩阵为 $\boldsymbol{A}^{-1}=\begin{pmatrix}\boldsymbol{X}_1 & \boldsymbol{X}_2\\ \boldsymbol{X}_3 & \boldsymbol{X}_4\end{pmatrix}$,其中 $\boldsymbol{X}_1$ 与 $\boldsymbol{B}$ 是同型矩阵,$\boldsymbol{X}_4$ 与 $\boldsymbol{D}$ 是同型矩阵,则根据分块矩阵的乘法有

$$\begin{aligned}\boldsymbol{A}\boldsymbol{A}^{-1}&=\begin{pmatrix}\boldsymbol{B} & \boldsymbol{O}\\ \boldsymbol{C} & \boldsymbol{D}\end{pmatrix}\begin{pmatrix}\boldsymbol{X}_1 & \boldsymbol{X}_2\\ \boldsymbol{X}_3 & \boldsymbol{X}_4\end{pmatrix}\\&=\begin{pmatrix}\boldsymbol{B}\boldsymbol{X}_1 & \boldsymbol{B}\boldsymbol{X}_2\\ \boldsymbol{C}\boldsymbol{X}_1+\boldsymbol{D}\boldsymbol{X}_3 & \boldsymbol{C}\boldsymbol{X}_2+\boldsymbol{D}\boldsymbol{X}_4\end{pmatrix}=\begin{pmatrix}\boldsymbol{I} & \boldsymbol{O}\\ \boldsymbol{O} & \boldsymbol{I}\end{pmatrix}=\boldsymbol{I},\end{aligned}$$

故

$$\begin{cases}\boldsymbol{BX}_1=\boldsymbol{I},\\ \boldsymbol{BX}_2=\boldsymbol{O},\\ \boldsymbol{CX}_1+\boldsymbol{DX}_3=\boldsymbol{O},\\ \boldsymbol{CX}_2+\boldsymbol{DX}_4=\boldsymbol{I}.\end{cases}$$

解得

$$\begin{cases}\boldsymbol{X}_1=\boldsymbol{B}^{-1},\\ \boldsymbol{X}_2=\boldsymbol{O},\\ \boldsymbol{X}_3=-\boldsymbol{D}^{-1}\boldsymbol{CB}^{-1},\\ \boldsymbol{X}_4=\boldsymbol{D}^{-1}.\end{cases}$$

故

$$\boldsymbol{A}^{-1}=\begin{pmatrix}\boldsymbol{B}^{-1} & \boldsymbol{O}\\ -\boldsymbol{D}^{-1}\boldsymbol{CB}^{-1} & \boldsymbol{D}^{-1}\end{pmatrix}.$$

习题 2.3

1. 计算下列行列式：

(1) $\begin{vmatrix}1 & 2 & 0 & 0\\ 3 & 4 & 0 & 0\\ 0 & 0 & -1 & 3\\ 0 & 0 & 5 & 1\end{vmatrix}$；　　(2) $\begin{vmatrix}1 & 0 & 2 & 0\\ -1 & 0 & 3 & 0\\ 0 & 2 & 0 & -1\\ 0 & 1 & 0 & 3\end{vmatrix}$；

(3) $\begin{vmatrix}0 & 0 & 0 & 1 & -1 & 2\\ 0 & 0 & 0 & 3 & 0 & 2\\ 0 & 0 & 0 & 2 & 4 & 0\\ 0 & 0 & 1 & 2 & 0 & 4\\ 0 & 2 & 3 & 0 & 2 & 3\\ 3 & 1 & 2 & 1 & 4 & 0\end{vmatrix}$；

(4) $\begin{vmatrix}a & & & & & & & b\\ & a & & & & & b & \\ & & \ddots & & & \iddots & & \\ & & & a & b & & & \\ & & & b & a & & & \\ & & \iddots & & & \ddots & & \\ & b & & & & & a & \\ b & & & & & & & a\end{vmatrix}\begin{matrix}\left.\begin{matrix}\\ \\ \\ \\ \end{matrix}\right\} n\text{ 行}\\ \left.\begin{matrix}\\ \\ \\ \\ \end{matrix}\right\} n\text{ 行}\end{matrix}$.

2. 设 $\boldsymbol{A}, \boldsymbol{B}$ 均为 n 阶可逆矩阵,证明 $\begin{pmatrix} \boldsymbol{O} & \boldsymbol{A} \\ \boldsymbol{B} & \boldsymbol{O} \end{pmatrix}$ 可逆,并求其逆矩阵.

3. 设 $\boldsymbol{A}$ 和 $\boldsymbol{B}$ 都是可逆矩阵,求 $\begin{pmatrix} \boldsymbol{C} & \boldsymbol{A} \\ \boldsymbol{B} & \boldsymbol{O} \end{pmatrix}$ 的逆矩阵.

4. 求下列矩阵的逆矩阵:

(1) $\begin{pmatrix} 1 & 3 & 0 & 0 & 0 \\ 2 & 8 & 0 & 0 & 0 \\ 0 & 0 & 1 & 0 & 1 \\ 0 & 0 & 2 & 3 & 2 \\ 0 & 0 & 3 & 1 & 1 \end{pmatrix}$; (2) $\begin{pmatrix} 1 & 3 & 0 & 0 & 0 \\ 2 & 8 & 0 & 0 & 0 \\ 1 & 0 & 1 & 0 & 1 \\ 0 & 1 & 2 & 3 & 2 \\ 2 & 3 & 3 & 1 & 1 \end{pmatrix}$; (3) $\begin{pmatrix} 0 & 0 & 0 & 4 & 4 \\ 0 & 0 & 0 & 7 & 8 \\ 1 & 1 & 1 & 0 & 0 \\ 0 & 1 & 1 & 0 & 0 \\ 0 & 0 & 1 & 0 & 0 \end{pmatrix}$.

5. 设 $\boldsymbol{A}=(\boldsymbol{B} \quad \boldsymbol{C})$ 是 $n \times m$ 矩阵,$\boldsymbol{B}$ 是 $n \times s$ 子矩阵,且 $\boldsymbol{B}^{\mathrm{T}}\boldsymbol{C}=\boldsymbol{O}$.证明:$\det(\boldsymbol{A}^{\mathrm{T}}\boldsymbol{A})=\det(\boldsymbol{B}^{\mathrm{T}}\boldsymbol{B})\det(\boldsymbol{C}^{\mathrm{T}}\boldsymbol{C})$.

§2.4 克拉默法则

在本章§2.2中,我们不仅介绍了行列式的性质,而且还得到了矩阵 $\boldsymbol{A}$ 可逆的充要条件为 $\det \boldsymbol{A} \neq 0$.这里,我们进一步利用行列式给出逆矩阵的表达式,并给出解线性方程组的克拉默(Cramer)法则.

引理 1 **设 $\boldsymbol{A}=(a_{ij})_{n\times n}$,$A_{ij}$ 表示 a_{ij} 的代数余子式,则**

$$\sum_{k=1}^{n} a_{ik}A_{jk}=a_{i1}A_{j1}+a_{i2}A_{j2}+\cdots+a_{in}A_{jn}=0 \quad (i\neq j;i,j=1,\cdots,n).$$

证 行列式按第 j 行展开得

$$\det \boldsymbol{A}=\sum_{k=1}^{n} a_{jk}A_{jk},$$

所以将行列式中第 j 行的元 $a_{j1}, a_{j2}, \cdots, a_{jn}$ 换成 $a_{i1}, a_{i2}, \cdots, a_{in}$ 后所得的行列式,其展开式为 $\sum\limits_{k=1}^{n} a_{ik}A_{jk}$,即

$$\sum_{k=1}^{n} a_{ik}A_{jk}=\begin{vmatrix} a_{11} & a_{12} & \cdots & a_{1n} \\ \vdots & \vdots & & \vdots \\ a_{i1} & a_{i2} & \cdots & a_{in} \\ \vdots & \vdots & & \vdots \\ a_{i1} & a_{i2} & \cdots & a_{in} \\ \vdots & \vdots & & \vdots \\ a_{n1} & a_{n2} & \cdots & a_{nn} \end{vmatrix} \begin{matrix} \\ \\ 第\ i\ 行 \\ \\ 第\ j\ 行 \\ \\ \\ \end{matrix} =0.$$

引理 1 说明:行列式的任一行(列)的元乘另一行(列)对应元的代数余子式之和等

于零.

引理 2　设 $\boldsymbol{A}$ 为 n 阶矩阵,则

$$\boldsymbol{A}\boldsymbol{A}^*=\boldsymbol{A}^*\boldsymbol{A}=(\det \boldsymbol{A})\boldsymbol{I},$$

其中

$$\boldsymbol{A}^*=\begin{pmatrix} A_{11} & A_{21} & \cdots & A_{n1} \\ A_{12} & A_{22} & \cdots & A_{n2} \\ \vdots & \vdots & & \vdots \\ A_{1n} & A_{2n} & \cdots & A_{nn} \end{pmatrix}$$

称为 $\boldsymbol{A}$ 的伴随矩阵(A_{ij} 是 $\det \boldsymbol{A}$ 中元 a_{ij} 的代数余子式).

证　由引理 1 可得

$$\boldsymbol{A}\boldsymbol{A}^*=\begin{pmatrix} a_{11} & a_{12} & \cdots & a_{1n} \\ a_{21} & a_{22} & \cdots & a_{2n} \\ \vdots & \vdots & & \vdots \\ a_{n1} & a_{n2} & \cdots & a_{nn} \end{pmatrix}\begin{pmatrix} A_{11} & A_{21} & \cdots & A_{n1} \\ A_{12} & A_{22} & \cdots & A_{n2} \\ \vdots & \vdots & & \vdots \\ A_{1n} & A_{2n} & \cdots & A_{nn} \end{pmatrix}$$

$$=\begin{pmatrix} \det \boldsymbol{A} & & & \\ & \det \boldsymbol{A} & & \\ & & \ddots & \\ & & & \det \boldsymbol{A} \end{pmatrix}=(\det \boldsymbol{A})\boldsymbol{I}.$$

典型例题精讲
行列式的展开

同理,由行列式按列展开定理,可得

$$\boldsymbol{A}^*\boldsymbol{A}=(\det \boldsymbol{A})\boldsymbol{I}.$$

前面我们得到 $\boldsymbol{A}$ 可逆的充要条件为 $\det \boldsymbol{A}\neq 0$.当 $\boldsymbol{A}$ 可逆时,借助于 $\boldsymbol{A}^*$ 和行列式可以得到 $\boldsymbol{A}^{-1}$ 的简明表达式.

典型例题精讲
分块矩阵
的运算

定理 1　设 $\boldsymbol{A}$ 可逆,则

$$\boldsymbol{A}^{-1}=\frac{1}{\det \boldsymbol{A}}\boldsymbol{A}^*.$$

证　由引理 2,

$$\boldsymbol{A}\boldsymbol{A}^*=\boldsymbol{A}^*\boldsymbol{A}=(\det \boldsymbol{A})\boldsymbol{I},$$

因 $\boldsymbol{A}$ 可逆,故 $\det \boldsymbol{A}\neq 0$,于是

$$\boldsymbol{A}\left(\frac{1}{\det \boldsymbol{A}}\boldsymbol{A}^*\right)=\boldsymbol{I},$$

故

$$\boldsymbol{A}^{-1}=\frac{1}{\det \boldsymbol{A}}\boldsymbol{A}^*.$$

例 1　矩阵

$$
\boldsymbol{A}=\begin{pmatrix}1&2&3\\2&2&1\\3&4&3\end{pmatrix},\quad \boldsymbol{B}=\begin{pmatrix}2&3&-1\\-1&3&-3\\1&15&-11\end{pmatrix}
$$

是否可逆？若可逆，求 $\boldsymbol{A}^{-1}$，$\boldsymbol{B}^{-1}$.

解　因为 $\det \boldsymbol{A}=2$，$\det \boldsymbol{B}=0$，所以 $\boldsymbol{A}$ 可逆，$\boldsymbol{B}$ 不可逆.下面来求 $\boldsymbol{A}^{-1}$：

$$
A_{11}=(-1)^{1+1}\begin{vmatrix}2&1\\4&3\end{vmatrix}=2,\qquad A_{21}=(-1)^{2+1}\begin{vmatrix}2&3\\4&3\end{vmatrix}=6,
$$

$$
A_{31}=(-1)^{3+1}\begin{vmatrix}2&3\\2&1\end{vmatrix}=-4,\quad A_{12}=(-1)^{1+2}\begin{vmatrix}2&1\\3&3\end{vmatrix}=-3,
$$

$$
A_{22}=(-1)^{2+2}\begin{vmatrix}1&3\\3&3\end{vmatrix}=-6,\quad A_{32}=(-1)^{3+2}\begin{vmatrix}1&3\\2&1\end{vmatrix}=5,
$$

$$
A_{13}=(-1)^{1+3}\begin{vmatrix}2&2\\3&4\end{vmatrix}=2,\qquad A_{23}=(-1)^{2+3}\begin{vmatrix}1&2\\3&4\end{vmatrix}=2,
$$

$$
A_{33}=(-1)^{3+3}\begin{vmatrix}1&2\\2&2\end{vmatrix}=-2.
$$

故

$$
\boldsymbol{A}^{-1}=\frac{1}{\det \boldsymbol{A}}\boldsymbol{A}^{*}=\frac{1}{2}\begin{pmatrix}2&6&-4\\-3&-6&5\\2&2&-2\end{pmatrix}=\begin{pmatrix}1&3&-2\\-\dfrac{3}{2}&-3&\dfrac{5}{2}\\1&1&-1\end{pmatrix}.
$$

定理 1 给出了 $\boldsymbol{A}^{-1}$的简明表达式，但是由例 1 可以看出，用这个公式来求逆矩阵，计算量一般非常大.实际应用中求逆矩阵，一般采用第一章介绍的行初等变换法，而且该方法程序固定，适宜于计算机上计算大型方阵的逆矩阵.

例 2　设 $\boldsymbol{A}=\begin{pmatrix}1&1&1\\1&2&1\\1&1&3\end{pmatrix}$，求$(\boldsymbol{A}^{*})^{-1}$.

解　因为 $\det \boldsymbol{A}=2\neq0$，所以由 $\boldsymbol{A}\boldsymbol{A}^{*}=(\det \boldsymbol{A})\boldsymbol{I}$ 得

$$
\left(\frac{1}{\det \boldsymbol{A}}\boldsymbol{A}\right)\boldsymbol{A}^{*}=\boldsymbol{I},
$$

故 $\boldsymbol{A}^{*}$ 可逆且

$$
(\boldsymbol{A}^{*})^{-1}=\frac{1}{\det \boldsymbol{A}}\boldsymbol{A}=\frac{1}{2}\begin{pmatrix}1&1&1\\1&2&1\\1&1&3\end{pmatrix}=\begin{pmatrix}\dfrac{1}{2}&\dfrac{1}{2}&\dfrac{1}{2}\\\dfrac{1}{2}&1&\dfrac{1}{2}\\\dfrac{1}{2}&\dfrac{1}{2}&\dfrac{3}{2}\end{pmatrix}.
$$

例 3 设 $\boldsymbol{A}$ 是三阶矩阵，且 $\det \boldsymbol{A}=\frac{1}{3}$，求 $\det((2\boldsymbol{A})^{-1}-3\boldsymbol{A}^*)$.

解 因为 $(2\boldsymbol{A})^{-1}=\frac{1}{2}\boldsymbol{A}^{-1}$，$\boldsymbol{A}^*=(\det \boldsymbol{A})\boldsymbol{A}^{-1}=\frac{1}{3}\boldsymbol{A}^{-1}$，所以

$$\det((2\boldsymbol{A})^{-1}-3\boldsymbol{A}^*)=\det\left(\frac{1}{2}\boldsymbol{A}^{-1}-\boldsymbol{A}^{-1}\right)=\det\left(-\frac{1}{2}\boldsymbol{A}^{-1}\right)$$

$$=\left(-\frac{1}{2}\right)^3\det(\boldsymbol{A}^{-1})=-\frac{1}{8}\frac{1}{\det \boldsymbol{A}}=-\frac{3}{8}.$$

例 4 设 $\boldsymbol{A}$ 可逆，$\boldsymbol{B}$ 与 $\boldsymbol{A}$ 为同型矩阵，且 $\boldsymbol{A}^*\boldsymbol{B}=\boldsymbol{A}^{-1}+\boldsymbol{B}$，证明 $\boldsymbol{B}$ 可逆，当

$$\boldsymbol{A}=\begin{pmatrix}2&6&0\\0&2&6\\0&0&2\end{pmatrix}$$

时，求 $\boldsymbol{B}$.

解 由已知有

$$(\boldsymbol{A}^*-\boldsymbol{I})\boldsymbol{B}=\boldsymbol{A}^{-1}.$$

于是由 $|\boldsymbol{A}^*-\boldsymbol{I}||\boldsymbol{B}|=|\boldsymbol{A}^{-1}|\neq 0$ 知 $\boldsymbol{B}$ 和 $\boldsymbol{A}^*-\boldsymbol{I}$ 可逆，再由上式得

$$\boldsymbol{B}=(\boldsymbol{A}^*-\boldsymbol{I})^{-1}\boldsymbol{A}^{-1}=[\boldsymbol{A}(\boldsymbol{A}^*-\boldsymbol{I})]^{-1}=(|\boldsymbol{A}|\boldsymbol{I}-\boldsymbol{A})^{-1},$$

很容易计算得

$$|\boldsymbol{A}|\boldsymbol{I}-\boldsymbol{A}=6\begin{pmatrix}1&-1&0\\0&1&-1\\0&0&1\end{pmatrix}.$$

于是，求出上述矩阵的逆矩阵便得 $\boldsymbol{B}=\frac{1}{6}\begin{pmatrix}1&1&1\\0&1&1\\0&0&1\end{pmatrix}$.

定理 2（克拉默法则） **设 n 阶矩阵 $\boldsymbol{A}$ 可逆，则线性方程组 $\boldsymbol{AX}=\boldsymbol{b}$ 有惟一解 $\boldsymbol{X}=(x_1,x_2,\cdots,x_n)^{\mathrm{T}}$，其中**

$$x_j=\frac{\det \boldsymbol{A}_j}{\det \boldsymbol{A}}\quad(j=1,2,\cdots,n),$$

$\det \boldsymbol{A}_j$ 是用 $\boldsymbol{b}$ 代替 $\det \boldsymbol{A}$ 中的第 j 列得到的行列式.

证 关于解的惟一性，在 §1.3 定理 3 的推论中已给出充要条件，下面证明解的表示式.由于

$$\begin{pmatrix}x_1\\x_2\\\vdots\\x_n\end{pmatrix}=\boldsymbol{X}=\boldsymbol{A}^{-1}\boldsymbol{b}=\frac{1}{\det\boldsymbol{A}}\boldsymbol{A}^*\boldsymbol{b}=\frac{1}{\det\boldsymbol{A}}\begin{pmatrix}A_{11}&A_{21}&\cdots&A_{n1}\\A_{12}&A_{22}&\cdots&A_{n2}\\\vdots&\vdots&&\vdots\\A_{1n}&A_{2n}&\cdots&A_{nn}\end{pmatrix}\begin{pmatrix}b_1\\b_2\\\vdots\\b_n\end{pmatrix},$$

故比较两端对应元得

$$x_j=\frac{1}{\det\boldsymbol{A}}(b_1A_{1j}+b_2A_{2j}+\cdots+b_nA_{nj})=\frac{\det\boldsymbol{A}_j}{\det\boldsymbol{A}}.$$

克拉默法则给了我们一个用行列式写出 n 元线性方程组解的简便方法，具有重要的理论价值.然而，为了求出解，我们需计算 $n+1$ 个 n 阶行列式.一般其计算量要比用高斯消元法多得多.

例 5 已知三次曲线 $y=a_1+a_2x+a_3x^2+a_4x^3$ 过四点 (x_1,y_1)，(x_2,y_2)，(x_3,y_3)，(x_4,y_4)，其中 x_1,x_2,x_3,x_4 互不相同，试求系数 a_1,a_2,a_3,a_4.

解 将四个点的坐标分别代入三次曲线的方程，得关于 a_1,a_2,a_3,a_4 的方程组

$$\begin{cases}a_1+a_2x_1+a_3x_1^2+a_4x_1^3=y_1,\\a_1+a_2x_2+a_3x_2^2+a_4x_2^3=y_2,\\a_1+a_2x_3+a_3x_3^2+a_4x_3^3=y_3,\\a_1+a_2x_4+a_3x_4^2+a_4x_4^3=y_4,\end{cases}$$

系数行列式

$$\det\boldsymbol{A}=\begin{vmatrix}1&x_1&x_1^2&x_1^3\\1&x_2&x_2^2&x_2^3\\1&x_3&x_3^2&x_3^3\\1&x_4&x_4^2&x_4^3\end{vmatrix}=\prod_{1\leqslant j<i\leqslant 4}(x_i-x_j)\neq 0,$$

由克拉默法则，有惟一解

$$a_j=\frac{\det\boldsymbol{A}_j}{\det\boldsymbol{A}}\quad(j=1,2,3,4),$$

其中 $\det\boldsymbol{A}_j$ 是以 y_1,y_2,y_3,y_4 替代 $\det\boldsymbol{A}$ 中第 j 列元所得行列式.

习题 2.4

1. 试用伴随矩阵求下列矩阵的逆矩阵：

(1) $\begin{pmatrix}a&b\\c&d\end{pmatrix}$，其中 $ad-bc\neq 0$； (2) $\begin{pmatrix}1&0&0\\1&1&0\\1&1&1\end{pmatrix}$； (3) $2\begin{pmatrix}3&-4&5\\2&-3&1\\3&-5&-1\end{pmatrix}$.

2. 设 $\boldsymbol{A}$ 是 n 阶矩阵，证明：

(1) $(k\boldsymbol{A})^*=k^{n-1}\boldsymbol{A}^*$； (2) $\det(\boldsymbol{A}^*)=(\det\boldsymbol{A})^{n-1}$； (3) $(\boldsymbol{A}^{\mathrm{T}})^*=(\boldsymbol{A}^*)^{\mathrm{T}}$.

3. 设 $\boldsymbol{A}$ 是可逆矩阵,证明:$(\boldsymbol{A}^*)^{-1}=(\boldsymbol{A}^{-1})^*$.

4. 设 $\boldsymbol{A}$ 是 n 阶非零实矩阵,且 $\boldsymbol{A}^*=\boldsymbol{A}^{\mathrm{T}}$,证明:$\boldsymbol{A}$ 是可逆矩阵.

5. 设 $\boldsymbol{A}$ 为 4 阶矩阵,$|\boldsymbol{A}|=a\neq 0$,计算 $\det(|\boldsymbol{A}^*|\boldsymbol{A})$.

6. λ 为何值时,方程组 $\begin{cases}\lambda x_1+x_2=0,\\ x_1+\lambda x_2=0\end{cases}$ 有非零解?

7. 用克拉默法则解方程组 $\begin{cases}x+y+z=a+b+c,\\ ax+by+cz=a^2+b^2+c^2,\\ bcx+cay+abz=3abc,\end{cases}$ 式中 a,b,c 两两互异.

§2.5 矩阵的秩

一、矩阵秩的概念

矩阵的秩是矩阵的一个重要数值特征,是线性代数中的一个重要概念.为了建立矩阵的秩的概念,先给出矩阵的子式的定义.

定义 1　在 $m\times n$ 矩阵 $\boldsymbol{A}$ 中,位于任意取定的 k 行和 k 列($1\leqslant k\leqslant\min\{m,n\}$)交叉点上的 k^2 个元,按原来的相对位置组成的 k 阶行列式,称为 $\boldsymbol{A}$ 的一个 k 阶子式.

例如,在矩阵

$$\boldsymbol{A}=\begin{pmatrix}3&2&-1&-3\\2&-1&3&1\\4&5&-5&-6\end{pmatrix}$$

中,取第 1,2 行和第 2,4 列交叉点上的元,组成的二阶行列式

$$\begin{vmatrix}2&-3\\-1&1\end{vmatrix}$$

为 $\boldsymbol{A}$ 的一个二阶子式.

有了子式的概念,就可以定义矩阵的秩.

定义 2　设在矩阵 $\boldsymbol{A}$ 中有一个不等于零的 r 阶子式 D,且没有不等于零的 $r+1$ 阶子式,那么 D 称为 $\boldsymbol{A}$ 的最高阶非零子式,数 r 称为矩阵 $\boldsymbol{A}$ 的秩,记作 $R(\boldsymbol{A})$.并规定零矩阵的秩等于零.

由行列式的性质可知,$\boldsymbol{A}$ 中所有 $r+1$ 阶子式全等于零时,所有高于 $r+1$ 阶的子式也全等于零,因此 $\boldsymbol{A}$ 的秩 $R(\boldsymbol{A})$ 就是 $\boldsymbol{A}$ 中不等于零的子式的最高阶数.

显然,对任意矩阵 $\boldsymbol{A}$,$R(\boldsymbol{A})$ 是惟一的,但其最高阶非零子式一般是不惟一的.

定义 2 实际上包含两部分:一部分是,$R(\boldsymbol{A})\geqslant r$ 的充要条件是 $\boldsymbol{A}$ 有一个 r 阶子式不为零;另一部分是,$R(\boldsymbol{A})\leqslant r$ 的充要条件是 $\boldsymbol{A}$ 的所有 $r+1$ 阶子式全为零.

例 1　求矩阵 $\boldsymbol{A}=\begin{pmatrix}3&1&0&2\\1&-1&2&-1\\1&3&-4&4\end{pmatrix}$ 的秩.

解 $\boldsymbol{A}$ 有 12 个一阶子式.例如,由第 2 行、第 2 列交点上的元构成的一阶子式

$$\det(-1)=-1\neq 0.$$

再看一下 $\boldsymbol{A}$ 的二阶子式,可以知道 $\boldsymbol{A}$ 有

$$C_3^2 C_4^2=3\times 6=18$$

个二阶子式,其中由第 1,2 行和第 1,2 列交叉点上的元构成的二阶子式

$$\begin{vmatrix} 3 & 1 \\ 1 & -1 \end{vmatrix}=-4\neq 0.$$

最后,再考察一下 $\boldsymbol{A}$ 的三阶子式,$\boldsymbol{A}$ 有 4 个三阶子式,分别计算有

$$\begin{vmatrix} 3 & 1 & 0 \\ 1 & -1 & 2 \\ 1 & 3 & -4 \end{vmatrix}=0,\qquad \begin{vmatrix} 3 & 1 & 2 \\ 1 & -1 & -1 \\ 1 & 3 & 4 \end{vmatrix}=0,$$

$$\begin{vmatrix} 3 & 0 & 2 \\ 1 & 2 & -1 \\ 1 & -4 & 4 \end{vmatrix}=0,\qquad \begin{vmatrix} 1 & 0 & 2 \\ -1 & 2 & -1 \\ 3 & -4 & 4 \end{vmatrix}=0.$$

故由定义,$R(\boldsymbol{A})=2$.

从例 1 可看出,根据定义求秩是很困难的,下面给出求矩阵秩的初等变换法.

二、 矩阵秩的计算

定理 1 初等变换不改变矩阵的秩.

证 只就行初等变换加以证明,列初等变换的情形同理可证.

对于行初等变换中的第一种和第二种变换,由于变换后矩阵中的每一个子式均能在原来的矩阵中找到相应的子式,它们之间或只是行的次序不同,或只是某一行是原来的 k 倍,因此相应子式或同为零,或同为非零,所以矩阵的秩不变.

对于第三种行初等变换,设

$$\boldsymbol{A}=\begin{pmatrix} a_{11} & a_{12} & \cdots & a_{1n} \\ a_{21} & a_{22} & \cdots & a_{2n} \\ \vdots & \vdots & & \vdots \\ a_{m1} & a_{m2} & \cdots & a_{mn} \end{pmatrix},$$

不妨考虑把 $\boldsymbol{A}$ 的第 2 行的 k 倍加至第 1 行上,得

$$\boldsymbol{B}=\begin{pmatrix} a_{11}+ka_{21} & a_{12}+ka_{22} & \cdots & a_{1n}+ka_{2n} \\ a_{21} & a_{22} & \cdots & a_{2n} \\ \vdots & \vdots & & \vdots \\ a_{m1} & a_{m2} & \cdots & a_{mn} \end{pmatrix},$$

设 $R(\boldsymbol{B})=t$,即 $\boldsymbol{B}$ 中有 t 阶子式 B_t 不为零.若 B_t 不包含第 1 行的元,则在 $\boldsymbol{A}$ 中能找到与 B_t 完全相同的 t 阶子式,因此 $R(\boldsymbol{A})\geqslant t$;若 B_t 包含第 1 行的元,即

$$
0 \neq B_t = \begin{vmatrix} a_{1j_1}+ka_{2j_1} & \cdots & a_{1j_t}+ka_{2j_t} \\ \vdots & & \vdots \\ a_{i_tj_1} & \cdots & a_{i_tj_t} \end{vmatrix},
$$

则由行列式的性质知

$$
0 \neq B_t = \begin{vmatrix} a_{1j_1} & \cdots & a_{1j_t} \\ \vdots & & \vdots \\ a_{i_tj_1} & \cdots & a_{i_tj_t} \end{vmatrix} + k \begin{vmatrix} a_{2j_1} & \cdots & a_{2j_t} \\ \vdots & & \vdots \\ a_{i_tj_1} & \cdots & a_{i_tj_t} \end{vmatrix},
$$

若 B_t 不包含第 2 行元，则上面两个行列式中至少有一个非零；若 B_t 包含第 2 行元，则右端第一个行列式非零，而以上两种情况的非零行列式均为 $\boldsymbol{A}$ 中的 t 阶子式，所以 $R(\boldsymbol{A}) \geqslant t$.

总之，归纳以上得到的结论：若由矩阵 $\boldsymbol{A}$ 经第三种行初等变换得到矩阵 $\boldsymbol{B}$，则 $R(\boldsymbol{B}) \leqslant R(\boldsymbol{A})$. 但事实上，我们又能从 $\boldsymbol{B}$ 出发经行初等变换得到 $\boldsymbol{A}$（即只要把 $\boldsymbol{B}$ 的第 2 行的 $(-k)$ 倍加到第 1 行），因此根据上面的结论又有 $R(\boldsymbol{A}) \leqslant R(\boldsymbol{B})$. 故

$$
R(\boldsymbol{A}) = R(\boldsymbol{B}).
$$

例 2 求矩阵

$$
\boldsymbol{A} = \begin{pmatrix} 1 & -1 & 2 & 1 & 0 \\ 2 & -2 & 4 & 2 & 0 \\ 3 & 0 & 6 & -1 & 1 \\ 0 & 3 & 0 & 0 & 1 \end{pmatrix}
$$

的秩.

解 对 $\boldsymbol{A}$ 作行初等变换

$$
\boldsymbol{A} = \begin{pmatrix} 1 & -1 & 2 & 1 & 0 \\ 2 & -2 & 4 & 2 & 0 \\ 3 & 0 & 6 & -1 & 1 \\ 0 & 3 & 0 & 0 & 1 \end{pmatrix} \rightarrow \begin{pmatrix} 1 & -1 & 2 & 1 & 0 \\ 0 & 0 & 0 & 0 & 0 \\ 0 & 3 & 0 & -4 & 1 \\ 0 & 3 & 0 & 0 & 1 \end{pmatrix}
$$

$$
\rightarrow \begin{pmatrix} 1 & -1 & 2 & 1 & 0 \\ 0 & 3 & 0 & 0 & 1 \\ 0 & 0 & 0 & -4 & 0 \\ 0 & 0 & 0 & 0 & 0 \end{pmatrix} = \boldsymbol{B},
$$

$\boldsymbol{B}$ 中有三阶子式

$$
\begin{vmatrix} 1 & -1 & 1 \\ 0 & 3 & 0 \\ 0 & 0 & -4 \end{vmatrix} = -12 \neq 0,
$$

显然 $\boldsymbol{B}$ 中所有四阶子式全为零，所以 $R(\boldsymbol{B})=3$. 故

$$R(\boldsymbol{A})=R(\boldsymbol{B})=3.$$

例 3 求 § 2.1 例 2 中黑白图像对应的矩阵

$$\boldsymbol{A}=\begin{pmatrix}0&1&0&1\\1&0&1&0\\0&1&0&1\\1&0&1&0\end{pmatrix}$$

的秩.

解

$$\boldsymbol{A}=\begin{pmatrix}0&1&0&1\\1&0&1&0\\0&1&0&1\\1&0&1&0\end{pmatrix}\to\begin{pmatrix}0&1&0&1\\1&0&1&0\\0&0&0&0\\0&0&0&0\end{pmatrix}\to\begin{pmatrix}1&0&1&0\\0&1&0&1\\0&0&0&0\\0&0&0&0\end{pmatrix},$$

因此 $R(\boldsymbol{A})=2$.

计算图 2.4 中黑白图像对应矩阵的行列式和秩.尝试比较行列式与秩的相似和不同之处.

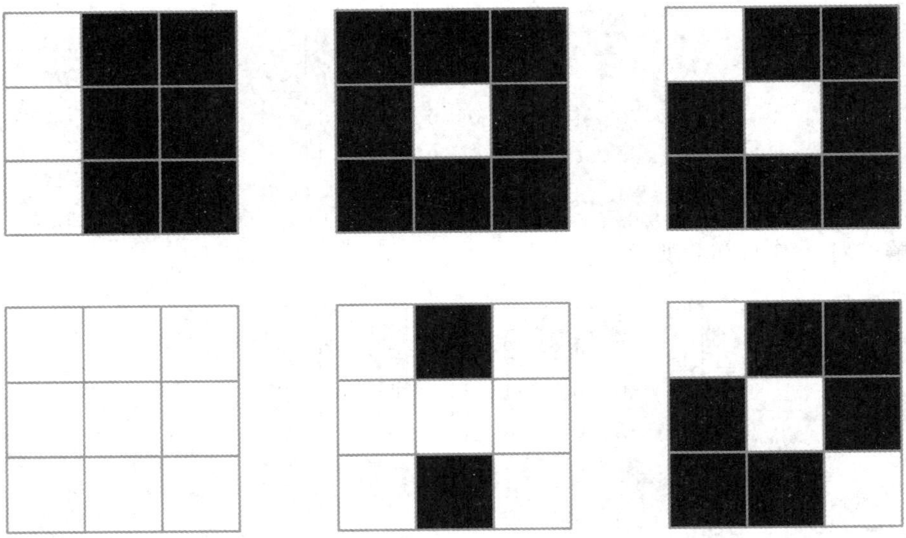

图 2.4

事实上,将矩阵 $\boldsymbol{A}$ 用行初等变换化为行阶梯形矩阵,则行阶梯形矩阵非零行的行数就是 $\boldsymbol{A}$ 的秩,即:**设 $\boldsymbol{A}$ 为 $m\times n$ 矩阵,则 $R(\boldsymbol{A})=r$ 的充要条件是通过行初等变换能将 $\boldsymbol{A}$ 化为具有 r 个非零行的行阶梯形矩阵.**

例 4 设

$$\boldsymbol{A}=\begin{pmatrix}1&2&1\\2&2&-2\\-1&t&5\\1&0&-3\end{pmatrix},$$

已知 $R(\boldsymbol{A})=2$,求 t.

解　对 $\boldsymbol{A}$ 作行初等变换得

$$\boldsymbol{A}\to\begin{pmatrix}1&2&1\\0&-2&-4\\0&2+t&6\\0&0&0\end{pmatrix}=\boldsymbol{B}.$$

由 $R(\boldsymbol{A})=R(\boldsymbol{B})=2$,知 $\boldsymbol{B}$ 中第 2 行、第 3 行成比例.于是由$\dfrac{-2}{2+t}=\dfrac{-4}{6}$得 $t=1$.

推论　设 $\boldsymbol{A}$ 为 $m\times n$ 矩阵,则

$$R(\boldsymbol{PA})=R(\boldsymbol{AQ})=R(\boldsymbol{PAQ})=R(\boldsymbol{A}),$$

其中 $\boldsymbol{P},\boldsymbol{Q}$ 分别为 m 阶和 n 阶可逆矩阵.

证　因为 $\boldsymbol{P}$ 可逆,所以存在有限个初等矩阵 $\boldsymbol{E}_1,\boldsymbol{E}_2,\cdots,\boldsymbol{E}_k$,使得 $\boldsymbol{P}=\boldsymbol{E}_k\cdots\boldsymbol{E}_2\boldsymbol{E}_1$,从而

$$\boldsymbol{PA}=\boldsymbol{E}_k\cdots\boldsymbol{E}_2\boldsymbol{E}_1\boldsymbol{A},$$

即 $\boldsymbol{PA}$ 为对 $\boldsymbol{A}$ 施以 $\boldsymbol{E}_1,\boldsymbol{E}_2,\cdots,\boldsymbol{E}_k$ 相对应的行初等变换所得矩阵,于是由定理 1 知,

$$R(\boldsymbol{PA})=R(\boldsymbol{A}),$$

同理可证 $R(\boldsymbol{AQ})=R(\boldsymbol{PAQ})=R(\boldsymbol{A})$.

例 5　设

$$\boldsymbol{A}=\begin{pmatrix}3&4&1\\0&2&0\\5&1&3\end{pmatrix},\quad \boldsymbol{B}=\begin{pmatrix}2&-1&3\\0&3&1\\0&0&0\end{pmatrix},$$

求 $R(\boldsymbol{AB})$.

解　因为 $|\boldsymbol{A}|\neq0$,所以 $\boldsymbol{A}$ 可逆.显然 $R(\boldsymbol{B})=2$.故 $R(\boldsymbol{AB})=R(\boldsymbol{B})=2$.

三、矩阵秩的性质

关于矩阵的秩,有如下性质:

定理 2　**(1) 设 $\boldsymbol{A}$ 为 n 阶矩阵,则 $\boldsymbol{A}$ 可逆的充要条件是**$R(\boldsymbol{A})=n$;

(2) 对任意矩阵 $\boldsymbol{A}$,$R(\boldsymbol{A})=R(\boldsymbol{A}^{\mathrm{T}})$;

(3) 设 $\boldsymbol{A}$ 为 $m\times n$ 矩阵,则 $0\leqslant R(\boldsymbol{A})\leqslant\min\{m,n\}$;

(4) 对任意矩阵 $\boldsymbol{A}$,$R(k\boldsymbol{A})=\begin{cases}0, & k=0,\\R(\boldsymbol{A}), & k\neq0.\end{cases}$

证　(3)和(4)是显然的.我们证明(1)和(2).

(1) 若 $\boldsymbol{A}$ 可逆，则 $\det \boldsymbol{A}\neq 0$，因此由定义 2 知 $R(\boldsymbol{A})=n$.

反之，若 $R(\boldsymbol{A})=n$，由定义 2 易知 $\det \boldsymbol{A}\neq 0$，故 $\boldsymbol{A}$ 可逆.

(2) $\boldsymbol{A}$ 的任一子式的转置就是 $\boldsymbol{A}^{\mathrm{T}}$ 的子式；反之，$\boldsymbol{A}^{\mathrm{T}}$ 的任一子式的转置就是 $\boldsymbol{A}$ 的子式.根据行列式的性质，$\boldsymbol{A}$ 中不为零的最高阶子式就是 $\boldsymbol{A}^{\mathrm{T}}$ 中不为零的最高阶子式，反之亦然.故

$$R(\boldsymbol{A})=R(\boldsymbol{A}^{\mathrm{T}}).$$

由定理 2 的(1)知，对于 n 阶矩阵 $\boldsymbol{A}$，$\det \boldsymbol{A}=0$ 的充要条件是 $R(\boldsymbol{A})<n$.因而，可逆矩阵又称为**满秩矩阵**，不可逆矩阵又称为**降秩矩阵**或**退化矩阵**.

例 6 设 $\boldsymbol{A}$ 为 n 阶矩阵($n\geqslant 2$)，证明：

$$R(\boldsymbol{A}^*)=\begin{cases} n, & R(\boldsymbol{A})=n, \\ 0, & R(\boldsymbol{A})<n-1. \end{cases}$$

证 若 $R(\boldsymbol{A})=n$，即 $\det \boldsymbol{A}\neq 0$，由 $\boldsymbol{A}\boldsymbol{A}^*=(\det \boldsymbol{A})\boldsymbol{I}$ 有

$$(\det \boldsymbol{A})(\det \boldsymbol{A}^*)=\det(\boldsymbol{A}\boldsymbol{A}^*)=\det((\det \boldsymbol{A})\boldsymbol{I})=(\det \boldsymbol{A})^n\neq 0,$$

故 $\det \boldsymbol{A}^*\neq 0$，即 $R(\boldsymbol{A}^*)=n$.

若 $R(\boldsymbol{A})<n-1$，则 $\boldsymbol{A}$ 中最高阶非零子式的阶数小于 $n-1$，因而 $\boldsymbol{A}$ 中任意 $n-1$ 阶子式均为零，所以

$$\boldsymbol{A}^*=\begin{pmatrix} A_{11} & A_{21} & \cdots & A_{n1} \\ A_{12} & A_{22} & \cdots & A_{n2} \\ \vdots & \vdots & & \vdots \\ A_{1n} & A_{2n} & \cdots & A_{nn} \end{pmatrix}=\boldsymbol{O},$$

即 $R(\boldsymbol{A}^*)=0$.

对于例 6 中 $R(\boldsymbol{A})=n-1$ 的情形，将在 § 4.4 的例 5 中给出.

定理 3 对任意矩阵 $\boldsymbol{A}_{m\times n}$，都存在可逆矩阵 $\boldsymbol{P}_{m\times m}$，$\boldsymbol{Q}_{n\times n}$，使得

$$\boldsymbol{PAQ}=\begin{pmatrix} \boldsymbol{I}_r & \boldsymbol{O} \\ \boldsymbol{O} & \boldsymbol{O} \end{pmatrix}_{m\times n}, \quad R(\boldsymbol{A})=r,$$

其中 $\begin{pmatrix} \boldsymbol{I}_r & \boldsymbol{O} \\ \boldsymbol{O} & \boldsymbol{O} \end{pmatrix}_{m\times n}$ 称为 $\boldsymbol{A}$ 的标准形.即任何矩阵 $\boldsymbol{A}$ 都等价于其标准形.

证 对任意的 $\boldsymbol{A}_{m\times n}$，总可经有限次行初等变换化为简化行阶梯形矩阵，然后通过有限次列初等变换便可得到

$$\begin{pmatrix} \boldsymbol{I}_r & \boldsymbol{O} \\ \boldsymbol{O} & \boldsymbol{O} \end{pmatrix}.$$

又由于行阶梯形矩阵非零行的行数 r 即 $\boldsymbol{A}$ 的秩，因而 $R(\boldsymbol{A})=r$.故存在初等矩阵

$\boldsymbol{E}_1, \boldsymbol{E}_2, \cdots, \boldsymbol{E}_s, \widetilde{\boldsymbol{E}}_1, \widetilde{\boldsymbol{E}}_2, \cdots, \widetilde{\boldsymbol{E}}_t$,使得

$$\boldsymbol{E}_s \cdots \boldsymbol{E}_2 \boldsymbol{E}_1 \boldsymbol{A} \widetilde{\boldsymbol{E}}_1 \widetilde{\boldsymbol{E}}_2 \cdots \widetilde{\boldsymbol{E}}_t = \begin{pmatrix} \boldsymbol{I}_r & \boldsymbol{O} \\ \boldsymbol{O} & \boldsymbol{O} \end{pmatrix}.$$

记 $\boldsymbol{P} = \boldsymbol{E}_s \cdots \boldsymbol{E}_2 \boldsymbol{E}_1, \boldsymbol{Q} = \widetilde{\boldsymbol{E}}_1 \widetilde{\boldsymbol{E}}_2 \cdots \widetilde{\boldsymbol{E}}_t$,则 $\boldsymbol{P}, \boldsymbol{Q}$ 可逆且

$$\boldsymbol{PAQ} = \begin{pmatrix} \boldsymbol{I}_r & \boldsymbol{O} \\ \boldsymbol{O} & \boldsymbol{O} \end{pmatrix}.$$

定理 3 也说明,对任意矩阵 $\boldsymbol{A}$,存在可逆矩阵 $\boldsymbol{K}, \boldsymbol{S}$,使

$$\boldsymbol{A} = \boldsymbol{K} \begin{pmatrix} \boldsymbol{I}_r & \boldsymbol{O} \\ \boldsymbol{O} & \boldsymbol{O} \end{pmatrix} \boldsymbol{S}, \quad R(\boldsymbol{A}) = r.$$

推论　同型矩阵 $\boldsymbol{A}$ 与 $\boldsymbol{B}$ 等价的充要条件是 $R(\boldsymbol{A}) = R(\boldsymbol{B})$.

例 7　设 $\boldsymbol{A} = \begin{pmatrix} 1 & -2 & 1 \\ -1 & 1 & 1 \\ 1 & -3 & 3 \end{pmatrix}$,求 $\boldsymbol{A}$ 的标准形.

解

$$\boldsymbol{A} = \begin{pmatrix} 1 & -2 & 1 \\ -1 & 1 & 1 \\ 1 & -3 & 3 \end{pmatrix} \to \begin{pmatrix} 0 & -1 & 2 \\ -1 & 1 & 1 \\ 0 & -2 & 4 \end{pmatrix} \to \begin{pmatrix} 0 & -1 & 2 \\ -1 & 1 & 1 \\ 0 & 0 & 0 \end{pmatrix}$$

$$\to \begin{pmatrix} -1 & 1 & 1 \\ 0 & -1 & 2 \\ 0 & 0 & 0 \end{pmatrix},$$

所以 $R(\boldsymbol{A}) = 2$,故 $\boldsymbol{A}$ 的标准形必为

$$\begin{pmatrix} \boldsymbol{I}_2 & \boldsymbol{O} \\ \boldsymbol{O} & \boldsymbol{O} \end{pmatrix} = \begin{pmatrix} 1 & 0 & 0 \\ 0 & 1 & 0 \\ 0 & 0 & 0 \end{pmatrix}.$$

例 8　证明 $R\left(\begin{pmatrix} \boldsymbol{A} & \boldsymbol{O} \\ \boldsymbol{O} & \boldsymbol{B} \end{pmatrix}\right) = R(\boldsymbol{A}) + R(\boldsymbol{B})$.

证　设 $R(\boldsymbol{A}) = r_1, R(\boldsymbol{B}) = r_2$.由定理 3,存在可逆矩阵 $\boldsymbol{P}_1, \boldsymbol{P}_2, \boldsymbol{Q}_1, \boldsymbol{Q}_2$,使得

$$\boldsymbol{A} = \boldsymbol{P}_1 \begin{pmatrix} \boldsymbol{I}_{r_1} & \boldsymbol{O} \\ \boldsymbol{O} & \boldsymbol{O} \end{pmatrix} \boldsymbol{Q}_1, \quad \boldsymbol{B} = \boldsymbol{P}_2 \begin{pmatrix} \boldsymbol{I}_{r_2} & \boldsymbol{O} \\ \boldsymbol{O} & \boldsymbol{O} \end{pmatrix} \boldsymbol{Q}_2,$$

于是

$$\begin{pmatrix} A & O \\ O & B \end{pmatrix} = \begin{pmatrix} P_1\begin{pmatrix} I_{r_1} & O \\ O & O \end{pmatrix}Q_1 & O \\ O & P_2\begin{pmatrix} I_{r_2} & O \\ O & O \end{pmatrix}Q_2 \end{pmatrix}$$

$$= \begin{pmatrix} P_1 & O \\ O & P_2 \end{pmatrix} \begin{pmatrix} \begin{pmatrix} I_{r_1} & O \\ O & O \end{pmatrix} & O \\ O & \begin{pmatrix} I_{r_2} & O \\ O & O \end{pmatrix} \end{pmatrix} \begin{pmatrix} Q_1 & O \\ O & Q_2 \end{pmatrix}.$$

由$\begin{pmatrix} P_1 & O \\ O & P_2 \end{pmatrix}$，$\begin{pmatrix} Q_1 & O \\ O & Q_2 \end{pmatrix}$可逆，知

$$R\left(\begin{pmatrix} A & O \\ O & B \end{pmatrix}\right) = R\left(\begin{pmatrix} \begin{pmatrix} I_{r_1} & O \\ O & O \end{pmatrix} & O \\ O & \begin{pmatrix} I_{r_2} & O \\ O & O \end{pmatrix} \end{pmatrix}\right) = r_1 + r_2.$$

应用实例：推荐系统

由于巨大的应用价值，推荐系统（Recommendation System）受到广泛关注，其中最著名的是奈飞（Netflix）问题.奈飞是美国的一家影片租赁公司，其推荐系统要利用用户仅有的对少数的电影评分为用户推荐影片.这种推荐越符合用户的喜好，也就越能提高该公司租赁电影的业务量.为此该公司设立了百万美元的奖金用于奖励能够最好地提高该公司推荐系统质量的解决方法.

假设矩阵的每一列代表同一用户对不同电影的评分（分数为 1～5），每一行代表不同用户对同一电影的评分.由于用户和电影数目巨大，因此这个矩阵的规模巨大.由于用户所评分的电影有限，这个矩阵中只有很小一部分的元已知（见图 2.5，其中"?"代表用户没有给出评分）.奈飞问题就是如何从这个不完整的矩阵中推测其中的未知元（即矩阵填充问题）.矩阵填充得越准确，为用户推荐的电影也就越符合用户的喜好.若

电影	用户			
	用户1	用户2	用户3	用户4
影片A	5	5	1	2
影片B	5	?	?	3
影片C	?	4	2	?
影片D	1	1	5	4
影片E	2	3	5	?

$$X = \begin{pmatrix} 5 & 5 & 1 & 2 \\ 5 & ? & ? & 3 \\ ? & 4 & 2 & ? \\ 1 & 1 & 5 & 4 \\ 2 & 3 & 5 & ? \end{pmatrix}$$

图 2.5

不加任何约束，则矩阵填充问题有无穷多解.由于影响用户对电影喜好的因素有限，如电影的题材、演员、年代、导演等，因此这个矩阵本质上是一个低秩矩阵(即矩阵的秩远远小于矩阵的行数和列数).

大数据时代下，事实上许多数据信息高度冗余，表示数据的矩阵通常具有这种“低秩”模式.考虑矩阵低秩模式有助于成功解决矩阵填充问题.

习题 2.5

1. 求下列矩阵的秩：

(1) $\begin{pmatrix} 2 & -3 & 8 & 2 \\ 2 & 12 & -2 & 12 \\ 1 & 3 & 1 & 4 \end{pmatrix}$； (2) $\begin{pmatrix} 4 & -2 & 1 \\ 1 & 2 & -1 \\ -1 & 8 & -7 \\ 2 & 14 & 13 \end{pmatrix}$；

(3) $\begin{pmatrix} 1 & -1 & 2 & 1 & 0 \\ 2 & -2 & 4 & -2 & 0 \\ 3 & 0 & 6 & -1 & 1 \\ 0 & 3 & 0 & 0 & 1 \end{pmatrix}$.

2. 求下列矩阵的标准形：

(1) $\begin{pmatrix} 1 & 1 & -1 \\ 3 & 1 & 0 \\ 4 & 4 & 1 \\ 1 & -2 & 1 \end{pmatrix}$； (2) $\begin{pmatrix} 1 & -1 & 0 & 1 & 2 \\ 2 & 0 & 1 & 1 & 0 \\ 3 & 1 & 0 & 0 & 4 \\ 2 & 2 & 0 & -1 & -2 \end{pmatrix}$.

3. 讨论 λ 的取值范围，确定 $\boldsymbol{A}=\begin{pmatrix} 3 & 1 & 1 & 4 \\ \lambda & 4 & 10 & 1 \\ 1 & 7 & 17 & 3 \\ 2 & 2 & 4 & 3 \end{pmatrix}$ 的秩.

4. 在秩为 r 的矩阵中，有没有等于零的 $r-1$ 阶子式？有没有等于零的 r 阶子式？有没有不等于零的 $r+1$ 阶子式？

5. 证明：任何秩为 r 的矩阵均可表成 r 个秩为 1 的矩阵之和.

6. 设 $\boldsymbol{A},\boldsymbol{B}$ 分别与 $\boldsymbol{C},\boldsymbol{D}$ 等价，证明：$\begin{pmatrix} \boldsymbol{A} & \boldsymbol{O} \\ \boldsymbol{O} & \boldsymbol{B} \end{pmatrix}$ 与 $\begin{pmatrix} \boldsymbol{C} & \boldsymbol{O} \\ \boldsymbol{O} & \boldsymbol{D} \end{pmatrix}$ 等价.

7. 求 $n(n>1)$ 阶矩阵 $\boldsymbol{A}=\begin{pmatrix} a & b & \cdots & b \\ b & a & \cdots & b \\ \vdots & \vdots & & \vdots \\ b & b & \cdots & a \end{pmatrix}$ 的秩.

复习题二

1. 计算下列行列式：

(1) $\begin{vmatrix} a & 0 & 0 & \cdots & 0 & 1 \\ 0 & a & 0 & \cdots & 0 & 0 \\ 0 & 0 & a & \cdots & 0 & 0 \\ \vdots & \vdots & \vdots & & \vdots & \vdots \\ 0 & 0 & 0 & \cdots & a & 0 \\ 1 & 0 & 0 & \cdots & 0 & a \end{vmatrix}_{n\times n}$;

(2) $\begin{vmatrix} x & -1 & 0 & \cdots & 0 & 0 \\ 0 & x & -1 & \cdots & 0 & 0 \\ 0 & 0 & x & \cdots & 0 & 0 \\ \vdots & \vdots & \vdots & & \vdots & \vdots \\ 0 & 0 & 0 & \cdots & x & -1 \\ a_n & a_{n-1} & a_{n-2} & \cdots & a_2 & x+a_1 \end{vmatrix}$;

(3) $\begin{vmatrix} a^n & (a-1)^n & \cdots & (a-n)^n \\ a^{n-1} & (a-1)^{n-1} & \cdots & (a-n)^{n-1} \\ \vdots & \vdots & & \vdots \\ a & a-1 & \cdots & a-n \\ 1 & 1 & \cdots & 1 \end{vmatrix}$;

(4) $\begin{vmatrix} a_1 & x & x & \cdots & x & x \\ x & a_2 & x & \cdots & x & x \\ x & x & a_3 & \cdots & x & x \\ \vdots & \vdots & \vdots & & \vdots & \vdots \\ x & x & x & \cdots & a_{n-1} & x \\ x & x & x & \cdots & x & a_n \end{vmatrix}$;

(5) $\begin{vmatrix} 1+a_1 & 1 & 1 & \cdots & 1 & 1 \\ 1 & 1+a_2 & 1 & \cdots & 1 & 1 \\ 1 & 1 & 1+a_3 & \cdots & 1 & 1 \\ \vdots & \vdots & \vdots & & \vdots & \vdots \\ 1 & 1 & 1 & \cdots & 1 & 1+a_n \end{vmatrix}$ $(a_i\neq 0, i=1,2,\cdots,n)$;

(6) $\begin{vmatrix} 2 & 1 & 0 & \cdots & 0 & 0 \\ 1 & 2 & 1 & \cdots & 0 & 0 \\ 0 & 1 & 2 & \cdots & 0 & 0 \\ \vdots & \vdots & \vdots & & \vdots & \vdots \\ 0 & 0 & 0 & \cdots & 2 & 1 \\ 0 & 0 & 0 & \cdots & 1 & 2 \end{vmatrix}_{n\times n}$.

2. 求 $\boldsymbol{A}=\begin{pmatrix}3&0&4&0\\2&2&2&2\\0&-7&0&0\\5&3&-2&2\end{pmatrix}$ 的第 4 行各元的代数余子式之和.

3. 设 $\boldsymbol{A}$ 为 n 阶方阵,存在正整数 k,使得 $\boldsymbol{A}^k=\boldsymbol{O}$,证明:$\boldsymbol{A}$ 不可逆.

4. 已知三阶实矩阵 $\boldsymbol{A}$ 满足 $a_{ij}=A_{ij}(i=1,2,3;j=1,2,3)$,求 $\det \boldsymbol{A}$.

5. 设 $\boldsymbol{A}=(a_{ij})_{n\times n}$ 为非零实矩阵,$a_{ij}=A_{ij}(i,j=1,2,\cdots,n)$,证明:$R(\boldsymbol{A})=n$.

6. 设 $\boldsymbol{A}$ 为 n 阶可逆方阵,证明:$(\boldsymbol{A}^*)^*=(\det \boldsymbol{A})^{n-2}\boldsymbol{A}$.

7. 求矩阵

$$\boldsymbol{A}=\begin{pmatrix}0&\cdots&0&a_1&0\\0&\cdots&a_2&0&0\\\vdots&&\vdots&\vdots&\vdots\\a_{n-1}&\cdots&0&0&0\\0&\cdots&0&0&a_n\end{pmatrix}$$

的秩.

8. 若矩阵 $\boldsymbol{A}$ 的元均为整数,证明:$\boldsymbol{A}^{-1}$ 的元均为整数的充要条件是 $\det \boldsymbol{A}=\pm 1$.

9. 证明:(1) 上三角形矩阵的伴随矩阵仍是上三角形矩阵;

(2) 可逆上三角形矩阵的逆矩阵仍是上三角形矩阵.

10. 设矩阵 $\boldsymbol{A},\boldsymbol{B}$ 满足 $\boldsymbol{A}^*\boldsymbol{B}\boldsymbol{A}=2\boldsymbol{B}\boldsymbol{A}-8\boldsymbol{I}$,$\boldsymbol{A}=\begin{pmatrix}1&0&0\\0&-2&0\\0&0&1\end{pmatrix}$,求 $\boldsymbol{B}$.

11. 设 $\boldsymbol{A}$ 为 n 阶可逆矩阵,$\boldsymbol{\alpha}$ 为 $n\times 1$ 矩阵,b 为常数,

$$\boldsymbol{P}=\begin{pmatrix}\boldsymbol{I}&\boldsymbol{O}\\-\boldsymbol{\alpha}^{\mathrm{T}}\boldsymbol{A}^*&|\boldsymbol{A}|\end{pmatrix},\quad \boldsymbol{Q}=\begin{pmatrix}\boldsymbol{A}&\boldsymbol{\alpha}\\\boldsymbol{\alpha}^{\mathrm{T}}&b\end{pmatrix}.$$

(1) 计算并化简 $\boldsymbol{PQ}$;

(2) 证明:$\boldsymbol{Q}$ 可逆的充要条件是 $\boldsymbol{\alpha}^{\mathrm{T}}\boldsymbol{A}^{-1}\boldsymbol{\alpha}\neq b$.

12. 设 $\boldsymbol{A}_{m\times n}$,$m<n$,$R(\boldsymbol{A})=m$,证明:存在 $n\times m$ 矩阵 $\boldsymbol{B}$,使得 $\boldsymbol{AB}=\boldsymbol{I}_m$.

思考题二

1. 用三种方法证明:

$$\begin{vmatrix}1+a_1&1&\cdots&1\\1&1+a_2&\cdots&1\\\vdots&\vdots&&\vdots\\1&1&\cdots&1+a_n\end{vmatrix}=\left(1+\sum_{i=1}^{n}\frac{1}{a_i}\right)\prod_{i=1}^{n}a_i.$$

2. 在平面直角坐标系中,求三条直线 $a_ix+b_iy+c_i=0(i=1,2,3)$ 相交于一点

(x_0, y_0) 的充要条件.

3. 设 $a^2 \neq b^2$，方程组

$$\begin{cases} ax_1 + bx_{2n} = 1, \\ ax_2 + bx_{2n-1} = 1, \\ \cdots\cdots\cdots\cdots \\ ax_n + bx_{n+1} = 1, \\ bx_n + ax_{n+1} = 1, \\ \cdots\cdots\cdots\cdots \\ bx_2 + ax_{2n-1} = 1, \\ bx_1 + ax_{2n} = 1 \end{cases}$$

是否有惟一解？为什么？若有惟一解，则求之.

4. 将

$$\boldsymbol{A} = \begin{pmatrix} 2 & 1 & 0 & 0 \\ 1 & 2 & 1 & 0 \\ 0 & 1 & 2 & 1 \\ 0 & 0 & 1 & 2 \end{pmatrix}$$

分解成对角元为 1 的下三角形矩阵 $\boldsymbol{L}$ 和上三角形矩阵 $\boldsymbol{U}$ 的乘积，即 $\boldsymbol{A} = \boldsymbol{L}\boldsymbol{U}$.

5. 设 $\boldsymbol{A}, \boldsymbol{B}$ 均为 n 阶矩阵，下列等式是否成立？为什么？

$$\begin{vmatrix} \boldsymbol{A} & \boldsymbol{B} \\ \boldsymbol{B} & \boldsymbol{A} \end{vmatrix} = |\boldsymbol{A} + \boldsymbol{B}|\,|\boldsymbol{A} - \boldsymbol{B}|.$$

自测题二

第三章　几何空间

在平面解析几何中，我们建立直角坐标系，将平面上的点 $M_0(x_0,y_0)$ 与有序数组 (x_0,y_0) 一一对应，然后使用代数的方法研究几何问题.将数学中的两个研究对象“数”与“形”统一起来，这在数学史上是一次划时代的变革，这次变革的功劳应首先归于法国数学家笛卡儿(Descartes).

本章我们将空间的点 $M_0(x_0,y_0,z_0)$ 与有序数组 (x_0,y_0,z_0) 一一对应，建立空间直角坐标系，用代数的方法研究几何问题.在本章的讨论中，将提出三维几何空间中的向量概念，而三维几何向量是我们在第四章讨论的 n 维向量的特例，几何空间的理论与方法是 n 维向量空间的基础.

§3.1　空间直角坐标系与向量

一、空间直角坐标系

笛卡儿的功绩是将数学中的两个研究对象“形”与“数”统一起来，完成了数学史上一项划时代的变革.将“形”与“数”、几何与代数联系起来的纽带是在空间建立坐标系，从而使几何问题代数化.在中学已介绍了平面直角坐标系，并用坐标方法解决了一些平面解析几何问题.需要指出，在平面上建立坐标系，两个坐标轴之间的夹角可以不是直角，只要在平面上取一定点 O 及两个相交的数轴，就可以构成平面上的一个坐标系，这种坐标系称为**仿射坐标系**.由于直角坐标系比较简明，能使许多计算简化，所以直角坐标系是最常用的坐标系之一.下面我们在平面直角坐标系 Oxy 基础上建立三维**空间直角坐标系**.

通过原点 O 作一条垂直于 Oxy 平面的直线，称为 z 轴.原点的 z 坐标为零，z 轴的方向按右手系法则确定，即当右手食指指向 x 轴正向、中指指向 y 轴正向时，拇指指向 z 轴的正向，这样我们就建立了空间直角坐标系 $Oxyz$(图 3.1).O 为坐标原点，Ox,Oy,Oz 称为坐标轴，分别称为 x 轴(横轴)、y 轴(纵轴)、z 轴(竖轴)，每两条坐标轴所确定的平面称为坐标面，分别称为 Oxy,Oyz,Ozx 平面.

设 M 为空间任意点，过 M 分别作三个坐标面的平行平面，与 x,y,z 轴分别交于

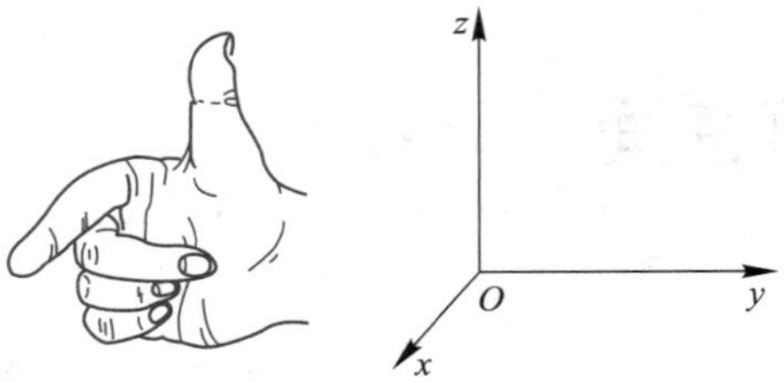

图 3.1

A,B,C 三点(图 3.2),设这三点在三个坐标轴上的坐标分别是 x_0,y_0,z_0,则有序数组 (x_0,y_0,z_0) 就称为点 M 的**坐标**.反之,任给一个有序数组 (x_0,y_0,z_0),在 x,y,z 轴分别找出坐标为 x_0,y_0,z_0 的点,不妨仍用 A,B,C 表示这三点,过 A,B,C 分别作平行于坐标面的平面,这三个平面的交点就是 M.这样,空间的点与有序数组 (x,y,z) 之间就建立了一一对应的关系.

显然,原点的坐标是 $(0,0,0)$;在 x,y,z 轴上的点的坐标分别是 $(x,0,0)$,$(0,y,0)$,$(0,0,z)$;在 Oxy,Oyz,Oxz 平面上的点的坐标分别是 $(x,y,0)$,$(0,y,z)$,$(x,0,z)$.

建立空间直角坐标系以后,整个空间就被三个坐标面分为八个部分,每一部分称为一个**卦限**,共有八个卦限(图 3.3).其编号顺序是,Oxy 平面上一、二、三、四象限的上方的四个部分分别称为Ⅰ,Ⅱ,Ⅲ,Ⅳ卦限,而 Oxy 平面上一、二、三、四象限的下方的四个部分分别称为Ⅴ,Ⅵ,Ⅶ,Ⅷ卦限.

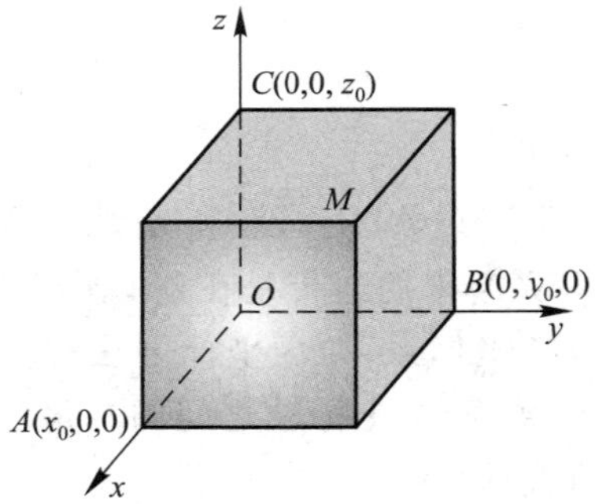

图 3.2

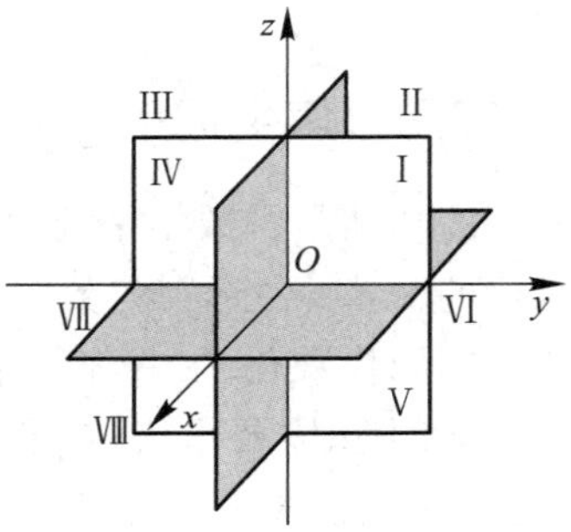

图 3.3

图 3.4 分别画出了坐标为 $(-2,3,2)$ 的点 P 与坐标为 $(2,2,-1)$ 的点 Q.

二、 向量及其线性运算

我们知道在物理学中描述力、速度、加速度等类型的量,既要指出大小,还要明确方向.这种既有大小,又有方向的量称为**向量**.

在几何上,可以用有向线段 $\overrightarrow{AB}$ 表示向量,A,B 分别表示这个向量的起点与终点.也常用黑体字 $\boldsymbol{a},\boldsymbol{b},\boldsymbol{c}$ 或 $\boldsymbol{\alpha},\boldsymbol{\beta},\boldsymbol{\gamma}$ 等表示向量.

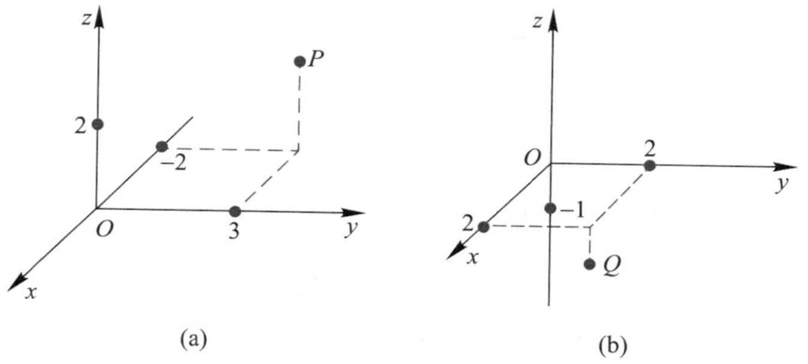

图 3.4

向量的大小(或长度)称为**向量的模**,记为 $\|\boldsymbol{a}\|$ 或 $\|\overrightarrow{AB}\|$.模等于 1 的向量称为**单位向量**.模等于零的向量称为**零向量**,记为 $\mathbf{0}$.零向量没有确定的方向.

与 $\boldsymbol{a}$ 的模相同而方向相反的向量称为 $\boldsymbol{a}$ 的**负向量**(或**反向量**),记为 $-\boldsymbol{a}$.显然,$-\boldsymbol{a}$ 的负向量就是 $\boldsymbol{a}$,即 $-(-\boldsymbol{a})=\boldsymbol{a}$.

在许多几何与物理问题中,所讨论的向量常常与起点无关,这种不考虑其起点的向量称为**自由向量**.也就是说,自由向量可以在空间中自由平行移动;或者说,自由向量的起点可以放在空间任何位置.如果没有特别申明,本书所指的向量都是自由向量.

在平面上力 $\boldsymbol{F}$ 由其沿 x 轴、y 轴的两个分量完全确定.同理,在三维空间,力 $\boldsymbol{F}$ 由其沿 x 轴、y 轴、z 轴的三个分量完全确定,若三个分量分别是 a_1,a_2,a_3,那么力 $\boldsymbol{F}$ 就可以用有序数组 (a_1,a_2,a_3) 表示(图 3.5).

对空间向量 $\boldsymbol{a}$ 作平行移动,将其起点移到坐标原点 O,设其终点为 P,则向量 $\overrightarrow{OP}$ 确定终点 P.反过来,空间中任意一点 P 也确定了一个向量 $\overrightarrow{OP}$,也就是说,空间的点与向量之间建立了一一对应关系.

点 P 的坐标 (a_1,a_2,a_3) 也称向量 $\overrightarrow{OP}$ 的**坐标**或**分量**.向量 $\overrightarrow{OP}$ 可表示为

$$\overrightarrow{OP}=\boldsymbol{a}=(a_1,a_2,a_3).$$

这就是向量的坐标表示(图 3.6).

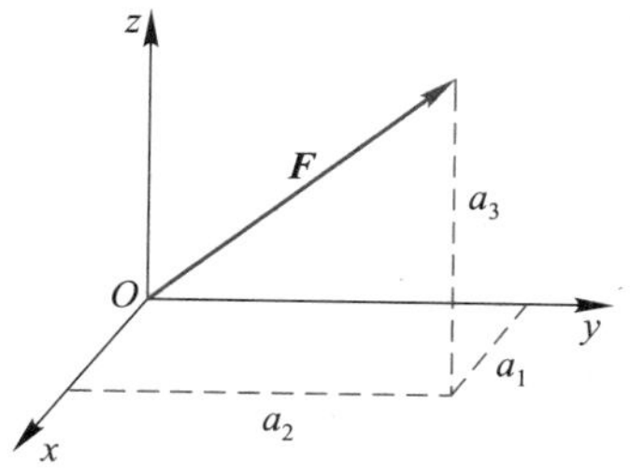

图 3.5

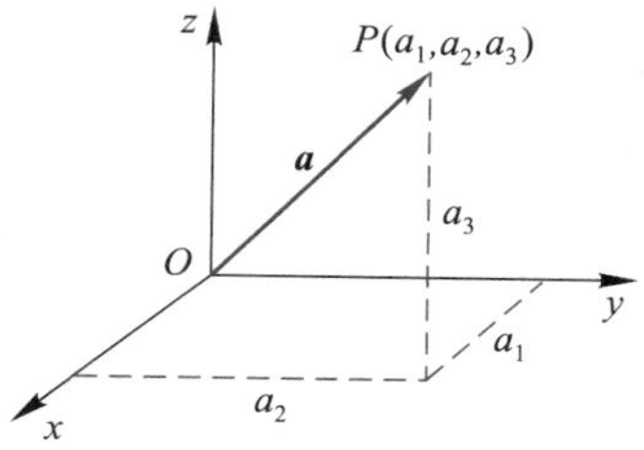

图 3.6

对于零向量我们用记号 $\mathbf{0}=(0,0,0)$ 表示.

向量 $\boldsymbol{a}$ 的负向量 $-\boldsymbol{a}=(-a_1,-a_2,-a_3)$.

两个向量**相等**当且仅当它们的对应分量相同,即

$$(a_1,a_2,a_3)=(b_1,b_2,b_3)\Leftrightarrow a_1=b_1,a_2=b_2,a_3=b_3.$$

定义(向量的线性运算)　**设向量 $\boldsymbol{a}=(a_1,a_2,a_3)$，向量 $\boldsymbol{b}=(b_1,b_2,b_3)$，则向量 $\boldsymbol{a}$ 与向量 $\boldsymbol{b}$ 的加法规定为**

$$\boldsymbol{a}+\boldsymbol{b}=(a_1+b_1,a_2+b_2,a_3+b_3);$$

向量 $\boldsymbol{a}=(a_1,a_2,a_3)$ 与数 k 的乘法(简称数乘)规定为

$$k\boldsymbol{a}=(ka_1,ka_2,ka_3).$$

显然，向量 $\boldsymbol{a}$ 的负向量 $-\boldsymbol{a}=(-1)\boldsymbol{a}$，零向量 $\boldsymbol{0}=0\boldsymbol{a}$.

向量的**减法**定义为

$$\boldsymbol{a}-\boldsymbol{b}=\boldsymbol{a}+(-\boldsymbol{b}).$$

容易证明向量的加法和数乘满足以下八条运算法则：

1° $\boldsymbol{a}+\boldsymbol{b}=\boldsymbol{b}+\boldsymbol{a}$;

2° $(\boldsymbol{a}+\boldsymbol{b})+\boldsymbol{c}=\boldsymbol{a}+(\boldsymbol{b}+\boldsymbol{c})$;

3° $\boldsymbol{a}+\boldsymbol{0}=\boldsymbol{a}$;

4° $\boldsymbol{a}+(-\boldsymbol{a})=\boldsymbol{0}$;

5° $1\boldsymbol{a}=\boldsymbol{a}$;

6° $\lambda(\mu\boldsymbol{a})=(\lambda\mu)\boldsymbol{a}$;

7° $\lambda(\boldsymbol{a}+\boldsymbol{b})=\lambda\boldsymbol{a}+\lambda\boldsymbol{b}$;

8° $(\lambda+\mu)\boldsymbol{a}=\lambda\boldsymbol{a}+\mu\boldsymbol{a}$,

其中 λ,μ 为数.

在 x,y,z 轴上分别取三个单位向量 $\boldsymbol{i},\boldsymbol{j},\boldsymbol{k}$(称为**基向量**)，即

$$\boldsymbol{i}=(1,0,0),\quad \boldsymbol{j}=(0,1,0),\quad \boldsymbol{k}=(0,0,1),$$

则

$$\begin{aligned}\boldsymbol{a}&=(a_1,a_2,a_3)=(a_1,0,0)+(0,a_2,0)+(0,0,a_3)\\&=a_1(1,0,0)+a_2(0,1,0)+a_3(0,0,1)=a_1\boldsymbol{i}+a_2\boldsymbol{j}+a_3\boldsymbol{k}.\end{aligned}$$

这时我们称向量 $\boldsymbol{a}$ 可由基向量 $\boldsymbol{i},\boldsymbol{j},\boldsymbol{k}$ **线性表出**.

当 $\boldsymbol{b}/\!/\boldsymbol{a}$ 时，向量 $\boldsymbol{a}$ 与 $\boldsymbol{b}$ 可平行移动到同一条直线上，故向量 $\boldsymbol{a}$ 与 $\boldsymbol{b}$ 平行，又称向量 $\boldsymbol{a}$ 与 $\boldsymbol{b}$ **共线**.

当 $\boldsymbol{b}/\!/\boldsymbol{a}$ 且 $\boldsymbol{a}\neq\boldsymbol{0}$ 时，必存在 $\lambda\in\mathbf{R}$，使 $\boldsymbol{b}=\lambda\boldsymbol{a}$. 这时称向量 $\boldsymbol{b}$ 可由向量 $\boldsymbol{a}$ **线性表出**. 当 $\lambda>0$ 时，$\boldsymbol{a}$ 与 $\boldsymbol{b}$ 同向；当 $\lambda<0$ 时，$\boldsymbol{a}$ 与 $\boldsymbol{b}$ 反向. 且有下式成立：

$$(b_1,b_2,b_3)=\lambda(a_1,a_2,a_3)=(\lambda a_1,\lambda a_2,\lambda a_3),$$

$$\frac{b_1}{a_1}=\frac{b_2}{a_2}=\frac{b_3}{a_3}=\lambda.$$

反之，若各分量的比例式成立，则可推出 $\boldsymbol{b}/\!/\boldsymbol{a}$，故

$$\boldsymbol{b}/\!/\boldsymbol{a}\quad\Leftrightarrow\quad\frac{b_1}{a_1}=\frac{b_2}{a_2}=\frac{b_3}{a_3}.$$

两个向量 $\boldsymbol{a}$ 与 $\boldsymbol{b}$ 的**夹角**规定为使其中一个向量与另一个向量方向一致时所旋转的最小角度，记为 $\langle \boldsymbol{a}, \boldsymbol{b} \rangle$. 显然

$$0 \leqslant \langle \boldsymbol{a}, \boldsymbol{b} \rangle \leqslant \pi.$$

同样可以定义向量与数轴，数轴与数轴的夹角.

过空间点 A 作平面与轴 u 垂直相交于点 A'，则 A' 称为 A 在轴 u 上的**投影**.

对于空间向量 $\overrightarrow{AB}$ 与轴 u，设 A, B 在轴 u 上的投影分别是 A', B'，则 $\overrightarrow{AB}$ 在轴 u 上的投影用记号 $\mathrm{Prj}_u \overrightarrow{AB}$ 表示且定义为

$$\mathrm{Prj}_u \overrightarrow{AB} = \begin{cases} \| \overrightarrow{A'B'} \|, & \overrightarrow{A'B'} \text{与 } u \text{ 同向}, \\ -\| \overrightarrow{A'B'} \|, & \overrightarrow{A'B'} \text{与 } u \text{ 反向}. \end{cases}$$

其几何意义如图 3.7 所示.

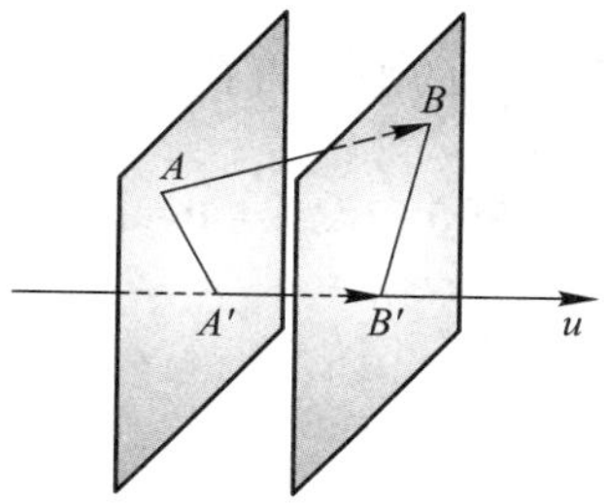

图 3.7

由上述定义可得向量在轴上的投影具有以下性质：

1° $\mathrm{Prj}_u \boldsymbol{a} = \| \boldsymbol{a} \| \cos \langle \boldsymbol{a}, \boldsymbol{u} \rangle$,

其中 $\langle \boldsymbol{a}, \boldsymbol{u} \rangle$ 为向量 $\boldsymbol{a}$ 与轴 u 的夹角，$0 \leqslant \langle \boldsymbol{a}, \boldsymbol{u} \rangle \leqslant \pi$；

2° $\mathrm{Prj}_u (\boldsymbol{a} + \boldsymbol{b}) = \mathrm{Prj}_u \boldsymbol{a} + \mathrm{Prj}_u \boldsymbol{b}$.

根据向量在轴上投影的概念，向量 $\overrightarrow{OA}$ 的坐标 a_1, a_2, a_3 分别是向量 $\overrightarrow{OA}$ 在三个坐标轴的投影. 由图 3.8 可知，

$$\| \overrightarrow{OA} \| = \| \boldsymbol{a} \| = \sqrt{a_1^2 + a_2^2 + a_3^2},$$

$$\| k\boldsymbol{a} \| = \sqrt{(ka_1)^2 + (ka_2)^2 + (ka_3)^2} = |k| \, \| \boldsymbol{a} \|.$$

在物理学中我们已经知道，力与速度是向量，并且它们的加法符合平行四边形法则. 下面我们将看到，按我们现在定义的向量的加法也是满足平行四边形法则的.

因为空间中任意两个向量可以通过平行移动将其起点移动到坐标原点，所以空间中任意两个向量的加法可以在平面上进行. 下面以图 3.9 所示的向量为例说明向量的加法符合平行四边形法则.

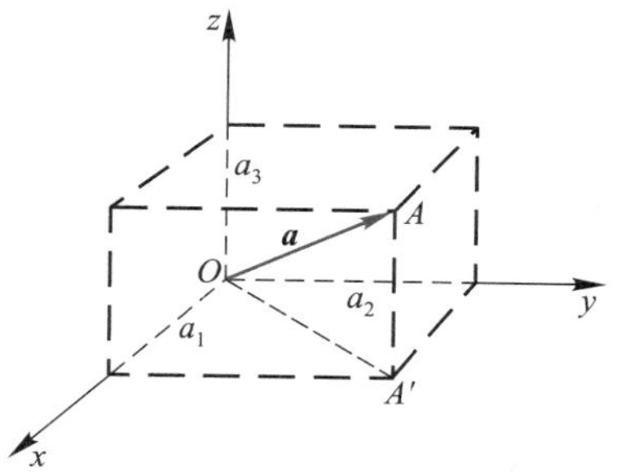

图 3.8

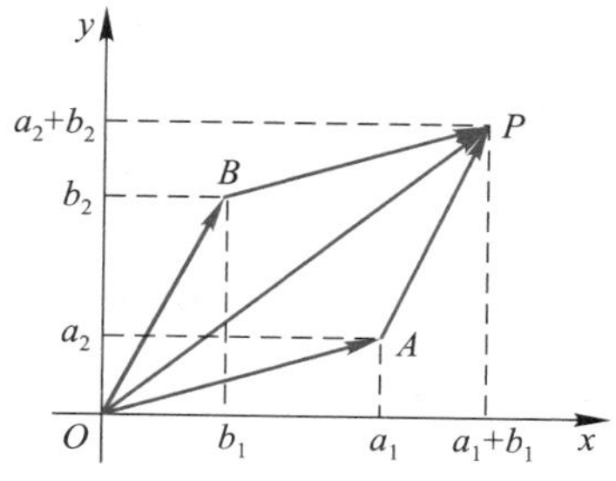

图 3.9

设 $\overrightarrow{OA} = (a_1, a_2)$，$\overrightarrow{OB} = (b_1, b_2)$. 以 $(a_1 + b_1, a_2 + b_2)$ 为向量 $\overrightarrow{OP}$ 的终点，我们只需说明以 O, A, P, B 为顶点的四边形是平行四边形即可.

事实上，

$$\mathrm{Prj}_x\,\overrightarrow{BP}=a_1+b_1-b_1=a_1,\quad \mathrm{Prj}_y\,\overrightarrow{BP}=a_2+b_2-b_2=a_2.$$

所以$\overrightarrow{BP}$在 x，y 轴上的投影分别是 a_1，a_2，即向量$\overrightarrow{BP}$经平行移动后可与向量$\overrightarrow{OA}$重合，故

$$\overrightarrow{BP}\mathbin{/\!/}\overrightarrow{OA}.$$

同理$\overrightarrow{AP}\mathbin{/\!/}\overrightarrow{OB}$.所以四边形 $OAPB$ 是平行四边形，即$\overrightarrow{OA}$与$\overrightarrow{OB}$的加法符合平行四边形法则：

$$\overrightarrow{OA}+\overrightarrow{OB}=\overrightarrow{OP}.$$

由图 3.9 还可以看到，$\overrightarrow{OB}$经平行移动与$\overrightarrow{AP}$重合，故

$$\overrightarrow{OA}+\overrightarrow{AP}=\overrightarrow{OP},$$

即向量的加法符合三角形法则.

例 1 设 $\boldsymbol{a}\neq\boldsymbol{0}$，$\boldsymbol{e}_a=\dfrac{1}{\|\boldsymbol{a}\|}\boldsymbol{a}$，则

$$\|\boldsymbol{e}_a\|=\left|\frac{1}{\|\boldsymbol{a}\|}\right|\|\boldsymbol{a}\|=\frac{1}{\|\boldsymbol{a}\|}\|\boldsymbol{a}\|=1.$$

$\boldsymbol{e}_a$ 是与 $\boldsymbol{a}$ 同方向的单位向量.

由以上讨论可知，向量 $\boldsymbol{a}$ 又可表示为 $\boldsymbol{a}=\|\boldsymbol{a}\|\boldsymbol{e}_a$.

例 2 利用向量的线性运算证明：三角形的中位线平行于底边且等于底边的一半.

证 如图 3.10 所示，设 D，E 分别是 AB，AC 的中点，即

$$\overrightarrow{DE}=\overrightarrow{DA}+\overrightarrow{AE}=\frac{1}{2}\overrightarrow{BA}+\frac{1}{2}\overrightarrow{AC}$$

$$=\frac{1}{2}(\overrightarrow{BA}+\overrightarrow{AC})=\frac{1}{2}\overrightarrow{BC},$$

因此$\overrightarrow{DE}\mathbin{/\!/}\overrightarrow{BC}$，且 $\|\overrightarrow{DE}\|=\dfrac{1}{2}\|\overrightarrow{BC}\|$.

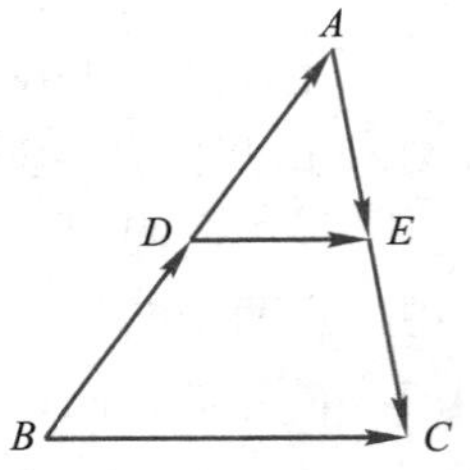

图 3.10

例 3 若 $\boldsymbol{a}\mathbin{/\!/}\boldsymbol{c}$，$\boldsymbol{b}\mathbin{/\!/}\boldsymbol{c}$，$\boldsymbol{c}\neq\boldsymbol{0}$，求证：$\boldsymbol{a}$ 与 $\boldsymbol{b}$ 的线性组合 $k_1\boldsymbol{a}+k_2\boldsymbol{b}$ $(k_1,k_2\in\mathbf{R})$也平行于 $\boldsymbol{c}$.

证 由 $\boldsymbol{a}\mathbin{/\!/}\boldsymbol{c}$，$\boldsymbol{b}\mathbin{/\!/}\boldsymbol{c}$ 知，必存在常数 λ_1，λ_2，使得 $\boldsymbol{a}=\lambda_1\boldsymbol{c}$，$\boldsymbol{b}=\lambda_2\boldsymbol{c}$，于是

$$k_1\boldsymbol{a}+k_2\boldsymbol{b}=k_1(\lambda_1\boldsymbol{c})+k_2(\lambda_2\boldsymbol{c})=(k_1\lambda_1+k_2\lambda_2)\boldsymbol{c},$$

故 $k_1\boldsymbol{a}+k_2\boldsymbol{b}$ 与 $\boldsymbol{c}$ 平行.

例 4 设 $M_1(x_1,y_1,z_1)$，$M_2(x_2,y_2,z_2)$是空间两点.

(1) 求 $\|\overrightarrow{M_1M_2}\|$；

(2) 设 M 为线段 M_1M_2 上一点，且$\dfrac{M_1M}{MM_2}=\lambda$，求 M 的坐标.

解 (1) 设 O 是 M_1，M_2 所在空间直角坐标系的原点，如图 3.11所示.

$$\overrightarrow{OM_1}=(x_1,y_1,z_1),\quad \overrightarrow{OM_2}=(x_2,y_2,z_2),$$
$$\overrightarrow{M_1M_2}=\overrightarrow{OM_2}-\overrightarrow{OM_1}=(x_2-x_1,y_2-y_1,z_2-z_1),$$
$$\|\overrightarrow{M_1M_2}\|=\sqrt{(x_2-x_1)^2+(y_2-y_1)^2+(z_2-z_1)^2}.$$

这就是空间两点 M_1 与 M_2 的距离公式.这是平面上两点的距离公式的推广.

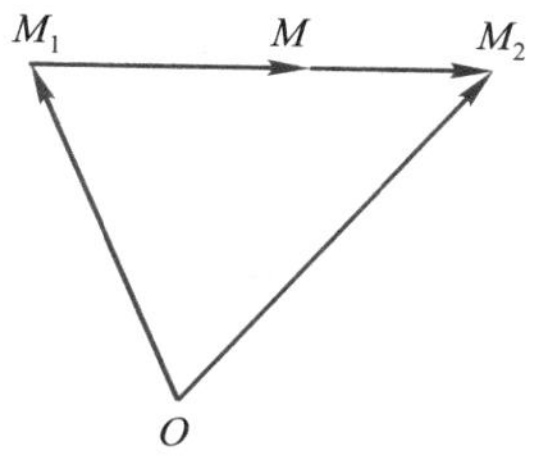

图 3.11

(2) 设 M 的坐标为(x,y,z),则

$$\overrightarrow{M_1M}=(x-x_1,y-y_1,z-z_1),$$
$$\overrightarrow{MM_2}=(x_2-x,y_2-y,z_2-z).$$

由$\overrightarrow{M_1M}=\lambda\,\overrightarrow{MM_2}$可得

$$x-x_1=\lambda(x_2-x),\quad y-y_1=\lambda(y_2-y),\quad z-z_1=\lambda(z_2-z),$$
$$x=\frac{x_1+\lambda x_2}{1+\lambda},\ y=\frac{y_1+\lambda y_2}{1+\lambda},\ z=\frac{z_1+\lambda z_2}{1+\lambda}(\lambda\neq-1).$$

最后介绍向量的方向余弦.

向量的主要特征是模与方向.设 $\boldsymbol{a}=(a_1,a_2,a_3)$,则 $\|\boldsymbol{a}\|=\sqrt{a_1^2+a_2^2+a_3^2}$.怎样用向量的坐标表示向量的另一个特征——方向呢?

向量 $\boldsymbol{a}$ 的方向由 $\boldsymbol{a}$ 与 x,y,z 轴的夹角 α,β,γ 完全确定.α,β,γ 称为 $\boldsymbol{a}$ 的**方向角**.由向量与轴的夹角定义可知

$$0\leqslant\alpha\leqslant\pi,\ 0\leqslant\beta\leqslant\pi,\ 0\leqslant\gamma\leqslant\pi.$$

由图 3.12 可得

$$\cos\alpha=\frac{a_1}{\|\boldsymbol{a}\|},\cos\beta=\frac{a_2}{\|\boldsymbol{a}\|},\cos\gamma=\frac{a_3}{\|\boldsymbol{a}\|},$$

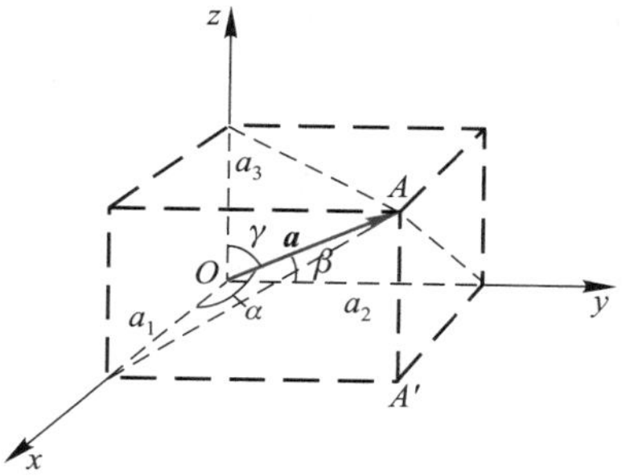

图 3.12

即

$$\cos\alpha=\frac{a_1}{\sqrt{a_1^2+a_2^2+a_3^2}},\ \cos\beta=\frac{a_2}{\sqrt{a_1^2+a_2^2+a_3^2}},\ \cos\gamma=\frac{a_3}{\sqrt{a_1^2+a_2^2+a_3^2}}.$$

$\cos\alpha,\cos\beta,\cos\gamma$ 称为向量 $\boldsymbol{a}$ 的**方向余弦**.

向量 $\boldsymbol{a}$ 的方向余弦满足以下关系式:

$$\cos^2\alpha+\cos^2\beta+\cos^2\gamma=1.$$

与 $\boldsymbol{a}$ 同向的单位向量

$$\boldsymbol{e}_{\boldsymbol{a}}=\frac{1}{\|\boldsymbol{a}\|}\boldsymbol{a}=\left(\frac{a_1}{\|\boldsymbol{a}\|},\frac{a_2}{\|\boldsymbol{a}\|},\frac{a_3}{\|\boldsymbol{a}\|}\right)=(\cos\alpha,\cos\beta,\cos\gamma).$$

习题 3.1

1. 在空间直角坐标系中，画出以下各点：
   (1) $M_1(2,1,3)$；　　(2) $M_2(1,3,-1)$.
2. 指出下列各点的特殊性质：
   (1) $M_1(3,0,0)$；　　(2) $M_2(0,0,-2)$；
   (3) $M_3(0,-3,4)$；　　(4) $M_4(5,0,-1)$.
3. 求点 $M_0(x_0,y_0,z_0)$关于各坐标面，各坐标轴及原点的对称点.
4. 设向量 $\boldsymbol{a}$ 与 $\boldsymbol{b}$ 不平行，$\overrightarrow{AB}=\boldsymbol{a}+2\boldsymbol{b}$，$\overrightarrow{BC}=-4\boldsymbol{a}-\boldsymbol{b}$，$\overrightarrow{CD}=-5\boldsymbol{a}-3\boldsymbol{b}$，证明：四边形 $ABCD$是梯形.
5. 设等腰梯形的四个顶点为 A,B,C,D，AB 是底边，$\overrightarrow{AB}=\boldsymbol{a}$，$\overrightarrow{AD}=\boldsymbol{b}$，$\langle\boldsymbol{a},\boldsymbol{b}\rangle=\dfrac{\pi}{3}$，试用向量 $\boldsymbol{a},\boldsymbol{b}$ 表示向量$\overrightarrow{DC}$，$\overrightarrow{CB}$，$\overrightarrow{AC}$，$\overrightarrow{DB}$.
6. 设向量 $\boldsymbol{a}$ 与三坐标轴成相等的锐角，求 $\boldsymbol{a}$ 的方向余弦. 若 $\|\boldsymbol{a}\|=2$，求 $\boldsymbol{a}$ 的坐标.
7. 向量 $\boldsymbol{a}$ 与 x 轴、y 轴成等角，与 z 轴所成的角是它们的 2 倍，求 $\boldsymbol{a}$ 的方向角.
8. 设 $A(2,-2,5)$，$B(-1,6,7)$，求：
   (1) $\overrightarrow{AB}$在三坐标轴上的投影；　　(2) $\overrightarrow{AB}$的模；
   (3) $\overrightarrow{AB}$的方向余弦；　　(4) $\overrightarrow{AB}$方向上的单位向量.
9. 在 Oxy 平面上求向量 $\boldsymbol{p}$，使它垂直于向量 $\boldsymbol{q}=(5,-3,4)$，并与 $\boldsymbol{q}$ 有相等的长度.
10. 设向量 $\boldsymbol{a}$ 与三个基向量成相等的锐角，且 $\|\boldsymbol{a}\|=2\sqrt{3}$，求 $\boldsymbol{a}$.
11. 当 λ 与 μ 为何值时，向量 $\boldsymbol{a}=(-2,3,\lambda)$与 $\boldsymbol{b}=(\mu,-6,2)$共线？

§3.2　向量的乘法

一、内积

设质点在力 $\boldsymbol{F}$ 的作用下产生位移 $\boldsymbol{s}$（见图 3.13），则力 $\boldsymbol{F}$ 所做的功为

$$W=\|\boldsymbol{F}\|\ \|\boldsymbol{s}\|\cos\theta,$$

其中 θ 是向量 $\boldsymbol{F}$ 与 $\boldsymbol{s}$ 的夹角.

这样的运算在数学中称为**内积**.

定义 1　向量 $\boldsymbol{a}$ 与 $\boldsymbol{b}$ 的内积为

$$\boldsymbol{a}\cdot\boldsymbol{b}=\|\boldsymbol{a}\|\ \|\boldsymbol{b}\|\cos\langle\boldsymbol{a},\boldsymbol{b}\rangle,$$

其中$\langle\boldsymbol{a},\boldsymbol{b}\rangle$是 $\boldsymbol{a}$ 与 $\boldsymbol{b}$ 的夹角.

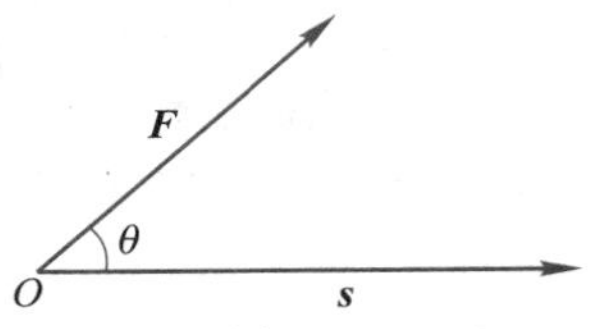

图 3.13

由定义 1 可知，两个向量的内积是一个实数，而内积

运算符号用"·"表示,所以内积又称为**数量积**或**点乘积**.

将向量 $\boldsymbol{a}$ 与自身的内积 $\boldsymbol{a}\cdot\boldsymbol{a}$ 记为 $\boldsymbol{a}^2$,于是,由定义 1 可得

$$\boldsymbol{a}^2=\|\boldsymbol{a}\|\,\|\boldsymbol{a}\|\cos\langle\boldsymbol{a},\boldsymbol{a}\rangle=\|\boldsymbol{a}\|^2.$$

由定义 1 还可以得到,若 $\boldsymbol{a}\neq\boldsymbol{0}$ 且 $\boldsymbol{b}\neq\boldsymbol{0}$,则

$$\cos\langle\boldsymbol{a},\boldsymbol{b}\rangle=\frac{\boldsymbol{a}\cdot\boldsymbol{b}}{\|\boldsymbol{a}\|\,\|\boldsymbol{b}\|}.$$

向量的内积满足以下规则:

1° $\boldsymbol{a}\cdot\boldsymbol{b}=\boldsymbol{b}\cdot\boldsymbol{a}$;

2° $(\lambda\boldsymbol{a})\cdot\boldsymbol{b}=\lambda(\boldsymbol{a}\cdot\boldsymbol{b})$;

3° $(\boldsymbol{a}+\boldsymbol{b})\cdot\boldsymbol{c}=\boldsymbol{a}\cdot\boldsymbol{c}+\boldsymbol{b}\cdot\boldsymbol{c}$.

对规则 3°给出证明.

证

$$\begin{aligned}(\boldsymbol{a}+\boldsymbol{b})\cdot\boldsymbol{c}&=\|\boldsymbol{a}+\boldsymbol{b}\|\,\|\boldsymbol{c}\|\cos\langle\boldsymbol{a}+\boldsymbol{b},\boldsymbol{c}\rangle\\&=\|\boldsymbol{c}\|\,\mathrm{Prj}_c(\boldsymbol{a}+\boldsymbol{b})\\&=\|\boldsymbol{c}\|\,\mathrm{Prj}_c\boldsymbol{a}+\|\boldsymbol{c}\|\,\mathrm{Prj}_c\boldsymbol{b}\\&=\|\boldsymbol{a}\|\,\|\boldsymbol{c}\|\cos\langle\boldsymbol{a},\boldsymbol{c}\rangle+\|\boldsymbol{c}\|\,\|\boldsymbol{b}\|\cos\langle\boldsymbol{b},\boldsymbol{c}\rangle\\&=\boldsymbol{a}\cdot\boldsymbol{c}+\boldsymbol{b}\cdot\boldsymbol{c}.\end{aligned}$$

例 1 设 $\|\boldsymbol{a}\|=11$, $\|\boldsymbol{b}\|=23$, $\|\boldsymbol{a}-\boldsymbol{b}\|=30$,求 $\|\boldsymbol{a}+\boldsymbol{b}\|$.

解

$$\begin{aligned}\|\boldsymbol{a}+\boldsymbol{b}\|^2&=(\boldsymbol{a}+\boldsymbol{b})^2=\boldsymbol{a}^2+2\boldsymbol{a}\cdot\boldsymbol{b}+\boldsymbol{b}^2\\&=\|\boldsymbol{a}\|^2+\|\boldsymbol{b}\|^2+2\boldsymbol{a}\cdot\boldsymbol{b}=650+2\boldsymbol{a}\cdot\boldsymbol{b},\\\|\boldsymbol{a}-\boldsymbol{b}\|^2&=(\boldsymbol{a}-\boldsymbol{b})^2=\boldsymbol{a}^2-2\boldsymbol{a}\cdot\boldsymbol{b}+\boldsymbol{b}^2\\&=\|\boldsymbol{a}\|^2+\|\boldsymbol{b}\|^2-2\boldsymbol{a}\cdot\boldsymbol{b}=650-2\boldsymbol{a}\cdot\boldsymbol{b}=900,\end{aligned}$$

由上式可得 $2\boldsymbol{a}\cdot\boldsymbol{b}=-250$,故

$$\|\boldsymbol{a}+\boldsymbol{b}\|^2=650-250=400,$$
$$\|\boldsymbol{a}+\boldsymbol{b}\|=20.$$

由内积的定义容易得到,三个基向量 $\boldsymbol{i},\boldsymbol{j},\boldsymbol{k}$ 之间的内积有以下结果:

$$\boldsymbol{i}^2=\boldsymbol{j}^2=\boldsymbol{k}^2=1,$$
$$\boldsymbol{i}\cdot\boldsymbol{j}=\boldsymbol{j}\cdot\boldsymbol{k}=\boldsymbol{k}\cdot\boldsymbol{i}=0.$$

设 $\boldsymbol{a}=(a_1,a_2,a_3)$, $\boldsymbol{b}=(b_1,b_2,b_3)$,则

$$\begin{aligned}\boldsymbol{a}\cdot\boldsymbol{b}&=(a_1\boldsymbol{i}+a_2\boldsymbol{j}+a_3\boldsymbol{k})\cdot(b_1\boldsymbol{i}+b_2\boldsymbol{j}+b_3\boldsymbol{k})\\&=a_1b_1\boldsymbol{i}^2+a_1b_2\boldsymbol{i}\cdot\boldsymbol{j}+a_1b_3\boldsymbol{i}\cdot\boldsymbol{k}+a_2b_1\boldsymbol{j}\cdot\boldsymbol{i}+a_2b_2\boldsymbol{j}^2+\\&\quad a_2b_3\boldsymbol{j}\cdot\boldsymbol{k}+a_3b_1\boldsymbol{k}\cdot\boldsymbol{i}+a_3b_2\boldsymbol{k}\cdot\boldsymbol{j}+a_3b_3\boldsymbol{k}^2\\&=a_1b_1+a_2b_2+a_3b_3.\end{aligned}$$

这是向量内积的坐标表示式.利用这个表示式,可得两个非零向量 $\boldsymbol{a}$ 与 $\boldsymbol{b}$ 夹角余弦的坐标表示式:

$$\cos\langle \boldsymbol{a},\boldsymbol{b}\rangle=\frac{\boldsymbol{a}\cdot\boldsymbol{b}}{\|\boldsymbol{a}\|\ \|\boldsymbol{b}\|}=\frac{a_1b_1+a_2b_2+a_3b_3}{\sqrt{a_1^2+a_2^2+a_3^2}\ \sqrt{b_1^2+b_2^2+b_3^2}}$$

$$=\frac{\boldsymbol{a}}{\|\boldsymbol{a}\|}\cdot\frac{\boldsymbol{b}}{\|\boldsymbol{b}\|}=\boldsymbol{e}_a\cdot\boldsymbol{e}_b.$$

若向量 $\boldsymbol{a}$ 与 $\boldsymbol{b}$ 的夹角为 $\frac{\pi}{2}$，则称 $\boldsymbol{a}$ 与 $\boldsymbol{b}$ **正交**（或**垂直**），记为 $\boldsymbol{a}\perp\boldsymbol{b}$.因为零向量的方向是任意的，所以零向量与任何向量正交，且

$$\boldsymbol{a}\perp\boldsymbol{b}\quad\Leftrightarrow\quad\boldsymbol{a}\cdot\boldsymbol{b}=a_1b_1+a_2b_2+a_3b_3=0.$$

例 2 证明：如果向量 $\boldsymbol{a}$ 与 $\boldsymbol{b}$ 都与向量 $\boldsymbol{c}$ 垂直，则它们的线性组合 $k_1\boldsymbol{a}+k_2\boldsymbol{b}(k_1,k_2\in\mathbf{R})$ 也与 $\boldsymbol{c}$ 垂直.

证 由 $\boldsymbol{a}\perp\boldsymbol{c}$ 且 $\boldsymbol{b}\perp\boldsymbol{c}$，知 $\boldsymbol{a}\cdot\boldsymbol{c}=0$ 且 $\boldsymbol{b}\cdot\boldsymbol{c}=0$.于是

$$(k_1\boldsymbol{a}+k_2\boldsymbol{b})\cdot\boldsymbol{c}=k_1(\boldsymbol{a}\cdot\boldsymbol{c})+k_2(\boldsymbol{b}\cdot\boldsymbol{c})=0,$$

故向量 $k_1\boldsymbol{a}+k_2\boldsymbol{b}$ 与 $\boldsymbol{c}$ 垂直.

对两个向量的内积

$$\boldsymbol{a}\cdot\boldsymbol{b}=\|\boldsymbol{a}\|\ \|\boldsymbol{b}\|\cos\langle\boldsymbol{a},\boldsymbol{b}\rangle$$

两边取绝对值可得

$$|\boldsymbol{a}\cdot\boldsymbol{b}|\leqslant\|\boldsymbol{a}\|\ \|\boldsymbol{b}\|$$

或

$$(\boldsymbol{a}\cdot\boldsymbol{b})^2\leqslant(\boldsymbol{a}\cdot\boldsymbol{a})(\boldsymbol{b}\cdot\boldsymbol{b}).$$

以上两式称为**柯西－施瓦茨(Cauchy－Schwarz)不等式**.利用这个不等式可以证明以下的三角不等式：

$$\|\boldsymbol{a}+\boldsymbol{b}\|\leqslant\|\boldsymbol{a}\|+\|\boldsymbol{b}\|.$$

事实上，

$$\begin{aligned}\|\boldsymbol{a}+\boldsymbol{b}\|^2&=(\boldsymbol{a}+\boldsymbol{b})\cdot(\boldsymbol{a}+\boldsymbol{b})\\&=\boldsymbol{a}\cdot\boldsymbol{a}+\boldsymbol{a}\cdot\boldsymbol{b}+\boldsymbol{b}\cdot\boldsymbol{a}+\boldsymbol{b}\cdot\boldsymbol{b}\\&=\|\boldsymbol{a}\|^2+2\boldsymbol{a}\cdot\boldsymbol{b}+\|\boldsymbol{b}\|^2\\&\leqslant\|\boldsymbol{a}\|^2+2|\boldsymbol{a}\cdot\boldsymbol{b}|+\|\boldsymbol{b}\|^2\\&\leqslant\|\boldsymbol{a}\|^2+2\|\boldsymbol{a}\|\ \|\boldsymbol{b}\|+\|\boldsymbol{b}\|^2\\&=(\|\boldsymbol{a}\|+\|\boldsymbol{b}\|)^2.\end{aligned}$$

所以 $\|\boldsymbol{a}+\boldsymbol{b}\|\leqslant\|\boldsymbol{a}\|+\|\boldsymbol{b}\|$.

二、外积

定义 2 **向量 $\boldsymbol{a}$ 与 $\boldsymbol{b}$ 的外积是一个向量，记为 $\boldsymbol{a}\times\boldsymbol{b}$，其模与方向确定如下：**

1° $\|\boldsymbol{a}\times\boldsymbol{b}\|=\|\boldsymbol{a}\|\ \|\boldsymbol{b}\|\sin\langle\boldsymbol{a},\boldsymbol{b}\rangle$；

2° $\boldsymbol{a}\times\boldsymbol{b}$ 与 $\boldsymbol{a},\boldsymbol{b}$ **都垂直,且** $\boldsymbol{a},\boldsymbol{b},\boldsymbol{a}\times\boldsymbol{b}$ **符合右手法则**(图3.14).

因为向量的外积是一个向量,且外积的符号用"×"表示,所以外积又称为**向量积**或**叉乘积**.

外积具有以下性质:

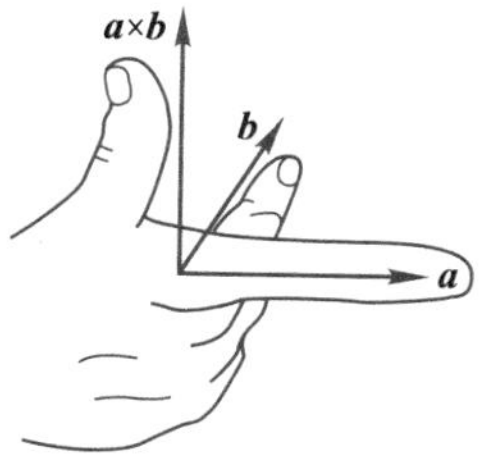

图 3.14

1° $\boldsymbol{a}\times\boldsymbol{a}=\boldsymbol{0}$;

2° $\boldsymbol{a}\times\boldsymbol{0}=\boldsymbol{0}$;

3° $\boldsymbol{a}\times\boldsymbol{b}=-\boldsymbol{b}\times\boldsymbol{a}$;

4° $(\lambda\boldsymbol{a})\times(\mu\boldsymbol{b})=\lambda\mu(\boldsymbol{a}\times\boldsymbol{b})(\lambda,\mu\in\mathbf{R})$;

5° $\boldsymbol{a}\times(\boldsymbol{b}+\boldsymbol{c})=(\boldsymbol{a}\times\boldsymbol{b})+(\boldsymbol{a}\times\boldsymbol{c})$.

以上性质中,1°—4°都可用定义 2 直接证明,5°的证明比较复杂,这里都略去不证.

由外积的定义不难得到基向量 $\boldsymbol{i},\boldsymbol{j},\boldsymbol{k}$ 的外积有以下结果:

$$\boldsymbol{i}\times\boldsymbol{i}=\boldsymbol{j}\times\boldsymbol{j}=\boldsymbol{k}\times\boldsymbol{k}=\boldsymbol{0},$$
$$\boldsymbol{i}\times\boldsymbol{j}=\boldsymbol{k},\quad \boldsymbol{j}\times\boldsymbol{k}=\boldsymbol{i},\quad \boldsymbol{k}\times\boldsymbol{i}=\boldsymbol{j},$$
$$\boldsymbol{j}\times\boldsymbol{i}=-\boldsymbol{k},\quad \boldsymbol{k}\times\boldsymbol{j}=-\boldsymbol{i},\quad \boldsymbol{i}\times\boldsymbol{k}=-\boldsymbol{j}.$$

设 $\boldsymbol{a}=(a_1,a_2,a_3)$,$\boldsymbol{b}=(b_1,b_2,b_3)$,利用外积运算规则与基向量 $\boldsymbol{i},\boldsymbol{j},\boldsymbol{k}$ 的外积可得

$$\begin{aligned}\boldsymbol{a}\times\boldsymbol{b}&=(a_1\boldsymbol{i}+a_2\boldsymbol{j}+a_3\boldsymbol{k})\times(b_1\boldsymbol{i}+b_2\boldsymbol{j}+b_3\boldsymbol{k})\\&=a_1b_2\boldsymbol{k}-a_1b_3\boldsymbol{j}-a_2b_1\boldsymbol{k}+a_2b_3\boldsymbol{i}+a_3b_1\boldsymbol{j}-a_3b_2\boldsymbol{i}\\&=(a_2b_3-a_3b_2)\boldsymbol{i}+(a_3b_1-a_1b_3)\boldsymbol{j}+(a_1b_2-a_2b_1)\boldsymbol{k}.\end{aligned}$$

利用三阶行列式的展开式,上述结果可以记为

$$\boldsymbol{a}\times\boldsymbol{b}=\begin{vmatrix}\boldsymbol{i}&\boldsymbol{j}&\boldsymbol{k}\\a_1&a_2&a_3\\b_1&b_2&b_3\end{vmatrix}.$$

由定义 2 可得外积的几何意义是:$\boldsymbol{a}\times\boldsymbol{b}$ 的模是以 $\boldsymbol{a}$ 与 $\boldsymbol{b}$ 为邻边的平行四边形的面积(图 3.15).

例 3 求以 $A(2,1,3)$,$B(1,4,5)$,$C(1,-2,1)$为顶点的三角形面积.

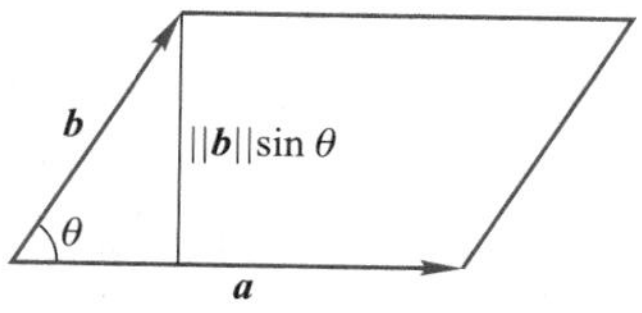

图 3.15

解 由向量外积的几何意义可得$\triangle ABC$ 的面积为

$$S_{\triangle ABC}=\frac{1}{2}\|\overrightarrow{AB}\times\overrightarrow{AC}\|,$$

其中$\overrightarrow{AB}=(-1,3,2)$,$\overrightarrow{AC}=(-1,-3,-2)$,故

$$\overrightarrow{AB}\times\overrightarrow{AC}=\begin{vmatrix}\boldsymbol{i}&\boldsymbol{j}&\boldsymbol{k}\\-1&3&2\\-1&-3&-2\end{vmatrix}=-4\boldsymbol{j}+6\boldsymbol{k},$$

$$S_{\triangle ABC}=\frac{1}{2}\|-4\boldsymbol{j}+6\boldsymbol{k}\|=\frac{1}{2}\sqrt{(-4)^2+6^2}=\sqrt{13}.$$

例 4 设单位向量$\overrightarrow{OA}$与三个坐标轴的夹角相等，B 是点$M(1,-3,2)$关于点$N(-1,2,1)$的对称点，求$\overrightarrow{OA}\times\overrightarrow{OB}$.

解 设α,β,γ是$\overrightarrow{OA}$的方向角，则

$$\alpha=\beta=\gamma,$$
$$\cos^2\alpha+\cos^2\beta+\cos^2\gamma=3\cos^2\alpha=1,$$
$$\cos\alpha=\cos\beta=\cos\gamma=\pm\frac{1}{\sqrt{3}},$$
$$\overrightarrow{OA}=(\cos\alpha,\cos\beta,\cos\gamma)=\pm\frac{1}{\sqrt{3}}(1,1,1).$$

设点 B 的坐标是(x,y,z)，则点 N 是线段 MB 的中点.由中点坐标公式得

$$\frac{x+1}{2}=-1,\quad \frac{y-3}{2}=2,\quad \frac{z+2}{2}=1,$$
$$x=-3,\quad y=7,\quad z=0,$$
$$\overrightarrow{OB}=(-3,7,0),$$
$$\overrightarrow{OA}\times\overrightarrow{OB}=\pm\frac{1}{\sqrt{3}}\begin{vmatrix}\boldsymbol{i}&\boldsymbol{j}&\boldsymbol{k}\\1&1&1\\-3&7&0\end{vmatrix}=\pm\frac{1}{\sqrt{3}}(-7\boldsymbol{i}-3\boldsymbol{j}+10\boldsymbol{k}).$$

例 5 证明：$\|\boldsymbol{a}\times\boldsymbol{b}\|^2+(\boldsymbol{a}\cdot\boldsymbol{b})^2=\|\boldsymbol{a}\|^2\|\boldsymbol{b}\|^2$.

证

$$\begin{aligned}\|\boldsymbol{a}\times\boldsymbol{b}\|^2+(\boldsymbol{a}\cdot\boldsymbol{b})^2&=\|\boldsymbol{a}\|^2\|\boldsymbol{b}\|^2\sin^2\theta+\|\boldsymbol{a}\|^2\|\boldsymbol{b}\|^2\cos^2\theta\\&=\|\boldsymbol{a}\|^2\|\boldsymbol{b}\|^2(\sin^2\theta+\cos^2\theta)=\|\boldsymbol{a}\|^2\|\boldsymbol{b}\|^2.\end{aligned}$$

三、 混合积

定义 3 **向量 $\boldsymbol{a},\boldsymbol{b},\boldsymbol{c}$ 的混合积定义为$(\boldsymbol{a}\times\boldsymbol{b})\cdot\boldsymbol{c}$.**

由定义 3 可知，三个向量 $\boldsymbol{a},\boldsymbol{b},\boldsymbol{c}$ 的混合积是一个实数.有时也将$(\boldsymbol{a}\times\boldsymbol{b})\cdot\boldsymbol{c}$ 记为$[\boldsymbol{a}\ \boldsymbol{b}\ \boldsymbol{c}]$.

设 $\boldsymbol{a}=(a_1,a_2,a_3)$，$\boldsymbol{b}=(b_1,b_2,b_3)$，$\boldsymbol{c}=(c_1,c_2,c_3)$，则

$$\boldsymbol{a}\times\boldsymbol{b}=(a_2b_3-a_3b_2)\boldsymbol{i}+(a_3b_1-a_1b_3)\boldsymbol{j}+(a_1b_2-a_2b_1)\boldsymbol{k},$$
$$(\boldsymbol{a}\times\boldsymbol{b})\cdot\boldsymbol{c}=(a_2b_3-a_3b_2)c_1+(a_3b_1-a_1b_3)c_2+(a_1b_2-a_2b_1)c_3,$$

写成行列式的形式就是

$$(\boldsymbol{a}\times\boldsymbol{b})\cdot\boldsymbol{c}=\begin{vmatrix}a_1&a_2&a_3\\b_1&b_2&b_3\\c_1&c_2&c_3\end{vmatrix}.$$

混合积$(\boldsymbol{a}\times\boldsymbol{b})\cdot\boldsymbol{c}$ 的几何意义是其绝对值$|(\boldsymbol{a}\times\boldsymbol{b})\cdot\boldsymbol{c}|$等于以向量 $\boldsymbol{a},\boldsymbol{b},\boldsymbol{c}$ 为棱的

平行六面体的体积(图 3.16).这个平行六面体的底面积为 $\|\boldsymbol{a}\times\boldsymbol{b}\|$,高为 $\|\boldsymbol{c}\|\,|\cos\theta|$,其中 θ 为 $\boldsymbol{a}\times\boldsymbol{b}$ 与 $\boldsymbol{c}$ 的夹角.由体积公式可得

$$\begin{aligned}V&=\|\boldsymbol{a}\times\boldsymbol{b}\|\,\|\boldsymbol{c}\|\,|\cos\theta|\\&=|(\boldsymbol{a}\times\boldsymbol{b})\cdot\boldsymbol{c}|.\end{aligned}$$

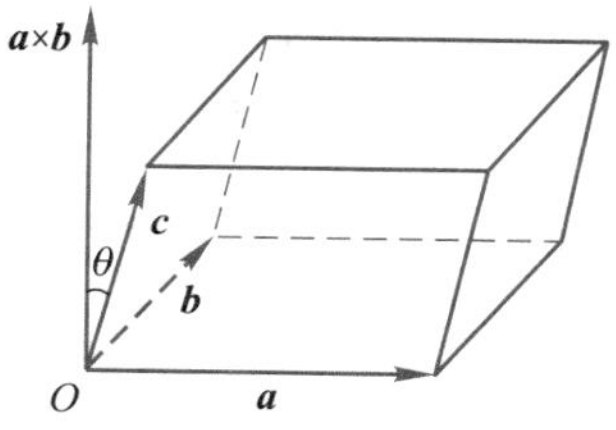

图3.16

由混合积的定义及坐标表示式可得以下性质:

1° $(\boldsymbol{a}\times\boldsymbol{b})\cdot\boldsymbol{c}=(\boldsymbol{c}\times\boldsymbol{a})\cdot\boldsymbol{b}=(\boldsymbol{b}\times\boldsymbol{c})\cdot\boldsymbol{a}$;

2° 对任意实数 λ,μ,有

$$(\boldsymbol{a}\times\boldsymbol{b})\cdot(\lambda\boldsymbol{c}_1+\mu\boldsymbol{c}_2)=\lambda(\boldsymbol{a}\times\boldsymbol{b})\cdot\boldsymbol{c}_1+\mu(\boldsymbol{a}\times\boldsymbol{b})\cdot\boldsymbol{c}_2;$$

3° 设 $\boldsymbol{a},\boldsymbol{b},\boldsymbol{c}$ 为三个非零向量,$[\boldsymbol{a}\ \boldsymbol{b}\ \boldsymbol{c}]=0\Leftrightarrow\boldsymbol{a},\boldsymbol{b},\boldsymbol{c}$ 都平行于同一平面,即 $\boldsymbol{a},\boldsymbol{b},\boldsymbol{c}$ 共面.

例 6 设四面体的四个顶点为 $A(x_1,y_1,z_1)$,$B(x_2,y_2,z_2)$,$C(x_3,y_3,z_3)$,$D(x_4,y_4,z_4)$,求四面体 $ABCD$ 的体积.

解 由立体几何知,四面体 $ABCD$ 的体积 V 等于以 $\overrightarrow{AB},\overrightarrow{AC},\overrightarrow{AD}$ 为棱的平行六面体的体积的 $\frac{1}{6}$,即

$$V=\frac{1}{6}|(\overrightarrow{AB}\times\overrightarrow{AC})\cdot\overrightarrow{AD}|,$$

而 $\overrightarrow{AB}=(x_2-x_1,y_2-y_1,z_2-z_1)$,$\overrightarrow{AC}=(x_3-x_1,y_3-y_1,z_3-z_1)$,$\overrightarrow{AD}=(x_4-x_1,y_4-y_1,z_4-z_1)$,故有

$$V=\frac{1}{6}\left\|\begin{vmatrix}x_2-x_1&y_2-y_1&z_2-z_1\\x_3-x_1&y_3-y_1&z_3-z_1\\x_4-x_1&y_4-y_1&z_4-z_1\end{vmatrix}\right\|.$$

习题 3.2

1. 若向量 $\boldsymbol{x}$ 与 $\boldsymbol{a}=(2,1,-1)$ 共线,且满足 $\boldsymbol{a}\cdot\boldsymbol{x}=3$,求 $\boldsymbol{x}$.

2. 设 $\|\boldsymbol{a}\|=\|\boldsymbol{b}\|=5$,$\langle\boldsymbol{a},\boldsymbol{b}\rangle=\frac{\pi}{4}$,计算以 $\boldsymbol{a}-2\boldsymbol{b}$ 和 $3\boldsymbol{a}+2\boldsymbol{b}$ 为邻边构成的三角形面积.

3. 利用向量方法证明:
(1) 三角形的余弦定理; (2) 直径上的圆周角是直角.

4. 设 $\boldsymbol{a},\boldsymbol{b},\boldsymbol{c}$ 中任意两个向量的夹角都是 $\frac{\pi}{3}$,且 $\|\boldsymbol{a}\|=4$, $\|\boldsymbol{b}\|=6$, $\|\boldsymbol{c}\|=2$,计算 $\|\boldsymbol{a}+\boldsymbol{b}+\boldsymbol{c}\|$.

5. 设 $\boldsymbol{a}=(1,2,3)$，$\boldsymbol{b}=(-2,1,1)$，$\boldsymbol{c}=(2,4,1)$，计算：

(1) $(3\boldsymbol{a}-2\boldsymbol{c})\cdot\boldsymbol{b}$；　　(2) $(\boldsymbol{b}-2\boldsymbol{a})\times\boldsymbol{c}$.

6. 设 $\boldsymbol{u}=2\boldsymbol{a}+3\boldsymbol{b}$，$\boldsymbol{v}=\boldsymbol{a}-\boldsymbol{b}$，而 $\|\boldsymbol{a}\|=1$，$\|\boldsymbol{b}\|=2$，$\langle\boldsymbol{a},\boldsymbol{b}\rangle=\frac{\pi}{3}$，求：

(1) $\mathrm{Prj}_{\boldsymbol{v}}\boldsymbol{u}$；　　(2) 以 $\boldsymbol{u}$，$\boldsymbol{v}$ 为邻边的平行四边形面积.

7. 设一平行四边形的对角线向量是 $\boldsymbol{c}=\boldsymbol{a}+2\boldsymbol{b}$ 与 $\boldsymbol{d}=3\boldsymbol{a}-4\boldsymbol{b}$，且 $\|\boldsymbol{a}\|=1$，$\|\boldsymbol{b}\|=2$，$\langle\boldsymbol{a},\boldsymbol{b}\rangle=\frac{\pi}{6}$，求此平行四边形的面积.

8. 将 $M_1(7,-4,1)$，$M_2(-2,2,4)$ 的连线 M_1M_2 三等分，求分点坐标.

9. 设四面体的顶点为 $A(2,1,-1)$，$B(3,0,1)$，$C(2,-1,3)$，D 在 y 轴上，其体积为 5，求顶点 D 的坐标.

§3.3 平面

为讨论平面的有关性质以及平面间的位置关系，我们先建立平面的方程.

一、平面的方程

1. 点法式方程

一张平面 π 可以由 π 上任意一点和垂直于 π 的任意一个向量完全确定.垂直于 π 的任一向量都称为 π 的**法向量**.

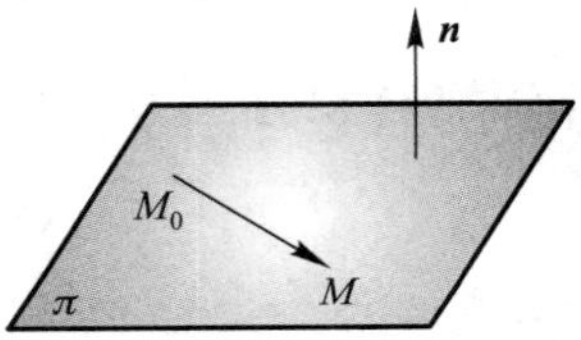

图 3.17

如图 3.17 所示，设 $M_0(x_0,y_0,z_0)$ 是平面 π 上一个确定的点，$M(x,y,z)$ 是 π 上任一点，向量 $\boldsymbol{n}=(A,B,C)$ 与 π 垂直，则

$$\boldsymbol{n}\cdot\overrightarrow{M_0M}=(A,B,C)\cdot(x-x_0,y-y_0,z-z_0)=0,$$

即

$$A(x-x_0)+B(y-y_0)+C(z-z_0)=0.$$

显然，平面 π 上任一点的坐标都满足这个方程.而坐标满足方程的点都在 π 上.于是这个方程就是过点 $M(x_0,y_0,z_0)$ 且与向量 $\boldsymbol{n}=(A,B,C)$ 垂直的平面 π 的方程，称为平面的**点法式方程**.

例 1　求过不共线的三点 $M_1(2,-1,4)$，$M_2(-1,3,-2)$，$M_3(0,2,3)$ 的平面 π 的方程.

解　$\overrightarrow{M_1M_2}=(-3,4,-6)$，$\overrightarrow{M_1M_3}=(-2,3,-1)$，平面 π 的法向量为

$$\boldsymbol{n}=\overrightarrow{M_1M_2}\times\overrightarrow{M_1M_3}=\begin{vmatrix}\boldsymbol{i}&\boldsymbol{j}&\boldsymbol{k}\\-3&4&-6\\-2&3&-1\end{vmatrix}=14\boldsymbol{i}+9\boldsymbol{j}-\boldsymbol{k},$$

平面 π 的方程为

$$14(x-2)+9(y+1)-(z-4)=0,$$

即

$$14x+9y-z-15=0.$$

2. 一般式方程

平面的点法式方程可改写为

$$Ax+By+Cz+D=0,$$

其中 $D=-Ax_0-By_0-Cz_0$.

这个方程称为平面的**一般式方程**.

利用一般式方程可以讨论一些比较特殊的平面的特性.

(1) 当 $D=0$ 时,平面 $Ax+By+Cz=0$ 经过坐标原点.

(2) 当 $A=0(D\neq 0)$ 时,平面 $By+Cz+D=0$ 的法向量 $\boldsymbol{n}=(0,B,C)$,$\boldsymbol{n}$ 与 $\boldsymbol{i}=(1,0,0)$ 垂直,由此可得平面与 x 轴平行.

同样,平面 $Ax+Cz+D=0$ 与 y 轴平行,平面 $Ax+By+D=0$ 与 z 轴平行.

(3) 当 $A=B=0(D\neq 0)$ 时,平面 $Cz+D=0$ 与 Oxy 平面平行.

同样,平面 $Ax+D=0$ 与 Oyz 平面平行,平面 $By+D=0$ 与 Oxz 平面平行.而 $A=B=D=0$ 时,平面 $z=0$ 即为 Oxy 平面.

例 2 画出下列平面的图形:

(1) $2x-y-z=0$; (2) $-x+3y+6=0$; (3) $3z-7=0$.

解 (1) 此平面过原点,且与 Oxy 平面的交线为 Oxy 平面上的直线 $2x-y=0$,与 Oxz 平面的交线为 Oxz 平面上的直线 $2x-z=0$,其图形如图 3.18(a)所示.

(2) 此平面与 z 轴平行,且与 x 轴的交点坐标为 $(6,0,0)$,与 y 轴的交点坐标为 $(0,-2,0)$,其图形如图 3.18(b)所示.

(3) 平面 $z=\frac{7}{3}$ 与 Oxy 平面平行,与 z 轴的交点坐标为 $\left(0,0,\frac{7}{3}\right)$,其图形如图 3.18(c)所示.

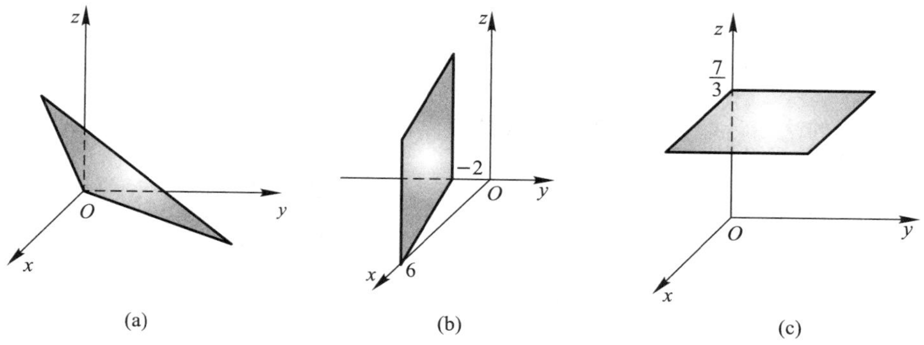

图 3.18

值得注意的是,在平面解析几何中,线性方程 $ax+by+c=0$ 表示直线.而在空间解析几何中,线性方程 $Ax+By+Cz+D=0$,$Ax+By+D=0$,$Ax+D=0$都表示平面.

3. 截距式方程

设平面 π 的一般式方程为

$$Ax+By+Cz+D=0,$$

且 $ABCD\neq0$,则上式可化为

$$\frac{x}{-\frac{D}{A}}+\frac{y}{-\frac{D}{B}}+\frac{z}{-\frac{D}{C}}=1.$$

设 $a=-\frac{D}{A}$,$b=-\frac{D}{B}$,$c=-\frac{D}{C}$,则

$$\frac{x}{a}+\frac{y}{b}+\frac{z}{c}=1.$$

这个方程称为平面的**截距式方程**.这个平面与 x 轴、y 轴、z 轴的交点分别是$(a,0,0)$,$(0,b,0)$,$(0,0,c)$.a,b,c 称为平面 π 在坐标轴上的**截距**.

二、 平面与平面的位置关系

对于两个平面

$$\pi_1:\quad A_1x+B_1y+C_1z+D_1=0,$$
$$\pi_2:\quad A_2x+B_2y+C_2z+D_2=0.$$

它们的法向量为 $\boldsymbol{n}_1=(A_1,B_1,C_1)$,$\boldsymbol{n}_2=(A_2,B_2,C_2)$,则有

(1) π_1 与 π_2 平行 $\Leftrightarrow$ $\frac{A_1}{A_2}=\frac{B_1}{B_2}=\frac{C_1}{C_2}\neq\frac{D_1}{D_2}$;

(2) π_1 与 π_2 重合 $\Leftrightarrow$ $\frac{A_1}{A_2}=\frac{B_1}{B_2}=\frac{C_1}{C_2}=\frac{D_1}{D_2}$;

(3) π_1 与 π_2 相交 $\Leftrightarrow$ $\frac{A_1}{A_2}=\frac{B_1}{B_2}=\frac{C_1}{C_2}$不成立.

两平面的法向量的夹角称为**两平面的夹角**.设 $\boldsymbol{n}_1$ 与 $\boldsymbol{n}_2$ 的夹角为 θ,则

$$\cos\theta=\frac{\boldsymbol{n}_1\cdot\boldsymbol{n}_2}{\|\boldsymbol{n}_1\|\ \|\boldsymbol{n}_2\|}=\frac{A_1A_2+B_1B_2+C_1C_2}{\sqrt{A_1^2+B_1^2+C_1^2}\sqrt{A_2^2+B_2^2+C_2^2}},$$

由此可得

$$\pi_1\perp\pi_2\quad\Leftrightarrow\quad A_1A_2+B_1B_2+C_1C_2=0.$$

例 3 求过点 $M_0(-1,3,2)$且与平面 $2x-y+3z-4=0$ 和$x+2y+2z-1=0$ 都垂直的平面 π 的方程.

解一 两个已知平面的法向量分别为 $\boldsymbol{n}_1=(2,-1,3)$,$\boldsymbol{n}_2=(1,2,2)$,故平面 π 的

法向量为

$$\boldsymbol{n}=\boldsymbol{n}_1\times\boldsymbol{n}_2=\begin{vmatrix}\boldsymbol{i} & \boldsymbol{j} & \boldsymbol{k}\\ 2 & -1 & 3\\ 1 & 2 & 2\end{vmatrix}=-8\boldsymbol{i}-\boldsymbol{j}+5\boldsymbol{k},$$

故平面 π 的方程为

$$-8(x+1)-(y-3)+5(z-2)=0,$$

即

$$8x+y-5z+15=0.$$

解二　设平面 π 的方程为

$$Ax+By+Cz+D=0,$$

其法向量 $\boldsymbol{n}=(A,B,C)$，由 π 与两个已知平面都垂直可知，$\boldsymbol{n}$ 与 $\boldsymbol{n}_1=(2,-1,3)$，$\boldsymbol{n}_2=(1,2,2)$都垂直，即

$$\boldsymbol{n}\cdot\boldsymbol{n}_1=2A-B+3C=0,$$
$$\boldsymbol{n}\cdot\boldsymbol{n}_2=A+2B+2C=0.$$

又由点 $M_0(-1,3,2)$在平面 π 上，可得

$$-A+3B+2C+D=0.$$

联立求解

$$\begin{cases}2A-B+3C=0,\\ A+2B+2C=0,\\ -A+3B+2C+D=0,\end{cases}$$

可得 $A=\dfrac{8}{15}D,B=\dfrac{1}{15}D,C=-\dfrac{1}{3}D$.故平面 π 的方程为

$$\frac{8}{15}Dx+\frac{1}{15}Dy-\frac{1}{3}Dz+D=0,$$

即

$$8x+y-5z+15=0.$$

例 4　求点 $P_0(x_0,y_0,z_0)$到平面 $Ax+By+Cz+D=0$ 的距离.

解　如图 3.19 所示，在平面上任取一点 $P_1(x_1,y_1,z_1)$，过 P_0 作平面的法向量

$$\boldsymbol{n}=(A,B,C),$$

则 P_0 到平面的距离 d 就是向量$\overrightarrow{P_1P_0}$在 $\boldsymbol{n}$ 上的投影的绝对值，即

$$d=|\mathrm{Prj}_{\boldsymbol{n}}\overrightarrow{P_1P_0}|=\left|\frac{\boldsymbol{n}\cdot\overrightarrow{P_1P_0}}{\|\boldsymbol{n}\|}\right|=\frac{|\boldsymbol{n}\cdot\overrightarrow{P_1P_0}|}{\|\boldsymbol{n}\|}$$

$$=\frac{|A(x_0-x_1)+B(y_0-y_1)+C(z_0-z_1)|}{\sqrt{A^2+B^2+C^2}}.$$

因为$-Ax_1-By_1-Cz_1=D$,所以

$$d=\frac{|Ax_0+By_0+Cz_0+D|}{\sqrt{A^2+B^2+C^2}}.$$

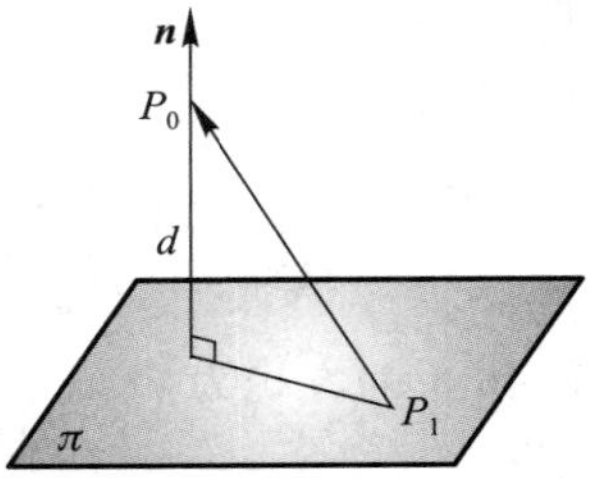

图 3.19

习题 3.3

1. 写出下列平面的方程:

(1) 过点 $M(1,1,1)$且平行于平面 $\pi:-2x+y-z+1=0$;

(2) 过点 $M_1(1,2,0)$和 $M_2(2,1,1)$且垂直于平面 $\pi:y-x-1=0$;

(3) 过 z 轴且与平面 $2x+y-\sqrt{5}z=0$ 的夹角为$\frac{\pi}{3}$.

2. 下列图形有何特点? 画出其图形.

(1) $2z-3=0$;　　(2) $y=0$;

(3) $3x+4y-z=0$;　　(4) $x+y+2z=0$.

3. 由原点向平面作垂线,垂足为(x_0,y_0,z_0),求此平面的方程.

4. 求过点 $A(-2,3,0)$,$B(1,-1,2)$且与向量 $\boldsymbol{a}=(4,5,1)$平行的平面方程.

5. 求过三点 $A(4,2,1)$,$B(-1,-2,2)$和 $C(0,4,-5)$的平面方程.

6. 求以平面$\frac{x}{a}+\frac{y}{b}+\frac{z}{c}=1$ 与三坐标轴的交点为顶点的三角形的面积.

7. 平面 π 过点$M(2,0,-8)$且与平面 $x-2y+4z-7=0$,$3x+5y-2z+3=0$ 都垂直,求平面 π 的方程.

8. 求由平面 $\pi_1:x-3y+2z-5=0$ 与 $\pi_2:3x-2y-z+3=0$ 所成二面角的平分面的方程.

§ 3.4 空间直线

与平面的讨论类似,我们先给出空间直线的方程.

一、 空间直线的方程

1. 点向式方程

若给定点 $M_0(x_0,y_0,z_0)$和非零向量 $\boldsymbol{s}=(m,n,p)$,则通过点 M_0 且平行于 $\boldsymbol{s}$ 的直线 l 在空间的位置就可以完全确定.向量 $\boldsymbol{s}$ 称为直线 l 的**方向向量**.

如图 3.20 所示,任取 $M(x,y,z)\in l$,则

$$\overrightarrow{M_0M}=(x-x_0,y-y_0,z-z_0),$$

且$\overrightarrow{M_0M}\parallel \boldsymbol{s}$.于是存在$\lambda\in\mathbf{R}$,使$\overrightarrow{M_0M}=\lambda\boldsymbol{s}$,即

$$(x-x_0,y-y_0,z-z_0)=(\lambda m,\lambda n,\lambda p),$$

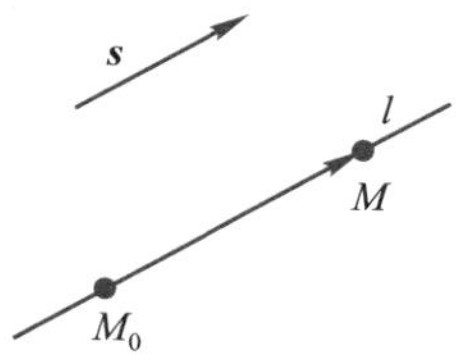

图 3.20

所以

$$\frac{x-x_0}{m}=\frac{y-y_0}{n}=\frac{z-z_0}{p}. \tag{3.1}$$

显然,直线 l 上任一点的坐标都满足方程组;反之,坐标满足方程组的点必在直线 l 上.因此这个方程组称为直线 l 的**点向式方程**,又称为**标准方程**.

若点向式方程中某个分母为零,比如 $m=0$,则由式(3.1)可知 $x-x_0=0$,这表明直线 l 在平面 $x=x_0$ 上.也就是说,

$$\frac{x-x_0}{0}=\frac{y-y_0}{n}=\frac{z-z_0}{p}$$

应理解为

$$\begin{cases}x-x_0=0,\\ \dfrac{y-y_0}{n}=\dfrac{z-z_0}{p}.\end{cases}$$

例 1 设直线 l 经过点 $M_1(x_1,y_1,z_1)$ 与 $M_2(x_2,y_2,z_2)$,求 l 的方程.

解 l 的方向向量 $\boldsymbol{s}=\overrightarrow{M_1M_2}=(x_2-x_1,y_2-y_1,z_2-z_1)$,故 l 的方程为

$$\frac{x-x_1}{x_2-x_1}=\frac{y-y_1}{y_2-y_1}=\frac{z-z_1}{z_2-z_1}.$$

2. 参数式方程

由点向式方程可得

$$\begin{cases}x=\lambda m+x_0,\\ y=\lambda n+y_0,\\ z=\lambda p+z_0.\end{cases}$$

这就是直线 l 的**参数式方程**,λ 称为**参数**.不同的 λ 对应于 l 上不同的点.

例 2 设直线 l 过点 $M(3,4,-4)$,$\boldsymbol{s}$ 是 l 的方向向量,$\boldsymbol{s}$ 的方向角为 $\frac{\pi}{3},\frac{\pi}{4},\frac{2\pi}{3}$,求 l 的方程.

解 $\boldsymbol{e}_s=\left(\cos\frac{\pi}{3},\cos\frac{\pi}{4},\cos\frac{2\pi}{3}\right)=\left(\frac{1}{2},\frac{\sqrt{2}}{2},-\frac{1}{2}\right)$,可取 $\boldsymbol{s}=(1,\sqrt{2},-1)$,则 l 的方程为

$$\begin{cases}x=\lambda+3,\\ y=\sqrt{2}\lambda+4,\\ z=-\lambda-4.\end{cases}$$

3. 一般式方程

一条空间直线可以看作两个平面的交线，于是直线方程可表示为

$$\begin{cases}A_1x+B_1y+C_1z+D_1=0,\\A_2x+B_2y+C_2z+D_2=0.\end{cases}$$

这个方程组称为直线的**一般式方程**.

例 3　将直线 l 的一般式方程 $\begin{cases}4x+3y-z+5=0,\\3x+2y+2z+1=0\end{cases}$ 化为点向式方程.

解一　由一般式方程可得

$$\begin{cases}4x+3y=z-5,\\3x+2y=-2z-1,\end{cases}$$

取 $z=1$，解得 $x=-1$，$y=0$. 于是，$M(-1,0,1)$ 是 l 上一点.

两个平面的法向量分别是 $\boldsymbol{n}_1=(4,3,-1)$，$\boldsymbol{n}_2=(3,2,2)$，故 l 的方向向量为

$$\boldsymbol{s}=\boldsymbol{n}_1\times\boldsymbol{n}_2=\begin{vmatrix}\boldsymbol{i}&\boldsymbol{j}&\boldsymbol{k}\\4&3&-1\\3&2&2\end{vmatrix}=8\boldsymbol{i}-11\boldsymbol{j}-\boldsymbol{k},$$

所以 l 的方程为

$$\frac{x+1}{8}=\frac{y}{-11}=\frac{z-1}{-1}.$$

解二　取 $z=1$，由一般式方程可得 l 上的点 $M(-1,0,1)$；取 $z=0$ 可得 l 上的点 $N(7,-11,0)$. 由此可得 l 的方向向量 $\boldsymbol{s}=\overrightarrow{MN}=(8,-11,-1)$，故 l 的方程为

$$\frac{x+1}{8}=\frac{y}{-11}=\frac{z-1}{-1}.$$

解三　在一般式方程中消去 x 可得 $z=\frac{y+11}{11}$，消去 y 可得 $z=\frac{x-7}{-8}$. 于是，l 的方程为

$$\frac{x-7}{-8}=\frac{y+11}{11}=\frac{z}{1}.$$

解二与解三的结果表现形式不同，但容易看出都是同一条直线 l 的方程.

二、直线与直线的位置关系

对于两条空间直线

$$l_1:\frac{x-x_1}{m_1}=\frac{y-y_1}{n_1}=\frac{z-z_1}{p_1},\quad l_2:\frac{x-x_2}{m_2}=\frac{y-y_2}{n_2}=\frac{z-z_2}{p_2}.$$

它们的方向向量 $\boldsymbol{s}_1=(m_1,n_1,p_1)$，$\boldsymbol{s}_2=(m_2,n_2,p_2)$ 分别过点 $M_1(x_1,y_1,z_1)$，$M_2(x_2,y_2,z_2)$，则有

(1) l_1 与 l_2 平行 $\Leftrightarrow$ $\boldsymbol{s}_1 /\!/ \boldsymbol{s}_2 \not\parallel \overrightarrow{M_1M_2}$;

(2) l_1 与 l_2 重合 $\Leftrightarrow$ $\boldsymbol{s}_1 /\!/ \boldsymbol{s}_2 /\!/ \overrightarrow{M_1M_2}$;

(3) l_1 与 l_2 相交 $\Leftrightarrow$ $\boldsymbol{s}_1 \not\parallel \boldsymbol{s}_2$ 且$[\boldsymbol{s}_1 \quad \boldsymbol{s}_2 \quad \overrightarrow{M_1M_2}]=0$;

(4) l_1 与 l_2 异面 $\Leftrightarrow$ $\boldsymbol{s}_1 \not\parallel \boldsymbol{s}_2$ 且$[\boldsymbol{s}_1 \quad \boldsymbol{s}_2 \quad \overrightarrow{M_1M_2}]\neq 0$.

两直线的方向向量的夹角 θ 称为**两直线的夹角**,有

$$\cos\theta=\frac{\boldsymbol{s}_1\cdot\boldsymbol{s}_2}{\|\boldsymbol{s}_1\|\,\|\boldsymbol{s}_2\|}=\frac{m_1m_2+n_1n_2+p_1p_2}{\sqrt{m_1^2+n_1^2+p_1^2}\sqrt{m_2^2+n_2^2+p_2^2}},$$

由此可得

$$l_1\perp l_2 \quad\Leftrightarrow\quad m_1m_2+n_1n_2+p_1p_2=0.$$

例 4 判定直线 l_1:$x=y=z-4$ 与 l_2:$-x=y=z$ 的位置关系.

解 因为 $\boldsymbol{s}_1=(1,1,1)$,$\boldsymbol{s}_2=(-1,1,1)$,所以 l_1 与 l_2 不平行.点 $M_1(0,0,4)$在直线 l_1 上,点 $M_2(0,0,0)$在直线 l_2 上,

$$\overrightarrow{M_1M_2}=(0,0,-4),$$

混合积

$$[\boldsymbol{s}_1 \quad \boldsymbol{s}_2 \quad \overrightarrow{M_1M_2}]=-8\neq 0,$$

故 l_1 与 l_2 异面.

例 5 求过点 $M(2,0,-1)$且与直线 l:$\begin{cases}2x-3y+z-6=0,\\4x-2y+3z+9=0\end{cases}$平行的直线方程.

解 l 的方向向量为

$$\boldsymbol{s}=\boldsymbol{n}_1\times\boldsymbol{n}_2=\begin{vmatrix}\boldsymbol{i} & \boldsymbol{j} & \boldsymbol{k}\\ 2 & -3 & 1\\ 4 & -2 & 3\end{vmatrix}=-7\boldsymbol{i}-2\boldsymbol{j}+8\boldsymbol{k},$$

所以 l 的方程为$\dfrac{x-2}{-7}=\dfrac{y}{-2}=\dfrac{z+1}{8}$.

下面讨论空间任一点 $M_0(x_0,y_0,z_0)$到直线 l:$\dfrac{x-x_1}{m}=\dfrac{y-y_1}{n}=\dfrac{z-z_1}{p}$的距离.

如图 3.21 所示,设 $\boldsymbol{s}=\overrightarrow{M_1M}=(m,n,p)$,则以 $\boldsymbol{s}$ 和$\overrightarrow{M_1M_0}$为邻边所作的平行四边形的面积

$$A=\|\boldsymbol{s}\times\overrightarrow{M_1M_0}\|=d\,\|\boldsymbol{s}\|,$$

故点 M_0 到直线 l 的距离

$$d=\frac{\|\boldsymbol{s}\times\overrightarrow{M_1M_0}\|}{\|\boldsymbol{s}\|}.$$

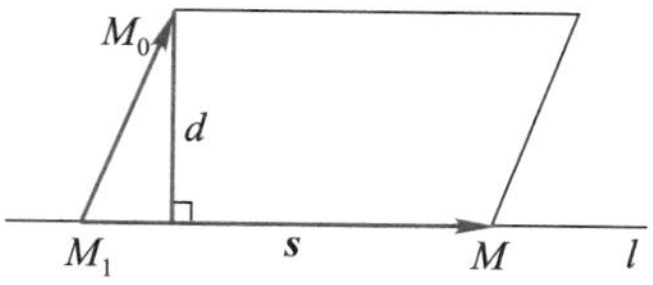

图 3.21

例 6 求点 $M_0(1,2,1)$到直线 l:$\begin{cases}x+y=0,\\x-y+z-2=0\end{cases}$的距离.

解　l 的方向向量

$$\boldsymbol{s}=\begin{vmatrix}\boldsymbol{i} & \boldsymbol{j} & \boldsymbol{k}\\ 1 & 1 & 0\\ 1 & -1 & 1\end{vmatrix}=\boldsymbol{i}-\boldsymbol{j}-2\boldsymbol{k}=(1,-1,-2).$$

在 l 的方程中取 $z=0$，得 l 上的点 $M_1(1,-1,0)$.

$$\overrightarrow{M_1M_0}=(0,3,1),$$

$$\boldsymbol{s}\times\overrightarrow{M_1M_0}=\begin{vmatrix}\boldsymbol{i} & \boldsymbol{j} & \boldsymbol{k}\\ 1 & -1 & -2\\ 0 & 3 & 1\end{vmatrix}=5\boldsymbol{i}-\boldsymbol{j}+3\boldsymbol{k}=(5,-1,3),$$

$$d=\frac{\|\boldsymbol{s}\times\overrightarrow{M_1M_0}\|}{\|\boldsymbol{s}\|}=\frac{\sqrt{5^2+(-1)^2+3^2}}{\sqrt{1^2+(-1)^2+(-2)^2}}=\sqrt{\frac{35}{6}}.$$

三、 直线与平面的位置关系

对于直线

$$l:\frac{x-x_0}{m}=\frac{y-y_0}{n}=\frac{z-z_0}{p}$$

与平面

$$\pi: Ax+By+Cz+D=0,$$

直线的方向向量为 $\boldsymbol{s}=(m,n,p)$，平面的法向量为 $\boldsymbol{n}=(A,B,C)$，则有

(1) l 与 π 平行　$\Leftrightarrow$　$\boldsymbol{s}\cdot\boldsymbol{n}=0$ 但 $Ax_0+By_0+Cz_0+D\neq 0$；

(2) l 在 π 上　$\Leftrightarrow$　$\boldsymbol{s}\cdot\boldsymbol{n}=0$ 且 $Ax_0+By_0+Cz_0+D=0$；

(3) l 与 π 相交　$\Leftrightarrow$　$\boldsymbol{s}\cdot\boldsymbol{n}\neq 0$.

过 l 作一平面 π' 与 π 垂直，则 π' 与 π 的交线 l' 称为 **l 在 π 上的投影**.

l 与 l' 的夹角（锐角）称为 **l 与 π 的夹角**（图3.22）.由图 3.22 还可得

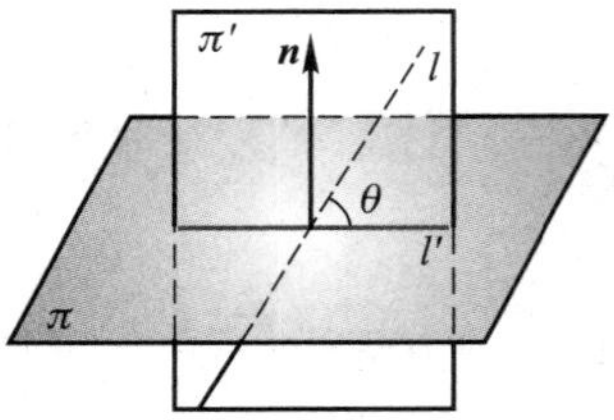

图 3.22

$$\theta=\begin{cases}\dfrac{\pi}{2}-\langle\boldsymbol{s},\boldsymbol{n}\rangle, & \langle\boldsymbol{s},\boldsymbol{n}\rangle\leqslant\dfrac{\pi}{2},\\[2mm] \langle\boldsymbol{s},\boldsymbol{n}\rangle-\dfrac{\pi}{2}, & \langle\boldsymbol{s},\boldsymbol{n}\rangle>\dfrac{\pi}{2},\end{cases}$$

由此式可得

$$\sin\theta=\frac{|\boldsymbol{n}\cdot\boldsymbol{s}|}{\|\boldsymbol{n}\|\,\|\boldsymbol{s}\|}=\frac{|Am+Bn+Cp|}{\sqrt{A^2+B^2+C^2}\sqrt{m^2+n^2+p^2}}.$$

例 7　判定直线 $l:\dfrac{x-1}{1}=\dfrac{y+2}{-2}=\dfrac{z}{2}$ 与平面 $\pi: x+4y-z-1=0$ 的位置关系，若

相交则求出交点与夹角.

解

$$s=(1,-2,2),\qquad n=(1,4,-1),$$

由 $\boldsymbol{s}\cdot\boldsymbol{n}=-9\neq 0$,知直线与平面相交.

直线 l 的参数方程为

$$\begin{cases}x=\lambda+1,\\ y=-2\lambda-2,\\ z=2\lambda,\end{cases}$$

代入 π 的方程,可得 $\lambda=-\dfrac{8}{9}$.$\lambda=-\dfrac{8}{9}$ 在 l 上所对应的点 $M\left(\dfrac{1}{9},-\dfrac{2}{9},-\dfrac{16}{9}\right)$ 为 l 与 π 的交点.

故 l 与 π 的夹角

$$\theta=\arcsin\frac{|\boldsymbol{n}\cdot\boldsymbol{s}|}{\|\boldsymbol{n}\|\ \|\boldsymbol{s}\|}=\arcsin\frac{|1-8-2|}{\sqrt{18}\sqrt{9}}=\arcsin\frac{1}{\sqrt{2}}=\frac{\pi}{4}.$$

例 8 直线 l 过点 $M(2,5,-2)$ 且与直线 l_1: $\begin{cases}x-y+2z-4=0,\\ 3x+4y+z=0\end{cases}$ 垂直相交,求 l 的方程.

解 l_1 的方向向量为

$$\boldsymbol{s}_1=\boldsymbol{n}_1\times\boldsymbol{n}_2=\begin{vmatrix}\boldsymbol{i} & \boldsymbol{j} & \boldsymbol{k}\\ 1 & -1 & 2\\ 3 & 4 & 1\end{vmatrix}=-9\boldsymbol{i}+5\boldsymbol{j}+7\boldsymbol{k}.$$

过 $M(2,5,-2)$ 作与 l_1 垂直的平面 π,则 π 的方程为

$$-9(x-2)+5(y-5)+7(z+2)=0,$$

即 $9x-5y-7z-7=0$.与 l_1 的方程联立求解:

$$\begin{cases}9x-5y-7z-7=0,\\ x-y+2z-4=0,\\ 3x+4y+z=0,\end{cases}$$

得直线 l_1 与平面 π 的交点 $N(1,-1,1)$.点 $M(2,5,-2)$ 与 $N(1,-1,1)$ 所确定的直线就是 l(见图 3.23).

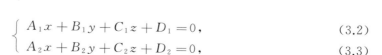

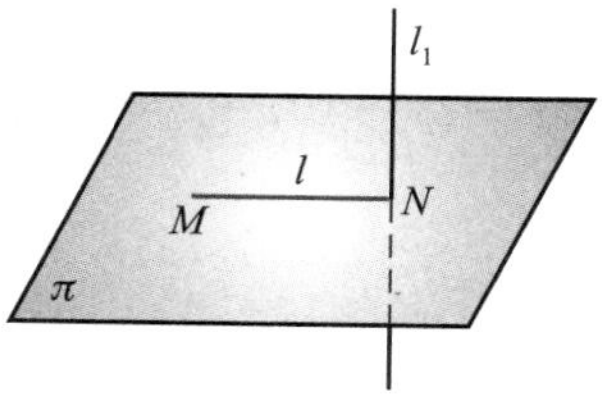

图 3.23

l 的方向向量为 $\boldsymbol{s}=\overrightarrow{MN}=(-1,-6,3)$,所以 l 的方程为

$$\frac{x-2}{-1}=\frac{y-5}{-6}=\frac{z+2}{3}.$$

设直线 l 的方程是

$$\begin{cases}A_1x+B_1y+C_1z+D_1=0, & (3.2)\\ A_2x+B_2y+C_2z+D_2=0, & (3.3)\end{cases}$$

则除方程(3.3)所表示的平面外，经过直线 l 的所有平面都可以由下式表示：

$$A_1x+B_1y+C_1z+D_1+\lambda(A_2x+B_2y+C_2z+D_2)=0.$$

经过直线 l 的平面全体称为过 l 的**平面束**.这个方程称为**经过直线 l 的平面束方程**.

例 9　求直线 l：$\dfrac{x-4}{4}=\dfrac{y-5}{-1}=\dfrac{z-2}{3}$在平面 π：$2x+2y+z-11=0$ 上的投影直线 l'.

解一　过直线 l 作一平面 π' 与 π 垂直，则 π' 与 π 的交线就是 l 在 π 上的投影直线 l'.

将 l 的方程改写为一般式，则由

$$\begin{cases}\dfrac{x-4}{4}=\dfrac{y-5}{-1},\\ \dfrac{y-5}{-1}=\dfrac{z-2}{3}\end{cases}$$

可得

$$\begin{cases}x+4y-24=0,\\ 3y+z-17=0.\end{cases}$$

过 l 的平面束方程为 $x+4y-24+\lambda(3y+z-17)=0$，即

$$x+(4+3\lambda)y+\lambda z-(24+17\lambda)=0,$$

其法向量为 $\boldsymbol{n}'=(1,4+3\lambda,\lambda)$.由 $\pi'\perp\pi$ 可得

$$\boldsymbol{n}\cdot\boldsymbol{n}'=2\cdot1+2\cdot(4+3\lambda)+1\cdot\lambda=7\lambda+10=0,$$

$$\lambda=-\frac{10}{7},$$

故 π'的方程为

$$x+\left(4-\frac{30}{7}\right)y-\frac{10}{7}z-\left(24-\frac{170}{7}\right)=0,$$

即 $7x-2y-10z+2=0$.l 在 π 上的投影直线为

$$l':\begin{cases}7x-2y-10z+2=0,\\ 2x+2y+z-11=0.\end{cases}$$

解二　作过 l 且与 π 垂直的平面 π'，则 l 上的点 $M(4,5,2)$在 π'上.

直线 l 的方向向量 $\boldsymbol{s}=(4,-1,3)$与平面 π 的法向量 $\boldsymbol{n}=(2,2,1)$的外积 $\boldsymbol{s}\times\boldsymbol{n}$ 就是 π'的法向量 $\boldsymbol{n}'$.

$$\boldsymbol{n}'=\boldsymbol{s}\times\boldsymbol{n}=\begin{vmatrix}\boldsymbol{i}&\boldsymbol{j}&\boldsymbol{k}\\4&-1&3\\2&2&1\end{vmatrix}=-7\boldsymbol{i}+2\boldsymbol{j}+10\boldsymbol{k},$$

故 π' 的方程为

$$-7(x-4)+2(y-5)+10(z-2)=0,$$

即 $7x-2y-10z+2=0$，所以直线 l 在平面 π 上的投影直线为

$$l':\begin{cases}7x-2y-10z+2=0,\\2x+2y+z-11=0.\end{cases}$$

例 10 设平面 π 与 π'：$5x-y+3z-2=0$ 垂直，π 与 π' 的交线落在 Oxy 平面上，求平面 π 的方程.

解一 设 π 的方程为

$$Ax+By+Cz+D=0,$$

则 π 与 π' 的交线就是 π' 与 Oxy 平面的交线：

$$l:\begin{cases}5x-y+3z-2=0,\\z=0.\end{cases}$$

l 上的两个点 $M_1(1,3,0)$，$M_2(0,-2,0)\in\pi$.

将 M_1，M_2 的坐标代入 π 的方程可得：

$$\begin{cases}A+3B+D=0, & (3.4)\\-2B+D=0. & (3.5)\end{cases}$$

又由 $\pi\perp\pi'$ 可知其法向量垂直，故

$$(A,B,C)\cdot(5,-1,3)=5A-B+3C=0. \tag{3.6}$$

联立求解式(3.4)，(3.5)，(3.6)可得 $A=-5B$，$C=\dfrac{26}{3}B$，$D=2B$.故 π 的方程为

$$15x-3y-26z-6=0.$$

解二 π 与 π' 的交线即 π' 与 Oxy 平面的交线：

$$l:\begin{cases}5x-y+3z-2=0,\\z=0.\end{cases}$$

过 l 的平面束方程为

$$5x-y+3z-2+\lambda z=0, \tag{3.7}$$

即 $5x-y+(3+\lambda)z-2=0$，其法向量为 $\boldsymbol{n}=(5,-1,3+\lambda)$.

由 π 与 π' 垂直可知 $\boldsymbol{n}$ 与 π' 的法向量垂直：

$$\boldsymbol{n}\cdot(5,-1,3)=35+3\lambda=0,\lambda=-\frac{35}{3}.$$

将 $\lambda=-\dfrac{35}{3}$ 代入平面束方程(3.7)，得 π 的方程为

$$15x-3y-26z-6=0.$$

习题 3.4

1. 对于直线

$$l_1:\begin{cases}x=1+\lambda,\\y=-1+2\lambda,\\z=\lambda,\end{cases}\quad l_2:\begin{cases}2x-y-5=0,\\y-2z+3=0,\end{cases}$$

(1) 证明：$l_1/\!/l_2$；(2) 求 l_1 与 l_2 的距离；(3) 求 l_1 与 l_2 所确定的平面方程.

2. 证明直线 $l_1:\begin{cases}2x-y+3z+3=0,\\x+10y-21=0\end{cases}$ 与 $l_2:\begin{cases}2x-y=0,\\7x+z-6=0\end{cases}$ 相交，并求出 l_1 与 l_2 的交点、夹角以及 l_1 与 l_2 所确定的平面.

3. 求与平面 $2x-3y-6z-14=0$ 平行，且与坐标原点的距离为 5 的平面方程.

4. 求点 $M(3,1,-4)$ 关于直线 $l:\begin{cases}x-y-4z+12=0,\\2x+y-2z+3=0\end{cases}$ 的对称点.

5. 平面 π 过三点 $A(1,0,0)$，$B(0,1,0)$，$C(0,0,1)$，求过原点的直线 l，使 l 在平面 $x=y$ 上，且与 π 成 45° 角.

6. 求点 $P(3,1,2)$ 在直线 l：$x=3t$，$y=t-1$，$z=t+1$ 上的投影 P'，并求点 P 到 l 的距离 d.

7. 求直线 $l:\begin{cases}x+2y-3z-5=0,\\2x-y+z+2=0\end{cases}$ 的标准方程和在三个坐标面上的投影.

8. 证明直线 $l_1:\dfrac{x-1}{2}=\dfrac{y+2}{-3}=\dfrac{z-5}{4}$ 与 $l_2:\dfrac{x-7}{3}=\dfrac{y-2}{2}=\dfrac{z-1}{-2}$ 位于同一平面内，并求此平面及两直线间的夹角.

9. 对于直线 $l_1:\dfrac{x+7}{3}=\dfrac{y+4}{4}=\dfrac{z+3}{-2}$ 与 $l_2:\dfrac{x-21}{6}=\dfrac{y+5}{-4}=\dfrac{z-2}{-1}$，

(1) 证明它们不在同一平面上；

(2) 写出过 l_2 且平行于 l_1 的平面方程.

复习题三

1. 设 $\boldsymbol{a},\boldsymbol{b}$ 均为非零向量，且 $\|\boldsymbol{b}\|=1$，$\langle\boldsymbol{a},\boldsymbol{b}\rangle=\dfrac{\pi}{4}$，求

$$\lim_{x\to0}\frac{\|\boldsymbol{a}+x\boldsymbol{b}\|-\|\boldsymbol{a}\|}{x}.$$

2. 设向量 $\boldsymbol{r}$ 与 $\boldsymbol{a}=\boldsymbol{i}-2\boldsymbol{j}-2\boldsymbol{k}$ 共线，与 $\boldsymbol{j}$ 成锐角，且 $\|\boldsymbol{r}\|=15$，求 $\boldsymbol{r}$.

3. 在顶点为 $A(1,-1,2)$，$B(5,-6,2)$ 和 $C(1,3,-1)$ 的三角形中，求 AC 边上的高 h.

4. 设向量 $\boldsymbol{p}$ 和向量 $\boldsymbol{q}=3\boldsymbol{i}+6\boldsymbol{j}+8\boldsymbol{k}$ 与 x 轴都垂直，且 $\|\boldsymbol{p}\|=2$，求向量 $\boldsymbol{p}$.

5. 设向量 $\boldsymbol{\alpha}_1,\boldsymbol{\alpha}_2,\boldsymbol{\alpha}_3$ 两两垂直，且符合右手系规则，$\|\boldsymbol{\alpha}_1\|=4$，$\|\boldsymbol{\alpha}_2\|=2$，$\|\boldsymbol{\alpha}_3\|=3$，计算 $(\boldsymbol{\alpha}_1\times\boldsymbol{\alpha}_2)\cdot\boldsymbol{\alpha}_3$.

6. 平面 π 过 $M_1(1,1,1)$ 和 $M_2(0,1,-1)$ 且与平面 $x+y+z=0$ 垂直，求 π 的方程.

7. 平面 π 过 $\pi_1:2x-3y-z+1=0$ 与 $\pi_2:x+y+z=0$ 的交线且与平面 π_2 垂直，求 π 的方程.

8. 在直线 $l:\begin{cases}3x+2y+4z-11=0,\\2x+y-3z-1=0\end{cases}$ 上求与点 $Q(1,1,1)$ 的距离为 1 的点 P.

9. 求点 $A(1,-2,1)$ 到直线 $l:\dfrac{x+3}{2}=\dfrac{y-1}{-3}=\dfrac{z+2}{4}$ 的距离.

10. 求过点 $A(-1,2,3)$ 与向量 $\boldsymbol{\alpha}=(4,3,1)$ 垂直，并与直线 $l:\dfrac{x-1}{2}=\dfrac{y+2}{1}=\dfrac{z-3}{1}$ 相交的直线方程.

11. 求直线 $l:\dfrac{x-1}{1}=\dfrac{y}{1}=\dfrac{z-1}{-1}$ 在平面 $\pi:x-y+2z-1=0$ 上的投影直线 l' 的方程.

思考题三

1. 对于向量 $\boldsymbol{a},\boldsymbol{b}$，试解释为什么称 $\|\boldsymbol{a}+\boldsymbol{b}\|\leqslant\|\boldsymbol{a}\|+\|\boldsymbol{b}\|$ 为三角不等式?

2. 设直线 l 的方程是 $\begin{cases}A_1x+B_1y+C_1z+D_1=0,\\A_2x+B_2y+C_2z+D_2=0.\end{cases}$ 用

$$\lambda_1(A_1x+B_1y+C_1z+D_1)+\lambda_2(A_2x+B_2y+C_2z+D_2)=0 \qquad (*)$$

表示经过直线 l 的平面束方程与用

$$A_1x+B_1y+C_1z+D_1+\lambda(A_2x+B_2y+C_2z+D_2)=0 \qquad (**)$$

表示经过直线 l 的平面束方程，有何差异? 你认为它们的优缺点各在何处? 试用式 $(*)$ 求例 9 中投影直线 l' 的方程.

3. 试推导两条空间异面直线的距离公式.

自测题三

第四章　n 维向量空间

§ 4.0　引例

智能语言应用已经逐渐走进我们的生活，比如智能音箱、手机里面的各种智能语音服务等.这些设备或程序是如何接收和处理语音信息呢？首先要做的就是“采样”，将连续的模拟信号转换为离散的数字信号，图 4.1 显示包含人类笑声的一段信号.在传输和处理过程中就只考虑这些“采样点”上的值，可以用矩阵$(y_1, y_2, \cdots, y_n)$来表示，这样便于压缩、分离、识别等后续任务.这类矩阵很特殊，其本身及所在的空间也是线性代数中非常重要的内容，在实际工程中有着极为广泛的应用，这是本章所要研究的对象.

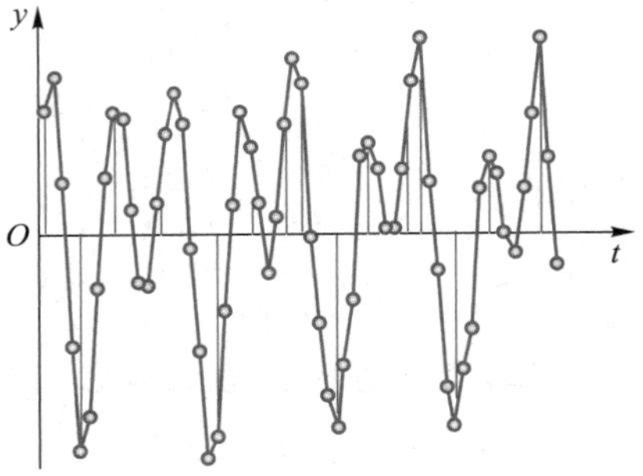

图 4.1

§ 4.1　n 维向量空间的概念

一、n 维向量空间的概念

在第三章几何空间中，如果点 P 对于坐标原点 O 的位置向量$\overrightarrow{OP}$是 $\boldsymbol{a}$，那么 $\boldsymbol{a}$ 的分量就是点 P 的坐标，因此，向量也就记为 $\boldsymbol{a}=(a_1, a_2, a_3)$.

我们还定义了向量的线性运算，即向量的加法

$$\boldsymbol{a}+\boldsymbol{b}=(a_1,a_2,a_3)+(b_1,b_2,b_3)=(a_1+b_1,a_2+b_2,a_3+b_3)$$

和向量的数乘

$$k\boldsymbol{a}=(ka_1,ka_2,ka_3),$$

并且给出了向量的加法与数乘满足八条运算法则：

1° $\boldsymbol{a}+\boldsymbol{b}=\boldsymbol{b}+\boldsymbol{a}$；

2° $(\boldsymbol{a}+\boldsymbol{b})+\boldsymbol{c}=\boldsymbol{a}+(\boldsymbol{b}+\boldsymbol{c})$；

3° $\boldsymbol{a}+\boldsymbol{0}=\boldsymbol{a}$；

4° $\boldsymbol{a}+(-\boldsymbol{a})=\boldsymbol{0}$；

5° $1\boldsymbol{a}=\boldsymbol{a}$；

6° $\lambda(\mu\boldsymbol{a})=(\lambda\mu)\boldsymbol{a}$；

7° $\lambda(\boldsymbol{a}+\boldsymbol{b})=\lambda\boldsymbol{a}+\lambda\boldsymbol{b}$；

8° $(\lambda+\mu)\boldsymbol{a}=\lambda\boldsymbol{a}+\mu\boldsymbol{a}$，

其中 λ,μ 为数.

对于所有三维向量 (a_1,a_2,a_3) 组成的集合，若按我们定义的向量的加法与数乘满足八条运算法则，则称这个集合构成一个三维向量空间，记为 $\mathbf{R}^3$.

现在我们把 $\mathbf{R}^3$ 推广到 n 维向量空间.

n 个数 $a_1,a_2,\cdots,a_n$ 组成的有序数组称为 n **维向量**，记为

$$\boldsymbol{\alpha}=(a_1,a_2,\cdots,a_n).$$

我们也称 $\boldsymbol{\alpha}=(a_1,a_2,\cdots,a_n)$ 为 n **维行向量**，a_i 称为向量 $\boldsymbol{\alpha}$ 的第 i 个**分量**；称

$$\boldsymbol{\beta}=\begin{pmatrix}b_1\\b_2\\\vdots\\b_n\end{pmatrix}$$

为 n **维列向量**，b_i 称为向量 $\boldsymbol{\beta}$ 的第 i 个分量.分量为实数的向量称为**实向量**，分量为复数的向量称为**复向量**.

设 $\boldsymbol{\alpha}=(a_1,a_2,\cdots,a_n)$，$\boldsymbol{\beta}=(b_1,b_2,\cdots,b_n)$ 为 n 维向量，若它们的各个分量对应相等，则称 $\boldsymbol{\alpha}$ 与 $\boldsymbol{\beta}$ **相等**，记为 $\boldsymbol{\alpha}=\boldsymbol{\beta}$.

定义**零向量** $\boldsymbol{0}=(0,0,\cdots,0)$，**负向量** $-\boldsymbol{\alpha}=(-a_1,-a_2,\cdots,-a_n)$.

记 $\mathbf{R}^n$ 为具有 n 个实分量的一切 n 维向量的集合，且定义**加法**和**数乘**规则如下：

设 $\boldsymbol{\alpha}=(a_1,a_2,\cdots,a_n)$，$\boldsymbol{\beta}=(b_1,b_2,\cdots,b_n)$，$k\in\mathbf{R}$，则

$$\boldsymbol{\alpha}+\boldsymbol{\beta}=(a_1+b_1,a_2+b_2,\cdots,a_n+b_n),$$

$$k\boldsymbol{\alpha}=(ka_1,ka_2,\cdots,ka_n).$$

向量的加法与数乘满足下列运算规律：

设 $\boldsymbol{\alpha},\boldsymbol{\beta},\boldsymbol{\gamma}$ 都是 n 维向量，k,l 是数，

1° $\boldsymbol{\alpha}+\boldsymbol{\beta}=\boldsymbol{\beta}+\boldsymbol{\alpha}$；

2° $(\boldsymbol{\alpha}+\boldsymbol{\beta})+\boldsymbol{\gamma}=\boldsymbol{\alpha}+(\boldsymbol{\beta}+\boldsymbol{\gamma})$；

3° $\boldsymbol{\alpha}+\mathbf{0}=\boldsymbol{\alpha}$;

4° $\boldsymbol{\alpha}+(-\boldsymbol{\alpha})=\mathbf{0}$;

5° $1\boldsymbol{\alpha}=\boldsymbol{\alpha}$;

6° $k(l\boldsymbol{\alpha})=(kl)\boldsymbol{\alpha}$;

7° $k(\boldsymbol{\alpha}+\boldsymbol{\beta})=k\boldsymbol{\alpha}+k\boldsymbol{\beta}$;

8° $(k+l)\boldsymbol{\alpha}=k\boldsymbol{\alpha}+l\boldsymbol{\alpha}$.

$\mathbf{R}^n$ 称为 n 维**实向量空间**.

实际上,n 维行向量可以视为 $1\times n$ 矩阵,n 维列向量可以视为 $n\times 1$ 矩阵.向量的加法及数乘实质上就是矩阵的加法及数乘.1°—8°条运算规律就是矩阵的加法和数乘所满足的八条运算规律.

我们已经看到,对于给定的坐标系,可以把一个物理向量表示为 $\mathbf{R}^3$ 中的向量.在 $\mathbf{R}^n$ 中引进长度和角度的一般概念仍然是可能的和有用的,后面第五章中我们将这样做.早在 18 世纪,拉格朗日研究质点运动时,就曾用质点在空间的位置坐标 (x,y,z) 及时间 t 这四个有序数 (x,y,z,t) 来描述质点的运动,因而引入了四维向量及四维向量空间的概念.又如,在一个较复杂的控制系统中(如导弹、飞行器等),决定系统在 t 时刻的参数,假定最少需要 n 个:$x_1(t),x_2(t),\cdots,x_n(t)$,那么这 n 个变量就称为**系统的状态变量**.n 维向量 $\boldsymbol{X}=(x_1(t),x_2(t),\cdots,x_n(t))$ 就称为**系统的状态向量**.它的全体就称为**系统的状态空间**.状态空间中的任一点 $\boldsymbol{X}$(向量)就表示系统的一个状态.

一个 $m\times n$ 矩阵的每一行可看成是一个 n 维向量,每一列则可看成一个 m 维向量,它共有 m 个行向量,n 个列向量.

有了向量的运算,线性方程组

$$\begin{cases}a_{11}x_1+a_{12}x_2+\cdots+a_{1n}x_n=b_1,\\a_{21}x_1+a_{22}x_2+\cdots+a_{2n}x_n=b_2,\\\cdots\cdots\cdots\cdots\\a_{m1}x_1+a_{m2}x_2+\cdots+a_{mn}x_n=b_m\end{cases}$$

可以写成以下简单形式:

$$x_1\begin{pmatrix}a_{11}\\a_{21}\\\vdots\\a_{m1}\end{pmatrix}+x_2\begin{pmatrix}a_{12}\\a_{22}\\\vdots\\a_{m2}\end{pmatrix}+\cdots+x_n\begin{pmatrix}a_{1n}\\a_{2n}\\\vdots\\a_{mn}\end{pmatrix}=\begin{pmatrix}b_1\\b_2\\\vdots\\b_m\end{pmatrix},$$

即

$$x_1\boldsymbol{\alpha}_1+x_2\boldsymbol{\alpha}_2+\cdots+x_n\boldsymbol{\alpha}_n=\boldsymbol{b},$$

其中 $\boldsymbol{\alpha}_j=(a_{1j},a_{2j},\cdots,a_{mj})^{\mathrm{T}}(j=1,2,\cdots,n)$,$\boldsymbol{b}=(b_1,b_2,\cdots,b_m)^{\mathrm{T}}$.还可写为如下更简单形式:

$$(\boldsymbol{\alpha}_1,\boldsymbol{\alpha}_2,\cdots,\boldsymbol{\alpha}_n)\boldsymbol{X}=\boldsymbol{b},$$

其中 $\boldsymbol{X}=(x_1,x_2,\cdots,x_n)^{\mathrm{T}}$.满足上式的 $\boldsymbol{X}$ 称为方程组 $\boldsymbol{AX}=\boldsymbol{b}$ 的一个**解向量**.

二、 $\mathbf{R}^n$ 的子空间

取 $\varnothing \neq V \subset \mathbf{R}^n$，对于 $\mathbf{R}^n$ 的运算，V 常常也构成一个 n 维向量空间.

定义 设 $\varnothing \neq V \subset \mathbf{R}^n$，如果 V 对于 $\mathbf{R}^n$ 的线性运算也构成一个向量空间，那么称 V 为 $\mathbf{R}^n$ 的一个子空间.

一个非空子集合要满足什么条件才能成为子空间呢？

设有非空子集合 $V \subset \mathbf{R}^n$，对于 $\mathbf{R}^n$ 中原有的运算，V 中的向量满足向量空间定义中的规则 1°，2°，5°—8°是显然的.如果 V 对于 $\mathbf{R}^n$ 中原有的运算具有封闭性，那么不难看出规则中的 3°，4°也满足.因此，我们得到

定理 1 设 V 为 $\mathbf{R}^n$ 的非空子集合，V 是 $\mathbf{R}^n$ 的一个子空间的充要条件为 V 对于 $\mathbf{R}^n$ 的加法和数乘运算是封闭的.

例 1 设 $V=\{(x_1,x_2)\mid x_2=2x_1\}\subset \mathbf{R}^2$，$(c,2c)$ 为 V 的任一元素，$k\in\mathbf{R}$，则

$$k(c,2c)=(kc,2kc)\in V.$$

设 $(a,2a)$，$(b,2b)$ 为 V 的任意两元素，则

$$(a,2a)+(b,2b)=(a+b,2(a+b))\in V.$$

易见，V 为 $\mathbf{R}^2$ 的子空间.

例 2 在 $\mathbf{R}^3$ 中，由平行四边形法则，过坐标原点的平面上的任两向量的和向量仍在该平面上，其上的任一向量的数乘向量仍在该平面上，故该平面为 $\mathbf{R}^3$ 的一个子空间.同理，过原点的空间直线也为 $\mathbf{R}^3$ 的一个子空间.但是，不过原点的平面或空间直线不是 $\mathbf{R}^3$ 的子空间，这是因为 $\mathbf{0}$ 不在它们之中，而任何子空间都应是包含零元的(对此，我们可以参见例 3).

例 3 考虑 $\mathbf{R}^3$ 的子集

$$W=\{(x,y,z)\in\mathbf{R}^3\mid x+y-z=1\}.$$

容易验证，W 关于向量的线性运算不封闭.事实上，$\boldsymbol{\alpha}=(1,0,0)\in W$，但 $2\boldsymbol{\alpha}\notin W$.故 W 不是 $\mathbf{R}^3$ 的子空间.

应用实例：矩阵、向量在计算机图形学中的应用

用几何的术语来说，若用矩阵 $\boldsymbol{A}$ 乘向量 $\boldsymbol{v}$，则向量 $\boldsymbol{v}$ 变换为另一个向量 $\boldsymbol{w}$.我们可将 $\boldsymbol{Av}$ 看成函数 $\boldsymbol{w}=f(\boldsymbol{v})=\boldsymbol{Av}$.例如，在计算机图形学中，这种变换用来在电视广告中产生文字与动画.这为一个向量被一个矩阵乘的效果提供了一种可视化的方法.

现在简单地把二维向量表示为平面上的点.考虑

$$\boldsymbol{v}_1=\begin{pmatrix}0\\0\end{pmatrix},\boldsymbol{v}_2=\begin{pmatrix}2\\0\end{pmatrix},\boldsymbol{v}_3=\begin{pmatrix}2\\2\end{pmatrix},\boldsymbol{v}_4=\begin{pmatrix}0\\2\end{pmatrix},$$

$$\boldsymbol{v}_5=\begin{pmatrix}1\\0\end{pmatrix},\boldsymbol{v}_6=\begin{pmatrix}2\\1\end{pmatrix},\boldsymbol{v}_7=\begin{pmatrix}1\\2\end{pmatrix},\boldsymbol{v}_8=\begin{pmatrix}0\\1\end{pmatrix},$$

其中 $\boldsymbol{v}_1,\boldsymbol{v}_2,\boldsymbol{v}_3,\boldsymbol{v}_4$ 是一边长为 2 的正方形的顶点，$\boldsymbol{v}_5,\boldsymbol{v}_6,\boldsymbol{v}_7,\boldsymbol{v}_8$ 是这个正方形各边的中点(图 4.2(a)).

设 $\boldsymbol{w}_i=\boldsymbol{A}\boldsymbol{v}_i\,(i=1,2,\cdots,8)$，$\boldsymbol{A}=\begin{pmatrix}1&1\\1&-1\end{pmatrix}$，则变换后的正方形如图 4.2(b)所示：

$$\boldsymbol{w}_1=\begin{pmatrix}0\\0\end{pmatrix},\boldsymbol{w}_2=\begin{pmatrix}2\\2\end{pmatrix},\boldsymbol{w}_3=\begin{pmatrix}4\\0\end{pmatrix},\boldsymbol{w}_4=\begin{pmatrix}2\\-2\end{pmatrix},$$

$$\boldsymbol{w}_5=\begin{pmatrix}1\\1\end{pmatrix},\boldsymbol{w}_6=\begin{pmatrix}3\\1\end{pmatrix},\boldsymbol{w}_7=\begin{pmatrix}3\\-1\end{pmatrix},\boldsymbol{w}_8=\begin{pmatrix}1\\-1\end{pmatrix}.$$

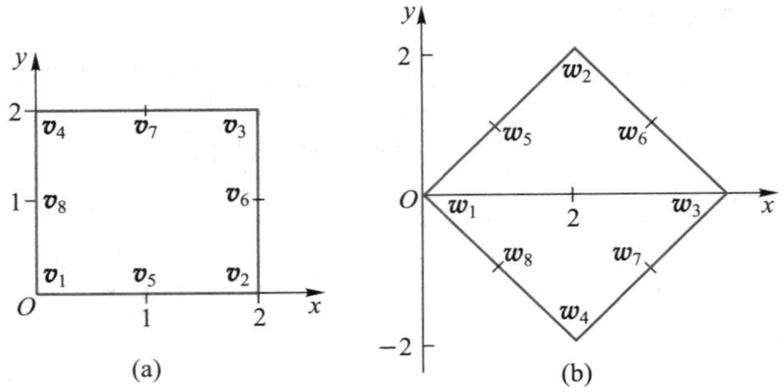

图 4.2

原正方形中点 $\boldsymbol{v}_5,\boldsymbol{v}_6,\boldsymbol{v}_7,\boldsymbol{v}_8$ 是如何变换为旋转后正方形的中点向量 $\boldsymbol{w}_5,\boldsymbol{w}_6,\boldsymbol{w}_7,\boldsymbol{w}_8$ 的呢？如果 $\boldsymbol{v}_1$ 与 $\boldsymbol{v}_2$ 之间的线段不变换为 $\boldsymbol{w}_1$ 与 $\boldsymbol{w}_2$ 之间的线段，那么要确定 $\boldsymbol{v}_1$ 与 $\boldsymbol{v}_2$ 之间的线段上的点如何变换则是冗长乏味的.

下列定理具有重大的实际价值，正如上面提到的，只需计算出端点被映射到哪里即可，使计算机图形学中的计算得到简化.

以下我们证明，对于 2×2 矩阵 $\boldsymbol{A}$，任何把二维向量 $\boldsymbol{v}$ 变为二维向量 $\boldsymbol{w}$ 的变换 $\boldsymbol{w}=\boldsymbol{A}\boldsymbol{v}$，总是把直线映成直线.这里给出的证明，用意是说明线性代数与几何之间的关系和线性代数的作用，证明的细节并不重要.

定理 2　对于任何一个 2×2 矩阵 $\boldsymbol{A}$，二维向量空间的映射 $\boldsymbol{v}\to\boldsymbol{w}=\boldsymbol{A}\boldsymbol{v}$ 把直线映成直线.把一条直线映射到一点的特殊情况除外.

证　向量 $\boldsymbol{v}_1$ 与 $\boldsymbol{v}_2$ 之间的线段 L 可表示为向量组

$$L=\{\boldsymbol{u}:\boldsymbol{u}=\boldsymbol{v}_1+c(\boldsymbol{v}_2-\boldsymbol{v}_1),0\leqslant c\leqslant1\}.$$

当 $c=0$ 时，可得 $\boldsymbol{v}_1$.设 $\boldsymbol{w}_1=\boldsymbol{A}\boldsymbol{v}_1$，$\boldsymbol{w}_2=\boldsymbol{A}\boldsymbol{v}_2$.需证上述映射把 L 映射到线段

$$L'=\{\boldsymbol{y}:\boldsymbol{y}=\boldsymbol{w}_1+c(\boldsymbol{w}_2-\boldsymbol{w}_1),0\leqslant c\leqslant1\}.$$

下面我们证明向量 $\boldsymbol{u}=\boldsymbol{v}_1+c(\boldsymbol{v}_2-\boldsymbol{v}_1)$ 映射到向量 $\boldsymbol{y}=\boldsymbol{w}_1+c(\boldsymbol{w}_2-\boldsymbol{w}_1)$，即 $\boldsymbol{y}=\boldsymbol{A}\boldsymbol{u}$：

$$\begin{aligned}\boldsymbol{A}\boldsymbol{u}&=\boldsymbol{A}(\boldsymbol{v}_1+c(\boldsymbol{v}_2-\boldsymbol{v}_1))=\boldsymbol{A}\boldsymbol{v}_1+c\boldsymbol{A}(\boldsymbol{v}_2-\boldsymbol{v}_1)\\&=\boldsymbol{w}_1+c(\boldsymbol{A}\boldsymbol{v}_2-\boldsymbol{A}\boldsymbol{v}_1)=\boldsymbol{w}_1+c(\boldsymbol{w}_2-\boldsymbol{w}_1)=\boldsymbol{y},\end{aligned}$$

在 $\boldsymbol{w}_1=\boldsymbol{w}_2$ 的特殊情况，L' 缩为点 $\boldsymbol{w}_1$.

习题 4.1

1. 求满足下列条件的 $\boldsymbol{x}\in\mathbf{R}^3$：

   (1) $3\boldsymbol{x}+\boldsymbol{\beta}=\boldsymbol{\gamma},\boldsymbol{\beta}=(1,0,1),\boldsymbol{\gamma}=(1,1,-1)$；

   (2) $2\boldsymbol{x}+3\boldsymbol{\beta}=3\boldsymbol{x}+\boldsymbol{\gamma},\boldsymbol{\beta}=(2,0,1),\boldsymbol{\gamma}=(3,1,-1)$.

2. 分别满足下列条件的集合 $V=\{(x_1,x_2,\cdots,x_n)\}$是不是 $\mathbf{R}^n$ 的子空间？

   (1) $x_1\geqslant 0$；　(2) $x_1x_2=0$；　(3) $x_1+x_2=3x_3$.

§4.2 向量组的线性相关性

一、 向量组的线性组合

同维数的向量所组成的集合称为**向量组**.

两个向量 $\boldsymbol{\alpha},\boldsymbol{\beta}$ 之间最简单的关系是对应分量成比例，即存在数 k，使得

$$\boldsymbol{\alpha}=k\boldsymbol{\beta}.$$

在多个向量之间，这一关系推广为线性组合.

定义 1　**对于给定的向量组 $\boldsymbol{\beta},\boldsymbol{\alpha}_1,\boldsymbol{\alpha}_2,\cdots,\boldsymbol{\alpha}_m$，若存在一组数 $k_1,k_2,\cdots,k_m$，使得**

$$\boldsymbol{\beta}=k_1\boldsymbol{\alpha}_1+k_2\boldsymbol{\alpha}_2+\cdots+k_m\boldsymbol{\alpha}_m,$$

则称向量 $\boldsymbol{\beta}$ 为向量组 $\boldsymbol{\alpha}_1,\boldsymbol{\alpha}_2,\cdots,\boldsymbol{\alpha}_m$ 的线性组合，或称向量 $\boldsymbol{\beta}$ 可由向量组 $\boldsymbol{\alpha}_1,\boldsymbol{\alpha}_2,\cdots,\boldsymbol{\alpha}_m$ 线性表出.所有 $\boldsymbol{\alpha}_1,\boldsymbol{\alpha}_2,\cdots,\boldsymbol{\alpha}_m$ 线性组合的集合用 $L(\boldsymbol{\alpha}_1,\boldsymbol{\alpha}_2,\cdots,\boldsymbol{\alpha}_m)$ 表示.

例如，设 $\boldsymbol{\alpha}_1=(1,0,2,-1),\boldsymbol{\alpha}_2=(3,0,4,1),\boldsymbol{\beta}=(-1,0,0,-3)$，由于

$$\boldsymbol{\beta}=2\boldsymbol{\alpha}_1-\boldsymbol{\alpha}_2,$$

因而 $\boldsymbol{\beta}$ 是 $\boldsymbol{\alpha}_1,\boldsymbol{\alpha}_2$ 的线性组合.

例 1　零向量是任一向量组的线性组合.

事实上，设 $\boldsymbol{\alpha}_1,\boldsymbol{\alpha}_2,\cdots,\boldsymbol{\alpha}_m$ 为任一向量组，有

$$\mathbf{0}=0\boldsymbol{\alpha}_1+0\boldsymbol{\alpha}_2+\cdots+0\boldsymbol{\alpha}_m.$$

例 2　在 $\mathbf{R}^3$ 中，$L(\boldsymbol{i},\boldsymbol{j},\boldsymbol{k})$是所有形如

$$x_1\boldsymbol{i}+x_2\boldsymbol{j}+x_3\boldsymbol{k}=(x_1,x_2,x_3)$$

的向量集合，因此 $\mathbf{R}^3=L(\boldsymbol{i},\boldsymbol{j},\boldsymbol{k})$.同理，

$$\mathbf{R}^n=L(\boldsymbol{\varepsilon}_1,\boldsymbol{\varepsilon}_2,\cdots,\boldsymbol{\varepsilon}_n),$$

其中

$$\boldsymbol{\varepsilon}_1=\begin{pmatrix}1\\0\\\vdots\\0\end{pmatrix},\quad \boldsymbol{\varepsilon}_2=\begin{pmatrix}0\\1\\\vdots\\0\end{pmatrix},\quad \cdots\quad,\quad \boldsymbol{\varepsilon}_n=\begin{pmatrix}0\\\vdots\\0\\1\end{pmatrix}.$$

容易证明,设 $\boldsymbol{\alpha}_1,\boldsymbol{\alpha}_2,\cdots,\boldsymbol{\alpha}_m$ 为 n 维向量组,则 $L(\boldsymbol{\alpha}_1,\boldsymbol{\alpha}_2,\cdots,\boldsymbol{\alpha}_m)$是 $\mathbf{R}^n$ 的一个子空间,称之为由 $\boldsymbol{\alpha}_1,\boldsymbol{\alpha}_2,\cdots,\boldsymbol{\alpha}_m$ **生成的子空间**.

建立平面直角坐标系,那么平面上的点就与 $\mathbf{R}^2$ 中的向量一一对应.令 $\boldsymbol{\alpha}_1=\begin{pmatrix}2\\-2\end{pmatrix}$, $\boldsymbol{\alpha}_2=\begin{pmatrix}1\\2\end{pmatrix}$,图 4.3 中展示了部分由这两个向量构成的线性组合,比如 $\boldsymbol{\beta}=-2\boldsymbol{\alpha}_1-3\boldsymbol{\alpha}_2$, $\boldsymbol{\gamma}=2\boldsymbol{\alpha}_1+3\boldsymbol{\alpha}_2$,且 $L(\boldsymbol{\alpha}_1,\boldsymbol{\alpha}_2)$为整个平面.

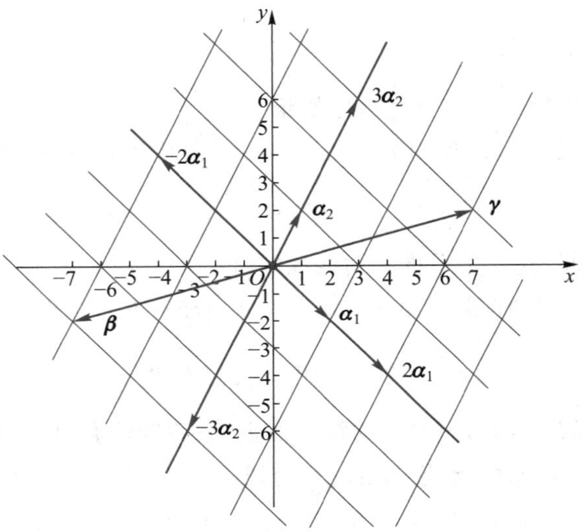

图 4.3

例 3 向量组 $\boldsymbol{\alpha}_1,\boldsymbol{\alpha}_2,\cdots,\boldsymbol{\alpha}_m$ 中任一向量都可用这个向量组线性表出.

因为

$$\boldsymbol{\alpha}_i=0\boldsymbol{\alpha}_1+0\boldsymbol{\alpha}_2+\cdots+0\boldsymbol{\alpha}_{i-1}+1\boldsymbol{\alpha}_i+0\boldsymbol{\alpha}_{i+1}+\cdots+0\boldsymbol{\alpha}_m,$$

所以 $\boldsymbol{\alpha}_i(i=1,2,\cdots,m)$可由 $\boldsymbol{\alpha}_1,\boldsymbol{\alpha}_2,\cdots,\boldsymbol{\alpha}_m$ 线性表出.

下面通过一个例子直观解释前面学习的线性表出概念.图 4.4 等号左边的向量由右边的向量线性表出,其中等号左边的向量表示人脸图像,等号右边的向量分别表示“眼睛”“鼻子”和“嘴巴”等图像及相应的表出系数.

下面我们来看线性组合及矩阵的秩与非齐次线性方程组之间的联系.

设向量组

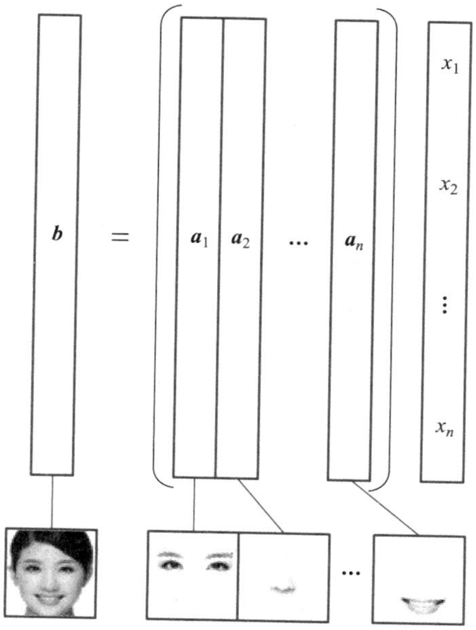

图 4.4

$$\boldsymbol{\alpha}_1=\begin{pmatrix}a_{11}\\a_{21}\\\vdots\\a_{m1}\end{pmatrix},\quad \boldsymbol{\alpha}_2=\begin{pmatrix}a_{12}\\a_{22}\\\vdots\\a_{m2}\end{pmatrix},\quad \cdots,\quad \boldsymbol{\alpha}_n=\begin{pmatrix}a_{1n}\\a_{2n}\\\vdots\\a_{mn}\end{pmatrix},\tag{4.1}$$

记

$$\boldsymbol{A}=(\boldsymbol{\alpha}_1,\boldsymbol{\alpha}_2,\cdots,\boldsymbol{\alpha}_n),\quad \boldsymbol{X}=(x_1,x_2,\cdots,x_n)^{\mathrm{T}},\quad \boldsymbol{b}=(b_1,b_2,\cdots,b_m)^{\mathrm{T}},$$

则非齐次线性方程组 $\boldsymbol{AX}=\boldsymbol{b}$ 与线性组合及矩阵的秩有如下重要结果：

定理 1　设有向量组(4.1)**，**$\boldsymbol{A}=(\boldsymbol{\alpha}_1,\boldsymbol{\alpha}_2,\cdots,\boldsymbol{\alpha}_n)$**，则下列命题等价：**

1°　$\boldsymbol{b}\in L(\boldsymbol{\alpha}_1,\boldsymbol{\alpha}_2,\cdots,\boldsymbol{\alpha}_n)$；

2°　$\boldsymbol{AX}=\boldsymbol{b}$ **有解**；

3°　$R(\boldsymbol{A},\boldsymbol{b})=R(\boldsymbol{A})$.

证　1°⇔2°：向量 $\boldsymbol{b}$ 可由 $\boldsymbol{\alpha}_1,\boldsymbol{\alpha}_2,\cdots,\boldsymbol{\alpha}_n$ 线性表出，即有数 $x_1,x_2,\cdots,x_n$，使得

$$x_1\boldsymbol{\alpha}_1+x_2\boldsymbol{\alpha}_2+\cdots+x_n\boldsymbol{\alpha}_n=\boldsymbol{b},$$

即有

$$(\boldsymbol{\alpha}_1,\boldsymbol{\alpha}_2,\cdots,\boldsymbol{\alpha}_n)\begin{pmatrix}x_1\\x_2\\\vdots\\x_n\end{pmatrix}=\boldsymbol{b},$$

即有 $\boldsymbol{X}=(x_1,x_2,\cdots,x_n)^{\mathrm{T}}$，使

$$AX=b,$$

也就是线性方程组 $AX=b$ 有解 $X=(x_1,x_2,\cdots,x_n)^{\mathrm{T}}$.上述步骤可逆,故 $1°\Leftrightarrow 2°$.

$2°\Leftrightarrow 3°$:设 $R(A)=r$,因为初等变换不改变矩阵的秩,所以对增广矩阵 (A,b) 作行初等变换可得

$$(A,b)\rightarrow\left(\begin{array}{ccccc:c} c_{11} & \cdots & c_{1s} & \cdots & c_{1n} & d_1 \\ & \ddots & \vdots & & \vdots & \vdots \\ & & c_{rs} & \cdots & c_{rn} & d_r \\ & & & & & d_{r+1} \\ & & & & & \vdots \\ & & & & & 0 \end{array}\right)=(B,d),$$

$AX=b$ 与 $BX=d$ 同解.因此

$$AX=b\ 有解\Leftrightarrow d_{r+1}=0\Leftrightarrow R(B,d)=R(B)=r,$$

即 $AX=b$ 有解等价于 $R(A,b)=R(A)=r$.

故定理结论成立.

该定理中的 $2°$ 与 $3°$ 的等价性常被称作方程组 $AX=b$ 有解的判别定理.

例 4 线性方程组 $\begin{cases} x_1 \qquad\quad\ =b_1, \\ 5x_1+4x_2=b_2, \\ 2x_1+4x_2=b_3 \end{cases}$ 有解的充要条件是 $b=(b_1,b_2,b_3)^{\mathrm{T}}$ 可由 $\alpha_1=(1,5,2)^{\mathrm{T}},\alpha_2=(0,4,4)^{\mathrm{T}}$ 线性表出,其几何意义就是 b 在 α_1,α_2 张成的平面上.

例 5 证明:向量 $\beta=(-1,1,5)^{\mathrm{T}}$ 是向量 $\alpha_1=(1,2,3)^{\mathrm{T}},\alpha_2=(0,1,4)^{\mathrm{T}},\alpha_3=(2,3,6)^{\mathrm{T}}$ 的线性组合,并具体将 β 用 $\alpha_1,\alpha_2,\alpha_3$ 线性表出.

证 只需考察线性方程组

$$\begin{pmatrix} 1 & 0 & 2 \\ 2 & 1 & 3 \\ 3 & 4 & 6 \end{pmatrix}X=\begin{pmatrix} -1 \\ 1 \\ 5 \end{pmatrix},$$

$$\bar{A}=\left(\begin{array}{ccc:c} 1 & 0 & 2 & -1 \\ 2 & 1 & 3 & 1 \\ 3 & 4 & 6 & 5 \end{array}\right)\rightarrow\left(\begin{array}{ccc:c} 1 & 0 & 2 & -1 \\ 0 & 1 & -1 & 3 \\ 0 & 4 & 0 & 8 \end{array}\right)$$

$$\rightarrow\left(\begin{array}{ccc:c} 1 & 0 & 2 & -1 \\ 0 & 1 & -1 & 3 \\ 0 & 0 & 1 & -1 \end{array}\right)\rightarrow\left(\begin{array}{ccc:c} 1 & 0 & 0 & 1 \\ 0 & 1 & 0 & 2 \\ 0 & 0 & 1 & -1 \end{array}\right),$$

解得 $x_1=1,x_2=2,x_3=-1$.故 β 可由 $\alpha_1,\alpha_2,\alpha_3$ 线性表出,且

$$\beta=\alpha_1+2\alpha_2-\alpha_3.$$

概念解析
矩阵等价与
向量组等价

定义 2 设有两个向量组

$$(\text{Ⅰ}):\ \alpha_1,\alpha_2,\cdots,\alpha_r,\quad (\text{Ⅱ}):\ \beta_1,\beta_2,\cdots,\beta_s,$$

若向量组（Ⅰ）中每个向量都可由向量组（Ⅱ）中的向量线性表出，则称向量组（Ⅰ）可由向量组（Ⅱ）线性表出.若向量组（Ⅰ）与向量组（Ⅱ）可互相线性表出，则称它们等价.

不难证明，向量组等价关系有下述性质：

(1) 反身性　每一个向量组都与其自身等价；

(2) 对称性　若向量组（Ⅰ）与向量组（Ⅱ）等价，则向量组（Ⅱ）与向量组（Ⅰ）等价；

(3) 传递性　若向量组（Ⅰ）与向量组（Ⅱ）等价，向量组（Ⅱ）与向量组（Ⅲ）等价，则向量组（Ⅰ）与向量组（Ⅲ）等价.

二、 向量组的线性相关性

向量组的线性相关性是向量在线性运算下的一种性质，是线性代数中极重要的基本概念.我们先来讨论一下它在三维空间中的某些几何背景.

若两个向量 $\boldsymbol{\alpha}_1$ 和 $\boldsymbol{\alpha}_2$ 共线，则 $\boldsymbol{\alpha}_2=l\boldsymbol{\alpha}_1(l\in\mathbf{R})$.这等价于，存在不全为零的数 k_1，k_2，使 $k_1\boldsymbol{\alpha}_1+k_2\boldsymbol{\alpha}_2=\mathbf{0}$.

若 $\boldsymbol{\alpha}_1$ 和 $\boldsymbol{\alpha}_2$ 不共线，则 $\forall l\in\mathbf{R}$，有 $\boldsymbol{\alpha}_2\neq l\boldsymbol{\alpha}_1$.它等价于，只有当 k_1,k_2 全为零时，才有 $k_1\boldsymbol{\alpha}_1+k_2\boldsymbol{\alpha}_2=\mathbf{0}$.

若三个向量 $\boldsymbol{\alpha}_1,\boldsymbol{\alpha}_2,\boldsymbol{\alpha}_3$ 共面，则其中至少一个向量可用另两个向量线性表出，如图 4.5 中：$\boldsymbol{\alpha}_3=l_1\boldsymbol{\alpha}_1+l_2\boldsymbol{\alpha}_2$；图 4.6 中：$\boldsymbol{\alpha}_1=0\boldsymbol{\alpha}_2+l_3\boldsymbol{\alpha}_3$，二者都等价于存在不全为零的数 k_1,k_2,k_3，使

$$k_1\boldsymbol{\alpha}_1+k_2\boldsymbol{\alpha}_2+k_3\boldsymbol{\alpha}_3=\mathbf{0}.$$

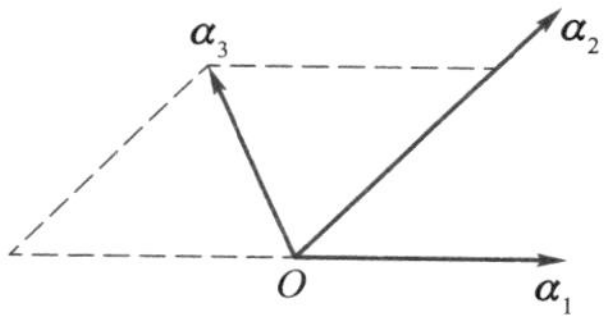

图 4.5

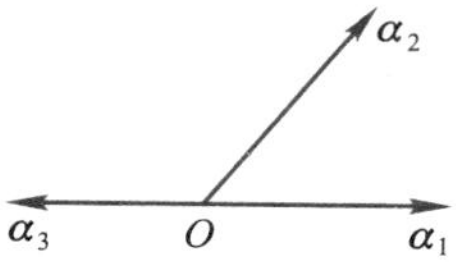

图 4.6

若 $\boldsymbol{\alpha}_1,\boldsymbol{\alpha}_2,\boldsymbol{\alpha}_3$ 不共面(图 4.7)，则任一个向量都不能由另两个向量线性表出.即只有当 k_1,k_2,k_3 全为零时，才有 $k_1\boldsymbol{\alpha}_1+k_2\boldsymbol{\alpha}_2+k_3\boldsymbol{\alpha}_3=\mathbf{0}$.

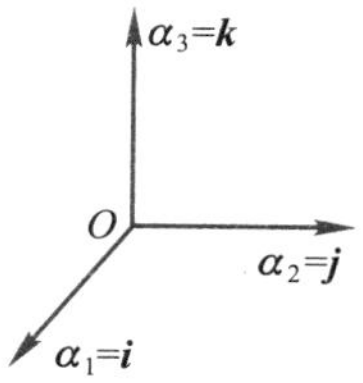

图 4.7

上述三维向量在线性运算下的性质，即一组向量中是否存在一个向量可由其余向量线性表出，或是否存在不全为零的系数使向量组的线性组合为零向量，就是向量组的**线性相关性**.n 维向量组的线性相关性的一般定义如下：

定义 3　设有 n 维向量组 $\boldsymbol{\alpha}_1,\boldsymbol{\alpha}_2,\cdots,\boldsymbol{\alpha}_m$，若存在一组不全为零的数 $k_1,k_2,\cdots,k_m$，使得

$$k_1\boldsymbol{\alpha}_1+k_2\boldsymbol{\alpha}_2+\cdots+k_m\boldsymbol{\alpha}_m=\mathbf{0},\tag{4.2}$$

则称 $\boldsymbol{\alpha}_1,\boldsymbol{\alpha}_2,\cdots,\boldsymbol{\alpha}_m$ 线性相关；否则，称 $\boldsymbol{\alpha}_1,\boldsymbol{\alpha}_2,\cdots,\boldsymbol{\alpha}_m$ 线性无关，即仅当 $k_1=k_2=\cdots=k_m=0$ 时，式(4.2)才成立.

概念解析
为什么那样定义向量组的线性相关和线性无关？

根据定义 3，容易得到下列基本性质：

(1) 对于只含一个向量 $\boldsymbol{\alpha}$ 的向量组,线性相关的充要条件是这个向量为零向量;线性无关的充要条件是这个向量不是零向量.

事实上,由定义 3,若 $\boldsymbol{\alpha}$ 线性相关,则存在数 $k\neq 0$,使得 $k\boldsymbol{\alpha}=\mathbf{0}$,因此,$\boldsymbol{\alpha}=\mathbf{0}$;反之,若 $\boldsymbol{\alpha}=\mathbf{0}$,则取 $k=1\neq 0$,即有 $1\boldsymbol{\alpha}=\mathbf{0}$,因而 $\boldsymbol{\alpha}$ 线性相关.

(2) 两个向量线性相关(无关)的充要条件是它们的各分量对应成(不成)比例.

事实上,若 $k_1\boldsymbol{\alpha}_1+k_2\boldsymbol{\alpha}_2=\mathbf{0}$,且 $k_1\neq 0$,则

$$\boldsymbol{\alpha}_1=-\frac{k_2}{k_1}\boldsymbol{\alpha}_2,$$

因而 $\boldsymbol{\alpha}_1$ 各分量与 $\boldsymbol{\alpha}_2$ 各对应分量成比例;反之,若有数 k 使 $\boldsymbol{\alpha}_1=k\boldsymbol{\alpha}_2$,即

$$1\boldsymbol{\alpha}_1-k\boldsymbol{\alpha}_2=\mathbf{0},$$

因而 $\boldsymbol{\alpha}_1,\boldsymbol{\alpha}_2$ 线性相关.

典型例题精讲
线性相关的概念

可见,在 $\mathbf{R}^2$ 和 $\mathbf{R}^3$ 中,两向量共线(或平行)的充要条件是它们线性相关.

设 $\boldsymbol{x}=\begin{pmatrix}x_1\\x_2\\x_3\end{pmatrix},\boldsymbol{y}=\begin{pmatrix}y_1\\y_2\\y_3\end{pmatrix}$ 是 $\mathbf{R}^3$ 中线性无关的向量,则点 (x_1,x_2,x_3) 和点 (y_1,y_2,y_3) 不在 $\mathbf{R}^3$ 中过坐标原点的同一直线上.因为三点 $(0,0,0),(x_1,x_2,x_3),(y_1,y_2,y_3)$ 不共线,所以它们决定一平面.如果点 (z_1,z_2,z_3) 位于这平面上,向量 $\boldsymbol{z}=(z_1,z_2,z_3)^{\mathrm{T}}$ 可写成 $\boldsymbol{x}$ 和 $\boldsymbol{y}$ 的线性组合,因而 $\boldsymbol{x},\boldsymbol{y}$ 和 $\boldsymbol{z}$ 线性相关.若点 (z_1,z_2,z_3) 不位于这平面上,则这三个向量线性无关.

例 6 n 维单位向量组 $\boldsymbol{\varepsilon}_1=\begin{pmatrix}1\\0\\\vdots\\0\end{pmatrix},\boldsymbol{\varepsilon}_2=\begin{pmatrix}0\\1\\\vdots\\0\end{pmatrix},\cdots,\boldsymbol{\varepsilon}_n=\begin{pmatrix}0\\0\\\vdots\\1\end{pmatrix}$ 线性无关.

证 考察 $x_1\boldsymbol{\varepsilon}_1+x_2\boldsymbol{\varepsilon}_2+\cdots+x_n\boldsymbol{\varepsilon}_n=\mathbf{0}$,即

$$x_1\begin{pmatrix}1\\0\\\vdots\\0\end{pmatrix}+x_2\begin{pmatrix}0\\1\\\vdots\\0\end{pmatrix}+\cdots+x_n\begin{pmatrix}0\\0\\\vdots\\1\end{pmatrix}=\begin{pmatrix}0\\0\\\vdots\\0\end{pmatrix},$$

即 $\begin{pmatrix}x_1\\x_2\\\vdots\\x_n\end{pmatrix}=\begin{pmatrix}0\\0\\\vdots\\0\end{pmatrix}$,于是 $x_1=x_2=\cdots=x_n=0$,即 $\boldsymbol{\varepsilon}_1,\boldsymbol{\varepsilon}_2,\cdots,\boldsymbol{\varepsilon}_n$ 线性无关.

特别地,在 $\mathbf{R}^2$ 中,$\boldsymbol{i},\boldsymbol{j}$ 线性无关;在 $\mathbf{R}^3$ 中,$\boldsymbol{i},\boldsymbol{j},\boldsymbol{k}$ 线性无关.

例 7 含有零向量的向量组线性相关.

证 设向量组为 $\mathbf{0},\boldsymbol{\alpha}_1,\boldsymbol{\alpha}_2,\cdots,\boldsymbol{\alpha}_m$,因为

$$1\mathbf{0}+0\boldsymbol{\alpha}_1+\cdots+0\boldsymbol{\alpha}_m=\mathbf{0},$$

所以结论成立.

一般地,n 个 m 维向量(用列向量形式表示)

$$\boldsymbol{\alpha}_1=\begin{pmatrix}a_{11}\\a_{21}\\\vdots\\a_{m1}\end{pmatrix},\quad \boldsymbol{\alpha}_2=\begin{pmatrix}a_{12}\\a_{22}\\\vdots\\a_{m2}\end{pmatrix},\quad \cdots,\quad \boldsymbol{\alpha}_n=\begin{pmatrix}a_{1n}\\a_{2n}\\\vdots\\a_{mn}\end{pmatrix} \tag{4.3}$$

是否线性相关的问题,也就是

$$x_1\boldsymbol{\alpha}_1+x_2\boldsymbol{\alpha}_2+\cdots+x_n\boldsymbol{\alpha}_n=\mathbf{0}, \tag{4.4}$$

即

$$(\boldsymbol{\alpha}_1,\boldsymbol{\alpha}_2,\cdots,\boldsymbol{\alpha}_n)\begin{pmatrix}x_1\\x_2\\\vdots\\x_n\end{pmatrix}=\mathbf{0},$$

即 $\boldsymbol{AX}=\mathbf{0}$有无非零解的问题,其中

$$\boldsymbol{A}=(\boldsymbol{\alpha}_1,\boldsymbol{\alpha}_2,\cdots,\boldsymbol{\alpha}_n)=\begin{pmatrix}a_{11}&a_{12}&\cdots&a_{1n}\\a_{21}&a_{22}&\cdots&a_{2n}\\\vdots&\vdots&&\vdots\\a_{m1}&a_{m2}&\cdots&a_{mn}\end{pmatrix},\quad \boldsymbol{X}=\begin{pmatrix}x_1\\x_2\\\vdots\\x_n\end{pmatrix}.$$

定理 2　设有 m 维向量组 $\boldsymbol{\alpha}_1,\boldsymbol{\alpha}_2,\cdots,\boldsymbol{\alpha}_n$,$\boldsymbol{A}=(\boldsymbol{\alpha}_1,\boldsymbol{\alpha}_2,\cdots,\boldsymbol{\alpha}_n)$,则下列三命题等价:

1°　$\boldsymbol{\alpha}_1,\boldsymbol{\alpha}_2,\cdots,\boldsymbol{\alpha}_n$ 线性相关;

2°　$\boldsymbol{AX}=\mathbf{0}$有非零解;

3°　$R(\boldsymbol{A})<n$.

证　设向量组(4.3)线性相关,据定义 3,有不全为零的数 $x_1,x_2,\cdots,x_n$ 使式(4.4)成立,即方程组 $\boldsymbol{AX}=\mathbf{0}$有非零解.上述步骤可逆,故 1°与 2°等价.

另一方面,将 $\boldsymbol{A}$ 作行初等变换可得

$$\boldsymbol{A}\to\begin{pmatrix}c_{11}&\cdots&c_{1s}&\cdots&c_{1n}\\&\ddots&\vdots&&\vdots\\&&c_{rs}&\cdots&c_{rn}\\0&\cdots&0&\cdots&0\\\vdots&&\vdots&&\vdots\\0&\cdots&0&\cdots&0\end{pmatrix}=\boldsymbol{B}.$$

$\boldsymbol{AX}=\mathbf{0}$与 $\boldsymbol{BX}=\mathbf{0}$同解,且 $R(\boldsymbol{A})=R(\boldsymbol{B})=r$.由 § 1.2 的定理 2 知,当 $r<n$ 时,$\boldsymbol{BX}=\mathbf{0}$有非零解;又当 $r=n$ 时,$\boldsymbol{BX}=\mathbf{0}$ 显然只有零解.故 $\boldsymbol{AX}=\mathbf{0}$ 有非零解的充要条件是 $R(\boldsymbol{A})<n$.即 2°与 3°等价.

特别地,若 $m=n$,即向量组中向量个数等于向量维数,$\boldsymbol{A}$ 为方阵,则由 $\det\boldsymbol{A}\neq 0$ 当且仅当 $R(\boldsymbol{A})=n$,有

推论 1　设有 n 维向量组 $\boldsymbol{\alpha}_1,\boldsymbol{\alpha}_2,\cdots,\boldsymbol{\alpha}_n$,$\boldsymbol{A}=(\boldsymbol{\alpha}_1,\boldsymbol{\alpha}_2,\cdots,\boldsymbol{\alpha}_n)$,则下列三命题等价:

1° $\boldsymbol{\alpha}_1,\boldsymbol{\alpha}_2,\cdots,\boldsymbol{\alpha}_n$ **线性相关(无关);**

2° $\boldsymbol{AX}=\boldsymbol{0}$**有非零解(只有零解);**

3° $\det \boldsymbol{A}=0(\neq 0)$.

对于向量个数大于向量维数的向量组(即 $n>m$)有

推论 2　设 m 维向量组 $\boldsymbol{\alpha}_1,\boldsymbol{\alpha}_2,\cdots,\boldsymbol{\alpha}_n$,$n>m$,则 $\boldsymbol{\alpha}_1,\boldsymbol{\alpha}_2,\cdots,\boldsymbol{\alpha}_n$ 必线性相关.

证　设 $\boldsymbol{A}=(\boldsymbol{\alpha}_1,\boldsymbol{\alpha}_2,\cdots,\boldsymbol{\alpha}_n)_{m\times n}$,由 $n>m$ 知 $R(\boldsymbol{A})\leqslant m<n$,于是由定理 2 有 $\boldsymbol{\alpha}_1,\boldsymbol{\alpha}_2,\cdots,\boldsymbol{\alpha}_n$ 线性相关.

由推论 1 和推论 2 可知,三维向量空间 $\mathbf{R}^3$ 中任意四个向量必线性相关,而任意三个向量线性相关的充要条件是它们共面.

在 $\mathbf{R}^n$ 中,任意 $n+1$ 个向量都是线性相关的,因此,任一线性无关的 n 维向量组中最多含有 n 个向量.

典型例题精讲
线性相关性的判定

例 8　判断向量组 $\boldsymbol{\alpha}_1=(2,-1,7)$,$\boldsymbol{\alpha}_2=(1,4,11)$,$\boldsymbol{\alpha}_3=(3,-6,3)$的线性相关性.

解一　因为

$$\det \boldsymbol{A}=\det(\boldsymbol{\alpha}_1^{\mathrm{T}},\boldsymbol{\alpha}_2^{\mathrm{T}},\boldsymbol{\alpha}_3^{\mathrm{T}})=\begin{vmatrix}2&1&3\\-1&4&-6\\7&11&3\end{vmatrix}=0,$$

所以 $\boldsymbol{\alpha}_1,\boldsymbol{\alpha}_2,\boldsymbol{\alpha}_3$ 线性相关.

解二　由行初等变换,有

$$\boldsymbol{A}=(\boldsymbol{\alpha}_1^{\mathrm{T}},\boldsymbol{\alpha}_2^{\mathrm{T}},\boldsymbol{\alpha}_3^{\mathrm{T}})=\begin{pmatrix}2&1&3\\-1&4&-6\\7&11&3\end{pmatrix}\rightarrow\begin{pmatrix}-1&4&-6\\0&1&-1\\0&0&0\end{pmatrix},$$

所以 $R(\boldsymbol{A})=2<3$,故 $\boldsymbol{\alpha}_1,\boldsymbol{\alpha}_2,\boldsymbol{\alpha}_3$ 线性相关.

例 9　若向量组 $\boldsymbol{\alpha}_1,\boldsymbol{\alpha}_2,\boldsymbol{\alpha}_3$ 线性无关,则 $\boldsymbol{\beta}_1=\boldsymbol{\alpha}_1+\boldsymbol{\alpha}_2$,$\boldsymbol{\beta}_2=\boldsymbol{\alpha}_2+\boldsymbol{\alpha}_3$,$\boldsymbol{\beta}_3=\boldsymbol{\alpha}_3+\boldsymbol{\alpha}_1$ 也线性无关.

证　设有数 x_1,x_2,x_3,使

$$x_1\boldsymbol{\beta}_1+x_2\boldsymbol{\beta}_2+x_3\boldsymbol{\beta}_3=\boldsymbol{0},$$

即

$$x_1(\boldsymbol{\alpha}_1+\boldsymbol{\alpha}_2)+x_2(\boldsymbol{\alpha}_2+\boldsymbol{\alpha}_3)+x_3(\boldsymbol{\alpha}_3+\boldsymbol{\alpha}_1)=\boldsymbol{0},$$

整理得

$$(x_1+x_3)\boldsymbol{\alpha}_1+(x_1+x_2)\boldsymbol{\alpha}_2+(x_2+x_3)\boldsymbol{\alpha}_3=\boldsymbol{0}.$$

因为 $\boldsymbol{\alpha}_1,\boldsymbol{\alpha}_2,\boldsymbol{\alpha}_3$ 线性无关,所以有

$$\begin{cases}x_1\qquad\quad+x_3=0,\\x_1+x_2\qquad\quad=0,\\\qquad x_2+x_3=0.\end{cases}\tag{4.5}$$

由 $\begin{vmatrix}1&0&1\\1&1&0\\0&1&1\end{vmatrix}=2\neq 0$ 知方程组(4.5)只有零解 $x_1=x_2=x_3=0$,故 $\boldsymbol{\beta}_1,\boldsymbol{\beta}_2,\boldsymbol{\beta}_3$ 线性无关.

下面,我们再来介绍关于向量组线性相关性的几个基本结论.

定理 3　若向量组中有一部分向量(称为部分组)线性相关,则整个向量组线性相关.

证　设向量组 $\boldsymbol{\alpha}_1,\boldsymbol{\alpha}_2,\cdots,\boldsymbol{\alpha}_m$ 中有 r 个$(r\leqslant m)$向量的部分组线性相关,不妨设 $\boldsymbol{\alpha}_1,\boldsymbol{\alpha}_2,\cdots,\boldsymbol{\alpha}_r$ 线性相关,则有不全为零的数 $k_1,k_2,\cdots,k_r$,使

$$k_1\boldsymbol{\alpha}_1+k_2\boldsymbol{\alpha}_2+\cdots+k_r\boldsymbol{\alpha}_r=\mathbf{0}$$

成立.改写上式为

$$k_1\boldsymbol{\alpha}_1+k_2\boldsymbol{\alpha}_2+\cdots+k_r\boldsymbol{\alpha}_r+0\boldsymbol{\alpha}_{r+1}+\cdots+0\boldsymbol{\alpha}_m=\mathbf{0},$$

显然,$k_1,k_2,\cdots,k_r,0,\cdots,0$ 也是一组不全为零的数,故 $\boldsymbol{\alpha}_1,\boldsymbol{\alpha}_2,\cdots,\boldsymbol{\alpha}_r,\boldsymbol{\alpha}_{r+1},\cdots,\boldsymbol{\alpha}_m$ 也线性相关.

定理 3 常叙述为:线性无关的向量组的任何一部分组都线性无关.即所谓的“若部分相关,则整体相关”“若整体无关,则部分无关”.

定理 4　向量组 $\boldsymbol{\alpha}_1,\boldsymbol{\alpha}_2,\cdots,\boldsymbol{\alpha}_m(m\geqslant 2)$ 线性相关的充要条件是其中至少有一个向量可以由其余 $m-1$ 个向量线性表出.

证　必要性:设 $\boldsymbol{\alpha}_1,\boldsymbol{\alpha}_2,\cdots,\boldsymbol{\alpha}_m$ 线性相关,即有不全为零的数 $k_1,k_2,\cdots,k_m$,使

$$k_1\boldsymbol{\alpha}_1+k_2\boldsymbol{\alpha}_2+\cdots+k_m\boldsymbol{\alpha}_m=\mathbf{0},$$

因 $k_1,k_2,\cdots,k_m$ 中至少有一个不为零,不妨设 $k_1\neq 0$,则有

$$\boldsymbol{\alpha}_1=\left(-\frac{k_2}{k_1}\right)\boldsymbol{\alpha}_2+\left(-\frac{k_3}{k_1}\right)\boldsymbol{\alpha}_3+\cdots+\left(-\frac{k_m}{k_1}\right)\boldsymbol{\alpha}_m,$$

即 $\boldsymbol{\alpha}_1$ 可由其余向量线性表出.

充分性:设 $\boldsymbol{\alpha}_1,\boldsymbol{\alpha}_2,\cdots,\boldsymbol{\alpha}_m$ 中有一个向量(不妨设 $\boldsymbol{\alpha}_1$)能由其余向量线性表出,即有数 $l_2,l_3,\cdots,l_m$,使得

$$\boldsymbol{\alpha}_1=l_2\boldsymbol{\alpha}_2+l_3\boldsymbol{\alpha}_3+\cdots+l_m\boldsymbol{\alpha}_m,$$

即

$$(-1)\boldsymbol{\alpha}_1+l_2\boldsymbol{\alpha}_2+\cdots+l_m\boldsymbol{\alpha}_m=\mathbf{0},$$

因 $-1,l_2,\cdots,l_m$ 不全为零,故 $\boldsymbol{\alpha}_1,\boldsymbol{\alpha}_2,\cdots,\boldsymbol{\alpha}_m$ 线性相关.

定理 4 也就是,$\boldsymbol{\alpha}_1,\boldsymbol{\alpha}_2,\cdots,\boldsymbol{\alpha}_m$ 线性无关的充要条件是其中任一向量均不能由其余向量线性表出.

定理 5　若向量组 $\boldsymbol{\alpha}_1,\boldsymbol{\alpha}_2,\cdots,\boldsymbol{\alpha}_m$ 线性无关,而 $\boldsymbol{\alpha}_1,\boldsymbol{\alpha}_2,\cdots,\boldsymbol{\alpha}_m,\boldsymbol{\beta}$ 线性相关,则 $\boldsymbol{\beta}$ 可由 $\boldsymbol{\alpha}_1,\boldsymbol{\alpha}_2,\cdots,\boldsymbol{\alpha}_m$ 线性表出,且表示式惟一.

证　由于 $\boldsymbol{\alpha}_1,\boldsymbol{\alpha}_2,\cdots,\boldsymbol{\alpha}_m,\boldsymbol{\beta}$ 线性相关,即有不全为零的数 $k_1,k_2,\cdots,k_m,k$,使

$$k_1\boldsymbol{\alpha}_1+k_2\boldsymbol{\alpha}_2+\cdots+k_m\boldsymbol{\alpha}_m+k\boldsymbol{\beta}=\mathbf{0}.$$

再证 $k\neq 0$,否则得

$$k_1\boldsymbol{\alpha}_1+k_2\boldsymbol{\alpha}_2+\cdots+k_m\boldsymbol{\alpha}_m=\mathbf{0},$$

而 $k_1,k_2,\cdots,k_m$ 不全为零，此与 $\boldsymbol{\alpha}_1,\boldsymbol{\alpha}_2,\cdots,\boldsymbol{\alpha}_m$ 线性无关矛盾，故 $k\neq 0$. 于是

$$\boldsymbol{\beta}=\left(-\frac{k_1}{k}\right)\boldsymbol{\alpha}_1+\left(-\frac{k_2}{k}\right)\boldsymbol{\alpha}_2+\cdots+\left(-\frac{k_m}{k}\right)\boldsymbol{\alpha}_m,$$

即 $\boldsymbol{\beta}$ 可由 $\boldsymbol{\alpha}_1,\boldsymbol{\alpha}_2,\cdots,\boldsymbol{\alpha}_m$ 线性表出.

为了证 $\boldsymbol{\beta}$ 由 $\boldsymbol{\alpha}_1,\boldsymbol{\alpha}_2,\cdots,\boldsymbol{\alpha}_m$ 线性表出的表示式惟一，设有两种表示式

$$\boldsymbol{\beta}=l_1\boldsymbol{\alpha}_1+l_2\boldsymbol{\alpha}_2+\cdots+l_m\boldsymbol{\alpha}_m,$$
$$\boldsymbol{\beta}=s_1\boldsymbol{\alpha}_1+s_2\boldsymbol{\alpha}_2+\cdots+s_m\boldsymbol{\alpha}_m,$$

两式相减得

$$(l_1-s_1)\boldsymbol{\alpha}_1+(l_2-s_2)\boldsymbol{\alpha}_2+\cdots+(l_m-s_m)\boldsymbol{\alpha}_m=\mathbf{0}.$$

由于 $\boldsymbol{\alpha}_1,\boldsymbol{\alpha}_2,\cdots,\boldsymbol{\alpha}_m$ 线性无关，所以

$$l_1-s_1=l_2-s_2=\cdots=l_m-s_m=0,$$

即 $l_i=s_i(i=1,2,\cdots,m)$，故 $\boldsymbol{\beta}$ 可由 $\boldsymbol{\alpha}_1,\boldsymbol{\alpha}_2,\cdots,\boldsymbol{\alpha}_m$ 惟一地线性表出.

例 10 设

$$\boldsymbol{\alpha}_1=\begin{pmatrix}1\\-1\\1\end{pmatrix},\quad \boldsymbol{\alpha}_2=\begin{pmatrix}-1\\0\\1\end{pmatrix},\quad \boldsymbol{\alpha}_3=\begin{pmatrix}1\\3\\-2\end{pmatrix},\quad \boldsymbol{\alpha}_4=\begin{pmatrix}0\\-5\\5\end{pmatrix},$$

问：(1) $\boldsymbol{\alpha}_1,\boldsymbol{\alpha}_2,\boldsymbol{\alpha}_3$ 是否线性相关？(2) $\boldsymbol{\alpha}_4$ 可否由 $\boldsymbol{\alpha}_1,\boldsymbol{\alpha}_2,\boldsymbol{\alpha}_3$ 线性表出？若能，则求其表示式.

解 (1) 作矩阵

$$\boldsymbol{A}=(\boldsymbol{\alpha}_1,\boldsymbol{\alpha}_2,\boldsymbol{\alpha}_3)=\begin{pmatrix}1&-1&1\\-1&0&3\\1&1&-2\end{pmatrix}\to\begin{pmatrix}1&-1&1\\0&-1&4\\0&0&5\end{pmatrix},$$

因而 $R(\boldsymbol{A})=3=n$，由定理 2 知 $\boldsymbol{\alpha}_1,\boldsymbol{\alpha}_2,\boldsymbol{\alpha}_3$ 线性无关.

(2) 由 $\boldsymbol{\alpha}_1,\boldsymbol{\alpha}_2,\boldsymbol{\alpha}_3$ 线性无关，而 $\boldsymbol{\alpha}_1,\boldsymbol{\alpha}_2,\boldsymbol{\alpha}_3,\boldsymbol{\alpha}_4$ 显然线性相关(向量个数 4 大于向量维数 3)，所以由定理 5 知 $\boldsymbol{\alpha}_4$ 可由 $\boldsymbol{\alpha}_1,\boldsymbol{\alpha}_2,\boldsymbol{\alpha}_3$ 线性表出，且表示式惟一. 设

$$x_1\boldsymbol{\alpha}_1+x_2\boldsymbol{\alpha}_2+x_3\boldsymbol{\alpha}_3=\boldsymbol{\alpha}_4,$$

即

$$\overline{\boldsymbol{A}}=\left(\begin{array}{ccc:c}1&-1&1&0\\-1&0&3&-5\\1&1&-2&5\end{array}\right)\to\left(\begin{array}{ccc:c}1&-1&1&0\\0&-1&4&-5\\0&2&-3&5\end{array}\right)$$
$$\to\left(\begin{array}{ccc:c}1&-1&1&0\\0&1&-4&5\\0&0&1&-1\end{array}\right)\to\left(\begin{array}{ccc:c}1&0&0&2\\0&1&0&1\\0&0&1&-1\end{array}\right),$$

得惟一解 $x_1=2,x_2=1,x_3=-1$，故 $\boldsymbol{\alpha}_4=2\boldsymbol{\alpha}_1+\boldsymbol{\alpha}_2-\boldsymbol{\alpha}_3$.

习题 4.2

1. 把向量 $\boldsymbol{\beta}$ 表示成向量组 $\boldsymbol{\alpha}_1,\boldsymbol{\alpha}_2,\boldsymbol{\alpha}_3,\boldsymbol{\alpha}_4$ 的线性组合：

   (1) $\boldsymbol{\beta}=(0,2,0,-1)$，$\boldsymbol{\alpha}_1=(1,1,1,1)$，$\boldsymbol{\alpha}_2=(1,1,1,0)$，$\boldsymbol{\alpha}_3=(1,1,0,0)$，$\boldsymbol{\alpha}_4=(1,0,0,0)$；

   (2) $\boldsymbol{\beta}=(0,1,0,1,0)$，$\boldsymbol{\alpha}_1=(1,1,1,1,1)$，$\boldsymbol{\alpha}_2=(1,2,1,3,1)$，$\boldsymbol{\alpha}_3=(1,1,0,1,0)$，$\boldsymbol{\alpha}_4=(2,2,0,0,0)$.

2. 判断下列向量组的线性相关性：

   (1) $\boldsymbol{\alpha}_1=(1,1,1)$，$\boldsymbol{\alpha}_2=(1,2,3)$，$\boldsymbol{\alpha}_3=(1,6,3)$；

   (2) $\boldsymbol{\alpha}_1=(1,2,3)$，$\boldsymbol{\alpha}_2=(1,-4,1)$，$\boldsymbol{\alpha}_3=(1,14,7)$；

   (3) $\boldsymbol{\alpha}_1=(2,3)$，$\boldsymbol{\alpha}_2=(-3,1)$，$\boldsymbol{\alpha}_3=(0,-2)$；

   (4) $\boldsymbol{\alpha}_1=(4,3,-1,1,-1)$，$\boldsymbol{\alpha}_2=(2,1,-3,2,-5)$，$\boldsymbol{\alpha}_3=(1,-3,0,1,-2)$，$\boldsymbol{\alpha}_4=(1,5,2,-1,6)$.

3. 已知 $\boldsymbol{\alpha}_1=(1,2,3)$，$\boldsymbol{\alpha}_2=(3,-1,2)$，$\boldsymbol{\alpha}_3=(2,3,c)$，问：

   (1) 当 c 取何值时，$\boldsymbol{\alpha}_1,\boldsymbol{\alpha}_2,\boldsymbol{\alpha}_3$ 线性相关？并将 $\boldsymbol{\alpha}_3$ 表示为 $\boldsymbol{\alpha}_1,\boldsymbol{\alpha}_2$ 的线性组合；

   (2) 当 c 为何值时，$\boldsymbol{\alpha}_1,\boldsymbol{\alpha}_2,\boldsymbol{\alpha}_3$ 线性无关？

4. 设 $\boldsymbol{\alpha}_1,\boldsymbol{\alpha}_2,\boldsymbol{\alpha}_3,\boldsymbol{\alpha}_4$ 线性无关，问 $\boldsymbol{\alpha}_1+\boldsymbol{\alpha}_2,\boldsymbol{\alpha}_2+\boldsymbol{\alpha}_3,\boldsymbol{\alpha}_3+\boldsymbol{\alpha}_4,\boldsymbol{\alpha}_4+\boldsymbol{\alpha}_1$ 是否线性无关？

5. 证明：若 $\boldsymbol{\alpha}_1,\boldsymbol{\alpha}_2$ 线性无关，则 $\boldsymbol{\alpha}_1+\boldsymbol{\alpha}_2,\boldsymbol{\alpha}_1-\boldsymbol{\alpha}_2$ 线性无关.

6. 设 $\boldsymbol{\alpha}_1,\boldsymbol{\alpha}_2,\boldsymbol{\alpha}_3$ 线性无关，问当 l,m 满足什么条件时，向量组 $l\boldsymbol{\alpha}_2-\boldsymbol{\alpha}_1,m\boldsymbol{\alpha}_3-\boldsymbol{\alpha}_2,\boldsymbol{\alpha}_1-\boldsymbol{\alpha}_3$ 也线性无关？

7. 证明：若 $\boldsymbol{\alpha}_1,\boldsymbol{\alpha}_2,\boldsymbol{\alpha}_3$ 线性相关，且 $\boldsymbol{\alpha}_3$ 不能用 $\boldsymbol{\alpha}_1$ 和 $\boldsymbol{\alpha}_2$ 线性表出，则向量 $\boldsymbol{\alpha}_1$ 和 $\boldsymbol{\alpha}_2$ 仅差一数值因子.

8. 设 $\boldsymbol{\alpha}$ 是向量组 $\boldsymbol{\alpha}_1,\boldsymbol{\alpha}_2,\cdots,\boldsymbol{\alpha}_m$ 的线性组合，但不是 $\boldsymbol{\alpha}_1,\boldsymbol{\alpha}_2,\cdots,\boldsymbol{\alpha}_{m-1}$ 的线性组合.证明：$\boldsymbol{\alpha}_m$ 是 $\boldsymbol{\alpha}_1,\boldsymbol{\alpha}_2,\cdots,\boldsymbol{\alpha}_{m-1},\boldsymbol{\alpha}$ 的线性组合.

9. 证明：矩阵 $\begin{pmatrix} a & b & c \\ 0 & d & e \\ 0 & 0 & f \end{pmatrix}$ 的列向量组线性相关的充要条件是对角元至少有一个为零.

10. 证明：r 维向量组的每个向量添上 $n-r$ 个分量，成为 n 维向量组，若 r 维向量组线性无关，则 n 维向量组也线性无关.

§4.3 向量组的秩与极大无关组

一、向量组的秩与极大无关组

m 个 n 维向量形成的向量组的线性相关性是就全体 m 个向量而言的.但是，其中最多有多少个向量是线性无关的呢？

例如，设 $\boldsymbol{\alpha}_1=(1,0,1)$，$\boldsymbol{\alpha}_2=(1,-1,1)$，$\boldsymbol{\alpha}_3=(2,0,2)$，可以验证，$\boldsymbol{\alpha}_1,\boldsymbol{\alpha}_2,\boldsymbol{\alpha}_3$ 线性

相关.但其中部分向量 $\boldsymbol{\alpha}_1,\boldsymbol{\alpha}_2$ 及 $\boldsymbol{\alpha}_2,\boldsymbol{\alpha}_3$ 是线性无关的,它们都含有两个线性无关的向量.

从该例可以看出,在 $\boldsymbol{\alpha}_1,\boldsymbol{\alpha}_2$ 及 $\boldsymbol{\alpha}_2,\boldsymbol{\alpha}_3$ 这两个线性无关向量组中,若再添加一个向量进去,则它们就变成线性相关的了.可见它们在该向量组中作为一个线性无关向量组,所包含的向量个数达到了最多.为此,我们引出向量组的秩与极大无关组的概念.

概念解析
定义向量组的极大无关组,本质上是在做什么事?

定义　设向量组 T 满足

1°　在 T 中有 r 个向量 $\boldsymbol{\alpha}_1,\boldsymbol{\alpha}_2,\cdots,\boldsymbol{\alpha}_r$ 线性无关;

2°　T 中任意 $r+1$ 个向量(如果 T 中有 $r+1$ 个向量)都线性相关;

则称 $\boldsymbol{\alpha}_1,\boldsymbol{\alpha}_2,\cdots,\boldsymbol{\alpha}_r$ 是向量组 T 的一个极大线性无关组,简称为极大无关组,数 r 称为向量组 T 的秩.

规定,只含零向量的向量组的秩为零.

例 1　求向量组 $\boldsymbol{\alpha}_1=(2,1,3,-1)$,$\boldsymbol{\alpha}_2=(3,-1,2,0)$,$\boldsymbol{\alpha}_3=(1,3,4,-2)$,$\boldsymbol{\alpha}_4=(4,-3,1,1)$的秩和一个极大无关组.

解　显然 $\boldsymbol{\alpha}_1,\boldsymbol{\alpha}_2$ 线性无关,而

$$\boldsymbol{A}=(\boldsymbol{\alpha}_1^{\mathrm{T}},\boldsymbol{\alpha}_2^{\mathrm{T}},\boldsymbol{\alpha}_3^{\mathrm{T}})=\begin{pmatrix}2&3&1\\1&-1&3\\3&2&4\\-1&0&-2\end{pmatrix}\to\begin{pmatrix}1&-1&3\\0&1&-1\\0&0&0\\0&0&0\end{pmatrix},$$

可见 $R(\boldsymbol{A})=2<n=3$.所以 $\boldsymbol{\alpha}_1,\boldsymbol{\alpha}_2,\boldsymbol{\alpha}_3$ 线性相关,同理可得 $\boldsymbol{\alpha}_1,\boldsymbol{\alpha}_2,\boldsymbol{\alpha}_4$;$\boldsymbol{\alpha}_1,\boldsymbol{\alpha}_3,\boldsymbol{\alpha}_4$;$\boldsymbol{\alpha}_2,\boldsymbol{\alpha}_3,\boldsymbol{\alpha}_4$ 也线性相关.故 $\boldsymbol{\alpha}_1,\boldsymbol{\alpha}_2$ 为 $\boldsymbol{\alpha}_1,\boldsymbol{\alpha}_2,\boldsymbol{\alpha}_3,\boldsymbol{\alpha}_4$ 的一个极大无关组,秩为 2.此外,由同样方法可知,$\boldsymbol{\alpha}_1,\boldsymbol{\alpha}_3$;$\boldsymbol{\alpha}_1,\boldsymbol{\alpha}_4$;$\boldsymbol{\alpha}_2,\boldsymbol{\alpha}_3$;$\boldsymbol{\alpha}_2,\boldsymbol{\alpha}_4$;$\boldsymbol{\alpha}_3,\boldsymbol{\alpha}_4$ 分别也都是向量组的极大无关组.

我们知道矩阵的最高阶非零子式可能不止一个,但矩阵的秩是惟一的;类似地,由定义及例 1 知,向量组的极大无关组也可能不止一个,但向量组的秩是惟一的.

由定义易知,一个向量组若线性无关,则其极大无关组就是它本身,秩就是向量组中向量的个数.从而,我们有

向量组线性无关(相关)$\Leftrightarrow$向量组的秩等于(小于)向量组所含向量的个数.

例 2　$\mathbf{R}^n$ 的秩为 n,且任意 n 个线性无关的 n 维向量均为 $\mathbf{R}^n$ 的一个极大无关组.

事实上,因为任意 $n+1$ 个 n 维向量必线性相关,所以任意 n 个线性无关的 n 维向量都是 $\mathbf{R}^n$ 的一个极大无关组.

定理 1　若矩阵 $\boldsymbol{A}$ 经有限次行初等变换变成 $\boldsymbol{B}$,则 $\boldsymbol{A}$ 的任意 k $(1\leqslant k\leqslant n)$个列向量与 $\boldsymbol{B}$ 的对应的 k 个列向量有相同的线性相关性.

证　设 $\boldsymbol{A}$ 为 $m\times n$ 矩阵,任取 $\boldsymbol{A}$ 的 $k(1\leqslant k\leqslant n)$个列向量得矩阵 $\boldsymbol{A}_k$,$\boldsymbol{A}_k$ 经有限次行初等变换后化为 $\boldsymbol{B}_k$.由于行初等变换保持齐次线性方程组同解,因而齐次线性方程组 $\boldsymbol{A}_k\boldsymbol{X}=\boldsymbol{0}$ 与 $\boldsymbol{B}_k\boldsymbol{X}=\boldsymbol{0}$ 同时具有非零解或只有零解.故由 §4.2 的定理 2 知,$\boldsymbol{A}_k$ 的列向量组与 $\boldsymbol{B}_k$ 的列向量组有相同的线性相关性.

类似地,我们还可就列初等变换同样地得到相应的结果.

给定一个向量组,我们可以由它们作为一个矩阵的行(或列)向量组来确定一个矩阵;反之,给定一个矩阵 $\boldsymbol{A}$,我们可以得到 $\boldsymbol{A}$ 的行(列)向量组.那么,向量组的秩与矩阵

的秩有什么关系呢？

我们把矩阵 $\boldsymbol{A}$ 的列向量组的秩称为 $\boldsymbol{A}$ 的**列秩**，其行向量组的秩称为 $\boldsymbol{A}$ 的**行秩**.

关于矩阵 $\boldsymbol{A}$ 的秩、列秩和行秩，我们有

定理 2　矩阵的行秩等于列秩，也等于矩阵的秩.

证　设 $R(\boldsymbol{A})=r$，

$$\boldsymbol{A}\xrightarrow{\text{行初等变换}}\boldsymbol{B}\text{（行阶梯形矩阵）},$$

则 $\boldsymbol{B}$ 中有且仅有 r 个非零行，由 § 4.2 的定理 2 及定义知，$\boldsymbol{B}$ 的 r 个非零行的非零首元所在 r 个列向量是线性无关的，且为 $\boldsymbol{B}$ 的列向量组的一个极大无关组. 根据定理 1，这 r 个列向量与 $\boldsymbol{A}$ 中相对应的 r 个列向量也是 $\boldsymbol{A}$ 的列向量组的一个极大无关组. 故 $\boldsymbol{A}$ 的列秩等于 r.

$\boldsymbol{A}$ 的行向量即 $\boldsymbol{A}^{\mathrm{T}}$ 的列向量，于是由 $R(\boldsymbol{A}^{\mathrm{T}})=R(\boldsymbol{A})$ 知，$\boldsymbol{A}$ 的行秩也等于 r.

概念解析
矩阵的秩与向量组的秩定义方式的内在统一性

值得注意的是，定理 2 的证明实际上还给出了如何方便地利用行初等变换求出向量组的秩和极大无关组的方法.

例 3　设向量组 $\boldsymbol{\alpha}_1=(1,3,1,4)$，$\boldsymbol{\alpha}_2=(2,12,-2,12)$，$\boldsymbol{\alpha}_3=(2,-3,8,2)$，求向量组的秩和一个极大无关组，并判断向量组的线性相关性.

典型例题精讲
矩阵秩与向量组秩的关系

解

$$\boldsymbol{A}=(\boldsymbol{\alpha}_1^{\mathrm{T}},\boldsymbol{\alpha}_2^{\mathrm{T}},\boldsymbol{\alpha}_3^{\mathrm{T}})=\begin{pmatrix}1&2&2\\3&12&-3\\1&-2&8\\4&12&2\end{pmatrix}$$

$$\to\begin{pmatrix}1&2&2\\0&6&-9\\0&-4&6\\0&4&-6\end{pmatrix}\to\begin{pmatrix}1&2&2\\0&2&-3\\0&0&0\\0&0&0\end{pmatrix},$$

所以 $R(\boldsymbol{A})=2$，即 $\boldsymbol{\alpha}_1,\boldsymbol{\alpha}_2,\boldsymbol{\alpha}_3$ 的秩为 2，因而 $\boldsymbol{\alpha}_1,\boldsymbol{\alpha}_2,\boldsymbol{\alpha}_3$ 线性相关，且由定理 2 的证明知 $\boldsymbol{\alpha}_1,\boldsymbol{\alpha}_2$ 为 $\boldsymbol{\alpha}_1,\boldsymbol{\alpha}_2,\boldsymbol{\alpha}_3$ 的一个极大无关组.

例 4　求向量组

$$\boldsymbol{\alpha}_1=(2,4,2),\quad \boldsymbol{\alpha}_2=(1,1,0),\quad \boldsymbol{\alpha}_3=(2,3,1),\quad \boldsymbol{\alpha}_4=(3,5,2)$$

的秩和一个极大无关组，判断向量组的线性相关性，并把其余向量用该极大无关组线性表出.

解　作

$$\boldsymbol{A}=(\boldsymbol{\alpha}_1^{\mathrm{T}},\boldsymbol{\alpha}_2^{\mathrm{T}},\boldsymbol{\alpha}_3^{\mathrm{T}},\boldsymbol{\alpha}_4^{\mathrm{T}})=\begin{pmatrix}2&1&2&3\\4&1&3&5\\2&0&1&2\end{pmatrix}$$

$$\to\begin{pmatrix}2&1&2&3\\0&-1&-1&-1\\0&-1&-1&-1\end{pmatrix}\to\begin{pmatrix}2&1&2&3\\0&1&1&1\\0&0&0&0\end{pmatrix}=\boldsymbol{B},$$

所以 $R(\boldsymbol{A})=2$，即 $\boldsymbol{\alpha}_1,\boldsymbol{\alpha}_2,\boldsymbol{\alpha}_3,\boldsymbol{\alpha}_4$ 的秩为 $2<4$，因而 $\boldsymbol{\alpha}_1,\boldsymbol{\alpha}_2,\boldsymbol{\alpha}_3,\boldsymbol{\alpha}_4$ 线性相关（事实上，由向量个数大于向量维数直接知 $\boldsymbol{\alpha}_1,\boldsymbol{\alpha}_2,\boldsymbol{\alpha}_3,\boldsymbol{\alpha}_4$ 线性相关），且 $\boldsymbol{\alpha}_1,\boldsymbol{\alpha}_2$ 为 $\boldsymbol{\alpha}_1,\boldsymbol{\alpha}_2,\boldsymbol{\alpha}_3,\boldsymbol{\alpha}_4$ 的一个极大无关组.将 $\boldsymbol{B}$ 再施以行初等变换

$$\boldsymbol{B}\to\begin{pmatrix}2&0&1&2\\0&1&1&1\\0&0&0&0\end{pmatrix}\to\begin{pmatrix}1&0&\frac{1}{2}&1\\0&1&1&1\\0&0&0&0\end{pmatrix},$$

于是有

$$\boldsymbol{\alpha}_3=\frac{1}{2}\boldsymbol{\alpha}_1+\boldsymbol{\alpha}_2,\quad \boldsymbol{\alpha}_4=\boldsymbol{\alpha}_1+\boldsymbol{\alpha}_2.$$

例 5 设数 $a\neq b$，求 $(1,2),(1,a),(1,b)$ 的一个极大无关组.

解 这三个二维向量一定线性相关.又因为 $a\neq b$，所以 $\begin{vmatrix}1&1\\a&b\end{vmatrix}\neq 0$，从而 $\begin{pmatrix}1\\a\end{pmatrix}$，$\begin{pmatrix}1\\b\end{pmatrix}$ 线性无关.因而该向量组的秩为 2，$\begin{pmatrix}1\\a\end{pmatrix}$，$\begin{pmatrix}1\\b\end{pmatrix}$ 为一个极大无关组.

由极大无关组的定义容易看出，向量组与其任一极大无关组等价，因而，一向量组的任意两个极大无关组都是等价的，任意两个极大无关组所含向量个数是相同的，均为向量组的秩.

下面我们来讨论两向量组的秩的关系，先证如下常用定理：

定理 3 **若向量组 $\boldsymbol{\alpha}_1,\boldsymbol{\alpha}_2,\cdots,\boldsymbol{\alpha}_r$ 可由向量组 $\boldsymbol{\beta}_1,\boldsymbol{\beta}_2,\cdots,\boldsymbol{\beta}_s$ 线性表出，且 $\boldsymbol{\alpha}_1,\boldsymbol{\alpha}_2,\cdots,\boldsymbol{\alpha}_r$ 线性无关，则 $r\leqslant s$.**

证 不妨设讨论的是列向量（若是行向量，证明方法类似），记

$$\boldsymbol{A}=(\boldsymbol{\alpha}_1,\boldsymbol{\alpha}_2,\cdots,\boldsymbol{\alpha}_r),\quad \boldsymbol{B}=(\boldsymbol{\beta}_1,\boldsymbol{\beta}_2,\cdots,\boldsymbol{\beta}_s),$$

因 $\boldsymbol{\alpha}_1,\boldsymbol{\alpha}_2,\cdots,\boldsymbol{\alpha}_r$ 可由 $\boldsymbol{\beta}_1,\boldsymbol{\beta}_2,\cdots,\boldsymbol{\beta}_s$ 线性表出，所以存在矩阵

$$\boldsymbol{K}=(k_{ij})_{s\times r}=(\boldsymbol{\gamma}_1,\boldsymbol{\gamma}_2,\cdots,\boldsymbol{\gamma}_r),$$

其中 $\boldsymbol{\gamma}_j=(k_{1j},k_{2j},\cdots,k_{sj})^{\mathrm{T}}(j=1,2,\cdots,r)$，使得 $\boldsymbol{A}=\boldsymbol{BK}$.假设 $r>s$，则向量组 $\boldsymbol{\gamma}_1,\boldsymbol{\gamma}_2,\cdots,\boldsymbol{\gamma}_r$ 线性相关，于是有不全为零的数 $x_1,x_2,\cdots,x_r$，使

$$x_1\boldsymbol{\gamma}_1+x_2\boldsymbol{\gamma}_2+\cdots+x_r\boldsymbol{\gamma}_r=\boldsymbol{0},$$

即

$$(\boldsymbol{\gamma}_1,\boldsymbol{\gamma}_2,\cdots,\boldsymbol{\gamma}_r)\begin{pmatrix}x_1\\x_2\\\vdots\\x_r\end{pmatrix}=\boldsymbol{KX}=\boldsymbol{0},$$

这里 $\boldsymbol{X}=(x_1,x_2,\cdots,x_r)^{\mathrm{T}}$.因此

$$AX = BKX = B0 = 0.$$

即方程组 $AX = 0$ 有非零解，由§4.2 的定理 2 知 $\alpha_1, \alpha_2, \cdots, \alpha_r$ 线性相关，与定理假设矛盾.故 $r > s$ 不成立，即 $r \leqslant s$.

定理 3 的等价说法是，设向量组 $\alpha_1, \alpha_2, \cdots, \alpha_r$ 可由向量组 $\beta_1, \beta_2, \cdots, \beta_s$ 线性表出，如果 $r > s$，那么 $\alpha_1, \alpha_2, \cdots, \alpha_r$ 线性相关.

由定理 3 可得向量组秩的性质：**设向量组（Ⅰ）的秩为 r_1，向量组（Ⅱ）的秩为 r_2，若（Ⅰ）能由（Ⅱ）线性表出，则 $r_1 \leqslant r_2$.**

事实上，设 $\alpha_1, \alpha_2, \cdots, \alpha_{r_1}$ 为（Ⅰ）的极大无关组，$\beta_1, \beta_2, \cdots, \beta_{r_2}$ 为（Ⅱ）的极大无关组，因（Ⅰ）可由（Ⅱ）线性表出，据向量组与其极大无关组的等价性知，$\alpha_1, \alpha_2, \cdots, \alpha_{r_1}$ 可由 $\beta_1, \beta_2, \cdots, \beta_{r_2}$ 线性表出，且由 $\alpha_1, \alpha_2, \cdots, \alpha_{r_1}$ 线性无关和定理 3，有 $r_1 \leqslant r_2$.

由此可知，任何两个等价的向量组必有相同的秩.

定理 4　设 $\alpha_{j_1}, \alpha_{j_2}, \cdots, \alpha_{j_r}$ 是 $\alpha_1, \alpha_2, \cdots, \alpha_s$ 的线性无关部分组，它是极大无关组的充要条件是 $\alpha_1, \alpha_2, \cdots, \alpha_s$ 中每一个向量均可由 $\alpha_{j_1}, \alpha_{j_2}, \cdots, \alpha_{j_r}$ 线性表出.

证　充分性：若 $\alpha_1, \alpha_2, \cdots, \alpha_s$ 可由线性无关的部分组 $\alpha_{j_1}, \alpha_{j_2}, \cdots, \alpha_{j_r}$ 线性表出，则据定理 3 知 $\alpha_1, \alpha_2, \cdots, \alpha_s$ 中任何 $r+1$ 个向量都线性相关，因而 $\alpha_{j_1}, \alpha_{j_2}, \cdots, \alpha_{j_r}$ 是极大无关组.

必要性：若 $\alpha_{j_1}, \alpha_{j_2}, \cdots, \alpha_{j_r}$ 是 $\alpha_1, \alpha_2, \cdots, \alpha_s$ 的一个极大无关组，则当 $j \in \{j_1, j_2, \cdots, j_r\}$ 时，显然 $\alpha_j (j = 1, 2, \cdots, s)$ 可由 $\alpha_{j_1}, \alpha_{j_2}, \cdots, \alpha_{j_r}$ 线性表出；当 $j \notin \{j_1, j_2, \cdots, j_r\}$ 时，$\alpha_j, \alpha_{j_1}, \alpha_{j_2}, \cdots, \alpha_{j_r}$ 线性相关，又 $\alpha_{j_1}, \alpha_{j_2}, \cdots, \alpha_{j_r}$ 线性无关，因而 $\alpha_j (j = 1, 2, \cdots, s)$ 可由 $\alpha_{j_1}, \alpha_{j_2}, \cdots, \alpha_{j_r}$ 线性表出.

定理 2 告诉我们，矩阵的秩和向量组的秩有着本质的联系，因而关于二者的问题常常相互转化.例如，对于如下关于矩阵秩的重要不等式，我们用向量组的理论可以容易地加以证明.

例 6　设 A, B 分别为 $m \times r, r \times n$ 矩阵，证明：

$$R(AB) \leqslant \min\{R(A), R(B)\}.$$

证　设 $C_{m \times n} = A_{m \times r} B_{r \times n}$，即

$$(c_1, \cdots, c_k, \cdots, c_n) = (\alpha_1, \alpha_2, \cdots, \alpha_r) \begin{pmatrix} b_{11} & \cdots & b_{1k} & \cdots & b_{1n} \\ b_{21} & \cdots & b_{2k} & \cdots & b_{2n} \\ \vdots & & \vdots & & \vdots \\ b_{r1} & \cdots & b_{rk} & \cdots & b_{rn} \end{pmatrix},$$

其中 $c_k, \alpha_j (k = 1, 2, \cdots, n; j = 1, 2, \cdots, r)$ 分别为 C 和 A 的列向量.由上式有

$$c_k = b_{1k}\alpha_1 + b_{2k}\alpha_2 + \cdots + b_{rk}\alpha_r \quad (k = 1, 2, \cdots, n).$$

即 AB 的列向量组 $c_1, c_2, \cdots, c_n$ 可由 A 的列向量组 $\alpha_1, \alpha_2, \cdots, \alpha_r$ 线性表出，故有 $R(C) \leqslant R(A)$.

另一方面，由以上结果便得

$$R(C) = R(C^{\mathrm{T}}) = R(B^{\mathrm{T}} A^{\mathrm{T}}) \leqslant R(B^{\mathrm{T}}) = R(B).$$

故 $R(\boldsymbol{AB})\leqslant\min\{R(\boldsymbol{A}),R(\boldsymbol{B})\}$.

大家可能已经注意到，我们在定理 3 的证明和例 6 的证明中两次用到向量组 $\boldsymbol{\beta}_1$，$\boldsymbol{\beta}_2,\cdots,\boldsymbol{\beta}_q$ 可由向量组 $\boldsymbol{\alpha}_1,\boldsymbol{\alpha}_2,\cdots,\boldsymbol{\alpha}_p$ 线性表出，也就是存在矩阵 $\boldsymbol{K}_{p\times q}$，使得

$$(\boldsymbol{\alpha}_1,\boldsymbol{\alpha}_2,\cdots,\boldsymbol{\alpha}_p)\boldsymbol{K}=(\boldsymbol{\beta}_1,\boldsymbol{\beta}_2,\cdots,\boldsymbol{\beta}_q),$$

这里假设向量是列向量.

如果设矩阵 $\boldsymbol{A}=(\boldsymbol{\alpha}_1,\boldsymbol{\alpha}_2,\cdots,\boldsymbol{\alpha}_p)$，$\boldsymbol{B}=(\boldsymbol{\beta}_1,\boldsymbol{\beta}_2,\cdots,\boldsymbol{\beta}_q)$，上式也就等价于矩阵方程 $\boldsymbol{AX}=\boldsymbol{B}$ 有解.于是，由 §4.2 定理 1 我们便有如下结论：

向量组 $\boldsymbol{\beta}_1,\boldsymbol{\beta}_2,\cdots,\boldsymbol{\beta}_q$ 可由 $\boldsymbol{\alpha}_1,\boldsymbol{\alpha}_2,\cdots,\boldsymbol{\alpha}_p$ 线性表出的充要条件是 $R(\boldsymbol{A})=R(\boldsymbol{A},\boldsymbol{B})$；

两向量组 $\boldsymbol{\alpha}_1,\boldsymbol{\alpha}_2,\cdots,\boldsymbol{\alpha}_p$ 与 $\boldsymbol{\beta}_1,\boldsymbol{\beta}_2,\cdots,\boldsymbol{\beta}_q$ 等价的充要条件是

$$R(\boldsymbol{A})=R(\boldsymbol{B})=R(\boldsymbol{A},\boldsymbol{B}).$$

也就是说，我们把 §4.2 的定理 1 推广成了如下三命题等价：

1° 向量组 $\boldsymbol{\beta}_1,\boldsymbol{\beta}_2,\cdots,\boldsymbol{\beta}_q$ 可由向量组 $\boldsymbol{\alpha}_1,\boldsymbol{\alpha}_2,\cdots,\boldsymbol{\alpha}_p$ 线性表出；

2° $\boldsymbol{AX}=\boldsymbol{B}$ 有解；

3° $R(\boldsymbol{A})=R(\boldsymbol{A},\boldsymbol{B})$.

有关例题不再列举，留作习题.

二、 $\mathbf{R}^n$ 的基、维数与坐标

n 维向量的全体 $\mathbf{R}^n$ 的一个极大无关组也称为 **n 维向量空间 $\mathbf{R}^n$ 的一组基**，其任一极大无关组所含向量个数又称为 n 维向量空间 $\mathbf{R}^n$ 的**维数**，记为 $\dim\mathbf{R}^n$.显然 $\dim\mathbf{R}^n=n$.单位向量组 $\boldsymbol{\varepsilon}_1,\boldsymbol{\varepsilon}_2,\cdots,\boldsymbol{\varepsilon}_n$ 称为 $\mathbf{R}^n$ 的一个**标准基**.$\boldsymbol{i},\boldsymbol{j},\boldsymbol{k}$ 为 $\mathbf{R}^3$ 的一个标准基.可见，$\mathbf{R}^n$ 中任一向量均为其基的线性组合.即设 $\boldsymbol{\alpha}_1,\boldsymbol{\alpha}_2,\cdots,\boldsymbol{\alpha}_n$ 为 $\mathbf{R}^n$ 的一组基，则

$$\mathbf{R}^n=L(\boldsymbol{\alpha}_1,\boldsymbol{\alpha}_2,\cdots,\boldsymbol{\alpha}_n).$$

若在 $\mathbf{R}^3$ 中，$\boldsymbol{\alpha},\boldsymbol{\beta},\boldsymbol{\gamma}$ 线性无关，则它们构成 $\mathbf{R}^3$ 的一组基，且

$$\mathbf{R}^3=L(\boldsymbol{\alpha},\boldsymbol{\beta},\boldsymbol{\gamma}).$$

因此，任何第四个向量 $(a,b,c)^{\mathrm{T}}\in L(\boldsymbol{\alpha},\boldsymbol{\beta},\boldsymbol{\gamma})$.

设 $\boldsymbol{\alpha}\in\mathbf{R}^n$，

$$\boldsymbol{\alpha}=x_1\boldsymbol{\alpha}_1+x_2\boldsymbol{\alpha}_2+\cdots+x_n\boldsymbol{\alpha}_n,$$

则称 $(x_1,x_2,\cdots,x_n)$ 为 $\boldsymbol{\alpha}$ 在基 $\boldsymbol{\alpha}_1,\boldsymbol{\alpha}_2,\cdots,\boldsymbol{\alpha}_n$ 下的**坐标**.由 §4.2 的定理 5 知坐标是惟一的.

对于 $\mathbf{R}^n$ 的子空间 V，也可类似地定义基、维数（记为 $\dim V$）和坐标.

一个向量组是某空间的一组基，必须满足两个条件：(1) 向量组线性无关，(2) 向量组能张成该空间.基是能张成空间的“最小”向量组，也是“最大”的线性无关组.

例 7 设 $\boldsymbol{\alpha}=(x_1,x_2,x_3)^{\mathrm{T}}\neq\mathbf{0}$，则 $\boldsymbol{\alpha}$ 张成一个一维子空间 $L(\boldsymbol{\alpha})=\{k\boldsymbol{\alpha}\mid k\in\mathbf{R}\}$.一向量 $(a,b,c)^{\mathrm{T}}\in L(\boldsymbol{\alpha})$ 的充要条件是点 (a,b,c) 在由坐标原点 $(0,0,0)$ 和点 (x_1,x_2,x_3) 决

定的直线上.因此,$\mathbf{R}^3$ 的一维子空间可用过坐标原点的一直线表示.

设 $\boldsymbol{\alpha}=(x_1,x_2,x_3)^{\mathrm{T}}$,$\boldsymbol{\beta}=(y_1,y_2,y_3)^{\mathrm{T}}$ 线性无关,则

$$L(\boldsymbol{\alpha},\boldsymbol{\beta})=\{k_1\boldsymbol{\alpha}+k_2\boldsymbol{\beta}\mid k_1,k_2\in\mathbf{R}\}$$

是 $\mathbf{R}^3$ 的二维子空间.向量$(a,b,c)^{\mathrm{T}}\in L(\boldsymbol{\alpha},\boldsymbol{\beta})$的充要条件是点$(a,b,c)$位于由点$(0,0,0)$,$(x_1,x_2,x_3)$和$(y_1,y_2,y_3)$决定的平面上.因此,$\mathbf{R}^3$ 的二维子空间可表为一过原点的平面.

例 8 对于§4.2的例5中的向量,$\boldsymbol{\alpha}_1,\boldsymbol{\alpha}_2,\boldsymbol{\alpha}_3$ 为 $\mathbf{R}^3$ 的一组基,$\boldsymbol{\beta}$ 在该基下的坐标为$(1,2,-1)$.

任意 n 个线性无关的 n 维向量都是 $\mathbf{R}^n$ 的一组基,不同的基之间有什么关系呢?同一向量在不同基下的坐标一般是不相同的,它们之间的关系又是怎样的呢?这就是所谓的**基变换**和**坐标变换**的问题.

设 $\boldsymbol{\alpha}_1,\boldsymbol{\alpha}_2,\cdots,\boldsymbol{\alpha}_n$ 和 $\boldsymbol{\beta}_1,\boldsymbol{\beta}_2,\cdots,\boldsymbol{\beta}_n$ 分别为 $\mathbf{R}^n$ 的基,由于 $\mathbf{R}^n$ 的任两组基都是等价的,所以存在可逆矩阵 $\boldsymbol{A}$,使得

$$(\boldsymbol{\beta}_1,\boldsymbol{\beta}_2,\cdots,\boldsymbol{\beta}_n)=(\boldsymbol{\alpha}_1,\boldsymbol{\alpha}_2,\cdots,\boldsymbol{\alpha}_n)\boldsymbol{A},$$

我们称 $\boldsymbol{A}$ 为从基 $\boldsymbol{\alpha}_1,\boldsymbol{\alpha}_2,\cdots,\boldsymbol{\alpha}_n$ 到基 $\boldsymbol{\beta}_1,\boldsymbol{\beta}_2,\cdots,\boldsymbol{\beta}_n$ 的**过渡矩阵**.

设向量 $\boldsymbol{\alpha}\in\mathbf{R}^n$ 在两组基下的坐标分别为$(x_1,x_2,\cdots,x_n)$和$(x_1',x_2',\cdots,x_n')$,即

$$\boldsymbol{\alpha}=(\boldsymbol{\alpha}_1,\boldsymbol{\alpha}_2,\cdots,\boldsymbol{\alpha}_n)\begin{pmatrix}x_1\\x_2\\\vdots\\x_n\end{pmatrix},$$

$$\boldsymbol{\alpha}=(\boldsymbol{\beta}_1,\boldsymbol{\beta}_2,\cdots,\boldsymbol{\beta}_n)\begin{pmatrix}x_1'\\x_2'\\\vdots\\x_n'\end{pmatrix}=(\boldsymbol{\alpha}_1,\boldsymbol{\alpha}_2,\cdots,\boldsymbol{\alpha}_n)\boldsymbol{A}\begin{pmatrix}x_1'\\x_2'\\\vdots\\x_n'\end{pmatrix},$$

由坐标的惟一性知

$$\begin{pmatrix}x_1\\x_2\\\vdots\\x_n\end{pmatrix}=\boldsymbol{A}\begin{pmatrix}x_1'\\x_2'\\\vdots\\x_n'\end{pmatrix}.$$

这就是向量 $\boldsymbol{\alpha}$ 在两组基下的**坐标变换公式**.

例如,在 $\mathbf{R}^3$ 中,从基 $\boldsymbol{\varepsilon}_1,\boldsymbol{\varepsilon}_2,\boldsymbol{\varepsilon}_3$ 到基 $\boldsymbol{\alpha}_1=(-1,-2,2)^{\mathrm{T}}$,$\boldsymbol{\alpha}_2=(-2,-1,2)^{\mathrm{T}}$,$\boldsymbol{\alpha}_3=(3,2,-3)^{\mathrm{T}}$ 的过渡矩阵为 $\begin{pmatrix}-1&-2&3\\-2&-1&2\\2&2&-3\end{pmatrix}$.

例 9 在 $\mathbf{R}^3$ 中取两组基

$$\boldsymbol{\alpha}_1=(-1,-2,2)^{\mathrm{T}},\boldsymbol{\alpha}_2=(-2,-1,2)^{\mathrm{T}},\boldsymbol{\alpha}_3=(3,2,-3)^{\mathrm{T}};$$
$$\boldsymbol{\beta}_1=(1,1,1)^{\mathrm{T}},\quad \boldsymbol{\beta}_2=(1,2,3)^{\mathrm{T}},\quad \boldsymbol{\beta}_3=(2,0,1)^{\mathrm{T}},$$

求从基 $\boldsymbol{\alpha}_1,\boldsymbol{\alpha}_2,\boldsymbol{\alpha}_3$ 到基 $\boldsymbol{\beta}_1,\boldsymbol{\beta}_2,\boldsymbol{\beta}_3$ 的过渡矩阵.

解　设 $\boldsymbol{A}$ 是从 $\boldsymbol{\alpha}_1,\boldsymbol{\alpha}_2,\boldsymbol{\alpha}_3$ 到 $\boldsymbol{\beta}_1,\boldsymbol{\beta}_2,\boldsymbol{\beta}_3$ 的过渡矩阵.则

$$(\boldsymbol{\beta}_1,\boldsymbol{\beta}_2,\boldsymbol{\beta}_3)=(\boldsymbol{\alpha}_1,\boldsymbol{\alpha}_2,\boldsymbol{\alpha}_3)\boldsymbol{A},$$

$$\boldsymbol{A}=(\boldsymbol{\alpha}_1,\boldsymbol{\alpha}_2,\boldsymbol{\alpha}_3)^{-1}(\boldsymbol{\beta}_1,\boldsymbol{\beta}_2,\boldsymbol{\beta}_3)=\begin{pmatrix}-1&-2&3\\-2&-1&2\\2&2&-3\end{pmatrix}^{-1}\begin{pmatrix}1&1&2\\1&2&0\\1&3&1\end{pmatrix}$$
$$=\begin{pmatrix}1&0&1\\2&3&4\\2&2&3\end{pmatrix}\begin{pmatrix}1&1&2\\1&2&0\\1&3&1\end{pmatrix}=\begin{pmatrix}2&4&3\\9&20&8\\7&15&7\end{pmatrix}.$$

习题 4.3

1. 设 $\boldsymbol{\alpha}_1,\boldsymbol{\alpha}_2,\boldsymbol{\alpha}_3$ 线性相关,问 $\boldsymbol{\alpha}_1+\boldsymbol{\alpha}_2,\boldsymbol{\alpha}_2+\boldsymbol{\alpha}_3,\boldsymbol{\alpha}_3+\boldsymbol{\alpha}_1$ 是否线性相关?
2. 设 n 维单位向量组 $\boldsymbol{\varepsilon}_1,\boldsymbol{\varepsilon}_2,\cdots,\boldsymbol{\varepsilon}_n$ 可由 n 维向量组 $\boldsymbol{\alpha}_1,\boldsymbol{\alpha}_2,\cdots,\boldsymbol{\alpha}_n$ 线性表出,证明:$\boldsymbol{\alpha}_1,\boldsymbol{\alpha}_2,\cdots,\boldsymbol{\alpha}_n$ 线性无关.
3. 设 $\boldsymbol{\alpha}_1,\boldsymbol{\alpha}_2,\cdots,\boldsymbol{\alpha}_n$ 是一组 n 维向量,证明:它们线性无关的充要条件是任一 n 维向量都可由它们线性表出.
4. 求下列向量组的秩和一个极大无关组,判定向量组的线性相关性,并将其余向量用极大无关组线性表出.

   (1) $\boldsymbol{\alpha}_1=(1,0,0,1),\boldsymbol{\alpha}_2=(0,1,0,1),\boldsymbol{\alpha}_3=(0,1,0,-1),\boldsymbol{\alpha}_4=(2,-1,1,0)$;

   (2) $\boldsymbol{\alpha}_1=(1,2,1,3),\boldsymbol{\alpha}_2=(4,-1,-5,-6),\boldsymbol{\alpha}_3=(1,-3,-4,-7)$;

   (3) $\boldsymbol{\alpha}_1=(1,1,0),\boldsymbol{\alpha}_2=(0,2,0),\boldsymbol{\alpha}_3=(0,0,3)$.
5. s 维向量组 $\boldsymbol{\alpha}_1,\boldsymbol{\alpha}_2,\cdots,\boldsymbol{\alpha}_s$ 线性无关,且可由向量组 $\boldsymbol{\beta}_1,\boldsymbol{\beta}_2,\cdots,\boldsymbol{\beta}_r$ 线性表出,证明:向量组 $\boldsymbol{\beta}_1,\boldsymbol{\beta}_2,\cdots,\boldsymbol{\beta}_r$ 的秩为 s.
6. 设向量组 $\boldsymbol{\alpha}_1,\boldsymbol{\alpha}_2,\boldsymbol{\alpha}_3$ 线性无关,求 $\boldsymbol{\alpha}_1-\boldsymbol{\alpha}_2,\boldsymbol{\alpha}_2-\boldsymbol{\alpha}_3,\boldsymbol{\alpha}_3-\boldsymbol{\alpha}_1$ 的一个极大无关组.
7. 设 $\boldsymbol{A},\boldsymbol{B}$ 为同型矩阵,证明如下常用不等式:
$$R(\boldsymbol{A}+\boldsymbol{B})\leqslant R(\boldsymbol{A})+R(\boldsymbol{B}).$$
8. 设 $\boldsymbol{A},\boldsymbol{B}$ 均为有 m 行的矩阵,证明:
$$\max\{R(\boldsymbol{A}),R(\boldsymbol{B})\}\leqslant R[(\boldsymbol{A},\boldsymbol{B})]\leqslant R(\boldsymbol{A})+R(\boldsymbol{B}).$$
9. 证明:$\boldsymbol{\alpha}_1=(1,-1,0)^{\mathrm{T}},\boldsymbol{\alpha}_2=(2,1,3)^{\mathrm{T}},\boldsymbol{\alpha}_3=(3,1,2)^{\mathrm{T}}$ 为 $\mathbf{R}^3$ 的一组基,并求 $\boldsymbol{\beta}_1=(5,0,7)^{\mathrm{T}},\boldsymbol{\beta}_2=(-9,-8,-13)^{\mathrm{T}}$ 在该基下的坐标.
10. 在 $\mathbf{R}^3$ 中
$$\begin{cases}\boldsymbol{\alpha}_1=(1,2,1)^{\mathrm{T}},\\\boldsymbol{\alpha}_2=(2,3,3)^{\mathrm{T}},\\\boldsymbol{\alpha}_3=(3,7,1)^{\mathrm{T}};\end{cases}\qquad\begin{cases}\boldsymbol{\beta}_1=(3,1,4)^{\mathrm{T}},\\\boldsymbol{\beta}_2=(5,2,1)^{\mathrm{T}},\\\boldsymbol{\beta}_3=(1,1,-6)^{\mathrm{T}}.\end{cases}$$

(1) 证明：$\boldsymbol{\alpha}_1,\boldsymbol{\alpha}_2,\boldsymbol{\alpha}_3$ 与 $\boldsymbol{\beta}_1,\boldsymbol{\beta}_2,\boldsymbol{\beta}_3$ 都是 $\mathbf{R}^3$ 的基；

(2) 求从 $\boldsymbol{\alpha}_1,\boldsymbol{\alpha}_2,\boldsymbol{\alpha}_3$ 到 $\boldsymbol{\beta}_1,\boldsymbol{\beta}_2,\boldsymbol{\beta}_3$ 的过渡矩阵；

(3) 求 $\boldsymbol{\alpha}=(2,1,1)^{\mathrm{T}}$ 在 $\boldsymbol{\beta}_1,\boldsymbol{\beta}_2,\boldsymbol{\beta}_3$ 下的坐标；

(4) 求 $\boldsymbol{\alpha}$ 在 $\boldsymbol{\alpha}_1,\boldsymbol{\alpha}_2,\boldsymbol{\alpha}_3$ 下的坐标.

§4.4 线性方程组解的结构

在第一章和§2.4中，我们已利用矩阵和向量组的理论陆续得到了线性方程组的一些重要结论，在这一节对线性方程组解的结构做进一步研究.

一、齐次线性方程组

齐次线性方程组

$$\begin{cases} a_{11}x_1+a_{12}x_2+\cdots+a_{1n}x_n=0, \\ a_{21}x_1+a_{22}x_2+\cdots+a_{2n}x_n=0, \\ \cdots\cdots\cdots\cdots \\ a_{m1}x_1+a_{m2}x_2+\cdots+a_{mn}x_n=0, \end{cases} \tag{4.6}$$

即

$$\boldsymbol{AX}=\mathbf{0}, \tag{4.7}$$

显然有一组平凡解

$$x_1=x_2=\cdots=x_n=0,$$

即 $\boldsymbol{X}=\mathbf{0}$，称为**零解**.

关于齐次线性方程组 $\boldsymbol{AX}=\mathbf{0}$ 的解，我们已经得到下列重要结论：

设 $\boldsymbol{A}$ 为 $m\times n$ 矩阵，则下面三命题等价：

1° $\boldsymbol{AX}=\mathbf{0}$ 只有零解；

2° $R(\boldsymbol{A})=n$；

3° $\boldsymbol{A}$ 的列向量组线性无关.

即下面三命题等价：

1° $\boldsymbol{AX}=\mathbf{0}$ 有非零解；

2° $R(\boldsymbol{A})<n$；

3° $\boldsymbol{A}$ 的列向量组线性相关.

特别地，当 $\boldsymbol{A}$ 为 n 阶方阵时，下面三命题等价：

1° $\boldsymbol{AX}=\mathbf{0}$ 只有零解(有非零解)；

2° $R(\boldsymbol{A})=n\,(R(\boldsymbol{A})<n)$；

3° $\det\boldsymbol{A}\neq 0\,(\det\boldsymbol{A}=0)$.

关于 $\boldsymbol{AX}=\mathbf{0}$ 的解，有如下性质：

性质1 **若 ξ_1,ξ_2 为齐次线性方程组 $\boldsymbol{AX}=\mathbf{0}$ 的解，则 $\boldsymbol{X}=\xi_1+\xi_2$ 也是 $\boldsymbol{AX}=\mathbf{0}$ 的解.**

证 由于 $\boldsymbol{A}(\boldsymbol{\xi}_1+\boldsymbol{\xi}_2)=\boldsymbol{A}\boldsymbol{\xi}_1+\boldsymbol{A}\boldsymbol{\xi}_2=\boldsymbol{0}+\boldsymbol{0}=\boldsymbol{0}$，因而 $\boldsymbol{\xi}_1+\boldsymbol{\xi}_2$ 也是 $\boldsymbol{AX}=\boldsymbol{0}$ 的解.

性质 2 若 $\boldsymbol{\xi}$ 为齐次线性方程组 $\boldsymbol{AX}=\boldsymbol{0}$ 的解，k 为数，则 $\boldsymbol{X}=k\boldsymbol{\xi}$ 也是 $\boldsymbol{AX}=\boldsymbol{0}$ 的解.

证 由 $\boldsymbol{A}(k\boldsymbol{\xi})=k\boldsymbol{A}\boldsymbol{\xi}=k\boldsymbol{0}=\boldsymbol{0}$ 知结论成立.

由性质 1,2 立即得

性质 3 齐次线性方程组 $\boldsymbol{AX}=\boldsymbol{0}$ 解向量的线性组合也为 $\boldsymbol{AX}=\boldsymbol{0}$ 的解.即设 $\boldsymbol{\xi}_1$，$\boldsymbol{\xi}_2,\cdots,\boldsymbol{\xi}_s$ 为 $\boldsymbol{AX}=\boldsymbol{0}$ 的解，则对任意 s 个数 $k_1,k_2,\cdots,k_s$，$k_1\boldsymbol{\xi}_1+k_2\boldsymbol{\xi}_2+\cdots+k_s\boldsymbol{\xi}_s$ 也是 $\boldsymbol{AX}=\boldsymbol{0}$ 的解.

概念解析
线性方程组的基础解系

将齐次线性方程组 $\boldsymbol{AX}=\boldsymbol{0}$ 的解的全体记为 W，即

$$W=\{\boldsymbol{X}\in\mathbf{R}^n \mid \boldsymbol{AX}=\boldsymbol{0}\}.$$

由性质 1,2 知 W 为 $\mathbf{R}^n$ 的一个子空间，称为 $\boldsymbol{AX}=\boldsymbol{0}$ 的**解空间**，其任一组基称为 $\boldsymbol{AX}=\boldsymbol{0}$ 的一个**基础解系**.

于是，设 $\boldsymbol{\xi}_1,\boldsymbol{\xi}_2,\cdots,\boldsymbol{\xi}_s$ 是 $\boldsymbol{AX}=\boldsymbol{0}$ 的一组解向量，则 $\boldsymbol{\xi}_1,\boldsymbol{\xi}_2,\cdots,\boldsymbol{\xi}_s$ 是 $\boldsymbol{AX}=\boldsymbol{0}$ 的基础解系当且仅当 $\boldsymbol{\xi}_1,\boldsymbol{\xi}_2,\cdots,\boldsymbol{\xi}_s$ 线性无关，且 $\boldsymbol{AX}=\boldsymbol{0}$ 的任一解向量都可表为 $\boldsymbol{\xi}_1,\boldsymbol{\xi}_2,\cdots,\boldsymbol{\xi}_s$ 的线性组合.

易见，仅当 $\boldsymbol{AX}=\boldsymbol{0}$ 有非零解时才有基础解系.

定理 设齐次线性方程组 $\boldsymbol{AX}=\boldsymbol{0}$ 的系数矩阵 $\boldsymbol{A}$ 的秩 $R(\boldsymbol{A})=r<n$，则方程组 $\boldsymbol{AX}=\boldsymbol{0}$ 有基础解系且所含解向量个数为 $n-r$，即 W 的维数为 $n-r$，这里 n 为方程组中未知数的个数.

证 设系数矩阵 $\boldsymbol{A}$ 的秩为 r，不妨设 $\boldsymbol{A}$ 的前 r 个列向量线性无关，于是由 $\boldsymbol{A}$ 经行初等变换可得

$$\boldsymbol{B}=\begin{pmatrix} 1 & \cdots & 0 & b_{11} & \cdots & b_{1,n-r} \\ \vdots & & \vdots & \vdots & & \vdots \\ 0 & \cdots & 1 & b_{r1} & \cdots & b_{r,n-r} \\ 0 & \cdots & 0 & 0 & \cdots & 0 \\ \vdots & & \vdots & \vdots & & \vdots \\ 0 & \cdots & 0 & 0 & \cdots & 0 \end{pmatrix},$$

与 $\boldsymbol{B}$ 对应，有方程组

$$\begin{cases} x_1=-b_{11}x_{r+1}-b_{12}x_{r+2}-\cdots-b_{1,n-r}x_n, \\ \cdots\cdots\cdots\cdots \\ x_r=-b_{r1}x_{r+1}-b_{r2}x_{r+2}-\cdots-b_{r,n-r}x_n. \end{cases} \tag{4.8}$$

方程组 $\boldsymbol{AX}=\boldsymbol{0}$ 与方程组(4.8)同解.在方程组(4.8)中，任给 $x_{r+1},x_{r+2},\cdots,x_n$ 一组值，则惟一确定 $x_1,x_2,\cdots,x_r$ 的值，就得方程组(4.8)的一个解，也就是方程组 $\boldsymbol{AX}=\boldsymbol{0}$ 的解.令 $(x_{r+1},x_{r+2},\cdots,x_n)^{\mathrm{T}}$ 分别取下列 $n-r$ 组数

$$\begin{pmatrix} 1 \\ 0 \\ \vdots \\ 0 \end{pmatrix},\begin{pmatrix} 0 \\ 1 \\ \vdots \\ 0 \end{pmatrix},\cdots,\begin{pmatrix} 0 \\ 0 \\ \vdots \\ 1 \end{pmatrix}.$$

由方程组(4.8),$(x_1,x_2,\cdots,x_r)^{\mathrm{T}}$ 依次可得

$$\begin{pmatrix}-b_{11}\\-b_{21}\\\vdots\\-b_{r1}\end{pmatrix},\begin{pmatrix}-b_{12}\\-b_{22}\\\vdots\\-b_{r2}\end{pmatrix},\cdots,\begin{pmatrix}-b_{1,n-r}\\-b_{2,n-r}\\\vdots\\-b_{r,n-r}\end{pmatrix},$$

从而求得方程组 $\boldsymbol{AX}=\boldsymbol{0}$ 的 $n-r$ 个解:

$$\boldsymbol{\xi}_1=\begin{pmatrix}-b_{11}\\\vdots\\-b_{r1}\\1\\0\\\vdots\\0\end{pmatrix},\boldsymbol{\xi}_2=\begin{pmatrix}-b_{12}\\\vdots\\-b_{r2}\\0\\1\\\vdots\\0\end{pmatrix},\cdots,\boldsymbol{\xi}_{n-r}=\begin{pmatrix}-b_{1,n-r}\\\vdots\\-b_{r,n-r}\\0\\0\\\vdots\\1\end{pmatrix}.$$

下面证明 $\boldsymbol{\xi}_1,\boldsymbol{\xi}_2,\cdots,\boldsymbol{\xi}_{n-r}$ 就是基础解系.

首先,因 $(x_{r+1},x_{r+2},\cdots,x_n)^{\mathrm{T}}$ 所取的 $n-r$ 个 $n-r$ 维向量

$$\begin{pmatrix}1\\0\\\vdots\\0\end{pmatrix},\begin{pmatrix}0\\1\\\vdots\\0\end{pmatrix},\cdots,\begin{pmatrix}0\\0\\\vdots\\1\end{pmatrix}$$

线性无关,所以在每个向量前面添加 r 个分量而得到的 $n-r$ 个 n 维向量 $\boldsymbol{\xi}_1,\boldsymbol{\xi}_2,\cdots,\boldsymbol{\xi}_{n-r}$ 也线性无关(参见习题 4.2 的题 10).

其次,证明方程组 $\boldsymbol{AX}=\boldsymbol{0}$ 的任一解 $\boldsymbol{X}=(l_1,\cdots,l_r,l_{r+1},\cdots,l_n)^{\mathrm{T}}$ 都可由 $\boldsymbol{\xi}_1,\boldsymbol{\xi}_2,\cdots,\boldsymbol{\xi}_{n-r}$ 线性表出.为此,作向量

$$\boldsymbol{\eta}=l_{r+1}\boldsymbol{\xi}_1+l_{r+2}\boldsymbol{\xi}_2+\cdots+l_n\boldsymbol{\xi}_{n-r},$$

由性质 3 知 $\boldsymbol{\eta}$ 也是 $\boldsymbol{AX}=\boldsymbol{0}$ 的解.比较 $\boldsymbol{\eta}$ 与 $\boldsymbol{X}$,它们的后面 $n-r$ 个分量对应相等,由于它们都满足方程组(4.8),从而它们的前面 r 个分量也必对应相等,因此 $\boldsymbol{X}=\boldsymbol{\eta}$,即

$$\boldsymbol{X}=l_{r+1}\boldsymbol{\xi}_1+l_{r+2}\boldsymbol{\xi}_2+\cdots+l_n\boldsymbol{\xi}_{n-r},$$

于是由定义知,$\boldsymbol{\xi}_1,\boldsymbol{\xi}_2,\cdots,\boldsymbol{\xi}_{n-r}$ 为 $\boldsymbol{AX}=\boldsymbol{0}$ 的基础解系.

值得注意的是,定理 1 的证明实际上就是一个具体求基础解系的方法.因为齐次线性方程组的基础解系实质上就是向量组 W 的一个极大无关组,因而一般不惟一,但是基础解系中向量个数必为 $n-r$.

例如,任取 $n-r$ 个线性无关的 $n-r$ 维向量,并使 $\begin{pmatrix}x_{r+1}\\x_{r+2}\\\vdots\\x_n\end{pmatrix}$ 分别等于这些向量,再

通过方程组(4.8)求出 $x_1,x_2,\cdots,x_r$，便得一个基础解系.

设求得 $\boldsymbol{\xi}_1,\boldsymbol{\xi}_2,\cdots,\boldsymbol{\xi}_{n-r}$ 为 $\boldsymbol{AX}=\mathbf{0}$ 的一个基础解系，则该方程组的任一解可表示为

$$\boldsymbol{X}=k_1\boldsymbol{\xi}_1+k_2\boldsymbol{\xi}_2+\cdots+k_{n-r}\boldsymbol{\xi}_{n-r},$$

其中 $k_1,k_2,\cdots,k_{n-r}$ 为任意数，上式称为 $\boldsymbol{AX}=\mathbf{0}$ 的**通解**.

例 1 求齐次线性方程组 $\begin{cases}2x_1+x_2-2x_3+3x_4=0,\\3x_1+2x_2-x_3+2x_4=0,\\x_1+x_2+x_3-x_4=0\end{cases}$ 的通解.

解 对系数矩阵作行初等变换

$$\boldsymbol{A}=\begin{pmatrix}2&1&-2&3\\3&2&-1&2\\1&1&1&-1\end{pmatrix}\to\begin{pmatrix}0&-1&-4&5\\0&-1&-4&5\\1&1&1&-1\end{pmatrix}$$

$$\to\begin{pmatrix}0&0&0&0\\0&-1&-4&5\\1&1&1&-1\end{pmatrix}\to\begin{pmatrix}1&1&1&-1\\0&-1&-4&5\\0&0&0&0\end{pmatrix}\to\begin{pmatrix}1&0&-3&4\\0&1&4&-5\\0&0&0&0\end{pmatrix},$$

得同解方程组 $\begin{cases}x_1=3x_3-4x_4,\\x_2=-4x_3+5x_4.\end{cases}$ 因此基础解系为

$$\boldsymbol{\xi}_1=\begin{pmatrix}3\\-4\\1\\0\end{pmatrix},\quad \boldsymbol{\xi}_2=\begin{pmatrix}-4\\5\\0\\1\end{pmatrix}.$$

故原方程组的通解为

$$\boldsymbol{X}=k_1\boldsymbol{\xi}_1+k_2\boldsymbol{\xi}_2,\quad k_1,k_2 \text{ 为任意数}.$$

典型例题精讲

齐次方程组的通解

例 2 求齐次线性方程组 $\begin{cases}2x_1+3x_2+x_3=0,\\x_1-2x_2+4x_3=0,\\3x_1+8x_2-2x_3=0,\\4x_1-x_2+9x_3=0\end{cases}$ 的通解.

解 对系数矩阵 $\boldsymbol{A}$ 作行初等变换

$$\boldsymbol{A}=\begin{pmatrix}2&3&1\\1&-2&4\\3&8&-2\\4&-1&9\end{pmatrix}\to\begin{pmatrix}1&-2&4\\0&1&-1\\0&1&-1\\0&1&-1\end{pmatrix}$$

$$\to\begin{pmatrix}1&-2&4\\0&1&-1\\0&0&0\\0&0&0\end{pmatrix}\to\begin{pmatrix}1&0&2\\0&1&-1\\0&0&0\\0&0&0\end{pmatrix},$$

得同解方程组$\begin{cases}x_1=-2x_3,\\x_2=\quad\ \ x_3.\end{cases}$取 $x_3=1$ 得基础解系

$$\boldsymbol{\xi}=(-2,1,1)^{\mathrm{T}}.$$

故原方程组的通解为 $\boldsymbol{X}=k\boldsymbol{\xi}$，$k$ 为任意数.

例 3 试证明：与 $\boldsymbol{AX}=\boldsymbol{0}$ 基础解系等价的线性无关的向量组也是该方程组的基础解系.

证 两个等价的线性无关的向量组所含向量个数是相等的.

设 $\boldsymbol{\xi}_1,\boldsymbol{\xi}_2,\cdots,\boldsymbol{\xi}_s$ 是 $\boldsymbol{AX}=\boldsymbol{0}$ 的一个基础解系，$\boldsymbol{\alpha}_1,\boldsymbol{\alpha}_2,\cdots,\boldsymbol{\alpha}_s$ 与之等价，则 $\boldsymbol{\alpha}_i(i=1,2,\cdots,s)$ 可由 $\boldsymbol{\xi}_1,\boldsymbol{\xi}_2,\cdots,\boldsymbol{\xi}_s$ 线性表出，从而 $\boldsymbol{\alpha}_i(i=1,2,\cdots,s)$ 也是 $\boldsymbol{AX}=\boldsymbol{0}$ 的解.

因齐次线性方程组任一解 $\boldsymbol{\beta}$ 均可由基础解系 $\boldsymbol{\xi}_1,\boldsymbol{\xi}_2,\cdots,\boldsymbol{\xi}_s$ 线性表出，从而由题设知 $\boldsymbol{\beta}$ 也可由 $\boldsymbol{\alpha}_1,\boldsymbol{\alpha}_2,\cdots,\boldsymbol{\alpha}_s$ 线性表出，又 $\boldsymbol{\alpha}_1,\boldsymbol{\alpha}_2,\cdots,\boldsymbol{\alpha}_s$ 线性无关，于是由定义知 $\boldsymbol{\alpha}_1,\boldsymbol{\alpha}_2,\cdots,\boldsymbol{\alpha}_s$ 为一个基础解系.

例 4 设 n 阶矩阵 $\boldsymbol{A},\boldsymbol{B}$ 满足 $\boldsymbol{AB}=\boldsymbol{O}$，证明：

$$R(\boldsymbol{A})+R(\boldsymbol{B})\leqslant n.$$

证 将 $\boldsymbol{B}$ 分块为 $\boldsymbol{B}=(\boldsymbol{b}_1,\boldsymbol{b}_2,\cdots,\boldsymbol{b}_n)$，其中 $\boldsymbol{b}_1,\boldsymbol{b}_2,\cdots,\boldsymbol{b}_n$ 为 $\boldsymbol{B}$ 的列向量组，则

$$\boldsymbol{AB}=\boldsymbol{A}(\boldsymbol{b}_1,\boldsymbol{b}_2,\cdots,\boldsymbol{b}_n)=(\boldsymbol{Ab}_1,\boldsymbol{Ab}_2,\cdots,\boldsymbol{Ab}_n)=\boldsymbol{O},$$

即

$$\boldsymbol{Ab}_i=\boldsymbol{0}\quad(i=1,2,\cdots,n),$$

即 $\boldsymbol{b}_i(i=1,2,\cdots,n)$ 为 $\boldsymbol{AX}=\boldsymbol{0}$ 的解，因而 $\boldsymbol{b}_i(i=1,2,\cdots,n)$ 可由 $\boldsymbol{AX}=\boldsymbol{0}$ 的基础解系 $\boldsymbol{\xi}_1,\boldsymbol{\xi}_2,\cdots,\boldsymbol{\xi}_{n-r}$ 线性表出，这里 $r=R(\boldsymbol{A})$. 于是

$$R(\boldsymbol{b}_1,\boldsymbol{b}_2,\cdots,\boldsymbol{b}_n)\leqslant R(\boldsymbol{\xi}_1,\boldsymbol{\xi}_2,\cdots,\boldsymbol{\xi}_{n-r})=n-R(\boldsymbol{A}),$$

即 $R(\boldsymbol{B})\leqslant n-R(\boldsymbol{A})$，也就是 $R(\boldsymbol{A})+R(\boldsymbol{B})\leqslant n$.

本节定理揭示了 $\boldsymbol{A}$ 的秩和 $\boldsymbol{AX}=\boldsymbol{0}$ 的解的关系，它不仅对求解 $\boldsymbol{AX}=\boldsymbol{0}$ 具有重要意义，而且如例 4 所表明的那样，常常可以通过研究齐次线性方程组的解来讨论系数矩阵的秩.

例 5 设 n 阶矩阵 $\boldsymbol{A}$ 的秩 $R(\boldsymbol{A})=n-1(n\geqslant 2)$，证明 $R(\boldsymbol{A}^*)=1$.

证 由 $R(\boldsymbol{A})=n-1$ 知 $\det\boldsymbol{A}=0$，于是 $\boldsymbol{AA}^*=(\det\boldsymbol{A})\boldsymbol{I}=\boldsymbol{O}$. 便有

$$R(\boldsymbol{A})+R(\boldsymbol{A}^*)\leqslant n.$$

所以 $R(\boldsymbol{A}^*)\leqslant n-R(\boldsymbol{A})=1$. 又由 $R(\boldsymbol{A})=n-1$ 知 $\boldsymbol{A}$ 中有 $n-1$ 阶子式不为零，因而 $\boldsymbol{A}^*\neq\boldsymbol{O}$，便有 $R(\boldsymbol{A}^*)\geqslant 1$. 这样我们就证得 $R(\boldsymbol{A}^*)=1$.

综合例 5 和 § 2.5 的例 6，我们证明了如下常用结果：若 $\boldsymbol{A}$ 为 n 阶矩阵，则

$$R(\boldsymbol{A}^*)=\begin{cases}n, & R(\boldsymbol{A})=n,\\1, & R(\boldsymbol{A})=n-1(n\geqslant 2),\\0, & R(\boldsymbol{A})<n-1(n\geqslant 2).\end{cases}$$

用线性方程组的理论可以讨论空间平面的位置关系.

例 6 对于三个过原点的平面

$$\begin{cases}\pi_1: & a_1x+b_1y+c_1z=0,\\ \pi_2: & a_2x+b_2y+c_2z=0,\\ \pi_3: & a_3x+b_3y+c_3z=0,\end{cases}$$

根据系数矩阵 $\boldsymbol{A}=\begin{pmatrix}a_1 & b_1 & c_1\\ a_2 & b_2 & c_2\\ a_3 & b_3 & c_3\end{pmatrix}$ 的秩 r 的大小分别讨论如下:

(1) 当 $r=3$ 时,由 §4.2 的定理 2 知,线性方程组只有零解,即三平面相交于一点的充要条件是 $R(\boldsymbol{A})=3$,即 $\det \boldsymbol{A}\neq 0$.

(2) 当 $r=2$ 时,三平面有两平面相交于一直线,另一平面或通过这一交线,或与其中一平面重合.这是因为假如 $\boldsymbol{\alpha}_1,\boldsymbol{\alpha}_2,\boldsymbol{\alpha}_3$ 是 $\boldsymbol{A}$ 的行向量,由 $R(\boldsymbol{A})=2$ 知 $\boldsymbol{\alpha}_1,\boldsymbol{\alpha}_2,\boldsymbol{\alpha}_3$ 线性相关,而其中有两个向量线性无关.假设 $\boldsymbol{\alpha}_1,\boldsymbol{\alpha}_2$ 线性无关,那么 a_1,b_1,c_1 与 a_2,b_2,c_2 不成比例,因此平面 π_1 与 π_2 交于一条直线.由 $\boldsymbol{\alpha}_1,\boldsymbol{\alpha}_2,\boldsymbol{\alpha}_3$ 线性相关,可知 $\boldsymbol{\alpha}_3=k_1\boldsymbol{\alpha}_1+k_2\boldsymbol{\alpha}_2$,当 $k_1k_2\neq 0$ 时,平面 π_3 通过 π_1,π_2 两平面的交线.当 $k_1k_2=0$ 时,若 $k_1=0$,则 $\boldsymbol{\alpha}_3=k_2\boldsymbol{\alpha}_2$,这时 π_2,π_3 平行,又因为它们都过原点,所以 π_2,π_3 两平面重合.同理,若 $k_2=0$,则有 π_1,π_3 两平面重合.

(3) 当 $r=1$ 时,$\boldsymbol{A}$ 的三个行向量两两线性相关,从而三平面两两平行,又因为它们都过原点,因而重合.

二、非齐次线性方程组

对于非齐次线性方程组

$$\begin{cases}a_{11}x_1+a_{12}x_2+\cdots+a_{1n}x_n=b_1,\\ a_{21}x_1+a_{22}x_2+\cdots+a_{2n}x_n=b_2,\\ \cdots\cdots\cdots\cdots\\ a_{m1}x_1+a_{m2}x_2+\cdots+a_{mn}x_n=b_m,\end{cases}\tag{4.9}$$

设

$$\boldsymbol{\alpha}_1=\begin{pmatrix}a_{11}\\ a_{21}\\ \vdots\\ a_{m1}\end{pmatrix},\boldsymbol{\alpha}_2=\begin{pmatrix}a_{12}\\ a_{22}\\ \vdots\\ a_{m2}\end{pmatrix},\cdots,\boldsymbol{\alpha}_n=\begin{pmatrix}a_{1n}\\ a_{2n}\\ \vdots\\ a_{mn}\end{pmatrix},\boldsymbol{b}=\begin{pmatrix}b_1\\ b_2\\ \vdots\\ b_m\end{pmatrix},$$

则方程组(4.9)可记为 $x_1\boldsymbol{\alpha}_1+x_2\boldsymbol{\alpha}_2+\cdots+x_n\boldsymbol{\alpha}_n=\boldsymbol{b}$,即

$$\boldsymbol{AX}=\boldsymbol{b}.\tag{4.10}$$

关于非齐次线性方程组 $\boldsymbol{AX}=\boldsymbol{b}$,在本章 §4.2 中我们已得到如下重要结果:

$$\boldsymbol{AX}=\boldsymbol{b}\text{ 有解}\Leftrightarrow\boldsymbol{b}\text{ 可由 }\boldsymbol{\alpha}_1,\boldsymbol{\alpha}_2,\cdots,\boldsymbol{\alpha}_n\text{ 线性表出}\Leftrightarrow R(\overline{\boldsymbol{A}})=R(\boldsymbol{A}).$$

下面来讨论 $\boldsymbol{AX}=\boldsymbol{b}$ 解的结构.方程组(4.10)对应的齐次线性方程组 $\boldsymbol{AX}=\boldsymbol{0}$ 称为

方程组(4.10)的**导出组**.非齐次线性方程组的解有如下性质：

性质 4　设 $\boldsymbol{\eta}_1,\boldsymbol{\eta}_2$ 为非齐次线性方程组 $\boldsymbol{AX}=\boldsymbol{b}$ 的两个解，则 $\boldsymbol{\eta}_2-\boldsymbol{\eta}_1$ 为其导出组的解.

证　因为 $\boldsymbol{A}(\boldsymbol{\eta}_2-\boldsymbol{\eta}_1)=\boldsymbol{A\eta}_2-\boldsymbol{A\eta}_1=\boldsymbol{b}-\boldsymbol{b}=\boldsymbol{0}$，所以 $\boldsymbol{\eta}_2-\boldsymbol{\eta}_1$ 为导出组的解.

性质 5　设 $\boldsymbol{\eta}$ 为 $\boldsymbol{AX}=\boldsymbol{b}$ 的解，$\boldsymbol{\xi}$ 为 $\boldsymbol{AX}=\boldsymbol{0}$ 的解，则 $\boldsymbol{\eta}+\boldsymbol{\xi}$ 为 $\boldsymbol{AX}=\boldsymbol{b}$ 的解.

证　由 $\boldsymbol{A}(\boldsymbol{\eta}+\boldsymbol{\xi})=\boldsymbol{A\eta}+\boldsymbol{A\xi}=\boldsymbol{b}+\boldsymbol{0}=\boldsymbol{b}$，知 $\boldsymbol{\eta}+\boldsymbol{\xi}$ 为 $\boldsymbol{AX}=\boldsymbol{b}$ 的解.

$\boldsymbol{AX}=\boldsymbol{b}$ 的任意一个解，我们都称之为 $\boldsymbol{AX}=\boldsymbol{b}$ 的一个**特解**.于是由以上两个性质得：

性质 6　若 $\boldsymbol{\gamma}_0$ 为 $\boldsymbol{AX}=\boldsymbol{b}$ 的一个特解，则 $\boldsymbol{AX}=\boldsymbol{b}$ 的任一解 $\boldsymbol{\gamma}$ 都可表示成

$$\boldsymbol{\gamma}=\boldsymbol{\gamma}_0+\boldsymbol{\xi}, \tag{4.11}$$

其中 $\boldsymbol{\xi}$ 为 $\boldsymbol{AX}=\boldsymbol{0}$ 的一个解.因此，对于 $\boldsymbol{AX}=\boldsymbol{b}$ 的任一特解 $\boldsymbol{\gamma}_0$，当 $\boldsymbol{\xi}$ 取遍它的导出组的全部解时，式(4.11)就给出 $\boldsymbol{AX}=\boldsymbol{b}$ 的全部解.

证　显然

$$\boldsymbol{\gamma}=\boldsymbol{\gamma}_0+(\boldsymbol{\gamma}-\boldsymbol{\gamma}_0),$$

由性质 4，$\boldsymbol{\gamma}-\boldsymbol{\gamma}_0$ 是 $\boldsymbol{AX}=\boldsymbol{0}$ 的一个解，令 $\boldsymbol{\xi}=\boldsymbol{\gamma}-\boldsymbol{\gamma}_0$，就得性质的结论.既然 $\boldsymbol{AX}=\boldsymbol{b}$ 的任一解都能表示成式(4.11)的形式，当然在 $\boldsymbol{\xi}$ 取遍 $\boldsymbol{AX}=\boldsymbol{0}$ 的全部解时，

$$\boldsymbol{\gamma}=\boldsymbol{\gamma}_0+\boldsymbol{\xi}$$

就取遍 $\boldsymbol{AX}=\boldsymbol{b}$ 的全部解.

性质 6 说明，为了找出非齐次线性方程组的全部解，我们只要找到它的一个特解以及它的导出组的全部解就行了.若 $\boldsymbol{\gamma}_0$ 是非齐次方程组的一个特解，$\boldsymbol{\xi}_1,\boldsymbol{\xi}_2,\cdots,\boldsymbol{\xi}_{n-r}$ 是其导出组的一个基础解系，则非齐次方程组的任意一个解都可以表示成

$$\boldsymbol{X}=\boldsymbol{\gamma}_0+k_1\boldsymbol{\xi}_1+k_2\boldsymbol{\xi}_2+\cdots+k_{n-r}\boldsymbol{\xi}_{n-r},$$

其中 $k_1,k_2,\cdots,k_{n-r}$ 为任意数.上式称为 $\boldsymbol{AX}=\boldsymbol{b}$ 的**通解**.

例 7　求非齐次线性方程组$\begin{cases}x_1-x_2+x_3-x_4=1,\\x_1-x_2-x_3+x_4=0,\\x_1-x_2-2x_3+2x_4=-\dfrac{1}{2}\end{cases}$的通解.

典型例题精讲
非齐次线性
方程组的通解

解

$$\overline{\boldsymbol{A}}=\left(\begin{array}{cccc:c}1&-1&1&-1&1\\1&-1&-1&1&0\\1&-1&-2&2&-\dfrac{1}{2}\end{array}\right)\to\left(\begin{array}{cccc:c}1&-1&1&-1&1\\0&0&-2&2&-1\\0&0&-3&3&-\dfrac{3}{2}\end{array}\right)$$

$$\to\left(\begin{array}{cccc:c}1&-1&1&-1&1\\0&0&1&-1&\dfrac{1}{2}\\0&0&0&0&0\end{array}\right)\to\left(\begin{array}{cccc:c}1&-1&0&0&\dfrac{1}{2}\\0&0&1&-1&\dfrac{1}{2}\\0&0&0&0&0\end{array}\right),$$

所以 $R(\boldsymbol{A})=R(\bar{\boldsymbol{A}})=2$,因而原方程组有解,且得同解方程组

$$\begin{cases} x_1=\dfrac{1}{2}+x_2, \\ x_3=\dfrac{1}{2}+x_4. \end{cases} \tag{4.12}$$

(1) 求对应齐次线性方程组的一个基础解系.

由方程组(4.12)的对应齐次线性方程组分别取 $x_2=1,x_4=0$ 和 $x_2=0,x_4=1$ 得基础解系

$$\boldsymbol{\xi}_1=(1,1,0,0)^{\mathrm{T}},\quad \boldsymbol{\xi}_2=(0,0,1,1)^{\mathrm{T}}.$$

(2) 求非齐次线性方程组的一个特解.

由式(4.12),取 $x_2=x_4=0$ 得

$$\boldsymbol{\gamma}_0=\left(\frac{1}{2},0,\frac{1}{2},0\right)^{\mathrm{T}}.$$

故原方程组的通解为

$$\boldsymbol{X}=\boldsymbol{\gamma}_0+k_1\boldsymbol{\xi}_1+k_2\boldsymbol{\xi}_2,\quad k_1,k_2 \text{ 为任意数}.$$

例 8 问 λ 为何值时,方程组 $\begin{cases} \lambda x_1+x_2+x_3=1, \\ x_1+\lambda x_2+x_3=\lambda, \\ x_1+x_2+\lambda x_3=\lambda^2 \end{cases}$ 有惟一解?有无穷多解?无解?有解时并求解.

解

$$\begin{aligned}
\bar{\boldsymbol{A}}&=\begin{pmatrix} \lambda & 1 & 1 & 1 \\ 1 & \lambda & 1 & \lambda \\ 1 & 1 & \lambda & \lambda^2 \end{pmatrix} \to \begin{pmatrix} 1 & 1 & \lambda & \lambda^2 \\ 1 & \lambda & 1 & \lambda \\ \lambda & 1 & 1 & 1 \end{pmatrix} \\
&\to \begin{pmatrix} 1 & 1 & \lambda & \lambda^2 \\ 0 & \lambda-1 & 1-\lambda & \lambda(1-\lambda) \\ 0 & 1-\lambda & 1-\lambda^2 & 1-\lambda^3 \end{pmatrix} \\
&\to \begin{pmatrix} 1 & 1 & \lambda & \lambda^2 \\ 0 & \lambda-1 & 1-\lambda & \lambda(1-\lambda) \\ 0 & 0 & 2-\lambda-\lambda^2 & 1-\lambda^2+\lambda-\lambda^3 \end{pmatrix} \\
&\to \begin{pmatrix} 1 & 1 & \lambda & \lambda^2 \\ 0 & \lambda-1 & 1-\lambda & \lambda(1-\lambda) \\ 0 & 0 & (1-\lambda)(\lambda+2) & (1+\lambda)^2(1-\lambda) \end{pmatrix}.
\end{aligned} \tag{4.13}$$

(1) 当 $\lambda=1$ 时,$R(\boldsymbol{A})=R(\bar{\boldsymbol{A}})=1<n=3$,有无穷多解.此时

$$\bar{\boldsymbol{A}}\to\begin{pmatrix} 1 & 1 & 1 & 1 \\ 0 & 0 & 0 & 0 \\ 0 & 0 & 0 & 0 \end{pmatrix},$$

得同解方程组 $x_1=1-x_2-x_3$.由其对应的齐次线性方程组取 $x_2=1,x_3=0$ 和$x_2=0$, $x_3=1$ 得对应齐次线性方程组的基础解系

$$\boldsymbol{\xi}_1=(-1,1,0)^{\mathrm{T}},\quad \boldsymbol{\xi}_2=(-1,0,1)^{\mathrm{T}}.$$

取 $x_2=x_3=0$ 得非齐次线性方程组的特解

$$\boldsymbol{\gamma}_0=(1,0,0)^{\mathrm{T}},$$

故原方程组的通解为

$$\boldsymbol{X}=\boldsymbol{\gamma}_0+k_1\boldsymbol{\xi}_1+k_2\boldsymbol{\xi}_2,\quad k_1,k_2\ \text{为任意数}.$$

(2) 当 $\lambda=-2$ 时,$R(\boldsymbol{A})=2\neq R(\overline{\boldsymbol{A}})=3$,无解.

(3) 当 $\lambda\neq 1$ 且 $\lambda\neq -2$ 时,$R(\boldsymbol{A})=R(\overline{\boldsymbol{A}})=3=n$,所以有惟一解.此时由式(4.13)直接得

$$\begin{cases}x_1=\dfrac{-\lambda-1}{\lambda+2},\\ x_2=\dfrac{1}{\lambda+2},\\ x_3=\dfrac{(\lambda+1)^2}{\lambda+2}.\end{cases}$$

例 9 判断方程组 $\begin{cases}x_1+\ \ x_2=1,\\ ax_1+\ bx_2=c,\\ a^2x_1+b^2x_2=c^2\end{cases}$ 是否有解,其中 a,b,c 互不相等.

解 因

$$\det\overline{\boldsymbol{A}}=\begin{vmatrix}1&1&1\\a&b&c\\a^2&b^2&c^2\end{vmatrix}=(b-a)(c-a)(c-b),$$

由题设知 $\det\overline{\boldsymbol{A}}\neq 0$,因而 $R(\overline{\boldsymbol{A}})=3$,而 $R(\boldsymbol{A})=2$,故 $R(\boldsymbol{A})\neq R(\overline{\boldsymbol{A}})$,于是方程组无解.

例 10 已知方程组

$$\begin{cases}a_{11}x_1+a_{12}x_2+\cdots+a_{1n}x_n=b_1,\\ a_{21}x_1+a_{22}x_2+\cdots+a_{2n}x_n=b_2,\\ \cdots\cdots\cdots\cdots\\ a_{n1}x_1+a_{n2}x_2+\cdots+a_{nn}x_n=b_n\end{cases}\tag{4.14}$$

的系数矩阵 $\boldsymbol{A}$ 的秩等于 $\boldsymbol{B}=\begin{pmatrix}a_{11}&a_{12}&\cdots&a_{1n}&b_1\\ \vdots&\vdots&&\vdots&\vdots\\ a_{n1}&a_{n2}&\cdots&a_{nn}&b_n\\ b_1&b_2&\cdots&b_n&0\end{pmatrix}$ 的秩,证明方程组(4.14)有解.

证 增广矩阵

$$\overline{A}=\begin{pmatrix}a_{11}&a_{12}&\cdots&a_{1n}&\vdots&b_1\\a_{21}&a_{22}&\cdots&a_{2n}&\vdots&b_2\\\vdots&\vdots&&\vdots&\vdots&\vdots\\a_{n1}&a_{n2}&\cdots&a_{nn}&\vdots&b_n\end{pmatrix},$$

显然,$\overline{\boldsymbol{A}}$ 的行向量组是 $\boldsymbol{B}$ 的行向量组的部分组,因而 $\overline{\boldsymbol{A}}$ 的行向量组可以由 $\boldsymbol{B}$ 的行向量组线性表出,从而 $\overline{\boldsymbol{A}}$ 的行向量组的秩小于等于 $\boldsymbol{B}$ 的行向量组的秩,所以

$$R(\overline{\boldsymbol{A}})\leqslant R(\boldsymbol{B}).$$

又已知 $R(\boldsymbol{A})=R(\boldsymbol{B})$,于是

$$R(\boldsymbol{A})=R(\boldsymbol{B})\geqslant R(\overline{\boldsymbol{A}}).\tag{4.15}$$

又因 $\boldsymbol{A}$ 的列向量组可由 $\overline{\boldsymbol{A}}$ 的列向量组线性表出,因此

$$R(\boldsymbol{A})\leqslant R(\overline{\boldsymbol{A}}).\tag{4.16}$$

由式(4.15),(4.16)得 $R(\boldsymbol{A})=R(\overline{\boldsymbol{A}})$.故方程组(4.14)有解.

例 11 讨论两平面

$$\pi_1: a_1x+b_1y+c_1z=d_1,$$
$$\pi_2: a_2x+b_2y+c_2z=d_2$$

之间的关系.设

$$\boldsymbol{A}=\begin{pmatrix}a_1&b_1&c_1\\a_2&b_2&c_2\end{pmatrix},\quad \overline{\boldsymbol{A}}=\begin{pmatrix}a_1&b_1&c_1&d_1\\a_2&b_2&c_2&d_2\end{pmatrix}.$$

当 $R(\boldsymbol{A})=2$ 时,非齐次线性方程组有解,但 $R(\boldsymbol{A})=R(\overline{\boldsymbol{A}})=2<n=3$,因而有无穷多解.所以两平面相交于一直线;

当 $R(\boldsymbol{A})=1,R(\overline{\boldsymbol{A}})=2$ 时,非齐次线性方程组无解,所以两平面平行;

当 $R(\boldsymbol{A})=R(\overline{\boldsymbol{A}})=1$ 时,显然 $\overline{\boldsymbol{A}}$ 的两个行向量线性相关,即 a_1,b_1,c_1,d_1 与 a_2,b_2,c_2,d_2 成比例,所以两平面重合.

例 12 讨论空间三个平面

$$\pi_1:\quad a_1x+b_1y+c_1z=d_1,$$
$$\pi_2:\quad a_2x+b_2y+c_2z=d_2,$$
$$\pi_3:\quad a_3x+b_3y+c_3z=d_3$$

的位置关系.设

$$\boldsymbol{A}=\begin{pmatrix}a_1&b_1&c_1\\a_2&b_2&c_2\\a_3&b_3&c_3\end{pmatrix},\quad \overline{\boldsymbol{A}}=\begin{pmatrix}a_1&b_1&c_1&d_1\\a_2&b_2&c_2&d_2\\a_3&b_3&c_3&d_3\end{pmatrix}.$$

现在我们利用向量组的线性相关性及线性方程组的理论来讨论这三个平面的位置关系.

(1) $R(\boldsymbol{A})=3$.

这时 $R(\overline{\boldsymbol{A}})=3$，根据克拉默法则知，上面方程组有惟一解，所以三个平面交于一点（见图 4.8(a)）.

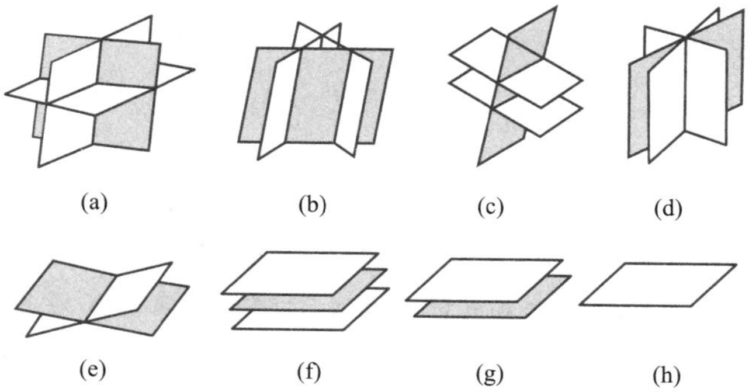

图 4.8

(2) $R(\boldsymbol{A})=2, R(\overline{\boldsymbol{A}})=3$.

此时方程组无解，所以三个平面不相交. 又因为 $R(\boldsymbol{A})=2$，所以 $\boldsymbol{A}$ 的三个行向量 $\boldsymbol{a}_1, \boldsymbol{a}_2, \boldsymbol{a}_3$（它们也是三个平面的法向量）线性相关，即存在不全为零的实数 k_1, k_2, k_3，使得 $k_1\boldsymbol{a}_1+k_2\boldsymbol{a}_2+k_3\boldsymbol{a}_3=\mathbf{0}$. 当 k_1, k_2, k_3 都不为零时，有 $\boldsymbol{a}_i \times \boldsymbol{a}_j \neq \mathbf{0}(i \neq j)$，即任意两个平面相交，且由

$$\boldsymbol{a}_1 \cdot (\boldsymbol{a}_2 \times \boldsymbol{a}_3)=[\boldsymbol{a}_1 \quad \boldsymbol{a}_2 \quad \boldsymbol{a}_3]=\det \boldsymbol{A}=0$$

知 π_2 和 π_3 的交线与 π_1 平行. 同理可知，π_1 和 π_3 的交线与 π_2 平行；π_1 和 π_2 的交线与 π_3 平行. 因此三个平面形成一个三棱柱（见图 4.8(b)）. 当 k_1, k_2, k_3 中有一个为零时，三个平面中有两个平面平行，另一平面与这两个平面相交（见图 4.8(c)）.

(3) $R(\boldsymbol{A})=2, R(\overline{\boldsymbol{A}})=2$.

这时方程组有解，且解里仅含一个参数，故三个平面相交于一条直线. 又因为 $R(\overline{\boldsymbol{A}})=2$，所以 $\overline{\boldsymbol{A}}$ 的三个行向量 $\boldsymbol{b}_1, \boldsymbol{b}_2, \boldsymbol{b}_3$ 线性相关，即存在不全为零的实数 k_1, k_2, k_3，使得 $k_1\boldsymbol{b}_1+k_2\boldsymbol{b}_2+k_3\boldsymbol{b}_3=\mathbf{0}$. 当 k_1, k_2, k_3 都不为零时，三个平面互异（见图 4.8(d)）. 当 k_1, k_2, k_3 中有一个为零时，三平面中有两个平面重合（见图 4.8(e)）.

(4) $R(\boldsymbol{A})=1, R(\overline{\boldsymbol{A}})=2$.

此时方程组无解，所以三个平面不相交. 又因为 $R(\boldsymbol{A})=1$，所以三个平面平行；而由 $R(\overline{\boldsymbol{A}})=2$ 知三个平面中至少有两个平面互异. 即三个平面平行，并且互异（见图 4.8(f)）；或三个平面平行，其中有两个平面重合（见图 4.8(g)）.

(5) $R(\boldsymbol{A})=1, R(\overline{\boldsymbol{A}})=1$.

这时方程组有解，且解里含两个参数，故这些解所对应的点必在一个平面内，即三个平面重合（见图 4.8(h)）.

三个平面总共有上述八种不同的位置.

应用实例一：高光谱图像解混

高光谱图像由搭载在不同空间平台上的成像光谱仪，在电磁波谱的紫外、可见光、

近红外和中红外区域，以数十至数百个连续且细分的光谱波段对目标区域同时成像得到.由于成像设备限制和环境因素等的影响，高光谱图像中的每个像素是不同典型地物的光谱特征的线性组合(图 4.9)，其数学模型可写为

$$\boldsymbol{b}=(\boldsymbol{a}_1,\boldsymbol{a}_2,\cdots,\boldsymbol{a}_n)\begin{pmatrix}x_1\\x_2\\\vdots\\x_n\end{pmatrix},$$

其中 $\boldsymbol{b}\in\mathbf{R}^m$ 表示高光谱图像中的一个像素(也称为混合像元)，$\boldsymbol{a}_i\in\mathbf{R}^m$ 表示一个端元光谱特征，$x_i\in\mathbf{R}$ 则代表端元 $\boldsymbol{a}_i(i=1,2,\cdots,n)$ 所占比例.令 $\boldsymbol{A}=(\boldsymbol{a}_1,\boldsymbol{a}_2,\cdots,\boldsymbol{a}_n)$，$\boldsymbol{X}=(x_1,x_2,\cdots,x_n)^{\mathrm{T}}$.若已知像素 $\boldsymbol{b}$ 和光谱矩阵 $\boldsymbol{A}$，计算成分向量 $\boldsymbol{X}$ 就是求解线性方程组 $\boldsymbol{b}=\boldsymbol{AX}$，通常称为高光谱图像解混.在实际应用中，通常 $m\neq n$，特别地，在稀疏解混中一般假设 $m<n$.试问，当 $m<n$ 时，上述方程组有解吗？如果有解，有多少解？又如何求出其全部解？

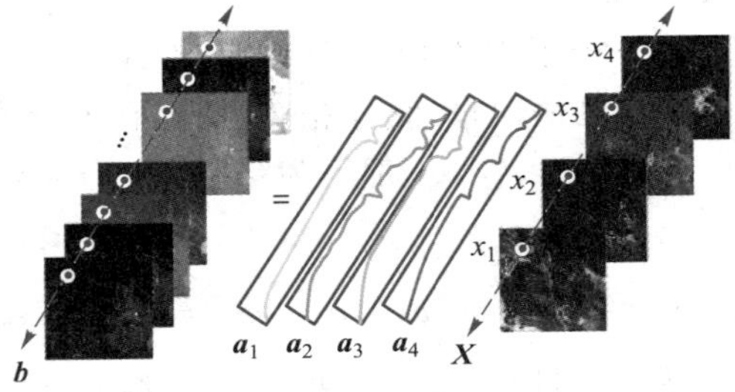

图 4.9

应用实例二：投入产出模型

现代生产高度专业化的特点，使得一个经济系统内众多的生产部门之间紧密关联，相互依存.每个部门在生产过程中都要消耗各个部门提供的产品或服务，称之为投入；每个部门也向各个部门及社会提供自己的产品或服务，称之为产出.投入产出数学模型就是应用线性代数理论所建立的研究经济系统各部门之间投入产出综合平衡关系的经济数学模型.

若从事的是生产活动，则产出就是生产的产品.这里我们只讨论价值型投入产出模型，投入和产出都用货币数值来度量.

在一个经济系统中，每个部门(企业)作为生产者，它既要为自身及系统内其他部门(企业)进行生产而提供一定的产品，又要满足系统外部(包括出口)对它的产品需求.另一方面，每个部门(企业)为了生产其产品，又必然是消耗者，它既有物资方面的消耗(消耗本部门(企业)和系统内其他部门(企业)所生产的产品，如原材料、设备、运输和能源等)，又有人力方面的消耗.消耗的目的是为了生产，生产的结果必然要创造新的价值，以用于支付劳动者的报酬、缴付税金和获取合理的利润.显然，对每个部门(企业)来讲，在物资方面的消耗和新创造的价值等于它的总产品的价值，这

就是“投入”与“产出”之间的总的平衡关系.

(一) 分配平衡方程组

我们从产品分配的角度讨论投入产出的一种平衡关系.即讨论:在经济系统内每个部门(企业)的产品产量与系统内部对产品的消耗及系统外部对产品的需求处于平衡的情况下,如何确定各部门(企业)的产品产量.

设某个经济系统由 n 个企业组成,为帮助理解,列表 4.1 如下:

表 4.1 企业投入产出平衡关系

直接消耗系数		消耗企业				外部需求	总产值
		1	2	$\cdots$	n		
生产企业	1	c_{11}	c_{12}	$\cdots$	c_{1n}	d_1	x_1
	2	c_{21}	c_{22}	$\cdots$	c_{2n}	d_2	x_2
	$\vdots$	$\vdots$	$\vdots$		$\vdots$	$\vdots$	$\vdots$
	n	c_{n1}	c_{n2}	$\cdots$	c_{nn}	d_n	x_n

其中 x_i 表示第 i 个企业的总产值,$x_i \geqslant 0$;d_i 表示系统外部对第 i 个企业的产值的需求量,$d_i \geqslant 0$;c_{ij} 表示第 j 个企业生产单位产值需要消耗第 i 个企业的产值数,称为第 j 个企业对第 i 个企业的**直接消耗系数**,$c_{ij} \geqslant 0$.

表中编号相同的生产企业和消耗企业是指同一个企业.如“1”号表示煤矿,“2”号表示电厂,c_{21} 表示煤矿生产单位产值需要直接消耗电厂的产值数,c_{22} 表示电厂生产单位产值需要直接消耗自身的产值数,d_2 表示系统外部对电厂产值的需求量,x_2 表示电厂的总产值.

第 i 个企业分配给系统内各企业生产性消耗的产值数为

$$c_{i1}x_1 + c_{i2}x_2 + \cdots + c_{in}x_n,$$

提供给系统外部的产值数为 d_i,这两部分之和就是第 i 个企业的总产值 x_i.于是可得分配平衡方程组

$$x_i = \left(\sum_{j=1}^{n} c_{ij}x_j\right) + d_i, \quad i = 1, 2, \cdots, n, \tag{4.17}$$

记

$$\boldsymbol{C} = \begin{pmatrix} c_{11} & c_{12} & \cdots & c_{1n} \\ c_{21} & c_{22} & \cdots & c_{2n} \\ \vdots & \vdots & & \vdots \\ c_{n1} & c_{n2} & \cdots & c_{nn} \end{pmatrix}, \quad \boldsymbol{X} = \begin{pmatrix} x_1 \\ x_2 \\ \vdots \\ x_n \end{pmatrix}, \quad \boldsymbol{d} = \begin{pmatrix} d_1 \\ d_2 \\ \vdots \\ d_n \end{pmatrix},$$

于是式(4.17)可表示成矩阵形式

$$\boldsymbol{X} = \boldsymbol{C}\boldsymbol{X} + \boldsymbol{d}, \tag{4.18}$$

即

$$(\boldsymbol{I}-\boldsymbol{C})\boldsymbol{X}=\boldsymbol{d}, \tag{4.19}$$

式(4.18)或式(4.19)是投入产出数学模型之一,这是一个含 n 个未知量 $x_i(i=1,2,\cdots,n)$ 和 n 个方程的线性方程组.

$\boldsymbol{C}$ 称为**直接消耗系数矩阵**,$\boldsymbol{X}$ 称为**生产向量**,$\boldsymbol{d}$ 称为**外部需求向量**.显然它们的元均非负.

若设 x_{ij} 表示第 j 部门在生产过程中消耗第 i 部门的产品数量,一般称为**中间产品**,如 x_{12} 表示第 2 部门在生产过程中消耗第 1 部门的生产数量.于是显然第 j 部门对第 i 部门的直接消耗系数

$$c_{ij}=\frac{x_{ij}}{x_j},\quad i,j=1,2,\cdots,n.$$

由上式可知,直接消耗系数矩阵 $\boldsymbol{C}$ 具有以下性质:

(1) $0\leqslant c_{ij}\leqslant 1,\quad i,j=1,2,\cdots,n$; (2) $\sum\limits_{i=1}^{n} c_{ij}<1,\quad j=1,2,\cdots,n$.

可以证明 $\boldsymbol{I}-\boldsymbol{C}$ 是可逆的,且其逆的元均非负.从而,分配平衡方程组 $(\boldsymbol{I}-\boldsymbol{C})\boldsymbol{X}=\boldsymbol{d}$ 一定有惟一解 $\boldsymbol{X}=(\boldsymbol{I}-\boldsymbol{C})^{-1}\boldsymbol{d}$.

实例一 某工厂有三个车间,设在某一生产周期内,车间之间直接消耗系数及总产值如表 4.2:

表 4.2 车间之间直接消耗系数及总产值

直接消耗系数		消耗车间			外部需求	总产值
		1	2	3		
生产车间	1	0.25	0.10	0.10	d_1	400
	2	0.20	0.20	0.10	d_2	250
	3	0.10	0.10	0.20	d_3	300

为使各车间与系统内外需求平衡,求:(1)各车间的最终产品 d_1,d_2,d_3;(2)各车间之间的中间产品 $x_{ij}(i,j=1,2,3)$.

解 (1)

$$\boldsymbol{d}=\begin{pmatrix}d_1\\d_2\\d_3\end{pmatrix}=(\boldsymbol{I}-\boldsymbol{C})\boldsymbol{X}=\begin{pmatrix}0.75&-0.10&-0.10\\-0.20&0.80&-0.10\\-0.10&-0.10&0.80\end{pmatrix}\begin{pmatrix}400\\250\\300\end{pmatrix}=\begin{pmatrix}245\\90\\175\end{pmatrix},$$

即 $d_1=245,d_2=90,d_3=175$.

(2) 由 $x_{ij}=c_{ij}x_j,\quad i,j=1,2,3$,得

$$x_{11}=0.25\times400=100,\quad x_{12}=0.1\times250=25,\quad x_{13}=0.1\times300=30,$$

同理得

$$x_{21}=80,\quad x_{22}=50,\quad x_{23}=30,$$
$$x_{31}=40,\quad x_{32}=25,\quad x_{33}=60.$$

实例二 设某一经济系统在某生产周期内的直接消耗系数矩阵 $\boldsymbol{C}$ 和外部需求向量如下：

$$\boldsymbol{C}=\begin{pmatrix}0.25 & 0.1 & 0.1\\ 0.2 & 0.2 & 0.1\\ 0.1 & 0.1 & 0.2\end{pmatrix},\quad \boldsymbol{d}=\begin{pmatrix}235\\125\\210\end{pmatrix},$$

求该系统在这一生产周期内的总产值向量 $\boldsymbol{X}$.

解 由分配平衡方程组 $(\boldsymbol{I}-\boldsymbol{C})\boldsymbol{X}=\boldsymbol{d}$ 的增广矩阵

$$\left(\begin{array}{ccc:c}0.75 & -0.1 & -0.1 & 235\\ -0.2 & 0.8 & -0.1 & 125\\ -0.1 & -0.1 & 0.8 & 210\end{array}\right)\to\left(\begin{array}{ccc:c}0 & -0.85 & 5.9 & 1\,810\\ 0 & 1 & -1.7 & -295\\ 1 & 1 & -8 & -2\,100\end{array}\right)$$

$$\to\left(\begin{array}{ccc:c}1 & 1 & -8 & -2\,100\\ 0 & 1 & -1.7 & -295\\ 0 & -0.85 & 5.9 & 1\,810\end{array}\right)$$

$$\to\left(\begin{array}{ccc:c}1 & 0 & -6.3 & -1\,805\\ 0 & 1 & -1.7 & -295\\ 0 & 0 & 4.455 & 1\,559.25\end{array}\right)$$

$$\to\left(\begin{array}{ccc:c}1 & 0 & 0 & 400\\ 0 & 1 & 0 & 300\\ 0 & 0 & 1 & 350\end{array}\right)$$

知，$\boldsymbol{X}=(400,300,350)^{\mathrm{T}}$.

（二）消耗平衡方程组

这里我们从消耗的角度讨论投入产出的另一种平衡关系，它是在系统内各个部门（企业）的总产值应与生产性消耗及新创造的价值（净产值）相等（相平衡）的情况下，讨论系统内各部门（企业）的总产值与新创造的价值（净产值）之间的相互关系.

某个经济系统的几个企业之间的直接消耗系数仍如前所述，那么第 j 个企业生产产值 x_j 需要消耗自身和其他企业的产值数（在原材料、运输、能源、设备等方面的生产性消耗）为 $c_{1j}x_j+c_{2j}x_j+\cdots+c_{nj}x_j$，若生产产值 x_j 所获得的净产值为 z_j，则 $x_j=c_{1j}x_j+c_{2j}x_j+\cdots+c_{nj}x_j+z_j$，即

$$x_j=\Big(\sum_{i=1}^{n}c_{ij}\Big)x_j+z_j,\quad j=1,2,\cdots,n, \tag{4.20}$$

方程组(4.20)称为**消耗平衡方程组**.式(4.20)可写成

$$\Big(1-\sum_{i=1}^{n}c_{ij}\Big)x_j=z_j,\quad j=1,2,\cdots,n. \tag{4.21}$$

记

$$
\boldsymbol{D}=\begin{pmatrix} \sum_{i=1}^{n} c_{i1} & & & \\ & \sum_{i=1}^{n} c_{i2} & & \\ & & \ddots & \\ & & & \sum_{i=1}^{n} c_{in} \end{pmatrix}, \quad \boldsymbol{Z}=\begin{pmatrix} z_1 \\ z_2 \\ \vdots \\ z_n \end{pmatrix},
$$

于是式(4.20),(4.21)的矩阵形式为

$$
\boldsymbol{X}=\boldsymbol{D}\boldsymbol{X}+\boldsymbol{Z}, \tag{4.22}
$$

即

$$
(\boldsymbol{I}-\boldsymbol{D})\boldsymbol{X}=\boldsymbol{Z}. \tag{4.23}
$$

式(4.22),(4.23)是投入产出模型之二,它揭示了经济系统的生产向量 $\boldsymbol{X}$、净产值向量 $\boldsymbol{Z}$ 与企业消耗矩阵 $\boldsymbol{D}$ 之间的关系.

由式(4.17)和式(4.20)可得 $\sum_{i=1}^{n}\left[\left(\sum_{j=1}^{n} c_{ij}x_j\right)+d_i\right]=\sum_{j=1}^{n}\left[\left(\sum_{i=1}^{n} c_{ij}x_j\right)+z_j\right]$,故

$$
\sum_{i=1}^{n} d_i=\sum_{j=1}^{n} z_j. \tag{4.24}
$$

式(4.24)表明,系统外部对各企业产值的需求量总和等于系统内部各企业净产值总和.

习题 4.4

1. 求下列齐次线性方程组的基础解系:

(1) $\begin{cases} x_1+x_2+2x_3-x_4=0, \\ 2x_1+x_2+x_3-x_4=0, \\ 2x_1+2x_2+x_3+4x_4=0; \end{cases}$ (2) $\begin{cases} 2x_1+3x_2-x_3+5x_4=0, \\ 3x_1+x_2+2x_3-7x_4=0, \\ 4x_1+x_2-3x_3+6x_4=0, \\ x_1-2x_2+4x_3-7x_4=0. \end{cases}$

2. 当 λ 为何值时,齐次线性方程组

$$
\begin{cases} (\lambda-2)x_1-3x_2-2x_3=0, \\ -x_1+(\lambda-8)x_2-2x_3=0, \\ 2x_1+14x_2+(\lambda+3)x_3=0 \end{cases}
$$

有非零解?并求出它的通解.

3. 设 $\boldsymbol{\xi}_1,\boldsymbol{\xi}_2$ 为某齐次线性方程组的基础解系,问 $\boldsymbol{\xi}_1+\boldsymbol{\xi}_2, 2\boldsymbol{\xi}_1-\boldsymbol{\xi}_2$ 是否可构成该方程组的基础解系?为什么?

4. 设线性方程组 $\boldsymbol{AX}=\boldsymbol{0}$ 只有零解,证明:对任意正整数 k, $\boldsymbol{A}^k\boldsymbol{X}=\boldsymbol{0}$ 也只有零解.

5. 求下列非齐次线性方程组的通解：

(1) $\begin{cases} 4x_1+2x_2-x_3=2, \\ 3x_1-x_2+2x_3=10, \\ 11x_1-3x_2=8; \end{cases}$ (2) $\begin{cases} x_1-x_2+x_4=1, \\ 2x_1+x_3=2, \\ 3x_1-x_2-x_3-x_4=0; \end{cases}$

(3) $\begin{cases} x_1+x_2-3x_3-x_4=1, \\ 3x_1-x_2-3x_3+4x_4=4, \\ x_1+5x_2-9x_3-8x_4=0. \end{cases}$

6. 当 a,b 为何值时，方程组 $\begin{cases} x_1+2x_2+3x_3-x_4=b, \\ -x_1+x_2+4x_4=3-b, \\ 2x_1+3x_2+5x_3+ax_4=1 \end{cases}$ 有解？当有解时求出解.

7. 设

$$\begin{vmatrix} a_{11} & a_{12} & \cdots & a_{1n} \\ a_{21} & a_{22} & \cdots & a_{2n} \\ \vdots & \vdots & & \vdots \\ a_{n1} & a_{n2} & \cdots & a_{nn} \end{vmatrix} \neq 0,$$

问方程组

$$\begin{cases} a_{11}x_1+a_{12}x_2+\cdots+a_{1,n-1}x_{n-1}=a_{1n}, \\ a_{21}x_1+a_{22}x_2+\cdots+a_{2,n-1}x_{n-1}=a_{2n}, \\ \cdots\cdots\cdots\cdots \\ a_{n1}x_1+a_{n2}x_2+\cdots+a_{n,n-1}x_{n-1}=a_{nn} \end{cases}$$

是否有解？

8. 试求下列方程组有解的充要条件：

$$\begin{cases} x_1-x_2=a_1, \\ x_2-x_3=a_2, \\ \cdots\cdots\cdots\cdots \\ x_{n-1}-x_n=a_{n-1}, \\ x_n-x_1=a_n. \end{cases}$$

9. 设 $\boldsymbol{\eta}^*$ 是非齐次线性方程组 $\boldsymbol{AX}=\boldsymbol{b}$ 的一个解，$\boldsymbol{\xi}_1,\boldsymbol{\xi}_2,\cdots,\boldsymbol{\xi}_{n-r}$ 是对应的齐次线性方程组的一个基础解系.证明：

(1) $\boldsymbol{\eta}^*,\boldsymbol{\xi}_1,\boldsymbol{\xi}_2,\cdots,\boldsymbol{\xi}_{n-r}$ 线性无关；

(2) $\boldsymbol{\eta}^*,\boldsymbol{\eta}^*+\boldsymbol{\xi}_1,\boldsymbol{\eta}^*+\boldsymbol{\xi}_2,\cdots,\boldsymbol{\eta}^*+\boldsymbol{\xi}_{n-r}$ 线性无关.

10. 设四元非齐次线性方程组的系数矩阵的秩为 3，已知 $\boldsymbol{\eta}_1,\boldsymbol{\eta}_2,\boldsymbol{\eta}_3$ 是它的三个解向量，且

$$\boldsymbol{\eta}_1=\begin{pmatrix}2\\3\\4\\5\end{pmatrix}, \quad \boldsymbol{\eta}_2+\boldsymbol{\eta}_3=\begin{pmatrix}1\\2\\3\\4\end{pmatrix},$$

求该方程组的通解.

复习题四

1. 下列命题是否正确？若正确，证明之；若不正确，试举反例：

(1) $\boldsymbol{\alpha}_1,\boldsymbol{\alpha}_2,\cdots,\boldsymbol{\alpha}_m(m>2)$线性无关的充要条件是任意两个向量线性无关；

(2) $\boldsymbol{\alpha}_1,\boldsymbol{\alpha}_2,\cdots,\boldsymbol{\alpha}_m(m>2)$线性相关的充要条件是有$m-1$个向量线性相关；

(3) 若$\boldsymbol{\alpha}_1,\boldsymbol{\alpha}_2$线性相关，$\boldsymbol{\beta}_1,\boldsymbol{\beta}_2$线性相关，则有不全为零的数$k_1$和$k_2$，使$k_1\boldsymbol{\alpha}_1+k_2\boldsymbol{\alpha}_2=\mathbf{0}$且$k_1\boldsymbol{\beta}_1+k_2\boldsymbol{\beta}_2=\mathbf{0}$，从而使$k_1(\boldsymbol{\alpha}_1+\boldsymbol{\beta}_1)+k_2(\boldsymbol{\alpha}_2+\boldsymbol{\beta}_2)=\mathbf{0}$，故$\boldsymbol{\alpha}_1+\boldsymbol{\beta}_1$，$\boldsymbol{\alpha}_2+\boldsymbol{\beta}_2$线性相关；

(4) 若$\boldsymbol{\alpha}_1,\boldsymbol{\alpha}_2,\boldsymbol{\alpha}_3$线性无关，则$\boldsymbol{\alpha}_1-\boldsymbol{\alpha}_2,\boldsymbol{\alpha}_2-\boldsymbol{\alpha}_3,\boldsymbol{\alpha}_3-\boldsymbol{\alpha}_1$线性无关；

(5) 若$\boldsymbol{\alpha}_1,\boldsymbol{\alpha}_2,\boldsymbol{\alpha}_3,\boldsymbol{\alpha}_4$线性无关，则$\boldsymbol{\alpha}_1+\boldsymbol{\alpha}_2,\boldsymbol{\alpha}_2+\boldsymbol{\alpha}_3,\boldsymbol{\alpha}_3+\boldsymbol{\alpha}_4,\boldsymbol{\alpha}_4+\boldsymbol{\alpha}_1$线性无关；

(6) 若$\boldsymbol{\alpha}_1,\boldsymbol{\alpha}_2,\cdots,\boldsymbol{\alpha}_n(n>2)$线性相关，则$\boldsymbol{\alpha}_1+\boldsymbol{\alpha}_2,\boldsymbol{\alpha}_2+\boldsymbol{\alpha}_3,\cdots,\boldsymbol{\alpha}_{n-1}+\boldsymbol{\alpha}_n,\boldsymbol{\alpha}_n+\boldsymbol{\alpha}_1$线性相关.

2. 对任意向量组$\boldsymbol{\alpha}_1,\boldsymbol{\alpha}_2,\boldsymbol{\alpha}_3$，证明：$\boldsymbol{\alpha}_1-\boldsymbol{\alpha}_2,\boldsymbol{\alpha}_2-\boldsymbol{\alpha}_3,\boldsymbol{\alpha}_3-\boldsymbol{\alpha}_1$线性相关.

3. 如果$\boldsymbol{\alpha}_1,\boldsymbol{\alpha}_2,\cdots,\boldsymbol{\alpha}_m$线性相关，那么其中每一向量是否都可以是其余向量的线性组合？

4. 如果存在一组不全为零的数$k_1,k_2,\cdots,k_m$，使$k_1\boldsymbol{\alpha}_1+k_2\boldsymbol{\alpha}_2+\cdots+k_m\boldsymbol{\alpha}_m\neq\mathbf{0}$，那么$\boldsymbol{\alpha}_1,\boldsymbol{\alpha}_2,\cdots,\boldsymbol{\alpha}_m$是否一定线性无关？

5. 对于平面或空间中的向量，线性相关与线性无关的概念有何几何意义？

6. 设$\boldsymbol{\alpha}_1=\begin{pmatrix}a_1\\a_2\\a_3\end{pmatrix},\boldsymbol{\alpha}_2=\begin{pmatrix}b_1\\b_2\\b_3\end{pmatrix},\boldsymbol{\alpha}_3=\begin{pmatrix}c_1\\c_2\\c_3\end{pmatrix}$，则平面上三条直线

$$\begin{cases}a_1x+b_1y+c_1=0,\\a_2x+b_2y+c_2=0,\\a_3x+b_3y+c_3=0\end{cases}\quad(a_i^2+b_i^2\neq0,i=1,2,3)$$

交于一点的充要条件是什么？

7. 设$\boldsymbol{\gamma}$是$\boldsymbol{\beta}_1,\boldsymbol{\beta}_2,\cdots,\boldsymbol{\beta}_s$的线性组合，而$\boldsymbol{\beta}_i(i=1,2,\cdots,s)$又都是$\boldsymbol{\alpha}_1,\boldsymbol{\alpha}_2,\cdots,\boldsymbol{\alpha}_m$的线性组合，证明：$\boldsymbol{\gamma}$必为$\boldsymbol{\alpha}_1,\boldsymbol{\alpha}_2,\cdots,\boldsymbol{\alpha}_m$的线性组合.

8. 设向量组$\boldsymbol{\alpha}_1,\boldsymbol{\alpha}_2,\cdots,\boldsymbol{\alpha}_m$线性无关，向量组$\boldsymbol{\beta},\boldsymbol{\alpha}_1,\boldsymbol{\alpha}_2,\cdots,\boldsymbol{\alpha}_m$ $(\boldsymbol{\beta}\neq\mathbf{0})$线性相关，则$\boldsymbol{\beta},\boldsymbol{\alpha}_1,\boldsymbol{\alpha}_2,\cdots,\boldsymbol{\alpha}_m$中有且仅有一个向量$\boldsymbol{\alpha}_i$可由其前面的向量线性表出.

9. 设$\boldsymbol{\alpha}_1,\boldsymbol{\alpha}_2,\cdots,\boldsymbol{\alpha}_s$线性无关，

$$\begin{cases}\boldsymbol{\beta}_1=a_{11}\boldsymbol{\alpha}_1+a_{12}\boldsymbol{\alpha}_2+\cdots+a_{1s}\boldsymbol{\alpha}_s,\\\boldsymbol{\beta}_2=a_{21}\boldsymbol{\alpha}_1+a_{22}\boldsymbol{\alpha}_2+\cdots+a_{2s}\boldsymbol{\alpha}_s,\\\cdots\cdots\cdots\cdots\\\boldsymbol{\beta}_s=a_{s1}\boldsymbol{\alpha}_1+a_{s2}\boldsymbol{\alpha}_2+\cdots+a_{ss}\boldsymbol{\alpha}_s,\end{cases}\quad\boldsymbol{A}=\begin{pmatrix}a_{11}&a_{12}&\cdots&a_{1s}\\a_{21}&a_{22}&\cdots&a_{2s}\\\vdots&\vdots&&\vdots\\a_{s1}&a_{s2}&\cdots&a_{ss}\end{pmatrix},$$

证明：$\boldsymbol{\beta}_1,\boldsymbol{\beta}_2,\cdots,\boldsymbol{\beta}_s$ 线性无关的充要条件是 $\det \boldsymbol{A}\neq 0$.

10. 设向量 $\boldsymbol{\beta}$ 可由向量组 $\boldsymbol{\alpha}_1,\boldsymbol{\alpha}_2,\cdots,\boldsymbol{\alpha}_r$ 线性表出，但不能由 $\boldsymbol{\alpha}_1,\boldsymbol{\alpha}_2,\cdots,\boldsymbol{\alpha}_{r-1}$ 线性表出.证明：

    (1) $\boldsymbol{\alpha}_r$ 不能由 $\boldsymbol{\alpha}_1,\boldsymbol{\alpha}_2,\cdots,\boldsymbol{\alpha}_{r-1}$ 线性表出；

    (2) $\boldsymbol{\alpha}_r$ 能由 $\boldsymbol{\alpha}_1,\boldsymbol{\alpha}_2,\cdots,\boldsymbol{\alpha}_{r-1},\boldsymbol{\beta}$ 线性表出.

11. 设 $\boldsymbol{\alpha}_1=(-2,1,0,3)$，$\boldsymbol{\alpha}_2=(1,-3,2,4)$，$\boldsymbol{\alpha}_3=(3,0,2,-1)$，$\boldsymbol{\alpha}_4=(2,-2,4,6)$，判定向量组 $\boldsymbol{\alpha}_1,\boldsymbol{\alpha}_2,\boldsymbol{\alpha}_3,\boldsymbol{\alpha}_4$ 的线性相关性.若线性相关，试将其中一个向量表示为其余向量的线性组合.

12. 设 $\boldsymbol{\alpha}_1=(3,1,2,5)$，$\boldsymbol{\alpha}_2=(1,1,1,2)$，$\boldsymbol{\alpha}_3=(2,0,1,3)$，$\boldsymbol{\alpha}_4=(1,-1,0,1)$，$\boldsymbol{\alpha}_5=(4,2,3,7)$，求此向量组的一个极大无关组，并用它表示其余向量.

13. 已知 $\boldsymbol{\alpha}_1=(1,0,2,3)$，$\boldsymbol{\alpha}_2=(1,1,3,5)$，$\boldsymbol{\alpha}_3=(1,-1,a+2,1)$，$\boldsymbol{\alpha}_4=(1,2,4,a+8)$，$\boldsymbol{\beta}=(1,1,b+3,5)$，问：

    (1) a,b 为何值时，$\boldsymbol{\beta}$ 不能表示成 $\boldsymbol{\alpha}_1,\boldsymbol{\alpha}_2,\boldsymbol{\alpha}_3,\boldsymbol{\alpha}_4$ 的线性组合？

    (2) a,b 为何值时，$\boldsymbol{\beta}$ 可由 $\boldsymbol{\alpha}_1,\boldsymbol{\alpha}_2,\boldsymbol{\alpha}_3,\boldsymbol{\alpha}_4$ 惟一线性表出？并写出该表示式.

14. 判断下面两个向量组是否等价，并说明理由：

$$(\mathrm{I}):\boldsymbol{\alpha}_1=\begin{pmatrix}1\\0\end{pmatrix},\boldsymbol{\alpha}_2=\begin{pmatrix}0\\1\end{pmatrix};\quad (\mathrm{II}):\boldsymbol{\beta}_1=\begin{pmatrix}1\\1\end{pmatrix},\boldsymbol{\beta}_2=\begin{pmatrix}2\\1\end{pmatrix},\boldsymbol{\beta}_3=\begin{pmatrix}1\\2\end{pmatrix}.$$

15. 设 $\boldsymbol{\alpha}_1,\boldsymbol{\alpha}_2,\cdots,\boldsymbol{\alpha}_s$ 为齐次方程组 $\boldsymbol{AX}=\boldsymbol{0}$ 的基础解系，$\boldsymbol{\beta}_1=t_1\boldsymbol{\alpha}_1+t_2\boldsymbol{\alpha}_2$，$\boldsymbol{\beta}_2=t_1\boldsymbol{\alpha}_2+t_2\boldsymbol{\alpha}_3,\cdots,\boldsymbol{\beta}_s=t_1\boldsymbol{\alpha}_s+t_2\boldsymbol{\alpha}_1$，其中 t_1,t_2 为常数.试问 t_1,t_2 满足什么条件时，$\boldsymbol{\beta}_1,\boldsymbol{\beta}_2,\cdots,\boldsymbol{\beta}_s$ 也为 $\boldsymbol{AX}=\boldsymbol{0}$ 的一个基础解系.

16. 设 $\boldsymbol{A}$ 为 n 阶方阵，且 $\boldsymbol{A}^2-\boldsymbol{A}=2\boldsymbol{I}$，证明：$R(2\boldsymbol{I}-\boldsymbol{A})+R(\boldsymbol{I}+\boldsymbol{A})=n$.

17. 设 $\boldsymbol{\beta}_1,\boldsymbol{\beta}_2$ 为非齐次线性方程组 $\boldsymbol{AX}=\boldsymbol{b}$ 的两个不同的解，$\boldsymbol{\alpha}_1,\boldsymbol{\alpha}_2$ 是对应齐次线性方程组的基础解系，k_1,k_2 为任意常数，证明：方程组 $\boldsymbol{AX}=\boldsymbol{b}$ 的通解为

$$k_1\boldsymbol{\alpha}_1+k_2(\boldsymbol{\alpha}_1-\boldsymbol{\alpha}_2)+\frac{1}{2}(\boldsymbol{\beta}_1+\boldsymbol{\beta}_2).$$

18. 问 λ 为何值时，方程组 $\begin{cases}\lambda x_1-x_2-x_3=1,\\-x_1+\lambda x_2-x_3=-\lambda,\\-x_1-x_2+\lambda x_3=\lambda^2\end{cases}$ 有解，并求出解的一般形式.

19. 设有四元齐次线性方程组(Ⅰ) $\begin{cases}x_1+x_2=0,\\x_2-x_4=0,\end{cases}$ 又已知某齐次线性方程组(Ⅱ)的通解为

$$k_1(0,1,1,0)^{\mathrm{T}}+k_2(-1,2,2,1)^{\mathrm{T}}\quad(k_1,k_2\in\mathbf{R}).$$

    (1) 求方程组(Ⅰ)的基础解系；

    (2) 问(Ⅰ)和(Ⅱ)是否有非零公共解？若有，则求出所有的非零公共解；若没有，则说明理由.

20. 设 $\boldsymbol{A}$ 是 $n\times m$ 矩阵，$\boldsymbol{B}$ 是 $m\times n$ 矩阵，$n<m$，若 $\boldsymbol{AB}=\boldsymbol{I}$，证明 $\boldsymbol{B}$ 的列向量组线性无关.

21. 设 $\boldsymbol{A}$ 是 n 阶矩阵，若存在正整数 k，使线性方程组 $\boldsymbol{A}^k\boldsymbol{X}=\boldsymbol{0}$ 有解向量 $\boldsymbol{\alpha}$，且 $\boldsymbol{A}^{k-1}\boldsymbol{\alpha}\neq\boldsymbol{0}$.证明：向量组 $\boldsymbol{\alpha},\boldsymbol{A\alpha},\cdots,\boldsymbol{A}^{k-1}\boldsymbol{\alpha}$ 线性无关.

22. 设有向量组（Ⅰ）：$\boldsymbol{\alpha}_1=(1,0,2)$，$\boldsymbol{\alpha}_2=(1,1,3)$，$\boldsymbol{\alpha}_3=(1,-1,a+2)$和向量组（Ⅱ）：$\boldsymbol{\beta}_1=(1,2,a+3)$，$\boldsymbol{\beta}_2=(2,1,a+6)$，$\boldsymbol{\beta}_3=(2,1,a+4)$.试问：$a$ 为何值时，组（Ⅰ）与组（Ⅱ）等价？何时不等价？

23. 试讨论三个平面 π_1：$x-y+2z+a=0$，π_2：$2x+3y-z-1=0$，π_3：$x-6y+6z+10=0$的相互位置关系.

思考题四

1. 设矩阵 $\begin{pmatrix} a_1 & b_1 & c_1 \\ a_2 & b_2 & c_2 \\ a_3 & b_3 & c_3 \end{pmatrix}$ 满秩，则直线 l_1：$\dfrac{x-a_3}{a_1-a_2}=\dfrac{y-b_3}{b_1-b_2}=\dfrac{z-c_3}{c_1-c_2}$与直线 l_2：$\dfrac{x-a_1}{a_2-a_3}=\dfrac{y-b_1}{b_2-b_3}=\dfrac{z-c_1}{c_2-c_3}$的位置关系是何种情况？

2. 若向量组 $\boldsymbol{\alpha}_1,\boldsymbol{\alpha}_2,\boldsymbol{\alpha}_3$ 线性无关，则 $\boldsymbol{\alpha}_1+\boldsymbol{\alpha}_2,\boldsymbol{\alpha}_2+\boldsymbol{\alpha}_3,\boldsymbol{\alpha}_3+\boldsymbol{\alpha}_1$ 线性无关.问：其逆命题是否成立？为什么？

3. 设向量 $\boldsymbol{\beta}$ 可以由 $\boldsymbol{\alpha}_1,\boldsymbol{\alpha}_2,\boldsymbol{\alpha}_3$ 线性表出.若 $\boldsymbol{\alpha}_1,\boldsymbol{\alpha}_2,\boldsymbol{\alpha}_3$ 线性无关，则表达式惟一.问：其逆命题是否成立？为什么？

4. “两个同型矩阵等价的充要条件是它们的秩相等”和“两个向量组等价的充要条件是它们的秩相等”这两个说法是否都是正确的？说明理由.

5. $V=\{(x,y,0)\mid x,y\in\mathbf{R}\}$是否是 $\mathbf{R}^3$ 的子空间？若是，求它的基和维数.

6. 齐次线性方程组 $\boldsymbol{AX}=\boldsymbol{0}$ 解向量的线性组合仍为 $\boldsymbol{AX}=\boldsymbol{0}$ 的解.试探讨：设 $\boldsymbol{\eta}_1,\boldsymbol{\eta}_2,\cdots,\boldsymbol{\eta}_t$ 是非齐次线性方程组$\boldsymbol{AX}=\boldsymbol{b}$ 的解向量，那么 $\boldsymbol{\eta}_1,\boldsymbol{\eta}_2,\cdots,\boldsymbol{\eta}_t$ 的线性组合是否也是 $\boldsymbol{AX}=\boldsymbol{b}$ 的解？若不是，则成立的条件是什么？充要条件是什么？

7. 证明：对任意的 $m\times n$ 矩阵 $\boldsymbol{A}$ 和 m 维列向量 $\boldsymbol{b}$，方程组 $\boldsymbol{A}^{\mathrm{T}}\boldsymbol{AX}=\boldsymbol{A}^{\mathrm{T}}\boldsymbol{b}$ 有解.

8. 设 $\boldsymbol{P}$ 是 $m\times r$ 矩阵，$\boldsymbol{Q}$ 是 $r\times n$ 矩阵，$R(\boldsymbol{P})=R(\boldsymbol{Q})=r$，若 $\boldsymbol{B}=\boldsymbol{PQ}$，证明：$R(\boldsymbol{B})=r$.

自测题四

第五章　特征值与特征向量

工程技术中的振动问题与稳定性问题，数学中矩阵的对角化与微分方程组的求解问题，还有其他一些实际问题，都可以归结为求矩阵的特征值与特征向量.

本章先介绍矩阵的特征值与特征向量的概念，再引入相似矩阵的概念，并讨论矩阵的相似对角化，最后介绍 n 维向量空间的正交性及实对称矩阵的相似对角化.

§5.0　引例

第四章提到的高光谱图像由搭载在不同空间平台上的成像光谱仪，以数十至数百个连续且细分的光谱波段对目标区域同时成像得到.其中每个波段对应一幅灰度图像，也称为高光谱图像的一个通道.在处理高光谱图像时，同时挖掘多个通道中的信息比单独处理每个通道更有效.通常，成像区域的一些特征可同时出现在多个通道中，这意味着高光谱图像中包含了大量冗余信息.

前沿视角
特征值与特征向量

主成分分析方法可将原始多个通道的高光谱图像中的大部分信息用少数几幅彼此不相关的合成图像来表示.比如，图 5.1(a)，(b)，(c)分别表示高光谱图像中的三个

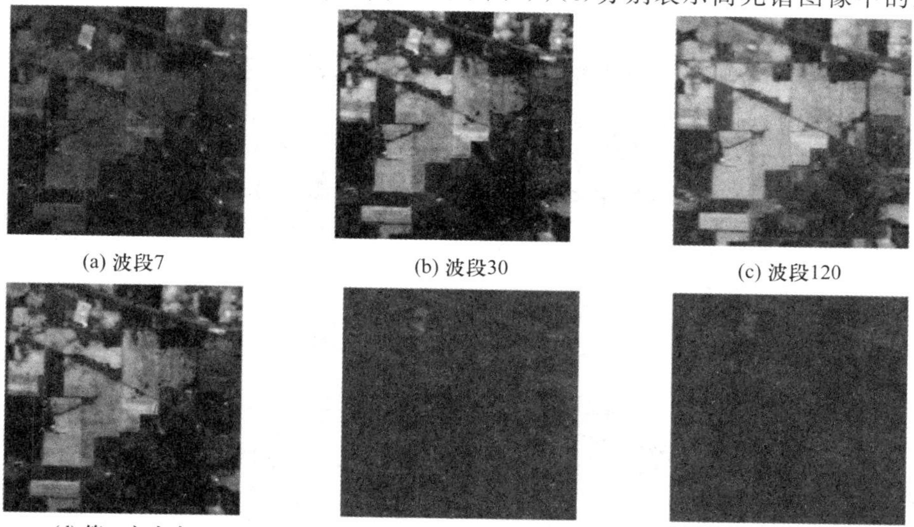

(a) 波段7　(b) 波段30　(c) 波段120

(d) 第一主成分　(e) 第二主成分　(f) 第三主成分

图 5.1

光谱波段图像.主成分分析方法将这三个波段的图像重新线性组合,得到了三幅主成分图像,如图 5.1(d),(e),(f)所示.第一主成分图像(d)的方差占比率为 97.08%.这意味着,第一主成分图像包含了原始三个波段图像 97.08%的信息.如此,信息得以浓缩和简化.那么如何得到这些主成分图像呢? 这个问题的答案与本章内容密切相关.

§5.1 特征值与特征向量的概念与计算

在实际问题中,常常遇到这样的问题,即对于一个给定的 n 阶方阵 $\boldsymbol{A}$,是否存在非零的 n 维向量 $\boldsymbol{\alpha}$,使得 $\boldsymbol{A\alpha}$ 与 $\boldsymbol{\alpha}$ 平行,即存在常数 λ,使得 $\boldsymbol{A\alpha}=\lambda\boldsymbol{\alpha}$ 成立.在数学上,这就是特征值与特征向量的问题.

定义 **设 $\boldsymbol{A}$ 是 n 阶方阵,如果存在数 λ 和 n 维非零向量 $\boldsymbol{\alpha}$,使**

$$\boldsymbol{A\alpha}=\lambda\boldsymbol{\alpha}, \tag{5.1}$$

则称 λ 为方阵 $\boldsymbol{A}$ 的一个特征值,$\boldsymbol{\alpha}$ 为方阵 $\boldsymbol{A}$ 对应于特征值 λ 的一个特征向量.

例 1 设

$$\boldsymbol{A}=\begin{pmatrix}3 & -2\\ 1 & 0\end{pmatrix},\quad \boldsymbol{\alpha}_1=\begin{pmatrix}1\\1\end{pmatrix},\quad \boldsymbol{\alpha}_2=\begin{pmatrix}2\\1\end{pmatrix},\quad \boldsymbol{\beta}=\begin{pmatrix}-1\\1\end{pmatrix},$$

有

$$\boldsymbol{A\alpha}_1=\begin{pmatrix}3 & -2\\ 1 & 0\end{pmatrix}\begin{pmatrix}1\\1\end{pmatrix}=\begin{pmatrix}1\\1\end{pmatrix}=1\boldsymbol{\alpha}_1,$$

$$\boldsymbol{A\alpha}_2=\begin{pmatrix}3 & -2\\ 1 & 0\end{pmatrix}\begin{pmatrix}2\\1\end{pmatrix}=\begin{pmatrix}4\\2\end{pmatrix}=2\begin{pmatrix}2\\1\end{pmatrix}=2\boldsymbol{\alpha}_2,$$

$$\boldsymbol{A\beta}=\begin{pmatrix}3 & -2\\ 1 & 0\end{pmatrix}\begin{pmatrix}-1\\1\end{pmatrix}=\begin{pmatrix}-5\\-1\end{pmatrix}\neq\lambda\begin{pmatrix}-1\\1\end{pmatrix}.$$

典型例题精讲
特征值、特征向量的概念

由定义可知,1 与 2 就是 $\boldsymbol{A}$ 的两个特征值,$\boldsymbol{\alpha}_1$ 与 $\boldsymbol{\alpha}_2$ 就是 $\boldsymbol{A}$ 分别对应于特征值 1 与 2 的特征向量;而 $\boldsymbol{\beta}$ 则不是 $\boldsymbol{A}$ 的特征向量.

从几何上看,矩阵 $\boldsymbol{A}$ 分别乘向量 $\boldsymbol{\alpha}_1$,$\boldsymbol{\alpha}_2$ 与 $\boldsymbol{\beta}$ 的结果如图 5.2 所示,$\boldsymbol{A\alpha}_2$ 相当于将向量 $\boldsymbol{\alpha}_2$ 增大一倍.这说明,如果 $\boldsymbol{\alpha}$ 是 $\boldsymbol{A}$ 的特征向量,那么 $\boldsymbol{A\alpha}$ 相当于对 $\boldsymbol{\alpha}$ 作一次"伸缩"变换.

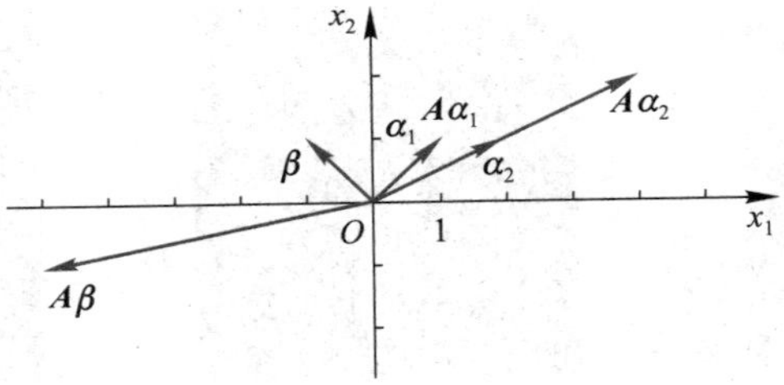

图 5.2

例 2 设方阵 $\boldsymbol{A}$ 满足 $\boldsymbol{A}^2=\boldsymbol{A}$，试证明：$\boldsymbol{A}$ 的特征值只有 0 或 1.

证 设 λ 是 $\boldsymbol{A}$ 的特征值，$\boldsymbol{\alpha}$ 是 $\boldsymbol{A}$ 对应于 λ 的特征向量，则 $\boldsymbol{A\alpha}=\lambda\boldsymbol{\alpha}\quad(\boldsymbol{\alpha}\neq\boldsymbol{0})$.
于是

$$\lambda\boldsymbol{\alpha}=\boldsymbol{A\alpha}=\boldsymbol{A}^2\boldsymbol{\alpha}=\boldsymbol{A}(\boldsymbol{A\alpha})=\boldsymbol{A}(\lambda\boldsymbol{\alpha})=\lambda(\boldsymbol{A\alpha})=\lambda^2\boldsymbol{\alpha},$$

所以

$$(\lambda^2-\lambda)\boldsymbol{\alpha}=\boldsymbol{0}.$$

因为 $\boldsymbol{\alpha}\neq\boldsymbol{0}$，所以 $\lambda^2-\lambda=\lambda(\lambda-1)=0$，即 $\lambda=0$ 或 $\lambda=1$.

典型例题精讲
特征值、特征向量的性质

对于 n 阶方阵 $\boldsymbol{A}$，若 $\boldsymbol{\alpha}$ 是 $\boldsymbol{A}$ 对应于特征值 λ 的一个特征向量，则对任意的 $k\neq0$，

$$\boldsymbol{A}(k\boldsymbol{\alpha})=k(\boldsymbol{A\alpha})=k(\lambda\boldsymbol{\alpha})=\lambda(k\boldsymbol{\alpha}),$$

所以，$k\boldsymbol{\alpha}$ 也是 $\boldsymbol{A}$ 对应于特征值 λ 的特征向量.

设 $\boldsymbol{\alpha}_1,\boldsymbol{\alpha}_2,\cdots,\boldsymbol{\alpha}_r$ 都是 $\boldsymbol{A}$ 对应于特征值 λ 的特征向量，且 $k_1\boldsymbol{\alpha}_1+k_2\boldsymbol{\alpha}_2+\cdots+k_r\boldsymbol{\alpha}_r\neq\boldsymbol{0}$，则

$$\begin{aligned}\boldsymbol{A}(k_1\boldsymbol{\alpha}_1+k_2\boldsymbol{\alpha}_2+\cdots+k_r\boldsymbol{\alpha}_r)&=k_1(\boldsymbol{A\alpha}_1)+k_2(\boldsymbol{A\alpha}_2)+\cdots+k_r(\boldsymbol{A\alpha}_r)\\&=k_1(\lambda\boldsymbol{\alpha}_1)+k_2(\lambda\boldsymbol{\alpha}_2)+\cdots+k_r(\lambda\boldsymbol{\alpha}_r)\\&=\lambda(k_1\boldsymbol{\alpha}_1+k_2\boldsymbol{\alpha}_2+\cdots+k_r\boldsymbol{\alpha}_r).\end{aligned}$$

所以 $k_1\boldsymbol{\alpha}_1+k_2\boldsymbol{\alpha}_2+\cdots+k_r\boldsymbol{\alpha}_r$ 也是 $\boldsymbol{A}$ 对应于特征值 λ 的特征向量.

设 V_λ 是 n 阶方阵 $\boldsymbol{A}$ 对应于特征值 λ 的所有特征向量以及零向量所组成的集合，即

$$V_\lambda=\{\boldsymbol{\alpha}\mid\boldsymbol{A\alpha}=\lambda\boldsymbol{\alpha},\lambda\in\mathbf{C},\boldsymbol{\alpha}\in\mathbf{C}^n\}.$$

由以上分析可知 V_λ 对向量的加法和数乘封闭，故 V_λ 构成子空间.我们称 V_λ 为 $\boldsymbol{A}$ 的**特征子空间**.

在例 1 中，$\boldsymbol{A\alpha}_1=\boldsymbol{\alpha}_1$，$\boldsymbol{A\alpha}_2=2\boldsymbol{\alpha}_2$，不难证明：$\boldsymbol{A}$ 对应于特征值 $\lambda_1=1$ 的所有特征向量都可以由 $\boldsymbol{\alpha}_1$ 线性表出，对应于 $\lambda_2=2$ 的所有特征向量都可以由 $\boldsymbol{\alpha}_2$ 线性表出.

从几何上看，V_{λ_1} 对应于过原点与点(1,1)的直线 l_1，V_{λ_2} 对应于过原点与点(2,1)的直线 l_2（图 5.3），即

$$V_{\lambda_1}=\{l_1\text{ 上的所有向量}\},$$

$$V_{\lambda_2}=\{l_2\text{ 上的所有向量}\}.$$

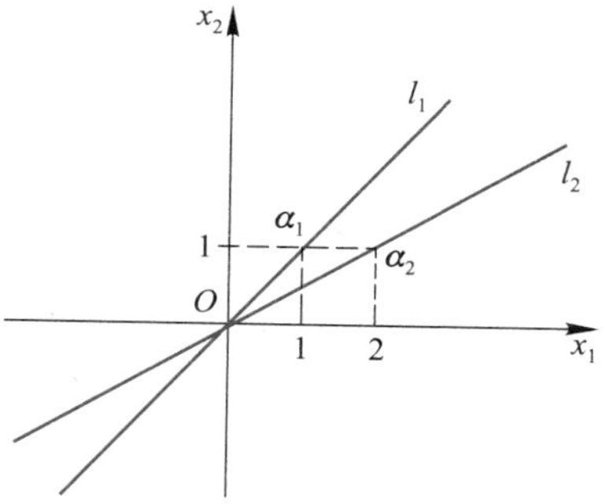

图 5.3

下面讨论对于给定的方阵 $\boldsymbol{A}=(a_{ij})_{n\times n}$，怎样求 $\boldsymbol{A}$ 的特征值与特征向量.

设 $\boldsymbol{\alpha}$ 是方阵 $\boldsymbol{A}$ 对应于特征值 λ 的特征向量，即 $\boldsymbol{A\alpha}=\lambda\boldsymbol{\alpha}\quad(\boldsymbol{\alpha}\neq\boldsymbol{0})$，$(\lambda\boldsymbol{I}-\boldsymbol{A})\boldsymbol{\alpha}=\boldsymbol{0}$.于是，$\boldsymbol{\alpha}$ 是齐次线性方程组 $(\lambda\boldsymbol{I}-\boldsymbol{A})\boldsymbol{X}=\boldsymbol{0}$ 即

$$\begin{cases}(\lambda-a_{11})x_1-a_{12}x_2-\cdots-a_{1n}x_n=0,\\-a_{21}x_1+(\lambda-a_{22})x_2-\cdots-a_{2n}x_n=0,\\\cdots\cdots\cdots\cdots\\-a_{n1}x_1-a_{n2}x_2-\cdots+(\lambda-a_{nn})x_n=0\end{cases}$$

的非零解.因此,$(\lambda\boldsymbol{I}-\boldsymbol{A})\boldsymbol{X}=\boldsymbol{0}$ 的解空间就是 $\boldsymbol{A}$ 的特征子空间,它的维数为

$$\dim V_\lambda=n-R(\lambda\boldsymbol{I}-\boldsymbol{A}).$$

$(\lambda\boldsymbol{I}-\boldsymbol{A})\boldsymbol{X}=\boldsymbol{0}$ 的基础解系为 V_λ 的基.

因为齐次线性方程组有非零解的充要条件是系数行列式等于零,所以

$$\det(\lambda\boldsymbol{I}-\boldsymbol{A})=0.$$

我们将方程 $\det(\lambda\boldsymbol{I}-\boldsymbol{A})=0$ 称为方阵 $\boldsymbol{A}$ 的**特征方程**.特征方程的根就是特征值,故有时又将特征值称为特征根.若 λ 是单根,则称 λ 为 $\boldsymbol{A}$ 的单特征根;若 λ 是 k 重根,则称 λ 为 $\boldsymbol{A}$ 的 k 重特征根.

由以上分析可得求方阵 $\boldsymbol{A}$ 的特征值与特征向量的计算步骤如下:

1° 求特征方程 $\det(\lambda\boldsymbol{I}-\boldsymbol{A})=0$ 的全部相异根 $\lambda_1,\lambda_2,\cdots,\lambda_k\ (k\leqslant n)$;

2° 分别求 $(\lambda_i\boldsymbol{I}-\boldsymbol{A})\boldsymbol{X}=\boldsymbol{0}\ (i=1,2,\cdots,k)$ 的基础解系 $\boldsymbol{\alpha}_{i1},\boldsymbol{\alpha}_{i2},\cdots,\boldsymbol{\alpha}_{ir_i}$,则 $k_1\boldsymbol{\alpha}_{i1}+k_2\boldsymbol{\alpha}_{i2}+\cdots+k_{r_i}\boldsymbol{\alpha}_{ir_i}\ (k_1,k_2,\cdots,k_{r_i}$ 不全为零)就是 $\boldsymbol{A}$ 对应于特征值 λ_i 的全部特征向量.

例 3 求方阵 $\boldsymbol{A}=\begin{pmatrix}3&-2\\1&0\end{pmatrix}$ 的特征值与特征向量.

解 $\det(\lambda\boldsymbol{I}-\boldsymbol{A})=\begin{vmatrix}\lambda-3&2\\-1&\lambda\end{vmatrix}=\lambda^2-3\lambda+2=(\lambda-1)(\lambda-2)$,$\boldsymbol{A}$ 的特征值为 $\lambda_1=1,\lambda_2=2$.

对于 $\lambda_1=1$,齐次线性方程组 $(\lambda_1\boldsymbol{I}-\boldsymbol{A})\boldsymbol{X}=\boldsymbol{0}$ 的系数矩阵为

$$\begin{pmatrix}-2&2\\-1&1\end{pmatrix},$$

相应简化的齐次线性方程组为 $x_1-x_2=0$,其基础解系为

$$\boldsymbol{\alpha}_1=(1,1)^{\mathrm{T}},$$

故对应于 $\lambda_1=1$ 的 $\boldsymbol{A}$ 的全部特征向量为 $k_1\boldsymbol{\alpha}_1(k_1\neq0)$.

对于 $\lambda_2=2$,齐次线性方程组 $(\lambda_2\boldsymbol{I}-\boldsymbol{A})\boldsymbol{X}=\boldsymbol{0}$ 的系数矩阵为

$$\begin{pmatrix}-1&2\\-1&2\end{pmatrix},$$

相应简化的齐次线性方程组为 $x_1-2x_2=0$,其基础解系为

$$\boldsymbol{\alpha}_2=(2,1)^{\mathrm{T}},$$

故对应于 $\lambda_2=2$ 的 $\boldsymbol{A}$ 的全部特征向量为 $k_2\boldsymbol{\alpha}_2(k_2\neq0)$.

例 4 求 $\boldsymbol{A}=\begin{pmatrix}1&-2&2\\-2&-2&4\\2&4&-2\end{pmatrix}$ 的特征值与特征向量.

解

$$\det(\lambda\boldsymbol{I}-\boldsymbol{A})=\begin{vmatrix}\lambda-1&2&-2\\2&\lambda+2&-4\\-2&-4&\lambda+2\end{vmatrix}=\begin{vmatrix}\lambda-1&2&-2\\2&\lambda+2&-4\\0&\lambda-2&\lambda-2\end{vmatrix}$$
$$=\begin{vmatrix}\lambda-1&4&-2\\2&\lambda+6&-4\\0&0&\lambda-2\end{vmatrix}=(\lambda-2)\begin{vmatrix}\lambda-1&4\\2&\lambda+6\end{vmatrix}$$
$$=(\lambda-2)^2(\lambda+7),$$

$\boldsymbol{A}$ 的特征值为 $\lambda_1=2$(2 重),$\lambda_2=-7$.

对于 $\lambda_1=2$,齐次线性方程组 $(\lambda_1\boldsymbol{I}-\boldsymbol{A})\boldsymbol{X}=\boldsymbol{0}$ 的系数矩阵为

$$\begin{pmatrix}1&2&-2\\2&4&-4\\-2&-4&4\end{pmatrix}\to\begin{pmatrix}1&2&-2\\0&0&0\\0&0&0\end{pmatrix},$$

相应简化的齐次线性方程组为 $x_1=-2x_2+2x_3$,其基础解系为

$$\boldsymbol{\alpha}_1=(-2,1,0)^{\mathrm{T}},\quad \boldsymbol{\alpha}_2=(2,0,1)^{\mathrm{T}},$$

$\boldsymbol{A}$ 对应于 $\lambda_1=2$ 的全部特征向量为 $k_1\boldsymbol{\alpha}_1+k_2\boldsymbol{\alpha}_2$($k_1,k_2$ 不全为零).

对于 $\lambda_2=-7$,齐次线性方程组 $(\lambda_2\boldsymbol{I}-\boldsymbol{A})\boldsymbol{X}=\boldsymbol{0}$ 的系数矩阵为

$$\begin{pmatrix}-8&2&-2\\2&-5&-4\\-2&-4&-5\end{pmatrix}\to\begin{pmatrix}1&0&\frac{1}{2}\\0&1&1\\0&0&0\end{pmatrix},$$

相应简化的齐次线性方程组为 $\begin{cases}x_1=-\frac{1}{2}x_3,\\x_2=-x_3,\end{cases}$ 其基础解系为

$$\boldsymbol{\alpha}_3=(1,2,-2)^{\mathrm{T}},$$

$\boldsymbol{A}$ 对应于 $\lambda_2=-7$ 的全部特征向量为 $k_3\boldsymbol{\alpha}_3(k_3\neq0)$.

例 5 求方阵 $\boldsymbol{A}=\begin{pmatrix}-1&1&0\\-4&3&0\\1&0&2\end{pmatrix}$ 的特征值与特征向量.

解

$$\det(\lambda \boldsymbol{I}-\boldsymbol{A})=\begin{vmatrix}\lambda+1 & -1 & 0\\ 4 & \lambda-3 & 0\\ -1 & 0 & \lambda-2\end{vmatrix}=(\lambda-2)(\lambda-1)^2,$$

$\boldsymbol{A}$ 的特征值为 $\lambda_1=2,\lambda_2=1$(2 重).

对于 $\lambda_1=2$,对应的齐次线性方程组 $(\lambda_1\boldsymbol{I}-\boldsymbol{A})\boldsymbol{X}=\boldsymbol{0}$ 为

$$\begin{cases}3x_1-x_2=0,\\ 4x_1-x_2=0,\\ -x_1\qquad=0,\end{cases}\tag{5.2}$$

其基础解系为

$$\boldsymbol{\alpha}_1=(0,0,1)^{\mathrm{T}}.$$

$\boldsymbol{A}$ 对应于 $\lambda_1=2$ 的全部特征向量为 $k_1\boldsymbol{\alpha}_1(k_1\neq0)$.

注意,方程组(5.2)实质上是一个三元线性方程组,其中 x_3 的系数全部为零.取 x_3 为自由未知量,则当 $x_3=1$ 时,$x_1=x_2=0$.

对于 $\lambda_2=1$,相应的齐次线性方程组 $(\lambda_2\boldsymbol{I}-\boldsymbol{A})\boldsymbol{X}=\boldsymbol{0}$ 为

$$\begin{cases}2x_1-x_2=0,\\ 4x_1-2x_2=0,\\ -x_1-x_3=0,\end{cases}$$

其基础解系为

$$\boldsymbol{\alpha}_2=(1,2,-1)^{\mathrm{T}},$$

$\boldsymbol{A}$ 对应于 $\lambda_2=1$ 的全部特征向量为 $k_2\boldsymbol{\alpha}_2(k_2\neq0)$.

在例 4 中,$\lambda_1=2$ 是 $\boldsymbol{A}$ 的 2 重特征根,$\boldsymbol{A}$ 对应于 λ_1 的线性无关的特征向量有两个,即 $(\lambda_1\boldsymbol{I}-\boldsymbol{A})\boldsymbol{X}=\boldsymbol{0}$ 的基础解系由两个解向量组成.在例 5 中,$\lambda_2=1$ 也是 $\boldsymbol{A}$ 的 2 重特征根,但 $\boldsymbol{A}$ 对应于 $\lambda_2=1$ 的线性无关的特征向量却只有一个,即 $(\lambda_2\boldsymbol{I}-\boldsymbol{A})\boldsymbol{X}=\boldsymbol{0}$ 的基础解系只由一个解向量组成.

设 n 阶矩阵 $\boldsymbol{A}$ 的特征多项式为

$$f(\lambda)=|\lambda\boldsymbol{I}-\boldsymbol{A}|=(\lambda-\lambda_1)^{k_1}(\lambda-\lambda_2)^{k_2}\cdots(\lambda-\lambda_r)^{k_r},$$

其中 $\lambda_i\neq\lambda_j(i\neq j)$,$\sum\limits_{i=1}^{r}k_i=n$,则 k_i 称为特征值 λ_i 的**代数重数**,而 λ_i 的特征子空间 V_{λ_i} 的维数称为 λ_i 的**几何重数**.

可以证明:特征值的几何重数不大于它的代数重数.即如果 λ_i 是 $\boldsymbol{A}$ 的 k_i 重特征值,则 $\boldsymbol{A}$ 对应于 λ_i 的线性无关的特征向量的个数不大于 k_i,也就是 $(\lambda_i\boldsymbol{I}-\boldsymbol{A})\boldsymbol{X}=\boldsymbol{0}$ 的基础解系所含解向量个数不大于 k_i.

例 6 设 $\boldsymbol{A}=\begin{pmatrix}1 & -1\\ 1 & 1\end{pmatrix}$,求 $\boldsymbol{A}$ 的特征值与特征向量.

解　$\det(\lambda \boldsymbol{I}-\boldsymbol{A})=\begin{vmatrix}\lambda-1 & 1\\ -1 & \lambda-1\end{vmatrix}=\lambda^2-2\lambda+2$，$\boldsymbol{A}$ 的特征值为 $\lambda_1=1+\mathrm{i}$，$\lambda_2=1-\mathrm{i}$.

对于 $\lambda_1=1+\mathrm{i}$，$(\lambda_1\boldsymbol{I}-\boldsymbol{A})\boldsymbol{X}=\boldsymbol{0}$的系数矩阵为

$$\begin{pmatrix}\mathrm{i} & 1\\ -1 & \mathrm{i}\end{pmatrix}\to\begin{pmatrix}1 & -\mathrm{i}\\ 0 & 0\end{pmatrix},\quad x_1=\mathrm{i}x_2,$$

其基础解系为

$$\boldsymbol{\alpha}_1=\begin{pmatrix}1\\ -\mathrm{i}\end{pmatrix}.$$

$\boldsymbol{A}$ 对应于$\lambda_1=1+\mathrm{i}$ 的全部特征向量为 $k_1\boldsymbol{\alpha}_1(k_1\neq0)$.

对于 $\lambda_2=1-\mathrm{i}$，$(\lambda_2\boldsymbol{I}-\boldsymbol{A})\boldsymbol{X}=\boldsymbol{0}$的基础解系为

$$\boldsymbol{\alpha}_2=\begin{pmatrix}1\\ \mathrm{i}\end{pmatrix},$$

$\boldsymbol{A}$ 对应于$\lambda_2=1-\mathrm{i}$ 的全部特征向量为 $k_2\boldsymbol{\alpha}_2(k_2\neq0)$.

我们将行列式 $\det(\lambda\boldsymbol{I}-\boldsymbol{A})$称为矩阵 $\boldsymbol{A}$ 的**特征多项式**，记为 $f_{\boldsymbol{A}}(\lambda)$，即

$$f_{\boldsymbol{A}}(\lambda)=\det(\lambda\boldsymbol{I}-\boldsymbol{A}).$$

下面进一步讨论特征多项式 $f_{\boldsymbol{A}}(\lambda)$的性质：

$$f_{\boldsymbol{A}}(\lambda)=\det(\lambda\boldsymbol{I}-\boldsymbol{A})=\begin{vmatrix}\lambda-a_{11} & -a_{12} & \cdots & -a_{1n}\\ -a_{21} & \lambda-a_{22} & \cdots & -a_{2n}\\ \vdots & \vdots & & \vdots\\ -a_{n1} & -a_{n2} & \cdots & \lambda-a_{nn}\end{vmatrix},$$

故 $f_{\boldsymbol{A}}(\lambda)$是 λ 的 n 次多项式

$$f_{\boldsymbol{A}}(\lambda)=\lambda^n+\alpha_{n-1}\lambda^{n-1}+\cdots+\alpha_1\lambda+\alpha_0. \tag{5.3}$$

利用行列式性质将 $\det(\lambda\boldsymbol{I}-\boldsymbol{A})$展开可得

$$\begin{aligned}f_{\boldsymbol{A}}(\lambda)&=\det(\lambda\boldsymbol{I}-\boldsymbol{A})\\ &=\lambda^n-(a_{11}+a_{22}+\cdots+a_{nn})\lambda^{n-1}+\cdots+(-1)^n\det\boldsymbol{A}.\end{aligned} \tag{5.4}$$

又设 $f_{\boldsymbol{A}}(\lambda)$的全部根(即 $\boldsymbol{A}$ 的全部特征值)为 $\lambda_1,\lambda_2,\cdots,\lambda_n$，则

$$\begin{aligned}f_{\boldsymbol{A}}(\lambda)&=(\lambda-\lambda_1)(\lambda-\lambda_2)\cdots(\lambda-\lambda_n)\\ &=\lambda^n-(\lambda_1+\lambda_2+\cdots+\lambda_n)\lambda^{n-1}+\cdots+(-1)^n\lambda_1\lambda_2\cdots\lambda_n.\end{aligned} \tag{5.5}$$

比较式(5.3)，(5.4)，(5.5)可得，

$$\alpha_{n-1}=-(a_{11}+a_{22}+\cdots+a_{nn})=-(\lambda_1+\lambda_2+\cdots+\lambda_n),$$

$$\alpha_0=(-1)^n\det\boldsymbol{A}=(-1)^n\lambda_1\lambda_2\cdots\lambda_n.$$

于是，矩阵 $\boldsymbol{A}$ 的特征值与 $\boldsymbol{A}$ 的主对角元及 $\det\boldsymbol{A}$ 之间有以下关系：

$$\lambda_1+\lambda_2+\cdots+\lambda_n=a_{11}+a_{22}+\cdots+a_{nn}=\mathrm{tr}(\boldsymbol{A}),$$
$$\lambda_1\lambda_2\cdots\lambda_n=\det\boldsymbol{A}.$$

因此，**方阵的 n 个特征值之和等于方阵的主对角元之和；n 个特征值之积等于方阵的行列式；n 阶方阵 $\boldsymbol{A}$ 可逆的充要条件是 $\boldsymbol{A}$ 的所有特征值全不为零.**

在多项式理论中可以证明：**整系数多项式的整数根一定是常数项的整数因子.** 利用这个结论，可以确定某些矩阵是否有整数特征值.

例 7 设 $\lambda_1=12$ 是矩阵 $\boldsymbol{A}=\begin{pmatrix}7&4&-1\\4&7&-1\\-4&a&4\end{pmatrix}$ 的一个特征值，求常数 a 及矩阵 $\boldsymbol{A}$ 的其余特征值.

解 因为 $\lambda_1=12$ 是矩阵 $\boldsymbol{A}$ 的一个特征值，所以，

$$\det(\lambda_1\boldsymbol{I}-\boldsymbol{A})=\begin{vmatrix}5&-4&1\\-4&5&1\\4&-a&8\end{vmatrix}=9a+36=0,$$

故 $a=-4$. 设矩阵 $\boldsymbol{A}$ 的其余特征值是 λ_2,λ_3，则

$$\lambda_1+\lambda_2+\lambda_3=7+7+4=18, \tag{5.6}$$
$$\lambda_1\lambda_2\lambda_3=\det\boldsymbol{A}=108, \tag{5.7}$$

将 $\lambda_1=12$ 代入式(5.6)，(5.7)，可得 $\lambda_2=\lambda_3=3$.

习题 5.1

1. 求下列矩阵的特征值与特征向量：

(1) $\begin{pmatrix}3&4\\5&2\end{pmatrix}$； (2) $\begin{pmatrix}0&a\\-a&0\end{pmatrix}$； (3) $\begin{pmatrix}1&2&3\\2&1&3\\3&3&6\end{pmatrix}$；

(4) $\begin{pmatrix}2&0&0\\1&1&0\\1&1&1\end{pmatrix}$； (5) $\begin{pmatrix}0&0&1\\0&1&0\\1&0&0\end{pmatrix}$； (6) $\begin{pmatrix}1&1&1&1\\1&1&-1&-1\\1&-1&1&-1\\1&-1&-1&1\end{pmatrix}$.

2. 设 λ 是方阵 $\boldsymbol{A}$ 的特征值，证明：λ^m 是 $\boldsymbol{A}^m$ 的特征值.
3. 设向量 $\boldsymbol{\alpha}$ 是方阵 $\boldsymbol{A}$ 对于 λ 的特征向量，试求 $\boldsymbol{A}^m$ 对于 λ^m 的特征向量.
4. 设 λ 是方阵 $\boldsymbol{A}$ 的特征值，$f(x)$ 是 x 的多项式，证明：$f(\lambda)$ 是 $f(\boldsymbol{A})$ 的特征值.
5. 试讨论可逆矩阵 $\boldsymbol{A}$ 与 $\boldsymbol{A}^{-1}$ 的特征值与特征向量的关系.
6. 设 $\boldsymbol{A}$ 可逆，讨论 $\boldsymbol{A}$ 与 $\boldsymbol{A}^*$ 的特征值(特征向量)之间的关系.

7. 设 n 阶矩阵 $\boldsymbol{A}$ 的任何一行中 n 个元素的和都是 a，证明：$\lambda=a$ 是 $\boldsymbol{A}$ 的特征值.

8. 设 $\boldsymbol{A}^2=\boldsymbol{I}$，证明：$\boldsymbol{A}$ 的特征值只能是 ±1.

9. 设 n 阶矩阵 $\boldsymbol{A}$ 满足 $\boldsymbol{A}^{\mathrm{T}}\boldsymbol{A}=\boldsymbol{I}$，$\det\boldsymbol{A}=-1$，证明：$-1$ 是 $\boldsymbol{A}$ 的一个特征值.

10. 设 $\lambda_1,\lambda_2,\cdots,\lambda_n$ 为 $\boldsymbol{A}=(a_{ij})_{n\times n}$ 的 n 个特征值，证明：

$$\sum_{i=1}^{n}\lambda_i^2=\sum_{i=1}^{n}\sum_{j=1}^{n}a_{ij}a_{ji}.$$

11. 设 3 阶矩阵 $\boldsymbol{A}$ 的特征多项式为 $f_{\boldsymbol{A}}(\lambda)=\lambda^3-3\lambda^2+5\lambda-3$，则 $\boldsymbol{A}$ 的整数特征值可能是哪些数？这些数中有没有 $\boldsymbol{A}$ 的特征值？

§5.2 矩阵的相似对角化

一、相似矩阵的基本概念

在习题 1.3 的第 13 题中，我们已经知道，如果已知可逆矩阵 $\boldsymbol{P}$，且 $\boldsymbol{P}^{-1}\boldsymbol{A}\boldsymbol{P}=\boldsymbol{\Lambda}$（对角矩阵）$=\begin{pmatrix}\lambda_1 & \\ & \lambda_2\end{pmatrix}$，则

$$\boldsymbol{A}=\boldsymbol{P}\boldsymbol{\Lambda}\boldsymbol{P}^{-1},$$

且

$$\boldsymbol{A}^k=\boldsymbol{P}\boldsymbol{\Lambda}^k\boldsymbol{P}^{-1}=\boldsymbol{P}\begin{pmatrix}\lambda_1^k & \\ & \lambda_2^k\end{pmatrix}\boldsymbol{P}^{-1}.$$

对于同阶方阵 $\boldsymbol{A}$，$\boldsymbol{B}$，如果存在可逆矩阵 $\boldsymbol{P}$，使得 $\boldsymbol{P}^{-1}\boldsymbol{A}\boldsymbol{P}=\boldsymbol{B}$，那么对于 $\boldsymbol{A}$ 与 $\boldsymbol{B}$ 之间的这种关系，我们给出如下定义：

定义　对于 n 阶矩阵 $\boldsymbol{A}$，$\boldsymbol{B}$，若存在可逆矩阵 $\boldsymbol{P}$，使

$$\boldsymbol{P}^{-1}\boldsymbol{A}\boldsymbol{P}=\boldsymbol{B},$$

则称 $\boldsymbol{A}$ 与 $\boldsymbol{B}$ 相似，记为 $\boldsymbol{A}\sim\boldsymbol{B}$.

矩阵之间的相似关系具有以下性质：

1° 反身性　$\boldsymbol{A}\sim\boldsymbol{A}$；

2° 对称性　若 $\boldsymbol{A}\sim\boldsymbol{B}$，则 $\boldsymbol{B}\sim\boldsymbol{A}$；

3° 传递性　若 $\boldsymbol{A}\sim\boldsymbol{B}$ 且 $\boldsymbol{B}\sim\boldsymbol{C}$，则 $\boldsymbol{A}\sim\boldsymbol{C}$.

1°和 2°的证明是很显然的.3°的证明如下：

设 $\boldsymbol{A}\sim\boldsymbol{B}$，则存在可逆矩阵 $\boldsymbol{P}$，使得 $\boldsymbol{P}^{-1}\boldsymbol{A}\boldsymbol{P}=\boldsymbol{B}$，又 $\boldsymbol{B}\sim\boldsymbol{C}$，则存在可逆矩阵 $\boldsymbol{Q}$，使 $\boldsymbol{Q}^{-1}\boldsymbol{B}\boldsymbol{Q}=\boldsymbol{C}$.所以

$$\boldsymbol{Q}^{-1}\boldsymbol{P}^{-1}\boldsymbol{A}\boldsymbol{P}\boldsymbol{Q}=(\boldsymbol{P}\boldsymbol{Q})^{-1}\boldsymbol{A}(\boldsymbol{P}\boldsymbol{Q})=\boldsymbol{C},$$

记 $\boldsymbol{R}=\boldsymbol{P}\boldsymbol{Q}$，则 $\boldsymbol{R}$ 可逆，且 $\boldsymbol{R}^{-1}\boldsymbol{A}\boldsymbol{R}=\boldsymbol{C}$.故 $\boldsymbol{A}\sim\boldsymbol{C}$.

定理 1　相似矩阵的特征值相同.

证 设 $\boldsymbol{A}\sim\boldsymbol{B}$，则存在可逆矩阵 $\boldsymbol{P}$，使

$$\boldsymbol{B}=\boldsymbol{P}^{-1}\boldsymbol{A}\boldsymbol{P},$$

$$\begin{aligned}\det(\lambda\boldsymbol{I}-\boldsymbol{B})&=\det(\lambda\boldsymbol{I}-\boldsymbol{P}^{-1}\boldsymbol{A}\boldsymbol{P})=\det[\boldsymbol{P}^{-1}(\lambda\boldsymbol{I}-\boldsymbol{A})\boldsymbol{P}]\\&=\det\boldsymbol{P}^{-1}\det(\lambda\boldsymbol{I}-\boldsymbol{A})\det\boldsymbol{P}=\det(\lambda\boldsymbol{I}-\boldsymbol{A}),\end{aligned}$$

$\boldsymbol{A}$ 与 $\boldsymbol{B}$ 的特征多项式相同，因此 $\boldsymbol{A}$ 与 $\boldsymbol{B}$ 的特征值相同.

典型例题精讲
相似矩阵的性质

例 1 设 n 阶方阵 $\boldsymbol{A}\sim\boldsymbol{\Lambda}=\begin{pmatrix}\lambda_1&&&\\&\lambda_2&&\\&&\ddots&\\&&&\lambda_n\end{pmatrix}$，求 $\boldsymbol{A}^k$（k 为正整数）.

解 因为 $\boldsymbol{A}\sim\boldsymbol{\Lambda}$，所以存在可逆方阵 $\boldsymbol{P}$，使 $\boldsymbol{P}^{-1}\boldsymbol{A}\boldsymbol{P}=\boldsymbol{\Lambda}$，

$$\boldsymbol{A}=\boldsymbol{P}\boldsymbol{\Lambda}\boldsymbol{P}^{-1},$$

故

$$\begin{aligned}\boldsymbol{A}^k&=(\boldsymbol{P}\boldsymbol{\Lambda}\boldsymbol{P}^{-1})(\boldsymbol{P}\boldsymbol{\Lambda}\boldsymbol{P}^{-1})\cdots(\boldsymbol{P}\boldsymbol{\Lambda}\boldsymbol{P}^{-1})=\boldsymbol{P}\boldsymbol{\Lambda}^k\boldsymbol{P}^{-1}\\&=\boldsymbol{P}\begin{pmatrix}\lambda_1^k&&&\\&\lambda_2^k&&\\&&\ddots&\\&&&\lambda_n^k\end{pmatrix}\boldsymbol{P}^{-1},\end{aligned}$$

只需求出 $\boldsymbol{P}^{-1}$，再计算出 $\boldsymbol{P}\boldsymbol{\Lambda}^k\boldsymbol{P}^{-1}$ 就行了.当 k 比较大时，这比直接计算 $\boldsymbol{A}^k$ 要方便得多.

我们自然要提出的问题是，什么样的矩阵 $\boldsymbol{A}$ 可以与对角矩阵相似？或者说，对于给定的矩阵 $\boldsymbol{A}$，在什么条件下存在对角矩阵 $\boldsymbol{\Lambda}$ 与可逆矩阵 $\boldsymbol{P}$，使 $\boldsymbol{P}^{-1}\boldsymbol{A}\boldsymbol{P}=\boldsymbol{\Lambda}$？如果这样的矩阵 $\boldsymbol{\Lambda}$ 与 $\boldsymbol{P}$ 存在，那么又应该怎样求出？下面就讨论这些问题.

二、 矩阵的相似对角化

定理 2 **若 n 阶矩阵 $\boldsymbol{A}$ 与对角矩阵 $\boldsymbol{\Lambda}=\begin{pmatrix}\lambda_1&&&\\&\lambda_2&&\\&&\ddots&\\&&&\lambda_n\end{pmatrix}$ 相似，则 $\lambda_1,\lambda_2,\cdots,\lambda_n$ 是 $\boldsymbol{A}$ 的全部特征值.**

证 因为 $\boldsymbol{A}\sim\boldsymbol{\Lambda}=\begin{pmatrix}\lambda_1&&&\\&\lambda_2&&\\&&\ddots&\\&&&\lambda_n\end{pmatrix}$，所以 $\boldsymbol{A}$ 与 $\boldsymbol{\Lambda}$ 的特征值相同.

又

$$\det(\lambda\boldsymbol{I}-\boldsymbol{\Lambda})=(\lambda-\lambda_1)(\lambda-\lambda_2)\cdots(\lambda-\lambda_n),$$

所以 $\lambda_1,\lambda_2,\cdots,\lambda_n$ 是 $\boldsymbol{\Lambda}$ 的全部特征值，也就是 $\boldsymbol{A}$ 的全部特征值.

定理 2 指出,若 $\boldsymbol{A}$ 与对角矩阵 $\boldsymbol{\Lambda}$ 相似,则 $\boldsymbol{\Lambda}$ 的主对角线上的元就是 $\boldsymbol{A}$ 的全部特征值,那么,使 $\boldsymbol{P}^{-1}\boldsymbol{A}\boldsymbol{P}=\boldsymbol{\Lambda}$ 的矩阵 $\boldsymbol{P}$ 又是怎样构成的呢?

设 $\boldsymbol{P}=(\boldsymbol{p}_1,\boldsymbol{p}_2,\cdots,\boldsymbol{p}_n)$,$\boldsymbol{p}_1,\boldsymbol{p}_2,\cdots,\boldsymbol{p}_n$ 是 $\boldsymbol{P}$ 的列向量组,则

$$\boldsymbol{P}^{-1}\boldsymbol{A}\boldsymbol{P}=\boldsymbol{\Lambda},\quad \boldsymbol{A}\boldsymbol{P}=\boldsymbol{P}\boldsymbol{\Lambda},$$

即

$$\boldsymbol{A}(\boldsymbol{p}_1,\boldsymbol{p}_2,\cdots,\boldsymbol{p}_n)=(\boldsymbol{p}_1,\boldsymbol{p}_2,\cdots,\boldsymbol{p}_n)\begin{pmatrix}\lambda_1 & & & \\ & \lambda_2 & & \\ & & \ddots & \\ & & & \lambda_n\end{pmatrix},$$

$$(\boldsymbol{A}\boldsymbol{p}_1,\boldsymbol{A}\boldsymbol{p}_2,\cdots,\boldsymbol{A}\boldsymbol{p}_n)=(\lambda_1\boldsymbol{p}_1,\lambda_2\boldsymbol{p}_2,\cdots,\lambda_n\boldsymbol{p}_n),$$

$$\boldsymbol{A}\boldsymbol{p}_i=\lambda_i\boldsymbol{p}_i\quad(i=1,2,\cdots,n).$$

因为 $\boldsymbol{P}$ 可逆,所以 $\boldsymbol{p}_i\neq\boldsymbol{0}(i=1,2,\cdots,n)$,于是,$\boldsymbol{p}_1,\boldsymbol{p}_2,\cdots,\boldsymbol{p}_n$ 是 $\boldsymbol{A}$ 的 n 个线性无关的特征向量.

反之,若 $\boldsymbol{A}$ 有 n 个线性无关的特征向量 $\boldsymbol{p}_1,\boldsymbol{p}_2,\cdots,\boldsymbol{p}_n$,即

$$\boldsymbol{A}\boldsymbol{p}_i=\lambda_i\boldsymbol{p}_i\quad(i=1,2,\cdots,n),$$

设 $\boldsymbol{P}=(\boldsymbol{p}_1,\boldsymbol{p}_2,\cdots,\boldsymbol{p}_n)$,则 $\boldsymbol{P}$ 可逆,且

$$\begin{aligned}\boldsymbol{A}\boldsymbol{P}&=(\boldsymbol{A}\boldsymbol{p}_1,\boldsymbol{A}\boldsymbol{p}_2,\cdots,\boldsymbol{A}\boldsymbol{p}_n)=(\lambda_1\boldsymbol{p}_1,\lambda_2\boldsymbol{p}_2,\cdots,\lambda_n\boldsymbol{p}_n)\\&=(\boldsymbol{p}_1,\boldsymbol{p}_2,\cdots,\boldsymbol{p}_n)\begin{pmatrix}\lambda_1 & & & \\ & \lambda_2 & & \\ & & \ddots & \\ & & & \lambda_n\end{pmatrix}=\boldsymbol{P}\boldsymbol{\Lambda},\end{aligned}$$

所以

$$\boldsymbol{P}^{-1}\boldsymbol{A}\boldsymbol{P}=\boldsymbol{\Lambda},$$

即 $\boldsymbol{A}$ 与对角矩阵 $\boldsymbol{\Lambda}$ 相似.

由以上讨论可得

定理 3 **n 阶矩阵 $\boldsymbol{A}$ 能与对角矩阵 $\boldsymbol{\Lambda}$ 相似的充要条件是 $\boldsymbol{A}$ 有 n 个线性无关的特征向量.**

由此定理可知,若 n 阶矩阵 $\boldsymbol{A}$ 有 n 个线性无关的特征向量

$$\boldsymbol{A}\boldsymbol{p}_i=\lambda_i\boldsymbol{p}_i\quad(i=1,2,\cdots,n),$$

令 $\boldsymbol{P}=(\boldsymbol{p}_1,\boldsymbol{p}_2,\cdots,\boldsymbol{p}_n)$,则

$$\boldsymbol{P}^{-1}\boldsymbol{A}\boldsymbol{P}=\begin{pmatrix}\lambda_1 & & & \\ & \lambda_2 & & \\ & & \ddots & \\ & & & \lambda_n\end{pmatrix},$$

$\lambda_1,\lambda_2,\cdots,\lambda_n$ 是 $\boldsymbol{A}$ 的全部特征值.

值得注意的是,$\boldsymbol{P}$ 中列向量 $\boldsymbol{p}_1,\boldsymbol{p}_2,\cdots,\boldsymbol{p}_n$ 的排列顺序要与 $\lambda_1,\lambda_2,\cdots,\lambda_n$ 的排列顺序一致.

由于 $\boldsymbol{p}_i$ 是 $(\lambda_i\boldsymbol{I}-\boldsymbol{A})\boldsymbol{X}=\boldsymbol{0}$ 的基础解系中的解向量,故 $\boldsymbol{p}_i$ 的取法不是惟一的,因此 $\boldsymbol{P}$ 也不是惟一的.而 $f_{\boldsymbol{A}}(\lambda)=\det(\lambda\boldsymbol{I}-\boldsymbol{A})=0$ 的根只有 n 个(重根按重数计算),所以若不计 λ_i 的排列顺序,则 $\boldsymbol{\Lambda}$ 是惟一确定的.

例 2 设 $\boldsymbol{A}=\begin{pmatrix}4&6&0\\-3&-5&0\\-3&-6&1\end{pmatrix}$,求 $\boldsymbol{A}^{10}$.

解 $\det(\lambda\boldsymbol{I}-\boldsymbol{A})=\begin{vmatrix}\lambda-4&-6&0\\3&\lambda+5&0\\3&6&\lambda-1\end{vmatrix}=(\lambda+2)(\lambda-1)^2$,

$\boldsymbol{A}$ 的特征值为 $\lambda_1=-2,\lambda_2=1$(2 重).

对于 $\lambda_1=-2$,$(\lambda_1\boldsymbol{I}-\boldsymbol{A})\boldsymbol{X}=\boldsymbol{0}$ 的系数矩阵为

$$\begin{pmatrix}-6&-6&0\\3&3&0\\3&6&-3\end{pmatrix}\to\begin{pmatrix}1&1&0\\0&0&0\\0&1&-1\end{pmatrix}\to\begin{pmatrix}1&0&1\\0&1&-1\\0&0&0\end{pmatrix},$$

对应的齐次线性方程组为 $\begin{cases}x_1=-x_3,\\x_2=\quad x_3,\end{cases}$ 其基础解系为 $\boldsymbol{\alpha}_1=(-1,1,1)^{\mathrm{T}}$.

对于 $\lambda_2=1$,$(\lambda_2\boldsymbol{I}-\boldsymbol{A})\boldsymbol{X}=\boldsymbol{0}$ 的系数矩阵为

$$\begin{pmatrix}-3&-6&0\\3&6&0\\3&6&0\end{pmatrix}\to\begin{pmatrix}1&2&0\\0&0&0\\0&0&0\end{pmatrix},$$

对应的齐次线性方程组为 $x_1=-2x_2+0x_3$,其基础解系为 $\boldsymbol{\alpha}_2=\begin{pmatrix}-2\\1\\0\end{pmatrix},\boldsymbol{\alpha}_3=\begin{pmatrix}0\\0\\1\end{pmatrix}$.令

$$\boldsymbol{P}=(\boldsymbol{\alpha}_1,\boldsymbol{\alpha}_2,\boldsymbol{\alpha}_3)=\begin{pmatrix}-1&-2&0\\1&1&0\\1&0&1\end{pmatrix}.$$

易见,$\boldsymbol{P}$ 是可逆矩阵,且

$$\boldsymbol{P}^{-1}\boldsymbol{A}\boldsymbol{P}=\begin{pmatrix}-2&&\\&1&\\&&1\end{pmatrix},\quad \boldsymbol{A}=\boldsymbol{P}\begin{pmatrix}-2&&\\&1&\\&&1\end{pmatrix}\boldsymbol{P}^{-1},\quad \boldsymbol{P}^{-1}=\begin{pmatrix}1&2&0\\-1&-1&0\\-1&-2&1\end{pmatrix},$$

所以

$$\boldsymbol{A}^{10}=\boldsymbol{P}\begin{pmatrix}(-2)^{10}&&\\&1&\\&&1\end{pmatrix}\boldsymbol{P}^{-1}$$

$$=\begin{pmatrix}-1&-2&0\\1&1&0\\1&0&1\end{pmatrix}\begin{pmatrix}1024&&\\&1&\\&&1\end{pmatrix}\begin{pmatrix}1&2&0\\-1&-1&0\\-1&-2&1\end{pmatrix}$$

$$=\begin{pmatrix}-1022&-2046&0\\1023&2047&0\\1023&2046&1\end{pmatrix}.$$

例 3　设 $\boldsymbol{A}\neq\boldsymbol{O},\boldsymbol{A}^k=\boldsymbol{O}$($k$ 为正整数),证明:$\boldsymbol{A}$ 不能与对角矩阵相似.

证　设 $\boldsymbol{A}$ 能与对角矩阵 $\boldsymbol{\Lambda}=\mathrm{diag}(\lambda_1,\lambda_2,\cdots,\lambda_n)$ 相似,则存在可逆矩阵 $\boldsymbol{P}$,使

$$\boldsymbol{A}=\boldsymbol{P\Lambda P}^{-1},\tag{5.8}$$

$$\boldsymbol{A}^k=\boldsymbol{P\Lambda}^k\boldsymbol{P}^{-1}=\boldsymbol{P}\begin{pmatrix}\lambda_1^k&&&\\&\lambda_2^k&&\\&&\ddots&\\&&&\lambda_n^k\end{pmatrix}\boldsymbol{P}^{-1}=\boldsymbol{O},$$

于是可得 $\mathrm{diag}(\lambda_1^k,\lambda_2^k,\cdots,\lambda_n^k)=\boldsymbol{O}$. 从而,$\lambda_1=\lambda_2=\cdots=\lambda_n=0$,即有 $\boldsymbol{\Lambda}=\boldsymbol{O}$.由式(5.8)可得 $\boldsymbol{A}=\boldsymbol{O}$,与题设 $\boldsymbol{A}\neq\boldsymbol{O}$ 矛盾.故 $\boldsymbol{A}$ 不能与对角矩阵相似.

定理 3 给出了 n 阶矩阵与对角矩阵相似的充要条件,但是对于一个具体的 n 阶矩阵,要直接判断它是否有 n 个线性无关的特征向量一般是很困难的,下面我们进一步讨论什么样的 n 阶矩阵能与对角矩阵相似.

定理 4　设 $\lambda_1,\lambda_2,\cdots,\lambda_m$ 是矩阵 $\boldsymbol{A}$ 的互异特征值,$\boldsymbol{\alpha}_1,\boldsymbol{\alpha}_2,\cdots,\boldsymbol{\alpha}_m$ 是 $\boldsymbol{A}$ 分别对应于这些特征值的特征向量,则 $\boldsymbol{\alpha}_1,\boldsymbol{\alpha}_2,\cdots,\boldsymbol{\alpha}_m$ 线性无关.

证　用数学归纳法证明.

当 $m=1$ 时,结论显然成立.因为特征向量 $\boldsymbol{\alpha}_1\neq\boldsymbol{0}$,所以一个非零向量是线性无关的.

假设对 $m-1$ 个互异特征值结论成立.

对 m 个互异特征值 $\lambda_1,\lambda_2,\cdots,\lambda_m$ 以及它们所对应的特征向量 $\boldsymbol{\alpha}_1,\boldsymbol{\alpha}_2,\cdots,\boldsymbol{\alpha}_m$,设

$$k_1\boldsymbol{\alpha}_1+k_2\boldsymbol{\alpha}_2+\cdots+k_m\boldsymbol{\alpha}_m=\boldsymbol{0},\tag{5.9}$$

用 $\boldsymbol{A}$ 左乘式(5.9)两端得

$$k_1(\boldsymbol{A\alpha}_1)+k_2(\boldsymbol{A\alpha}_2)+\cdots+k_m(\boldsymbol{A\alpha}_m)=\boldsymbol{0},$$

$$k_1(\lambda_1\boldsymbol{\alpha}_1)+k_2(\lambda_2\boldsymbol{\alpha}_2)+\cdots+k_m(\lambda_m\boldsymbol{\alpha}_m)=\boldsymbol{0}.\tag{5.10}$$

用 λ_m 乘式(5.9)两端得

$$k_1(\lambda_m\boldsymbol{\alpha}_1)+k_2(\lambda_m\boldsymbol{\alpha}_2)+\cdots+k_m(\lambda_m\boldsymbol{\alpha}_m)=\boldsymbol{0},\tag{5.11}$$

式(5.10)与式(5.11)两端相减可得

$$k_1(\lambda_1-\lambda_m)\boldsymbol{\alpha}_1+k_2(\lambda_2-\lambda_m)\boldsymbol{\alpha}_2+\cdots+k_{m-1}(\lambda_{m-1}-\lambda_m)\boldsymbol{\alpha}_{m-1}=\boldsymbol{0},$$

由归纳假设 $\boldsymbol{\alpha}_1,\boldsymbol{\alpha}_2,\cdots,\boldsymbol{\alpha}_{m-1}$ 线性无关，故

$$k_1(\lambda_1-\lambda_m)=k_2(\lambda_2-\lambda_m)=\cdots=k_{m-1}(\lambda_{m-1}-\lambda_m)=0.$$

又因为 $\lambda_i-\lambda_m\neq0(i=1,2,\cdots,m-1)$，所以只有

$$k_1=k_2=\cdots=k_{m-1}=0,$$

代入式(5.9)得

$$k_m\boldsymbol{\alpha}_m=\mathbf{0},$$

由 $\boldsymbol{\alpha}_m\neq\mathbf{0}$ 可得 $k_m=0$，于是 $\boldsymbol{\alpha}_1,\boldsymbol{\alpha}_2,\cdots,\boldsymbol{\alpha}_m$ 线性无关.

推论 1　设 n 阶矩阵 $\boldsymbol{A}$ 的特征值都是单特征根，则 $\boldsymbol{A}$ 能与对角矩阵相似.

证　因为 $\boldsymbol{A}$ 的特征值都是 $\det(\lambda\boldsymbol{I}-\boldsymbol{A})=0$ 的单根，所以 $\boldsymbol{A}$ 有 n 个互异特征值.互异特征值对应的特征向量是线性无关的，故 $\boldsymbol{A}$ 有 n 个线性无关的特征向量，因而 $\boldsymbol{A}$ 能与对角矩阵相似.

与定理 4 的证明类似，我们可以得到下面的推论：

推论 2　设 $\lambda_1,\lambda_2,\cdots,\lambda_k$ 是矩阵 $\boldsymbol{A}$ 的互异特征值，$\boldsymbol{\alpha}_{i1},\boldsymbol{\alpha}_{i2},\cdots,\boldsymbol{\alpha}_{ir_i}$ 是对应于特征值 λ_i 的线性无关的特征向量，则 $\boldsymbol{\alpha}_{11},\cdots,\boldsymbol{\alpha}_{1r_1},\cdots,\boldsymbol{\alpha}_{k1},\cdots,\boldsymbol{\alpha}_{kr_k}$ 也线性无关.

设 $\lambda_1,\lambda_2,\cdots,\lambda_r$ 是 n 阶矩阵 $\boldsymbol{A}$ 的全部互异特征值，λ_i 是 $\boldsymbol{A}$ 的 k_i 重特征值 $(k_i\geqslant1)$，则

$$k_1+k_2+\cdots+k_r=n.$$

若对每一个特征值 $\lambda_i(i=1,2,\cdots,r)$，$(\lambda_i\boldsymbol{I}-\boldsymbol{A})\boldsymbol{X}=\mathbf{0}$ 的基础解系由 k_i 个解向量组成，即 λ_i 恰有 k_i 个线性无关的特征向量，则由推论 2 可知，$\boldsymbol{A}$ 有 n 个线性无关的特征向量.而 $(\lambda_i\boldsymbol{I}-\boldsymbol{A})\boldsymbol{X}=\mathbf{0}$ 的基础解系所含解向量个数不大于 k_i，故可得下面的定理：

定理 5　n 阶矩阵 $\boldsymbol{A}$ 与对角矩阵相似的充要条件是对于 $\boldsymbol{A}$ 的每一个 k_i 重特征根 λ_i，齐次线性方程组 $(\lambda_i\boldsymbol{I}-\boldsymbol{A})\boldsymbol{X}=\mathbf{0}$ 的基础解系由 k_i 个解向量组成.

$\lambda_i\boldsymbol{I}-\boldsymbol{A}$ 是齐次线性方程组 $(\lambda_i\boldsymbol{I}-\boldsymbol{A})\boldsymbol{X}=\mathbf{0}$ 的系数矩阵，由系数矩阵的秩与基础解系所含解向量的个数的关系可以得到定理 5 的一个推论.

推论 3　n 阶矩阵 $\boldsymbol{A}$ 与对角矩阵相似的充要条件是对于每一个 k_i 重特征根 λ_i，$R(\lambda_i\boldsymbol{I}-\boldsymbol{A})=n-k_i$.

例 4　下列矩阵能否与对角矩阵相似？

$$\boldsymbol{A}=\begin{pmatrix}1&2&2\\2&1&-2\\-2&-2&1\end{pmatrix},\quad \boldsymbol{B}=\begin{pmatrix}3&-1&-2\\2&0&-2\\2&-1&-1\end{pmatrix},\quad \boldsymbol{C}=\begin{pmatrix}3&1&0\\-4&-1&0\\4&-8&-2\end{pmatrix}.$$

解

$$\det(\lambda\boldsymbol{I}-\boldsymbol{A})=\begin{vmatrix}\lambda-1&-2&-2\\-2&\lambda-1&2\\2&2&\lambda-1\end{vmatrix}=(\lambda-1)(\lambda+1)(\lambda-3),$$

$\boldsymbol{A}$ 的特征值都是单根，故 $\boldsymbol{A}$ 能与对角矩阵相似.

$$\det(\lambda \boldsymbol{I}-\boldsymbol{B})=\begin{vmatrix}\lambda-3 & 1 & 2\\ -2 & \lambda & 2\\ -2 & 1 & \lambda+1\end{vmatrix}=\lambda(\lambda-1)^2,$$

对于 2 重特征根 $\lambda_2=1$,

$$\lambda_2\boldsymbol{I}-\boldsymbol{B}=\begin{pmatrix}-2 & 1 & 2\\ -2 & 1 & 2\\ -2 & 1 & 2\end{pmatrix},$$

$$R(\lambda_2\boldsymbol{I}-\boldsymbol{B})=1,$$

所以 $\boldsymbol{B}$ 能与对角矩阵相似.

$$\det(\lambda \boldsymbol{I}-\boldsymbol{C})=\begin{vmatrix}\lambda-3 & -1 & 0\\ 4 & \lambda+1 & 0\\ -4 & 8 & \lambda+2\end{vmatrix}=(\lambda-1)^2(\lambda+2),$$

对于 2 重特征根 $\lambda_1=1$,

$$\lambda_1\boldsymbol{I}-\boldsymbol{C}=\begin{pmatrix}-2 & -1 & 0\\ 4 & 2 & 0\\ -4 & 8 & 3\end{pmatrix},$$

$$R(\lambda_1\boldsymbol{I}-\boldsymbol{C})=2,$$

所以 $\boldsymbol{C}$ 不能与对角矩阵相似.

例 5 已知 $\boldsymbol{\alpha}=\begin{pmatrix}1\\ 1\\ -1\end{pmatrix}$ 是矩阵 $\boldsymbol{A}=\begin{pmatrix}2 & -1 & 2\\ 5 & a & 3\\ -1 & b & -2\end{pmatrix}$ 的特征向量,试确定 a,b 的值与 $\boldsymbol{\alpha}$ 所对应的特征值,并讨论 $\boldsymbol{A}$ 能否与对角矩阵相似.

典型例题精讲
矩阵的相似对角化

解 设 $\boldsymbol{\alpha}$ 所对应的特征值为 λ,则

$$(\lambda\boldsymbol{I}-\boldsymbol{A})\boldsymbol{\alpha}=\begin{pmatrix}\lambda-2 & 1 & -2\\ -5 & \lambda-a & -3\\ 1 & -b & \lambda+2\end{pmatrix}\begin{pmatrix}1\\ 1\\ -1\end{pmatrix}=\boldsymbol{0},$$

解得 $a=-3,b=0,\lambda=-1$.于是

$$\boldsymbol{A}=\begin{pmatrix}2 & -1 & 2\\ 5 & -3 & 3\\ -1 & 0 & -2\end{pmatrix},$$

$$\det(\lambda\boldsymbol{I}-\boldsymbol{A})=\begin{vmatrix}\lambda-2 & 1 & -2\\ -5 & \lambda+3 & -3\\ 1 & 0 & \lambda+2\end{vmatrix}=(\lambda+1)^3.$$

故 $\lambda=-1$ 是 $\boldsymbol{A}$ 的 3 重特征根.$R(-\boldsymbol{I}-\boldsymbol{A})=R\left(\begin{pmatrix}-3 & 1 & -2\\ -5 & 2 & -3\\ 1 & 0 & 1\end{pmatrix}\right)=2$,所以 $\boldsymbol{A}$ 不能与对角矩阵相似.

习题 5.2

1. 在习题 5.1 第 1 题中，哪些矩阵可与对角矩阵相似？对于能与对角矩阵相似者，求出可逆矩阵 $\boldsymbol{P}$ 与对角矩阵 $\boldsymbol{\Lambda}$，使 $\boldsymbol{P}^{-1}\boldsymbol{AP}=\boldsymbol{\Lambda}$.
2. 设 $\boldsymbol{A}=(a_{ij})_{n\times n}$ 是上三角形矩阵，$\boldsymbol{A}$ 的主对角线元相等，且至少有一个元素 $a_{ij}\neq 0$ $(i<j)$，证明：$\boldsymbol{A}$ 不能与对角矩阵相似.
3. 设 $\boldsymbol{\alpha}_1,\boldsymbol{\alpha}_2$ 是矩阵 $\boldsymbol{A}$ 不同特征值的特征向量，证明 $\boldsymbol{\alpha}_1+\boldsymbol{\alpha}_2$ 不是 $\boldsymbol{A}$ 的特征向量.
4. 设 $f(x)=a_nx^n+a_{n-1}x^{n-1}+\cdots+a_1x+a_0$，$\boldsymbol{A}\sim\boldsymbol{B}$.证明：$f(\boldsymbol{A})\sim f(\boldsymbol{B})$.
5. 设 $\boldsymbol{A}=\begin{pmatrix}1&4&2\\0&-3&4\\0&4&3\end{pmatrix}$，求 $\boldsymbol{A}^{100}$.
6. 设 $\boldsymbol{A},\boldsymbol{B}$ 都是 n 阶方阵且 $\det\boldsymbol{A}\neq 0$，证明：$\boldsymbol{AB}\sim\boldsymbol{BA}$.
7. 设 $\boldsymbol{A}=\begin{pmatrix}1&4&2\\0&-3&4\\0&4&3\end{pmatrix}$，$\boldsymbol{B}=\begin{pmatrix}1&2&3\\0&x&6\\0&0&5\end{pmatrix}$，且 $\boldsymbol{A}\sim\boldsymbol{B}$，求 x 的值.
8. 设 3 阶方阵 $\boldsymbol{A}$ 的特征值 $\lambda_1=1,\lambda_2=0,\lambda_3=-1$，对应的特征向量为 $\boldsymbol{\alpha}_1=\begin{pmatrix}1\\2\\2\end{pmatrix}$，$\boldsymbol{\alpha}_2=\begin{pmatrix}2\\-2\\1\end{pmatrix}$，$\boldsymbol{\alpha}_3=\begin{pmatrix}-2\\-1\\2\end{pmatrix}$，求 $\boldsymbol{A}$.
9. 设 $\boldsymbol{A}\sim\boldsymbol{B}$，$\boldsymbol{C}\sim\boldsymbol{D}$，证明：$\begin{pmatrix}\boldsymbol{A}&\boldsymbol{O}\\\boldsymbol{O}&\boldsymbol{C}\end{pmatrix}\sim\begin{pmatrix}\boldsymbol{B}&\boldsymbol{O}\\\boldsymbol{O}&\boldsymbol{D}\end{pmatrix}$.
10. 设 $\boldsymbol{A}$ 是 3 阶矩阵，且 $\boldsymbol{I}+\boldsymbol{A}$，$3\boldsymbol{I}-\boldsymbol{A}$，$\boldsymbol{I}-3\boldsymbol{A}$ 均不可逆.证明：
    (1) $\boldsymbol{A}$ 是可逆矩阵；(2) $\boldsymbol{A}$ 与对角矩阵相似.
11. 证明：相似矩阵的行列式相等.
12. 设 $\boldsymbol{A}\sim\boldsymbol{\Lambda}=\begin{pmatrix}-1&0\\0&2\end{pmatrix}$，求 $\det(\boldsymbol{A}-\boldsymbol{I})$.
13. 设矩阵 $\boldsymbol{A}=\begin{pmatrix}1&b&1\\b&a&1\\1&1&1\end{pmatrix}$，$\boldsymbol{B}=\begin{pmatrix}0&0&0\\0&1&0\\0&0&4\end{pmatrix}$，且 $\boldsymbol{A}$ 与 $\boldsymbol{B}$ 相似，求 a,b.

§ 5.3　n 维向量空间的正交性

在几何空间中，我们讨论过向量的长度与向量间的夹角等度量概念，这些概念也可以引入到 n 维向量空间 $\mathbf{R}^n$ 中，而长度与夹角都可以用内积来定义.为此，我们先将几何空间中内积的概念推广到 n 维向量空间 $\mathbf{R}^n$,再进一步讨论向量的长度、夹角以及向量的正交性.

一、内积

定义1 **设** $\boldsymbol{\alpha}=(a_1,a_2,\cdots,a_n)$,$\boldsymbol{\beta}=(b_1,b_2,\cdots,b_n)$ **是** $\mathbf{R}^n$ **中的两个向量,则实数**

$$a_1b_1+a_2b_2+\cdots+a_nb_n$$

称为 $\boldsymbol{\alpha}$ **与** $\boldsymbol{\beta}$ **的内积,记为**$(\boldsymbol{\alpha},\boldsymbol{\beta})$.

在 $\mathbf{R}^3$ 中,也将$(\boldsymbol{\alpha},\boldsymbol{\beta})$记为 $\boldsymbol{\alpha}\cdot\boldsymbol{\beta}$.

利用矩阵的乘法,若将 $\boldsymbol{\alpha},\boldsymbol{\beta}$ 看作行矩阵,则$(\boldsymbol{\alpha},\boldsymbol{\beta})$又可表示为 $\boldsymbol{\alpha}\boldsymbol{\beta}^{\mathrm{T}}$.若将 $\boldsymbol{\alpha},\boldsymbol{\beta}$ 记为列向量的形式,则$(\boldsymbol{\alpha},\boldsymbol{\beta})$可表示为 $\boldsymbol{\alpha}^{\mathrm{T}}\boldsymbol{\beta}$.

> **概念解析** 定义向量的内积,本质上是在做什么事?

根据内积的定义,容易证明内积具有以下性质:

1° 非负性 $(\boldsymbol{\alpha},\boldsymbol{\alpha})\geqslant 0$,当且仅当 $\boldsymbol{\alpha}=\mathbf{0}$时等号成立;

2° 对称性 $(\boldsymbol{\alpha},\boldsymbol{\beta})=(\boldsymbol{\beta},\boldsymbol{\alpha})$;

3° 线性性 $(\boldsymbol{\alpha}+\boldsymbol{\beta},\boldsymbol{\gamma})=(\boldsymbol{\alpha},\boldsymbol{\gamma})+(\boldsymbol{\beta},\boldsymbol{\gamma})$,$(k\boldsymbol{\alpha},\boldsymbol{\beta})=k(\boldsymbol{\alpha},\boldsymbol{\beta})$,

其中 $\boldsymbol{\alpha},\boldsymbol{\beta},\boldsymbol{\gamma}$ 为 $\mathbf{R}^n$ 中任意三个向量,k 为任意实数.

由上述性质与定义不难看出,内积还满足以下关系:

$$(\boldsymbol{\alpha},l\boldsymbol{\beta})=l(\boldsymbol{\alpha},\boldsymbol{\beta}),\quad l\in\mathbf{R},$$
$$(\boldsymbol{\alpha},\boldsymbol{\beta}+\boldsymbol{\gamma})=(\boldsymbol{\alpha},\boldsymbol{\beta})+(\boldsymbol{\alpha},\boldsymbol{\gamma}).$$

利用内积可以定义向量的长度.

定义2 **设** $\boldsymbol{\alpha}=(a_1,a_2,\cdots,a_n)\in\mathbf{R}^n$,**则**$\sqrt{(\boldsymbol{\alpha},\boldsymbol{\alpha})}=\sqrt{a_1^2+a_2^2+\cdots+a_n^2}$ **称为** $\boldsymbol{\alpha}$ **的长度,记为** $\|\boldsymbol{\alpha}\|$.

向量的长度具有以下性质:

1° 非负性 $\|\boldsymbol{\alpha}\|\geqslant 0$,当且仅当 $\boldsymbol{\alpha}=\mathbf{0}$时 $\|\boldsymbol{\alpha}\|=0$;

2° 齐次性 $\|k\boldsymbol{\alpha}\|=|k|\,\|\boldsymbol{\alpha}\|$, $k\in\mathbf{R}$;

3° 三角不等式 $\|\boldsymbol{\alpha}+\boldsymbol{\beta}\|\leqslant\|\boldsymbol{\alpha}\|+\|\boldsymbol{\beta}\|$.

当 $\|\boldsymbol{\alpha}\|=1$ 时,称 $\boldsymbol{\alpha}$ 为**单位向量**.

若 $\boldsymbol{\alpha}\neq\mathbf{0}$,则由

$$\left(\frac{1}{\|\boldsymbol{\alpha}\|}\boldsymbol{\alpha},\frac{1}{\|\boldsymbol{\alpha}\|}\boldsymbol{\alpha}\right)=\frac{1}{\|\boldsymbol{\alpha}\|^2}(\boldsymbol{\alpha},\boldsymbol{\alpha})=1$$

可知,$\dfrac{1}{\|\boldsymbol{\alpha}\|}\boldsymbol{\alpha}$ **是单位向量**.

向量的内积还满足以下关系式:

$$(\boldsymbol{\alpha},\boldsymbol{\beta})^2\leqslant\|\boldsymbol{\alpha}\|^2\|\boldsymbol{\beta}\|^2,$$

当且仅当 $\boldsymbol{\alpha}$ 与 $\boldsymbol{\beta}$ 线性相关时等号成立.这个不等式称为**柯西-施瓦茨**不等式.

事实上,若 $\boldsymbol{\alpha},\boldsymbol{\beta}$ 线性无关,则对任意实数 t,都有 $t\boldsymbol{\alpha}+\boldsymbol{\beta}\neq\mathbf{0}$,于是

$$(t\boldsymbol{\alpha}+\boldsymbol{\beta},t\boldsymbol{\alpha}+\boldsymbol{\beta})=(\boldsymbol{\alpha},\boldsymbol{\alpha})t^2+2(\boldsymbol{\alpha},\boldsymbol{\beta})t+(\boldsymbol{\beta},\boldsymbol{\beta})>0.$$

这是关于 t 的二次函数,其函数值恒正,则其判别式必小于零,故有

$$[2(\boldsymbol{\alpha},\boldsymbol{\beta})]^2-4(\boldsymbol{\alpha},\boldsymbol{\alpha})(\boldsymbol{\beta},\boldsymbol{\beta})<0,$$

即

$$(\boldsymbol{\alpha},\boldsymbol{\beta})^2<\|\boldsymbol{\alpha}\|^2\|\boldsymbol{\beta}\|^2.$$

当 $\boldsymbol{\alpha},\boldsymbol{\beta}$ 线性相关时,若 $\boldsymbol{\alpha},\boldsymbol{\beta}$ 中有一个为 $\mathbf{0}$,那么显然等式成立.因而不妨设 $\boldsymbol{\beta}=k\boldsymbol{\alpha}\neq\mathbf{0}$,则有

$$(\boldsymbol{\alpha},\boldsymbol{\beta})^2=(\boldsymbol{\alpha},k\boldsymbol{\alpha})^2=k^2(\boldsymbol{\alpha},\boldsymbol{\alpha})^2=(\boldsymbol{\alpha},\boldsymbol{\alpha})(k\boldsymbol{\alpha},k\boldsymbol{\alpha})=\|\boldsymbol{\alpha}\|^2\|\boldsymbol{\beta}\|^2.$$

根据柯西-施瓦茨不等式,对于任何非零向量 $\boldsymbol{\alpha},\boldsymbol{\beta}$,总有

$$\left|\frac{(\boldsymbol{\alpha},\boldsymbol{\beta})}{\|\boldsymbol{\alpha}\|\ \|\boldsymbol{\beta}\|}\right|\leqslant 1.$$

这样我们就可以定义 $\mathbf{R}^n$ 中向量的夹角.

定义 3　当 $\boldsymbol{\alpha}\neq\mathbf{0}$ 且 $\boldsymbol{\beta}\neq\mathbf{0}$ 时,$\theta=\arccos\dfrac{(\boldsymbol{\alpha},\boldsymbol{\beta})}{\|\boldsymbol{\alpha}\|\ \|\boldsymbol{\beta}\|}$ 称为 $\boldsymbol{\alpha}$ 与 $\boldsymbol{\beta}$ 的夹角,记为 $\langle\boldsymbol{\alpha},\boldsymbol{\beta}\rangle$.

二、n 维向量的正交性

定义 4　若向量 $\boldsymbol{\alpha}$ 与 $\boldsymbol{\beta}$ 的内积为零,即 $(\boldsymbol{\alpha},\boldsymbol{\beta})=0$,则称 $\boldsymbol{\alpha}$ 与 $\boldsymbol{\beta}$ 正交.

显然,$\mathbf{R}^n$ 中的零向量 $\mathbf{0}$ 与任一向量 $\boldsymbol{\alpha}$ 的内积 $(\mathbf{0},\boldsymbol{\alpha})=0$,所以零向量与任何向量都正交.

定义 5　若向量组 $\boldsymbol{\alpha}_1,\boldsymbol{\alpha}_2,\cdots,\boldsymbol{\alpha}_n$ 中任意两个向量都正交且不含零向量,则称 $\boldsymbol{\alpha}_1,\boldsymbol{\alpha}_2,\cdots,\boldsymbol{\alpha}_n$ 为正交向量组.

正交向量组是 $\mathbf{R}^n$ 中十分重要的概念,下面讨论正交向量组的有关性质.

定理　正交向量组是线性无关的.

证　设 $\boldsymbol{\alpha}_1,\boldsymbol{\alpha}_2,\cdots,\boldsymbol{\alpha}_m$ 是正交向量组,且

$$k_1\boldsymbol{\alpha}_1+k_2\boldsymbol{\alpha}_2+\cdots+k_m\boldsymbol{\alpha}_m=\mathbf{0}.$$

用 $\boldsymbol{\alpha}_1$ 与上式两端作内积,则

$$\begin{aligned}(\boldsymbol{\alpha}_1,\mathbf{0})&=(\boldsymbol{\alpha}_1,k_1\boldsymbol{\alpha}_1+k_2\boldsymbol{\alpha}_2+\cdots+k_m\boldsymbol{\alpha}_m)\\&=(\boldsymbol{\alpha}_1,k_1\boldsymbol{\alpha}_1)+(\boldsymbol{\alpha}_1,k_2\boldsymbol{\alpha}_2)+\cdots+(\boldsymbol{\alpha}_1,k_m\boldsymbol{\alpha}_m)\\&=k_1(\boldsymbol{\alpha}_1,\boldsymbol{\alpha}_1)+k_2(\boldsymbol{\alpha}_1,\boldsymbol{\alpha}_2)+\cdots+k_m(\boldsymbol{\alpha}_1,\boldsymbol{\alpha}_m)\\&=k_1(\boldsymbol{\alpha}_1,\boldsymbol{\alpha}_1)=0.\end{aligned}$$

因为 $\boldsymbol{\alpha}_1\neq\mathbf{0}$,所以 $(\boldsymbol{\alpha}_1,\boldsymbol{\alpha}_1)>0$,于是 $k_1=0$.

同理,$k_2=\cdots=k_m=0$.所以 $\boldsymbol{\alpha}_1,\boldsymbol{\alpha}_2,\cdots,\boldsymbol{\alpha}_m$ 线性无关.

但是,线性无关向量组未必是正交向量组.如 $\boldsymbol{\alpha}_1=(1,0,0)$,$\boldsymbol{\alpha}_2=(1,1,0)$,$\boldsymbol{\alpha}_3=(1,1,1)$ 线性无关,但其中任何两个向量都不正交.

例 1　在 $\mathbf{R}^3$ 中,$\boldsymbol{\alpha}_1=(1,1,1)$,$\boldsymbol{\alpha}_2=(1,-2,1)$,求向量 $\boldsymbol{\alpha}_3$,使 $\boldsymbol{\alpha}_1,\boldsymbol{\alpha}_2,\boldsymbol{\alpha}_3$ 为正交向

量组.

解　显然$(\boldsymbol{\alpha}_1,\boldsymbol{\alpha}_2)=0$,设$\boldsymbol{\alpha}_3=(x_1,x_2,x_3)$,则应有

$$\begin{cases}(\boldsymbol{\alpha}_1,\boldsymbol{\alpha}_3)=x_1+x_2+x_3=0,\\(\boldsymbol{\alpha}_2,\boldsymbol{\alpha}_3)=x_1-2x_2+x_3=0,\end{cases}$$

其基础解系为$\boldsymbol{\alpha}_3=(-1,0,1)$.$\boldsymbol{\alpha}_1,\boldsymbol{\alpha}_2,\boldsymbol{\alpha}_3$为正交向量组.

因为$\boldsymbol{\alpha}_1,\boldsymbol{\alpha}_2,\boldsymbol{\alpha}_3$是正交向量组,所以$\boldsymbol{\alpha}_1,\boldsymbol{\alpha}_2,\boldsymbol{\alpha}_3$线性无关,于是$\boldsymbol{\alpha}_1,\boldsymbol{\alpha}_2,\boldsymbol{\alpha}_3$是$\mathbf{R}^3$的一组基.

例 2　在$\mathbf{R}^n$中,设向量组$\boldsymbol{\alpha}_1,\boldsymbol{\alpha}_2,\cdots,\boldsymbol{\alpha}_r(r<n)$线性无关,且向量组$\boldsymbol{\beta}_1,\boldsymbol{\beta}_2,\cdots,\boldsymbol{\beta}_s$中每一个向量都与$\boldsymbol{\alpha}_1,\boldsymbol{\alpha}_2,\cdots,\boldsymbol{\alpha}_r$中每一个向量正交,且$s+r>n$.证明:$\boldsymbol{\beta}_1,\boldsymbol{\beta}_2,\cdots,\boldsymbol{\beta}_s$线性相关.

证　设$\boldsymbol{\alpha}_i(i=1,2,\cdots,r)$,$\boldsymbol{\beta}_j(j=1,2,\cdots,s)$均为列向量,则

$$(\boldsymbol{\alpha}_i,\boldsymbol{\beta}_j)=\boldsymbol{\alpha}_i^{\mathrm{T}}\boldsymbol{\beta}_j=0(i=1,2,\cdots,r,j=1,2,\cdots,s).$$

又设矩阵$\boldsymbol{A}=\begin{pmatrix}\boldsymbol{\alpha}_1^{\mathrm{T}}\\\boldsymbol{\alpha}_2^{\mathrm{T}}\\\vdots\\\boldsymbol{\alpha}_r^{\mathrm{T}}\end{pmatrix}$,则

$$\boldsymbol{A}\boldsymbol{\beta}_j=\begin{pmatrix}\boldsymbol{\alpha}_1^{\mathrm{T}}\boldsymbol{\beta}_j\\\boldsymbol{\alpha}_2^{\mathrm{T}}\boldsymbol{\beta}_j\\\vdots\\\boldsymbol{\alpha}_r^{\mathrm{T}}\boldsymbol{\beta}_j\end{pmatrix}=\begin{pmatrix}0\\0\\\vdots\\0\end{pmatrix},$$

即$\boldsymbol{\beta}_j$是齐次线性方程组$\boldsymbol{AX}=\boldsymbol{0}$的解向量.而$\boldsymbol{AX}=\boldsymbol{0}$的基础解系由$n-R(\boldsymbol{A})=n-r$个解向量组成,所以

$$\boldsymbol{\beta}_1,\boldsymbol{\beta}_2,\cdots,\boldsymbol{\beta}_s\text{ 的秩}\leqslant n-r,$$

由已知条件$s+r>n$可得$s>n-r$,所以$\boldsymbol{\beta}_1,\boldsymbol{\beta}_2,\cdots,\boldsymbol{\beta}_s$线性相关.

在正交向量组中,每一个向量的长度都是1的正交向量组在相关讨论中特别重要.

定义 6　**设$\boldsymbol{\alpha}_1,\boldsymbol{\alpha}_2,\cdots,\boldsymbol{\alpha}_s$是$n$维向量空间$\mathbf{R}^n$的正交向量组,且$\|\boldsymbol{\alpha}_i\|=1$$(i=1,2,\cdots,s)$,则称$\boldsymbol{\alpha}_1,\boldsymbol{\alpha}_2,\cdots,\boldsymbol{\alpha}_s$为标准正交向量组.若$s=n$,则称$\boldsymbol{\alpha}_1,\boldsymbol{\alpha}_2,\cdots,\boldsymbol{\alpha}_n$为$\mathbf{R}^n$的标准正交基.**

标准正交向量组又称为**规范正交向量组**.

例如,$\boldsymbol{\alpha}_1=(1,0,0)$,$\boldsymbol{\alpha}_2=(0,1,0)$,$\boldsymbol{\alpha}_3=(0,0,1)$与$\boldsymbol{\beta}_1=\left(\frac{1}{\sqrt{3}},\frac{1}{\sqrt{3}},\frac{1}{\sqrt{3}}\right)$,$\boldsymbol{\beta}_2=\left(-\frac{1}{\sqrt{6}},\frac{2}{\sqrt{6}},-\frac{1}{\sqrt{6}}\right)$,$\boldsymbol{\beta}_3=\left(-\frac{1}{\sqrt{2}},0,\frac{1}{\sqrt{2}}\right)$都是$\mathbf{R}^3$的标准正交基.

例 3 设 $\boldsymbol{\alpha}_1,\boldsymbol{\alpha}_2,\cdots,\boldsymbol{\alpha}_n$ 是 $\mathbf{R}^n$ 的一组标准正交基，求 $\mathbf{R}^n$ 中向量 $\boldsymbol{\beta}$ 在该基下的坐标.

解 设 $\boldsymbol{\beta}=x_1\boldsymbol{\alpha}_1+x_2\boldsymbol{\alpha}_2+\cdots+x_n\boldsymbol{\alpha}_n$，将此式两边对 $\boldsymbol{\alpha}_j\ (j=1,2,\cdots,n)$ 分别求内积，得

$$\begin{aligned}(\boldsymbol{\beta},\boldsymbol{\alpha}_j)&=(x_1\boldsymbol{\alpha}_1+x_2\boldsymbol{\alpha}_2+\cdots+x_n\boldsymbol{\alpha}_n,\boldsymbol{\alpha}_j)\\&=\sum_{i=1}^{n}x_i(\boldsymbol{\alpha}_i,\boldsymbol{\alpha}_j)=x_j(\boldsymbol{\alpha}_j,\boldsymbol{\alpha}_j)=x_j.\end{aligned}$$

故 $\boldsymbol{\beta}$ 在基 $\boldsymbol{\alpha}_1,\boldsymbol{\alpha}_2,\cdots,\boldsymbol{\alpha}_n$ 下的坐标为

$$x_j=(\boldsymbol{\beta},\boldsymbol{\alpha}_j),\ j=1,2,\cdots,n.$$

在 $\mathbf{R}^3$ 中，取 $\boldsymbol{i},\boldsymbol{j},\boldsymbol{k}$ 为标准正交基，这里的 x_1,x_2,x_3 就是 $\boldsymbol{\beta}$ 在 $\boldsymbol{i},\boldsymbol{j},\boldsymbol{k}$ 上的投影.

三、施密特正交化方法

n 维向量空间 $\mathbf{R}^n$ 中任意 n 个线性无关的向量 $\boldsymbol{\alpha}_1,\boldsymbol{\alpha}_2,\cdots,\boldsymbol{\alpha}_n$ 都可以作为 $\mathbf{R}^n$ 的一组基，这组基未必是标准正交基.但是，任何一组线性无关的向量 $\boldsymbol{\alpha}_1,\boldsymbol{\alpha}_2,\cdots,\boldsymbol{\alpha}_s$，都可以通过适当的方法化为一组任意两个向量都正交的单位向量 $\boldsymbol{\gamma}_1,\boldsymbol{\gamma}_2,\cdots,\boldsymbol{\gamma}_s$，且 $\boldsymbol{\gamma}_1,\boldsymbol{\gamma}_2,\cdots,\boldsymbol{\gamma}_s$ 与 $\boldsymbol{\alpha}_1,\boldsymbol{\alpha}_2,\cdots,\boldsymbol{\alpha}_s$ 等价.这种方法就是**施密特**(Schmidt)正交化方法.

我们首先考虑由 $\boldsymbol{\alpha}_1,\boldsymbol{\alpha}_2,\boldsymbol{\alpha}_3$ 组成的线性无关向量组.

令 $\boldsymbol{\beta}_1=\boldsymbol{\alpha}_1,\boldsymbol{\beta}_2=\boldsymbol{\alpha}_2+k\boldsymbol{\beta}_1$，选择适当的 k，使得 $(\boldsymbol{\beta}_2,\boldsymbol{\beta}_1)=0$，即

$$(\boldsymbol{\alpha}_2+k\boldsymbol{\beta}_1,\boldsymbol{\beta}_1)=(\boldsymbol{\alpha}_2,\boldsymbol{\beta}_1)+k(\boldsymbol{\beta}_1,\boldsymbol{\beta}_1)=0,$$

由此推出 $k=-\dfrac{(\boldsymbol{\alpha}_2,\boldsymbol{\beta}_1)}{(\boldsymbol{\beta}_1,\boldsymbol{\beta}_1)}$，

$$\boldsymbol{\beta}_2=\boldsymbol{\alpha}_2-\frac{(\boldsymbol{\alpha}_2,\boldsymbol{\beta}_1)}{(\boldsymbol{\beta}_1,\boldsymbol{\beta}_1)}\boldsymbol{\beta}_1.$$

令 $\boldsymbol{\beta}_3=\boldsymbol{\alpha}_3+k_1\boldsymbol{\beta}_1+k_2\boldsymbol{\beta}_2$，为使 $(\boldsymbol{\beta}_3,\boldsymbol{\beta}_1)=0,(\boldsymbol{\beta}_3,\boldsymbol{\beta}_2)=0$，则可推出

$$k_1=-\frac{(\boldsymbol{\alpha}_3,\boldsymbol{\beta}_1)}{(\boldsymbol{\beta}_1,\boldsymbol{\beta}_1)},\quad k_2=-\frac{(\boldsymbol{\alpha}_3,\boldsymbol{\beta}_2)}{(\boldsymbol{\beta}_2,\boldsymbol{\beta}_2)},$$

于是

$$\boldsymbol{\beta}_3=\boldsymbol{\alpha}_3-\frac{(\boldsymbol{\alpha}_3,\boldsymbol{\beta}_1)}{(\boldsymbol{\beta}_1,\boldsymbol{\beta}_1)}\boldsymbol{\beta}_1-\frac{(\boldsymbol{\alpha}_3,\boldsymbol{\beta}_2)}{(\boldsymbol{\beta}_2,\boldsymbol{\beta}_2)}\boldsymbol{\beta}_2.$$

一般地，把线性无关向量组 $\boldsymbol{\alpha}_1,\boldsymbol{\alpha}_2,\cdots,\boldsymbol{\alpha}_s$ 化为与之等价的标准正交向量组的施密特正交化过程如下：

$$\begin{aligned}&\boldsymbol{\beta}_1=\boldsymbol{\alpha}_1,\\&\boldsymbol{\beta}_2=\boldsymbol{\alpha}_2-\frac{(\boldsymbol{\alpha}_2,\boldsymbol{\beta}_1)}{(\boldsymbol{\beta}_1,\boldsymbol{\beta}_1)}\boldsymbol{\beta}_1,\\&\boldsymbol{\beta}_3=\boldsymbol{\alpha}_3-\frac{(\boldsymbol{\alpha}_3,\boldsymbol{\beta}_1)}{(\boldsymbol{\beta}_1,\boldsymbol{\beta}_1)}\boldsymbol{\beta}_1-\frac{(\boldsymbol{\alpha}_3,\boldsymbol{\beta}_2)}{(\boldsymbol{\beta}_2,\boldsymbol{\beta}_2)}\boldsymbol{\beta}_2,\\&\cdots\end{aligned}$$

$$\boldsymbol{\beta}_s=\boldsymbol{\alpha}_s-\frac{(\boldsymbol{\alpha}_s,\boldsymbol{\beta}_1)}{(\boldsymbol{\beta}_1,\boldsymbol{\beta}_1)}\boldsymbol{\beta}_1-\frac{(\boldsymbol{\alpha}_s,\boldsymbol{\beta}_2)}{(\boldsymbol{\beta}_2,\boldsymbol{\beta}_2)}\boldsymbol{\beta}_2-\cdots-\frac{(\boldsymbol{\alpha}_s,\boldsymbol{\beta}_{s-1})}{(\boldsymbol{\beta}_{s-1},\boldsymbol{\beta}_{s-1})}\boldsymbol{\beta}_{s-1}.$$

再令

$$\boldsymbol{\gamma}_i=\frac{1}{\|\boldsymbol{\beta}_i\|}\boldsymbol{\beta}_i\quad(i=1,2,\cdots,s),$$

则 $\boldsymbol{\gamma}_1,\boldsymbol{\gamma}_2,\cdots,\boldsymbol{\gamma}_s$ 是一组与 $\boldsymbol{\alpha}_1,\boldsymbol{\alpha}_2,\cdots,\boldsymbol{\alpha}_s$ 等价的**标准正交向量组**.

例 4 设 $\boldsymbol{\alpha}_1=(1,1,1)$，在 $\mathbf{R}^3$ 中求 $\boldsymbol{\alpha}_2,\boldsymbol{\alpha}_3$，使 $\boldsymbol{\alpha}_1,\boldsymbol{\alpha}_2,\boldsymbol{\alpha}_3$ 为正交向量组.

解 由 $(\boldsymbol{\alpha}_1,\boldsymbol{\alpha}_2)=0$，$(\boldsymbol{\alpha}_1,\boldsymbol{\alpha}_3)=0$ 可知，$\boldsymbol{\alpha}_2,\boldsymbol{\alpha}_3$ 都应满足方程

$$x_1+x_2+x_3=0,$$

其基础解系为 $\boldsymbol{\xi}_1=(1,0,-1)$，$\boldsymbol{\xi}_2=(0,1,-1)$.将 $\boldsymbol{\xi}_1,\boldsymbol{\xi}_2$ 正交化：

$$\boldsymbol{\alpha}_2=\boldsymbol{\xi}_1=(1,0,-1),$$

$$\boldsymbol{\alpha}_3=\boldsymbol{\xi}_2-\frac{(\boldsymbol{\xi}_2,\boldsymbol{\alpha}_2)}{(\boldsymbol{\alpha}_2,\boldsymbol{\alpha}_2)}\boldsymbol{\alpha}_2=(0,1,-1)-\frac{1}{2}(1,0,-1)=\frac{1}{2}(-1,2,-1).$$

$\boldsymbol{\alpha}_1,\boldsymbol{\alpha}_2,\boldsymbol{\alpha}_3$ 为所求的正交向量组.

例 5 在 $\mathbf{R}^3$ 中，将基 $\boldsymbol{\alpha}_1=(1,1,1)$，$\boldsymbol{\alpha}_2=(1,2,1)$，$\boldsymbol{\alpha}_3=(0,-1,1)$ 化为标准正交基.

解 先正交化，令

$$\boldsymbol{\beta}_1=\boldsymbol{\alpha}_1=(1,1,1),$$

$$\boldsymbol{\beta}_2=\boldsymbol{\alpha}_2-\frac{(\boldsymbol{\alpha}_2,\boldsymbol{\beta}_1)}{(\boldsymbol{\beta}_1,\boldsymbol{\beta}_1)}\boldsymbol{\beta}_1=(1,2,1)-\frac{4}{3}(1,1,1)=\frac{1}{3}(-1,2,-1),$$

$$\begin{aligned}\boldsymbol{\beta}_3&=\boldsymbol{\alpha}_3-\frac{(\boldsymbol{\alpha}_3,\boldsymbol{\beta}_1)}{(\boldsymbol{\beta}_1,\boldsymbol{\beta}_1)}\boldsymbol{\beta}_1-\frac{(\boldsymbol{\alpha}_3,\boldsymbol{\beta}_2)}{(\boldsymbol{\beta}_2,\boldsymbol{\beta}_2)}\boldsymbol{\beta}_2\\&=(0,-1,1)-\frac{0}{3}(1,1,1)+\frac{1}{2}(-1,2,-1)=\frac{1}{2}(-1,0,1).\end{aligned}$$

再单位化，令

$$\boldsymbol{\gamma}_1=\frac{1}{\|\boldsymbol{\beta}_1\|}\boldsymbol{\beta}_1=\frac{1}{\sqrt{3}}(1,1,1),$$

$$\boldsymbol{\gamma}_2=\frac{1}{\|\boldsymbol{\beta}_2\|}\boldsymbol{\beta}_2=\frac{1}{\sqrt{6}}(-1,2,-1),$$

$$\boldsymbol{\gamma}_3=\frac{1}{\|\boldsymbol{\beta}_3\|}\boldsymbol{\beta}_3=\frac{1}{\sqrt{2}}(-1,0,1).$$

$\boldsymbol{\gamma}_1,\boldsymbol{\gamma}_2,\boldsymbol{\gamma}_3$ 就是 $\mathbf{R}^3$ 的一组标准正交基.

四、 正交矩阵

将例 5 中的 $\boldsymbol{\gamma}_1,\boldsymbol{\gamma}_2,\boldsymbol{\gamma}_3$ 作为一个矩阵的行向量组

$$A=\begin{pmatrix}\frac{1}{\sqrt{3}} & \frac{1}{\sqrt{3}} & \frac{1}{\sqrt{3}}\\ -\frac{1}{\sqrt{6}} & \frac{2}{\sqrt{6}} & -\frac{1}{\sqrt{6}}\\ -\frac{1}{\sqrt{2}} & 0 & \frac{1}{\sqrt{2}}\end{pmatrix},$$

不难验证 $\boldsymbol{A}^{\mathrm{T}}\boldsymbol{A}=\boldsymbol{A}\boldsymbol{A}^{\mathrm{T}}=\boldsymbol{I}$.

定义 7 **如果 n 阶实矩阵 $\boldsymbol{A}$ 满足**

$$\boldsymbol{A}^{\mathrm{T}}\boldsymbol{A}=\boldsymbol{A}\boldsymbol{A}^{\mathrm{T}}=\boldsymbol{I},$$

则称 $\boldsymbol{A}$ 为正交矩阵.

由定义 7 可知正交矩阵必为方阵且具有以下性质：

1° $\boldsymbol{A}^{-1}=\boldsymbol{A}^{\mathrm{T}}$.

于是，$\boldsymbol{A}^{\mathrm{T}}\boldsymbol{A}=\boldsymbol{I}$ 与 $\boldsymbol{A}\boldsymbol{A}^{\mathrm{T}}=\boldsymbol{I}$ 中只要有一个成立，则 $\boldsymbol{A}$ 就是正交矩阵.

2° $\det \boldsymbol{A}=\pm 1$.

事实上，$\det(\boldsymbol{A}^{\mathrm{T}}\boldsymbol{A})=(\det \boldsymbol{A}^{\mathrm{T}})(\det \boldsymbol{A})=(\det \boldsymbol{A})^2=\det \boldsymbol{I}=1$，故有 $\det \boldsymbol{A}=\pm 1$.

3° 若 $\boldsymbol{A},\boldsymbol{B}$ 都是 n 阶正交矩阵，则 $\boldsymbol{AB}$ 也是正交矩阵.

这个性质的证明留给读者.

4° n 阶矩阵 $\boldsymbol{A}$ 为正交矩阵的充要条件是 $\boldsymbol{A}$ 的行(列)向量组是标准正交向量组.

事实上，设 $\boldsymbol{\alpha}_1,\boldsymbol{\alpha}_2,\cdots,\boldsymbol{\alpha}_n$ 是 $\boldsymbol{A}$ 的行向量组，故

$$\boldsymbol{A}=\begin{pmatrix}\boldsymbol{\alpha}_1\\ \boldsymbol{\alpha}_2\\ \vdots\\ \boldsymbol{\alpha}_n\end{pmatrix},\quad \boldsymbol{A}^{\mathrm{T}}=(\boldsymbol{\alpha}_1^{\mathrm{T}},\boldsymbol{\alpha}_2^{\mathrm{T}},\cdots,\boldsymbol{\alpha}_n^{\mathrm{T}}),\quad \boldsymbol{A}\boldsymbol{A}^{\mathrm{T}}=\begin{pmatrix}\boldsymbol{\alpha}_1\boldsymbol{\alpha}_1^{\mathrm{T}} & \boldsymbol{\alpha}_1\boldsymbol{\alpha}_2^{\mathrm{T}} & \cdots & \boldsymbol{\alpha}_1\boldsymbol{\alpha}_n^{\mathrm{T}}\\ \boldsymbol{\alpha}_2\boldsymbol{\alpha}_1^{\mathrm{T}} & \boldsymbol{\alpha}_2\boldsymbol{\alpha}_2^{\mathrm{T}} & \cdots & \boldsymbol{\alpha}_2\boldsymbol{\alpha}_n^{\mathrm{T}}\\ \vdots & \vdots & & \vdots\\ \boldsymbol{\alpha}_n\boldsymbol{\alpha}_1^{\mathrm{T}} & \boldsymbol{\alpha}_n\boldsymbol{\alpha}_2^{\mathrm{T}} & \cdots & \boldsymbol{\alpha}_n\boldsymbol{\alpha}_n^{\mathrm{T}}\end{pmatrix},$$

由上式可知，$\boldsymbol{A}\boldsymbol{A}^{\mathrm{T}}=\boldsymbol{I}$ 的充要条件是

$$\boldsymbol{\alpha}_i\boldsymbol{\alpha}_i^{\mathrm{T}}=1,\quad \boldsymbol{\alpha}_i\boldsymbol{\alpha}_j^{\mathrm{T}}=0\quad (i\neq j,\ i,j=1,2,\cdots,n),$$

即 $\boldsymbol{\alpha}_1,\boldsymbol{\alpha}_2,\cdots,\boldsymbol{\alpha}_n$ 是标准正交向量组.

例 6 设

$$\boldsymbol{A}=\begin{pmatrix}\frac{1}{3} & \frac{2}{3} & \frac{2}{3}\\ \frac{2}{3} & \frac{1}{3} & -\frac{2}{3}\\ \frac{2}{3} & -\frac{2}{3} & \frac{1}{3}\end{pmatrix},\quad \boldsymbol{B}=\begin{pmatrix}2 & 0 & 0\\ 0 & \frac{1}{\sqrt{2}} & \frac{1}{\sqrt{2}}\\ 0 & \frac{1}{\sqrt{2}} & -\frac{1}{\sqrt{2}}\end{pmatrix}.$$

$\boldsymbol{A}$ 的行向量组是标准正交向量组，故 $\boldsymbol{A}$ 是正交矩阵.$\boldsymbol{B}$ 的各行向量虽然两两正交，但 $\boldsymbol{\alpha}_1=(2,0,0)$ 不是单位向量，故 $\boldsymbol{B}$ 不是正交矩阵.

习题 5.3

1. 在 $\mathbf{R}^4$ 中求下列向量 $\boldsymbol{\alpha}$ 与 $\boldsymbol{\beta}$ 的夹角：

   (1) $\boldsymbol{\alpha}=(2,1,3,2)$， $\boldsymbol{\beta}=(1,2,-2,1)$； (2) $\boldsymbol{\alpha}=(1,2,2,3)$， $\boldsymbol{\beta}=(3,1,5,1)$；

   (3) $\boldsymbol{\alpha}=(1,1,1,2)$， $\boldsymbol{\beta}=(3,1,-1,0)$.

2. 在 $\mathbf{R}^4$ 中求一个与 $\boldsymbol{\alpha}_1=(1,1,-1,1)$，$\boldsymbol{\alpha}_2=(1,-1,-1,1)$，$\boldsymbol{\alpha}_3=(2,1,1,3)$正交的单位向量 $\boldsymbol{\alpha}$.

3. 设 $\boldsymbol{\gamma}_1,\boldsymbol{\gamma}_2,\boldsymbol{\gamma}_3$ 是 $\mathbf{R}^3$ 的一组标准正交基，且 $\boldsymbol{\alpha}=3\boldsymbol{\gamma}_1+2\boldsymbol{\gamma}_2+4\boldsymbol{\gamma}_3$，$\boldsymbol{\beta}=\boldsymbol{\gamma}_1-2\boldsymbol{\gamma}_2$.

   (1) 求与 $\boldsymbol{\alpha},\boldsymbol{\beta}$ 都正交的全部向量； (2) 求与 $\boldsymbol{\alpha},\boldsymbol{\beta}$ 都正交的单位向量.

4. 设 $\boldsymbol{\alpha}_1,\boldsymbol{\alpha}_2,\cdots,\boldsymbol{\alpha}_n$ 是 $\mathbf{R}^n$ 的一组基，证明：

   (1) 若 $\boldsymbol{\beta}\in\mathbf{R}^n$，且 $(\boldsymbol{\beta},\boldsymbol{\alpha}_i)=0(i=1,2,\cdots,n)$，则 $\boldsymbol{\beta}=\mathbf{0}$；

   (2) 若 $\boldsymbol{\beta}_1,\boldsymbol{\beta}_2\in\mathbf{R}^n$，使 $(\boldsymbol{\beta}_1,\boldsymbol{\alpha}_i)=(\boldsymbol{\beta}_2,\boldsymbol{\alpha}_i)(i=1,2,\cdots,n)$，则 $\boldsymbol{\beta}_1=\boldsymbol{\beta}_2$.

5. 用施密特正交化方法将下列向量组分别标准正交化：

   (1) $\boldsymbol{\alpha}_1=(1,1,1)$， $\boldsymbol{\alpha}_2=(1,2,3)$， $\boldsymbol{\alpha}_3=(1,4,9)$；

   (2) $\boldsymbol{\alpha}_1=(1,0,-1,1)$， $\boldsymbol{\alpha}_2=(1,-1,0,1)$， $\boldsymbol{\alpha}_3=(-1,1,1,0)$.

6. 设 $\boldsymbol{\gamma}_1,\boldsymbol{\gamma}_2,\boldsymbol{\gamma}_3$ 是 $\mathbf{R}^3$ 的一组标准正交基，证明：

$$\boldsymbol{\alpha}_1=\frac{1}{3}(2\boldsymbol{\gamma}_1+2\boldsymbol{\gamma}_2-\boldsymbol{\gamma}_3),\ \boldsymbol{\alpha}_2=\frac{1}{3}(2\boldsymbol{\gamma}_1-\boldsymbol{\gamma}_2+2\boldsymbol{\gamma}_3),\boldsymbol{\alpha}_3=\frac{1}{3}(\boldsymbol{\gamma}_1-2\boldsymbol{\gamma}_2-2\boldsymbol{\gamma}_3)$$

   也是 $\mathbf{R}^3$ 的一组标准正交基.

7. 设 $\boldsymbol{A},\boldsymbol{B}$ 是同阶正交矩阵，证明：$\boldsymbol{AB}$ 也是正交矩阵.

8. 设 $\boldsymbol{A}$ 为正交矩阵，证明：$\boldsymbol{A}^*$ 也是正交矩阵.

9. 设 $\boldsymbol{\alpha}$ 为 n 维列向量，$\boldsymbol{\alpha}^{\mathrm{T}}\boldsymbol{\alpha}=1$，$\boldsymbol{H}=\boldsymbol{I}-2\boldsymbol{\alpha}\boldsymbol{\alpha}^{\mathrm{T}}$，证明：$\boldsymbol{H}$ 是对称的正交矩阵.

10. 设 $\boldsymbol{A}=\begin{pmatrix} a & -\frac{3}{7} & \frac{2}{7} \\ b & c & d \\ -\frac{3}{7} & \frac{2}{7} & e \end{pmatrix}$ 为正交矩阵，试求 a,b,c,d,e 的值.

11. 设 $\boldsymbol{A}$ 是奇数阶正交矩阵且 $\det\boldsymbol{A}=1$，证明：$\lambda=1$ 是 $\boldsymbol{A}$ 的特征值.

§ 5.4 实对称矩阵的相似对角化

在 § 5.2 中所讨论的一般 n 阶矩阵相似对角化的结论对于实对称矩阵当然成立. 而实对称矩阵的相似对角化又有其自身的特殊性. 实对称矩阵的一个重要特性就是它的特征值都是实数. 为了证明这个结论，我们先介绍复矩阵的共轭矩阵概念及其基本性质.

设 $\boldsymbol{A}=(a_{ij})_{m\times n}$，$a_{ij}\in\mathbf{C}$($\mathbf{C}$ 为复数集)，我们把 $\overline{\boldsymbol{A}}=(\overline{a}_{ij})_{m\times n}$ 称为 $\boldsymbol{A}$ 的**共轭矩阵**，其

中 $\bar{a}_{ij}$ 是 a_{ij} 的共轭复数.

由共轭矩阵的定义及共轭复数的运算性质,容易证明共轭矩阵有以下性质:

1° $\overline{(\boldsymbol{A}^{\mathrm{T}})}=(\overline{\boldsymbol{A}})^{\mathrm{T}}$;　　2° $\overline{k\boldsymbol{A}}=\bar{k}\,\overline{\boldsymbol{A}}$;　　3° $\overline{\boldsymbol{AB}}=\overline{\boldsymbol{A}}\,\overline{\boldsymbol{B}}$.

现在我们利用上述性质证明以下定理:

定理 1　实对称矩阵的特征值都是实数.

证　设 λ 是实对称矩阵 $\boldsymbol{A}$ 的任一特征值,则有非零向量 $\boldsymbol{\alpha}$,使得 $\boldsymbol{A\alpha}=\lambda\boldsymbol{\alpha}$.

欲证 λ 是实数,只需证明 $\bar{\lambda}=\lambda$.在 $\boldsymbol{A\alpha}=\lambda\boldsymbol{\alpha}$ 两端取共轭,得 $\overline{\boldsymbol{A\alpha}}=\overline{\lambda\boldsymbol{\alpha}}$,由共轭矩阵的性质 2°及性质 3°,有 $\overline{\boldsymbol{A}}\,\overline{\boldsymbol{\alpha}}=\bar{\lambda}\,\overline{\boldsymbol{\alpha}}$.因为 $\boldsymbol{A}$ 是实对称矩阵,所以 $\overline{\boldsymbol{A}}=\boldsymbol{A}$,$\boldsymbol{A}^{\mathrm{T}}=\boldsymbol{A}$,于是有

$$\boldsymbol{A}^{\mathrm{T}}\overline{\boldsymbol{\alpha}}=\bar{\lambda}\,\overline{\boldsymbol{\alpha}},$$

上式两端再取转置,有

$$\overline{\boldsymbol{\alpha}}^{\mathrm{T}}\boldsymbol{A}=\bar{\lambda}\,\overline{\boldsymbol{\alpha}}^{\mathrm{T}},$$

再用 $\boldsymbol{\alpha}$ 右乘上式两端,得

$$\overline{\boldsymbol{\alpha}}^{\mathrm{T}}\boldsymbol{A\alpha}=\bar{\lambda}\,\overline{\boldsymbol{\alpha}}^{\mathrm{T}}\boldsymbol{\alpha},$$
$$\lambda\,\overline{\boldsymbol{\alpha}}^{\mathrm{T}}\boldsymbol{\alpha}=\bar{\lambda}\,\overline{\boldsymbol{\alpha}}^{\mathrm{T}}\boldsymbol{\alpha},$$

移项,有 $(\lambda-\bar{\lambda})\overline{\boldsymbol{\alpha}}^{\mathrm{T}}\boldsymbol{\alpha}=0$.因为 $\boldsymbol{\alpha}\neq\boldsymbol{0}$,所以

$$\overline{\boldsymbol{\alpha}}^{\mathrm{T}}\boldsymbol{\alpha}=(\bar{a}_1,\bar{a}_2,\cdots,\bar{a}_n)\begin{pmatrix}a_1\\a_2\\\vdots\\a_n\end{pmatrix}=\sum_{i=1}^{n}\bar{a}_i a_i>0,$$

故 $\lambda-\bar{\lambda}=0$,$\lambda=\bar{\lambda}$,即 λ 为实数.

任一 n 阶矩阵的不同特征值的特征向量是线性无关的,对于实对称矩阵则有下面更进一步的结论:

定理 2　设 $\boldsymbol{A}$ 为一个实对称矩阵,那么对应于 $\boldsymbol{A}$ 的不同特征值的特征向量彼此正交.

证　设 λ_1,λ_2 是 $\boldsymbol{A}$ 的两个不同的特征值,$\boldsymbol{\alpha}_1,\boldsymbol{\alpha}_2$ 是 $\boldsymbol{A}$ 分别属于 λ_1,λ_2 的特征向量,于是有

$$\boldsymbol{A\alpha}_1=\lambda_1\boldsymbol{\alpha}_1,\quad \boldsymbol{A\alpha}_2=\lambda_2\boldsymbol{\alpha}_2,$$

上面第一个等式两端取转置可得

$$\boldsymbol{\alpha}_1^{\mathrm{T}}\boldsymbol{A}=\lambda_1\boldsymbol{\alpha}_1^{\mathrm{T}},$$

用 $\boldsymbol{\alpha}_2$ 右乘上式两端得

$$\lambda_1\boldsymbol{\alpha}_1^{\mathrm{T}}\boldsymbol{\alpha}_2=\boldsymbol{\alpha}_1^{\mathrm{T}}\boldsymbol{A\alpha}_2=\boldsymbol{\alpha}_1^{\mathrm{T}}\lambda_2\boldsymbol{\alpha}_2=\lambda_2\boldsymbol{\alpha}_1^{\mathrm{T}}\boldsymbol{\alpha}_2,$$

即 $(\lambda_1-\lambda_2)\boldsymbol{\alpha}_1^{\mathrm{T}}\boldsymbol{\alpha}_2=0$.又因为 $\lambda_1\neq\lambda_2$,所以有 $\boldsymbol{\alpha}_1^{\mathrm{T}}\boldsymbol{\alpha}_2=0$,即 $\boldsymbol{\alpha}_1$ 与 $\boldsymbol{\alpha}_2$ 正交.

一般 n 阶矩阵未必能与对角矩阵相似,而实对称矩阵则一定能够与对角矩阵相

似，这个结论可由下面的定理得到：

定理 3　对任意 n 阶实对称矩阵 $\boldsymbol{A}$，都存在一个 n 阶正交矩阵 $\boldsymbol{C}$，使得

$$\boldsymbol{C}^{\mathrm{T}}\boldsymbol{A}\boldsymbol{C}=\boldsymbol{C}^{-1}\boldsymbol{A}\boldsymbol{C}$$

为对角矩阵.

证明从略.

由定理 3 可知实对称矩阵的对角化问题，实质上是求正交矩阵 $\boldsymbol{C}$ 的问题.计算 $\boldsymbol{C}$ 的步骤如下：

1°　求出实对称矩阵 $\boldsymbol{A}$ 的全部特征值 $\lambda_1,\lambda_2,\cdots,\lambda_r$；

2°　对于各个不同的特征值 λ_i，求出齐次线性方程组 $(\lambda_i\boldsymbol{I}-\boldsymbol{A})\boldsymbol{X}=\boldsymbol{0}$ 的基础解系.对基础解系进行正交化和单位化，得到 $\boldsymbol{A}$ 对于 λ_i 的一组标准正交的特征向量.由 §5.2 的推论 3 可知，这个向量组所含向量的个数恰好是 λ_i 作为 $\boldsymbol{A}$ 的特征值的重数；

3°　将 $\lambda_i(i=1,2,\cdots,r)$ 的所有标准正交的特征向量构成一组 $\mathbf{R}^n$ 的标准正交基 $\boldsymbol{\gamma}_1,\boldsymbol{\gamma}_2,\cdots,\boldsymbol{\gamma}_n$；

4°　取 $\boldsymbol{C}=(\boldsymbol{\gamma}_1,\boldsymbol{\gamma}_2,\cdots,\boldsymbol{\gamma}_n)$，则 $\boldsymbol{C}$ 为正交矩阵且使得 $\boldsymbol{C}^{\mathrm{T}}\boldsymbol{A}\boldsymbol{C}(=\boldsymbol{C}^{-1}\boldsymbol{A}\boldsymbol{C})$ 为对角矩阵，对角线上的元为相应特征向量的特征值.

例 1　设 $\boldsymbol{A}=\begin{pmatrix}2&2&-2\\2&5&-4\\-2&-4&5\end{pmatrix}$，求正交矩阵 $\boldsymbol{C}$，使 $\boldsymbol{C}^{-1}\boldsymbol{A}\boldsymbol{C}$ 为对角矩阵.

典型例题精讲
实对称矩阵的
正交对角化

解

$$\det(\lambda\boldsymbol{I}-\boldsymbol{A})=\begin{vmatrix}\lambda-2&-2&2\\-2&\lambda-5&4\\2&4&\lambda-5\end{vmatrix}=\begin{vmatrix}\lambda-2&-2&2\\0&\lambda-1&\lambda-1\\2&4&\lambda-5\end{vmatrix}$$

$$=\begin{vmatrix}\lambda-2&-2&4\\0&\lambda-1&0\\2&4&\lambda-9\end{vmatrix}=(\lambda-1)\begin{vmatrix}\lambda-2&4\\2&\lambda-9\end{vmatrix}=(\lambda-1)^2(\lambda-10).$$

对于 $\lambda_1=1$(2 重)，由 $(\lambda_1\boldsymbol{I}-\boldsymbol{A})\boldsymbol{X}=\boldsymbol{0}$，即

$$\begin{pmatrix}-1&-2&2\\-2&-4&4\\2&4&-4\end{pmatrix}\begin{pmatrix}x_1\\x_2\\x_3\end{pmatrix}=\begin{pmatrix}0\\0\\0\end{pmatrix},$$

解得基础解系为 $\boldsymbol{\alpha}_1=(-2,1,0)^{\mathrm{T}},\boldsymbol{\alpha}_2=(2,0,1)^{\mathrm{T}}$.将 $\boldsymbol{\alpha}_1,\boldsymbol{\alpha}_2$ 正交化，有

$$\boldsymbol{\beta}_1=\boldsymbol{\alpha}_1=(-2,1,0)^{\mathrm{T}},$$

$$\boldsymbol{\beta}_2=\boldsymbol{\alpha}_2-\frac{(\boldsymbol{\alpha}_2,\boldsymbol{\beta}_1)}{(\boldsymbol{\beta}_1,\boldsymbol{\beta}_1)}\boldsymbol{\beta}_1=(2,0,1)^{\mathrm{T}}-\frac{-4}{5}(-2,1,0)^{\mathrm{T}}=\frac{1}{5}(2,4,5)^{\mathrm{T}}.$$

再将 $\boldsymbol{\beta}_1,\boldsymbol{\beta}_2$ 单位化，有

$$\boldsymbol{\gamma}_1=\frac{1}{\|\boldsymbol{\beta}_1\|}\boldsymbol{\beta}_1=\left(-\frac{2}{\sqrt{5}},\ \frac{1}{\sqrt{5}},\ 0\right)^{\mathrm{T}},$$

$$\boldsymbol{\gamma}_2=\frac{1}{\|\boldsymbol{\beta}_2\|}\boldsymbol{\beta}_2=\left(\frac{2}{3\sqrt{5}},\ \frac{4}{3\sqrt{5}},\ \frac{5}{3\sqrt{5}}\right)^{\mathrm{T}}.$$

对于 $\lambda_2=10$，由 $(\lambda_2\boldsymbol{I}-\boldsymbol{A})\boldsymbol{X}=\boldsymbol{0}$ 解得 $\boldsymbol{\alpha}_3=(1,2,-2)^{\mathrm{T}}$，将 $\boldsymbol{\alpha}_3$ 单位化，有

$$\boldsymbol{\gamma}_3=\frac{1}{\|\boldsymbol{\alpha}_3\|}\boldsymbol{\alpha}_3=\left(\frac{1}{3},\frac{2}{3},-\frac{2}{3}\right)^{\mathrm{T}}.$$

令

$$\boldsymbol{C}=(\boldsymbol{\gamma}_1,\boldsymbol{\gamma}_2,\boldsymbol{\gamma}_3)=\begin{pmatrix}-\frac{2}{\sqrt{5}} & \frac{2}{3\sqrt{5}} & \frac{1}{3}\\ \frac{1}{\sqrt{5}} & \frac{4}{3\sqrt{5}} & \frac{2}{3}\\ 0 & \frac{5}{3\sqrt{5}} & -\frac{2}{3}\end{pmatrix},$$

则 $\boldsymbol{C}$ 为正交矩阵，且 $\boldsymbol{C}^{-1}\boldsymbol{A}\boldsymbol{C}=\begin{pmatrix}1 & & \\ & 1 & \\ & & 10\end{pmatrix}$.

例 2 设 $\boldsymbol{A},\boldsymbol{B}$ 都是 n 阶实对称矩阵，证明：$\boldsymbol{A}$ 与 $\boldsymbol{B}$ 相似的充要条件是 $\boldsymbol{A}$ 与 $\boldsymbol{B}$ 有相同的特征值.

证 充分性：设 $\boldsymbol{A}$ 与 $\boldsymbol{B}$ 有相同的特征值 $\lambda_1,\lambda_2,\cdots,\lambda_n$，则存在可逆矩阵 $\boldsymbol{P},\boldsymbol{Q}$，使

$$\boldsymbol{P}^{-1}\boldsymbol{A}\boldsymbol{P}=\boldsymbol{\Lambda}=\boldsymbol{Q}^{-1}\boldsymbol{B}\boldsymbol{Q},$$

其中 $\boldsymbol{\Lambda}=\mathrm{diag}(\lambda_1,\lambda_2,\cdots,\lambda_n)$.由矩阵相似的传递性可知 $\boldsymbol{A}$ 与 $\boldsymbol{B}$ 相似.

必要性的证明与 § 5.2 定理 1 的证明相同.

例 3 设 $\boldsymbol{A},\boldsymbol{B}$ 都是 n 阶实对称矩阵，若存在正交矩阵 $\boldsymbol{T}$，使 $\boldsymbol{T}^{-1}\boldsymbol{A}\boldsymbol{T},\boldsymbol{T}^{-1}\boldsymbol{B}\boldsymbol{T}$ 都是对角矩阵，则 $\boldsymbol{AB}$ 是实对称矩阵.

证 由 $(\boldsymbol{AB})^{\mathrm{T}}=\boldsymbol{B}^{\mathrm{T}}\boldsymbol{A}^{\mathrm{T}}=\boldsymbol{BA}$ 可知，$\boldsymbol{AB}$ 对称的充要条件是 $\boldsymbol{AB}$ 可交换.因此只需证 $\boldsymbol{AB}=\boldsymbol{BA}$.据已知，设

$$\boldsymbol{T}^{-1}\boldsymbol{A}\boldsymbol{T}=\mathrm{diag}(\lambda_1,\lambda_2,\cdots,\lambda_n),\quad \boldsymbol{T}^{-1}\boldsymbol{B}\boldsymbol{T}=\mathrm{diag}(\mu_1,\mu_2,\cdots,\mu_n),$$

则

$$(\boldsymbol{T}^{-1}\boldsymbol{A}\boldsymbol{T})(\boldsymbol{T}^{-1}\boldsymbol{B}\boldsymbol{T})=(\boldsymbol{T}^{-1}\boldsymbol{B}\boldsymbol{T})(\boldsymbol{T}^{-1}\boldsymbol{A}\boldsymbol{T})=\mathrm{diag}(\lambda_1\mu_1,\cdots,\lambda_n\mu_n),$$

所以 $\boldsymbol{AB}=\boldsymbol{BA}$.故 $\boldsymbol{AB}$ 是实对称矩阵.

应用实例一：主成分分析

在介绍主成分分析方法之前，我们先介绍一些基本统计知识.令 $\boldsymbol{X}=(\boldsymbol{X}_1,\boldsymbol{X}_2,\cdots,\boldsymbol{X}_N)\in\mathbf{R}^{p\times N}$ 为观测矩阵，其中 N 为样本数量，p 为指标数量.定义 $\boldsymbol{X}_1,\boldsymbol{X}_2,\cdots,\boldsymbol{X}_N$ 的

样本均值$\boldsymbol{M}$为

$$\boldsymbol{M}=\frac{1}{N}(\boldsymbol{X}_1+\boldsymbol{X}_2+\cdots+\boldsymbol{X}_N).$$

令$\boldsymbol{B}=(\boldsymbol{X}_1-\boldsymbol{M},\boldsymbol{X}_2-\boldsymbol{M},\cdots,\boldsymbol{X}_N-\boldsymbol{M})$，显然$\boldsymbol{B}$的列向量组均值为$\boldsymbol{0}$，这个过程也称为零均值化.定义样本的协方差矩阵$\boldsymbol{S}=(s_{ij})_{p\times p}$为$\boldsymbol{S}=\frac{1}{N-1}\boldsymbol{B}\boldsymbol{B}^{\mathrm{T}}$.显然，$\boldsymbol{S}$是实对称矩阵.假设$\boldsymbol{\xi}=\begin{pmatrix}\xi_1\\ \xi_2\\ \vdots\\ \xi_p\end{pmatrix}$可取$\boldsymbol{X}_1,\boldsymbol{X}_2,\cdots,\boldsymbol{X}_N$中的任意向量.称$s_{jj}$为$\xi_j$的方差；当$i\neq j$时，称$s_{ij}$为$\xi_i$和$\xi_j$的协方差$(i,j=1,2,\cdots,p)$.特别地，当$s_{ij}=0$时，称$\xi_i$和$\xi_j$不相关.

为简化讨论，不妨设矩阵$\boldsymbol{X}=(\boldsymbol{X}_1,\boldsymbol{X}_2,\cdots,\boldsymbol{X}_N)$的列向量组均值为$\boldsymbol{0}$.主成分分析的目的是找到一个$p$阶正交矩阵$\boldsymbol{P}=(\boldsymbol{u}_1,\boldsymbol{u}_2,\cdots,\boldsymbol{u}_p)$，令线性变换$\boldsymbol{\xi}=\boldsymbol{P}\boldsymbol{\eta}$，即

$$\begin{pmatrix}\xi_1\\ \xi_2\\ \vdots\\ \xi_p\end{pmatrix}=(\boldsymbol{u}_1,\boldsymbol{u}_2,\cdots,\boldsymbol{u}_p)\begin{pmatrix}\eta_1\\ \eta_2\\ \vdots\\ \eta_p\end{pmatrix}$$

使新变量$\eta_1,\eta_2,\cdots,\eta_p$彼此不相关而且方差依次递减.对观测样本$\boldsymbol{X}_1,\boldsymbol{X}_2,\cdots,\boldsymbol{X}_N$作正交变换$\boldsymbol{\xi}=\boldsymbol{P}\boldsymbol{\eta}$，则$\boldsymbol{Y}_k=\boldsymbol{P}^{-1}\boldsymbol{X}_k=\boldsymbol{P}^{\mathrm{T}}\boldsymbol{X}_k,k=1,2,\cdots,N$，可以证明，若$\boldsymbol{X}_1,\boldsymbol{X}_2,\cdots,\boldsymbol{X}_N$的协方差矩阵为$\boldsymbol{S}$，则$\boldsymbol{Y}_1,\boldsymbol{Y}_2,\cdots,\boldsymbol{Y}_N$的协方差矩阵为$\boldsymbol{P}^{\mathrm{T}}\boldsymbol{S}\boldsymbol{P}$（参见思考题五第6题）.由于新变量$\eta_1,\eta_2,\cdots,\eta_p$不相关，所以$\boldsymbol{P}^{\mathrm{T}}\boldsymbol{S}\boldsymbol{P}$为对角矩阵，不妨设为$\boldsymbol{D}$.可以证明，矩阵$\boldsymbol{S}$的特征值$\lambda_1,\lambda_2,\cdots,\lambda_p$全为非负实数.由于$\eta_1,\eta_2,\cdots,\eta_p$的方差依次递减，故通过排序，可使$\lambda_1\geqslant\lambda_2\geqslant\cdots\geqslant\lambda_p\geqslant 0$.由§5.4定理3知，存在正交矩阵$\boldsymbol{P}$，使

$$\boldsymbol{P}^{-1}\boldsymbol{S}\boldsymbol{P}=\boldsymbol{P}^{\mathrm{T}}\boldsymbol{S}\boldsymbol{P}=\boldsymbol{D}=\begin{pmatrix}\lambda_1 & & \\ & \ddots & \\ & & \lambda_p\end{pmatrix},$$

其中$\boldsymbol{P}$的列向量$\boldsymbol{u}_i\ (i=1,2,\cdots,p)$是$\boldsymbol{S}$对应于$\lambda_i$的单位特征向量.此时，称$\boldsymbol{u}_1,\boldsymbol{u}_2,\cdots,\boldsymbol{u}_p$为观测矩阵的主成分.进一步地，称$\boldsymbol{S}$的最大特征值$\lambda_1$所对应的单位特征向量$\boldsymbol{u}_1$为第一主成分，$\boldsymbol{S}$的第二大特征值$\lambda_2$所对应的$\boldsymbol{u}_2$为第二主成分，以此类推，一旦得到了矩阵$\boldsymbol{P}$，就可得变换后的观测矩阵为

$$(\boldsymbol{Y}_1,\boldsymbol{Y}_2,\cdots,\boldsymbol{Y}_N)=\boldsymbol{P}^{\mathrm{T}}(\boldsymbol{X}_1,\boldsymbol{X}_2,\cdots,\boldsymbol{X}_N).$$

那么主成分$\boldsymbol{u}_1,\boldsymbol{u}_2,\cdots,\boldsymbol{u}_p$是如何确定新变量$\eta_1,\eta_2,\cdots,\eta_p$的呢？我们不妨以$\boldsymbol{u}_1$为例进行说明.设$\boldsymbol{u}_1^{\mathrm{T}}=(c_1,c_2,\cdots,c_p)$.由于$\boldsymbol{\eta}=\boldsymbol{P}^{\mathrm{T}}\boldsymbol{\xi}$，因此$\begin{pmatrix}\eta_1\\ \eta_2\\ \vdots\\ \eta_p\end{pmatrix}=\begin{pmatrix}\boldsymbol{u}_1^{\mathrm{T}}\\ \boldsymbol{u}_2^{\mathrm{T}}\\ \vdots\\ \boldsymbol{u}_p^{\mathrm{T}}\end{pmatrix}\boldsymbol{\xi}$，即

$$\eta_1=\boldsymbol{u}_1^{\mathrm{T}}\boldsymbol{\xi}=c_1\xi_1+c_2\xi_2+\cdots+c_p\xi_p.$$

从而η_1是原始变量$\xi_1,\xi_2,\cdots,\xi_p$的线性组合，特征向量$\boldsymbol{u}_1$的各分量为对应权重.同理，η_2是原始变量$\xi_1,\xi_2,\cdots,\xi_p$的线性组合，特征向量$\boldsymbol{u}_2$的各分量为其对应权重，其

余以此类推.

现以§5.0引例中的高光谱图像数据为例，每个波段的图像尺寸为145×145，即每一幅图像中含21 025个像素点.因此，三个光谱波段图像对应的观测矩阵 $\boldsymbol{X}\in\mathbf{R}^{3\times 21\,025}$.经计算，该组数据的协方差矩阵为

$$\boldsymbol{S}=\begin{pmatrix}220\,193.37 & 405\,285.04 & 128\,306.10\\ 405\,285.04 & 848\,917.27 & 263\,923.64\\ 128\,306.10 & 263\,923.64 & 95\,500.98\end{pmatrix},$$

求这组数据的主成分，并给出第一主成分 $\boldsymbol{u}_1$ 所对应的新变量 η_1.

经过计算，$\boldsymbol{S}$ 的特征值为

$$\lambda_1=1\,130\,660.40,\quad \lambda_2=21\,720.51,\quad \lambda_3=12\,230.71,$$

对应的特征向量为

$$\boldsymbol{u}_1=\begin{pmatrix}0.423\,1\\0.864\,1\\0.272\,7\end{pmatrix},\quad \boldsymbol{u}_2=\begin{pmatrix}0.905\,3\\-0.415\,8\\-0.087\,1\end{pmatrix},\quad \boldsymbol{u}_3=\begin{pmatrix}0.038\,1\\0.283\,8\\-0.958\,1\end{pmatrix}.$$

因此，第一主成分 $\boldsymbol{u}_1$ 所对应的新变量

$$\eta_1=0.423\,1\,\xi_1+0.864\,1\xi_2+0.272\,7\xi_3.$$

令 $\boldsymbol{P}=(\boldsymbol{u}_1,\boldsymbol{u}_2,\boldsymbol{u}_3)$，通过正交变换 $\boldsymbol{\xi}=\boldsymbol{P\eta}$，可得变换后的数据矩阵

$$\boldsymbol{Y}=\boldsymbol{P}^{\mathrm{T}}\boldsymbol{X}=\begin{pmatrix}\boldsymbol{u}_1^{\mathrm{T}}\\ \boldsymbol{u}_2^{\mathrm{T}}\\ \boldsymbol{u}_3^{\mathrm{T}}\end{pmatrix}\boldsymbol{X}=\begin{pmatrix}\boldsymbol{u}_1^{\mathrm{T}}\boldsymbol{X}\\ \boldsymbol{u}_2^{\mathrm{T}}\boldsymbol{X}\\ \boldsymbol{u}_3^{\mathrm{T}}\boldsymbol{X}\end{pmatrix}\in\mathbf{R}^{3\times 21\,025}.$$

即变换后数据 $\boldsymbol{Y}$ 的第一行 $\boldsymbol{u}_1^{\mathrm{T}}\boldsymbol{X}$ 与第一主成分 $\boldsymbol{u}_1$ 对应，就是图5.1中的(d)，它是原始数据矩阵 $\boldsymbol{X}$ 各行的线性组合，权重是 $\boldsymbol{u}_1$ 的各分量.以此类推，$\boldsymbol{u}_2^{\mathrm{T}}\boldsymbol{X}$，$\boldsymbol{u}_3^{\mathrm{T}}\boldsymbol{X}$ 分别是第二和第三主成分，如图5.1(e)和(f)所示.

例中变换后数据的协方差矩阵为

$$\boldsymbol{D}=\begin{pmatrix}1\,130\,660.40 & 0 & 0\\ 0 & 21\,720.51 & 0\\ 0 & 0 & 12\,230.71\end{pmatrix},$$

其中对角元分别是 η_1,η_2,η_3 的方差，这里 η_1 对应第一主成分 $\boldsymbol{u}_1$，η_2 对应第二主成分 $\boldsymbol{u}_2$，η_3 对应第三主成分 $\boldsymbol{u}_3$，不难计算，η_1,η_2,η_3 的方差之和

$$\operatorname{tr}(\boldsymbol{D})=1\,130\,660.40+21\,720.51+12\,230.71=1\,164\,611.62.$$

各主成分对应变量的方差占比分别为

$$\frac{1\,130\,660.40}{1\,164\,611.62}=97.08\%,\quad \frac{21\,720.51}{1\,164\,611.62}=1.87\%,\quad \frac{12\,230.71}{1\,164\,611.62}=1.05\%.$$

可见，第一主成分保留了三个波段图像中的绝大部分信息，或者粗略地说，原始三个通道的初始数据被简化为了一个通道，实现了数据的简化和降维.

应用实例二：搜索引擎的秘密

伴随着互联网产业的飞速发展，搜索引擎成为人们获取信息的重要渠道.通常，当人们使用搜索引擎时，在搜索框输入关键词，比如“线性代数”，搜索后搜索引擎会返回

一系列的网页链接.但是你是否注意到这样一些数据出现在搜索框下方?“找到91 000 000条结果”.那么,搜索引擎是如何对海量的信息进行搜集和筛选,从而给用户提供最有用的信息呢?并且有的网页排在前面,有的网页排在后面,搜索引擎按照什么准则对网页排序呢?怎么计算出来的呢?以谷歌(Google)搜索引擎为例,这些问题的答案就涉及自动判断网页重要性的技术——PageRank 技术. PageRank 的基本思想是越“重要”的网页,页面上的链接质量越高,同时也越容易被其他“重要”的网页链接.因此,可统计某网页上的链入网页,以此对该网页“评分”,再按每个网页的得分对网页进行排序.

比如,考虑图 5.4 中的简单网络.

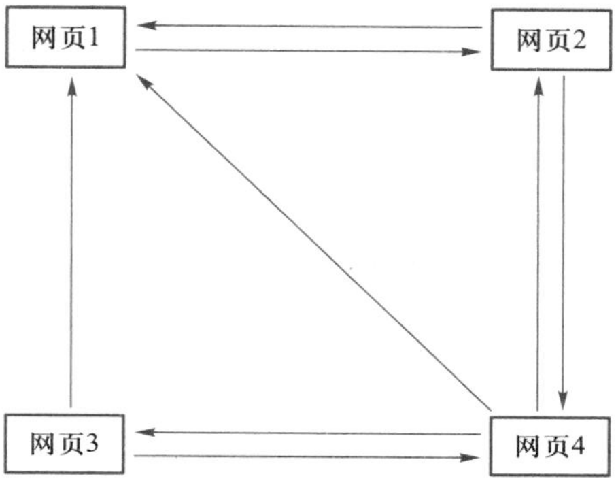

图 5.4

设网页 $i(i=1,2,3,4)$ 的得分 x_i 为所有链接向网页 i 的网页的得分之和.则

$$\begin{cases} x_1=x_2+x_3+x_4, \\ x_2=x_1+x_4, \\ x_3=x_4, \\ x_4=x_2+x_3. \end{cases}$$

但上述方程组只有零解,不符合实际情况.注意到网页 2 同时链接到网页 1 和网页 4,则不妨将 x_2 平均分配到网页 1 和网页 4,其他网页类似.因此,上述方程组变为

$$\begin{cases} x_1=\dfrac{1}{2}x_2+\dfrac{1}{2}x_3+\dfrac{1}{3}x_4, \\ x_2=x_1+\dfrac{1}{3}x_4, \\ x_3=\dfrac{1}{3}x_4, \\ x_4=\dfrac{1}{2}x_2+\dfrac{1}{2}x_3, \end{cases} \tag{5.12}$$

求得方程组的解为

$$\begin{cases} x_1=4, \\ x_2=5, \\ x_3=1, \\ x_4=3. \end{cases}$$

因此网页 2 得分最高，且这 4 个网页的排列顺序为：网页 2，网页 1，网页 4 和网页 3.

事实上，方程组(5.12)可写为 $\boldsymbol{X}=\boldsymbol{A}\boldsymbol{X}$，其中

$$\boldsymbol{X}=\begin{pmatrix}x_1\\x_2\\x_3\\x_4\end{pmatrix},\quad \boldsymbol{A}=\begin{pmatrix}0&\frac{1}{2}&\frac{1}{2}&\frac{1}{3}\\1&0&0&\frac{1}{3}\\0&0&0&\frac{1}{3}\\0&\frac{1}{2}&\frac{1}{2}&0\end{pmatrix}.$$

可见，PageRank 问题的本质上是一个数学问题：求矩阵 $\boldsymbol{A}$ 的特征值 $\lambda=1$ 所对应的非负特征向量 $\boldsymbol{X}$.

现考虑一般情形.假设有 n 个网页，用 $\boldsymbol{G}=(g_{ij})_{n\times n}$ 表示这 n 个网页间的链接关系，即若用户在浏览网页时，可从网页 j 跳转到网页 i，则 $g_{ij}=1$，否则 $g_{ij}=0$.通常也称 $\boldsymbol{G}$ 为邻接矩阵.令 r_i 和 c_j 分别为 $\boldsymbol{G}$ 的第 i 行行和和第 j 列列和，即

$$r_i=\sum_j g_{ij},\quad c_j=\sum_i g_{ij}$$

称 r_j 和 c_j 分别为第 j 个网页的链入度和链出度.在实际网络的超链接环境中，如果一个独立的网页没有外出链接(即 $c_j=0$)，或者整个网页图中的一组紧密连接成环的网页没有外出链接，则网页排序难以成功进行.为了处理这两种网页排序问题，使用户在任意时刻都能从一个网页随机跳到另一个网页，我们对网页 j 跳转到网页 i 的概率进行修正.一是将全零列替换为常值列，即假设该网页访问其他页面的概率是相等的，均为 $\frac{1}{n}$.此时，设用户从网页 j 跳转到网页 i 的概率为 p_{ij}，则

$$p_{ij}=\begin{cases}\dfrac{g_{ij}}{c_j}, & c_j\neq 0;\\[2mm] \dfrac{1}{n}, & c_j=0.\end{cases}$$

不难看出，$\boldsymbol{P}=(p_{ij})_{n\times n}$ 的每列和为 1.二是利用随机游走模型，加入阻尼系数 α(α 通常取 0.85)，即以概率 α 按原链接随机游走，因此链接到任意网页的概率为 $1-\alpha$，现有 n 个网页，故链接到某个特定网页的概率为 $\frac{1-\alpha}{n}$.故修正后的网页 j 跳转到网页 i 的概率为

$$\alpha p_{ij}+(1-\alpha)\frac{1}{n}.$$

设 $\boldsymbol{A}=(a_{ij})_{n\times n}$，令

$$\boldsymbol{A}=\alpha\boldsymbol{P}+(1-\alpha)\frac{1}{n}\boldsymbol{e}\boldsymbol{e}^{\mathrm{T}},\quad \boldsymbol{e}^{\mathrm{T}}=(1,1,\cdots,1).\tag{5.13}$$

通常称矩阵 $\boldsymbol{A}$ 为马尔可夫链的转移概率矩阵.显然，$0\leqslant a_{ij}\leqslant 1$ 且 $\boldsymbol{A}$ 的各列和为 1.矩阵 $\boldsymbol{A}$ 的特征值 $\lambda=1$ 所对应的非负特征向量 $\boldsymbol{X}$ 的 n 个分量则分别表示 n 个网页的重要程度，可以此为依据对搜索结果进行有效排序.

请思考如下问题：

(1) 证明 $\lambda=1$ 是式(5.13)中 n 阶矩阵 $\boldsymbol{A}$ 的特征值.

(2) 特征值 $\lambda=1$ 的代数重数和几何重数分别是多少？

(3) 实际上，网页总数 n 非常大，在 2004 年的时候，就已经超过 40 亿.那么，在这种情况下如何高效计算特征值 $\lambda=1$ 的非负特征向量呢？

最后，需要指出的是，虽然 PageRank 算法为谷歌网页排序提供了重要依据，但不是全部依据.实际上，谷歌发展到现在，已同时用数百种不同的算法来确定最终显示用户的搜索结果顺序.

应用实例三：卫星定位

打开手机中的地图软件，可轻松进行定位和导航，全球导航卫星系统(GNSS)在其中起着关键的作用.目前世界上有四大主要的全球导航卫星系统，包括美国的全球定位系统(GPS)、俄罗斯的格洛纳斯系统(GLONASS)、欧洲的伽利略卫星导航系统以及中国的北斗卫星导航系统.全球导航卫星系统不光在日常生活中发挥着作用，而且在灾害监测、搜救、国防中也有着广泛应用.

如图 5.5 所示，卫星定位系统通常同时在多颗卫星的覆盖之下，通过卫星星历和接收机的观测值来确定该接收机在地球坐标系中的位置.比如在伪距测量方法中，将卫星发射的测距码信号到达接收机的传播时间乘光速得到伪距，用(x,y,z)来表示接收机的坐标，(x_i,y_i,z_i)表示第 i 个卫星在空间中的坐标，t_i 表示信号传到接收机所用的时间，则伪距测量方程表示为

$$(x_i-x)^2+(y_i-y)^2+(z_i-z)^2=c^2t_i^2,\quad i=1,2,\cdots,n.$$

图 5.5

以上就得到包含 x,y,z 三个未知数的非线性方程组.可先将其线性化，比如用第 n 个方程依次减去前面的方程，这样就消去了平方项，从而得到如下线性方程组：

$$\begin{aligned}&2(x_i-x_n)x+2(y_i-y_n)y+2(z_i-z_n)z\\=&c^2(t_n^2-t_i^2)+(x_i^2-x_n^2)+(y_i^2-y_n^2)+(z_i^2-z_n^2),\quad i=1,2,\cdots,n-1.\end{aligned}$$

将其记为 $\boldsymbol{A\alpha}=\boldsymbol{b}$，其中 $\boldsymbol{\alpha}=(x,y,z)^{\mathrm{T}}$，$\boldsymbol{A}\in\mathbf{R}^{(n-1)\times 3}$. 一般地，当方程个数大于未知量个数时，方程组往往无解，转而寻找向量 $\hat{\boldsymbol{\alpha}}$ 使之极小化 $\|\boldsymbol{A\alpha}-\boldsymbol{b}\|$，即得到最小二乘问题

$$\min_{\boldsymbol{\alpha}}\|\boldsymbol{A\alpha}-\boldsymbol{b}\|^2.$$

最小二乘的思想可通过图 5.6 来说明. 若 $\boldsymbol{b}$ 属于 $\boldsymbol{A}$ 的列向量空间（即 $\boldsymbol{A}$ 的列向量组张成的空间），则线性方程组有解；若 $\boldsymbol{b}$ 不属于 $\boldsymbol{A}$ 的列向量空间，则求 $\hat{\boldsymbol{\alpha}}$ 使得 $\boldsymbol{A}\hat{\boldsymbol{\alpha}}=\hat{\boldsymbol{b}}$ 离 $\boldsymbol{b}$ 最近. 当 $\hat{\boldsymbol{b}}$ 为 $\boldsymbol{b}$ 在 $\boldsymbol{A}$ 的列向量空间上的正交投影时，方程组 $\boldsymbol{A\alpha}=\hat{\boldsymbol{b}}$ 的解即为最小二乘问题的解.

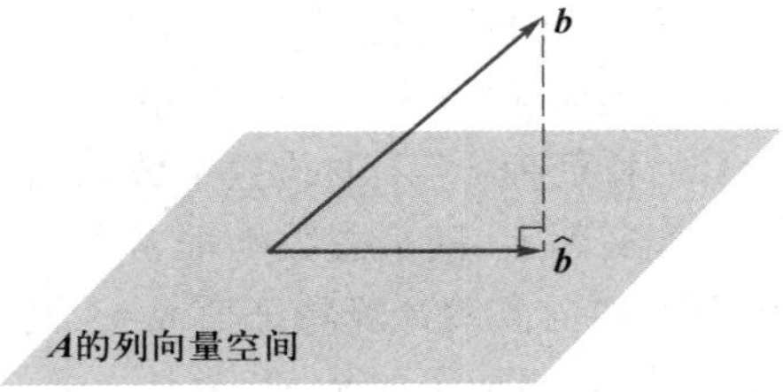

图 5.6

应用实例四：糖尿病诊断

当前，大数据技术正深入应用到医疗领域，比如慢性病管理、基因大数据、医药开发、医疗保险、医疗诊断等各个方面. 我们以最小二乘思想和方法在糖尿病诊断中的应用，来初探医疗大数据的奥秘.

糖尿病的相关指标很多，比如怀孕次数（p_N）、舒张压（p_b）、2 小时血清胰岛素（s）、体重指数（BMI）、糖尿病血系功能（d）、年龄（a）等. 如何根据这些指标来判断一个人是否患有糖尿病呢？可将是否患有糖尿病看成是这些指标的未知函数

$$y=f(p_N,p_b,\cdots,a),$$

其中 y 的取值为 0 或 1. 这里，我们假设 f 为关于这些参数的线性函数，即 $y=x_1p_N+x_2p_b+\cdots+x_6a+b$，$x_1,\cdots x_6$ 是未知量，b 为偏置项. 假若有 m 组数据（即对 m 个患者进行检测，得到这些指标以及对其是否患病的判断），代入一组数据就得到一个方程，这样得到线性方程组

$$\boldsymbol{Au}=\hat{\boldsymbol{y}},$$

这里 $\boldsymbol{A}$ 为 $m\times 7$ 矩阵，$\boldsymbol{u}$ 为未知向量，$\hat{\boldsymbol{y}}$ 为函数值组成的列向量. 该方程组通常无解，转而求 $\boldsymbol{u}$ 使之极小化右端项与 $\boldsymbol{Au}$ 之间的距离（残量），得到如下经典最小二乘问题：

$$\min_{\boldsymbol{u}}\|\boldsymbol{Au}-\hat{\boldsymbol{y}}\|^2.$$

当然，用简单的线性函数来近似未知函数 f 一般不是最佳选择，可根据情况来选择其他函数，比如多项式、幂函数等. 深度学习则采用神经网络来近似该未知函数，通过大量的数据来学习函数中的参数.

应用实例五：CO_2 分子振动

求一个振动分子的固有频率问题实质上是一个特征值问题. 我们考虑 CO_2 分子. 这是一个所谓的线性分子，即当这一分子处于平衡状态时，它的所有原子都在一条直线上.

考虑纵向振动（图 5.7）. 假定这一分子的所有运动都很小.

设 x_1 与 x_3 表示当这一系统做纵向振动时，两个氧原子偏离平衡位置的位移，而 x_2 表示碳原子偏离平衡位置的位移. 假设恢复力是偏离平衡位置的位移的线性函数，

并设碳原子和一个氧原子之间的力常数为 k，而两个氧原子之间的力常数为 k'. 一个氧原子的质量用 m 表示，碳原子的质量用 M 表示，则运动方程为

$$\begin{cases} m\dfrac{d^2x_1}{dt^2}=k(x_2-x_1)+k'(x_3-x_1), \\ M\dfrac{d^2x_2}{dt^2}=-k(x_2-x_1)+k(x_3-x_2), \\ m\dfrac{d^2x_3}{dt^2}=-k(x_3-x_2)-k'(x_3-x_1). \end{cases}$$

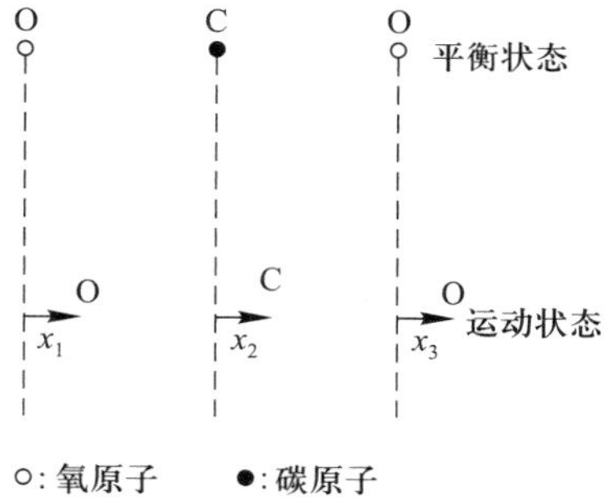

图 5.7　CO_2 分子的纵向运动

求解该微分方程组.

解　方程组的矩阵形式为

$$\ddot{\boldsymbol{X}}=\boldsymbol{A}\boldsymbol{X}, \boldsymbol{A}=\begin{pmatrix} -(p+q) & p & q \\ r & -2r & r \\ q & p & -(p+q) \end{pmatrix},$$

其中 $p=\dfrac{k}{m}, q=\dfrac{k'}{m}, r=\dfrac{k}{M}$.

$$\det(\lambda\boldsymbol{I}-\boldsymbol{A})=\lambda(\lambda+p+2q)(\lambda+p+2r).$$

$\boldsymbol{A}$ 的特征值 λ 分别是 $0, -(p+2q), -(p+2r)$. 对应的特征向量分别为

$$\begin{pmatrix}1\\1\\1\end{pmatrix}, \begin{pmatrix}1\\0\\-1\end{pmatrix}, \begin{pmatrix}1\\-\dfrac{2m}{M}\\1\end{pmatrix}.$$

作可逆矩阵 $\boldsymbol{C}=\begin{pmatrix} 1 & 1 & 1 \\ 1 & 0 & -\dfrac{2m}{M} \\ 1 & -1 & 1 \end{pmatrix}$，令 $\boldsymbol{X}=\boldsymbol{C}\boldsymbol{Y}$，则

$$\boldsymbol{C}^{-1}\boldsymbol{A}\boldsymbol{C}=\begin{pmatrix} 0 & 0 & 0 \\ 0 & -(p+2q) & 0 \\ 0 & 0 & -(p+2r) \end{pmatrix}.$$

这样，运动方程化简为 $\ddot{\boldsymbol{Y}}=(\boldsymbol{C}^{-1}\boldsymbol{A}\boldsymbol{C})\boldsymbol{Y}$，即

$$\begin{cases} \ddot{y}_1=0, \\ \ddot{y}_2+(p+2q)y_2=0, \\ \ddot{y}_3+(p+2r)y_3=0. \end{cases}$$

通解为

$$\begin{cases} y_1=c_1t+d, \\ y_2=c_2\sin(\sqrt{p+2q}\ t+\alpha), \\ y_3=c_3\sin(\sqrt{p+2r}\ t+\beta). \end{cases}$$

三类规范(标准)方式分别是当 $i=1,2,3$ 时由 $y_i\neq 0, y_j=0(j\neq i)$ 所给出的.由 $\boldsymbol{X}=\boldsymbol{CY}$,这三类规范方式分别对应于

(1) $x_1=x_2=x_3=c_1t+d$,

(2) $x_2=0, x_1=-x_3=c_2\sin(\sqrt{p+2q}\ t+\alpha)$,

(3) $x_1=x_3=c_3\sin(\sqrt{p+2r}\ t+\beta), x_2=-\left(\dfrac{2m}{M}\right)x_1$.

第一类规范方式(对应特征值 $\lambda=0$)只是一个平移.其余两类规范方式都是在平衡位置附近的振动,其周期分别是 $\dfrac{2\pi}{\sqrt{p+2q}}$ 与 $\dfrac{2\pi}{\sqrt{p+2r}}$.

应用实例六:人口流动问题

设某城市有 30 万人从事农、工、商工作,假定这个总人数在若干年内保持不变,根据社会调查得到以下数据:

(1) 在这 30 万就业人员中,目前从事农、工、商工作的人数分别是15 万,9 万,6 万;

(2) 农业人员中每年有 20%改为从工,10%改为从商;

(3) 工业人员中每年有 20%改为从农,10%改为从商;

(4) 商业人员中每年有 10%改为从农,10%改为从工.

预测两年后从事各业人员的人数以及多年后从事各业人员总数的发展趋势.

解 设 $\boldsymbol{X}_i=(x_{i1},x_{i2},x_{i3})^{\mathrm{T}}$ 表示第 i 年后从事农、工、商人员的数量,则

$$\boldsymbol{X}_0=(15,9,6)^{\mathrm{T}}.$$

分别用 1,2,3 表示农、工、商三种行业,用 a_{ij} 表示每年从第 i 种行业改为第 j 种行业的人数占第 i 种行业人数的百分比,a_{ii} 表示第 i 种行业人员继续从事该行业的百分比,则矩阵 $\boldsymbol{A}=(a_{ij})$ 就表示从事各业人员间的转移比例,

$$\boldsymbol{A}=\begin{pmatrix} 0.7 & 0.2 & 0.1 \\ 0.2 & 0.7 & 0.1 \\ 0.1 & 0.1 & 0.8 \end{pmatrix}.$$

由题目条件可得

$$\boldsymbol{X}_1=\boldsymbol{AX}_0=\begin{pmatrix} 12.9 \\ 9.9 \\ 7.2 \end{pmatrix}, \boldsymbol{X}_2=\boldsymbol{AX}_1=\begin{pmatrix} 11.73 \\ 10.23 \\ 8.04 \end{pmatrix}.$$

事实上,

$$\boldsymbol{X}_2=\boldsymbol{AX}_1=\boldsymbol{A}^2\boldsymbol{X}_0, \cdots, \boldsymbol{X}_n=\boldsymbol{AX}_{n-1}=\boldsymbol{A}^2\boldsymbol{X}_{n-2}=\cdots=\boldsymbol{A}^n\boldsymbol{X}_0.$$

$$\det(\lambda\boldsymbol{I}-\boldsymbol{A})=\cdots=(\lambda-1)(\lambda-0.7)(\lambda-0.5).$$

$\boldsymbol{A}$ 的特征值为$\lambda_1=1,\lambda_2=0.7,\lambda_3=0.5$.故存在可逆矩阵 $\boldsymbol{P}$,使 $\boldsymbol{A}=\boldsymbol{P\Lambda P}^{-1}$,其中$\boldsymbol{\Lambda}=\mathrm{diag}(1,0.7,0.5)$.

$$\boldsymbol{A}^n=\boldsymbol{P\Lambda}^n\boldsymbol{P}^{-1}=\boldsymbol{P}\begin{pmatrix}1^n & & \\ & 0.7^n & \\ & & 0.5^n\end{pmatrix}\boldsymbol{P}^{-1}.$$

当 $n\to\infty$时,$\boldsymbol{\Lambda}^n$ 趋近于$\begin{pmatrix}1&0&0\\0&0&0\\0&0&0\end{pmatrix}$.

设 $n\to\infty$时,$\boldsymbol{X}_n\to\boldsymbol{X}^*$,则 $\boldsymbol{X}_{n-1}\to\boldsymbol{X}^*$,由 $\boldsymbol{X}_n=\boldsymbol{AX}_{n-1}$可得

$$\boldsymbol{AX}^*=\boldsymbol{X}^*.$$

若 $\boldsymbol{X}^*\neq\boldsymbol{0}$,则 $\boldsymbol{X}^*$ 是 $\boldsymbol{A}$ 对应于特征值$\lambda_1=1$ 的特征向量.

解方程组$(\lambda_1\boldsymbol{I}-\boldsymbol{A})\boldsymbol{X}=\boldsymbol{0}$ 可得基础解系为 $\boldsymbol{\alpha}=(1,1,1)^{\mathrm{T}}$.故 $\boldsymbol{X}^*$ 可由 $\boldsymbol{\alpha}$ 线性表出,设 $\boldsymbol{X}^*=k\boldsymbol{\alpha}=(k,k,k)^{\mathrm{T}}$,则由 $k+k+k=30$,可得 $k=10$.即多年之后,从事农、工、商工作的人数将趋于相等,即都趋于 10 万人.

此问题还可以用以下方法求解:

由前面分析可知:

$$\boldsymbol{X}_n=\boldsymbol{A}^n\boldsymbol{X}_0,\ \boldsymbol{A}^n=\boldsymbol{P\Lambda}^n\boldsymbol{P}^{-1},$$

且 $\boldsymbol{A}$ 的特征值为$\lambda_1=1,\lambda_2=0.7,\lambda_3=0.5$.将 $\lambda_1,\lambda_2,\lambda_3$ 代入齐次线性方程组

$$(\lambda_i\boldsymbol{I}-\boldsymbol{A})\boldsymbol{X}=\boldsymbol{0},$$

可求出 $\lambda_1,\lambda_2,\lambda_3$ 所对应的特征向量分别为 $\boldsymbol{\alpha}_1=(1,1,1)^{\mathrm{T}},\boldsymbol{\alpha}_2=(1,1,-2)^{\mathrm{T}},\boldsymbol{\alpha}_3=(1,-1,0)^{\mathrm{T}}$.所以

$$\boldsymbol{P}=(\boldsymbol{\alpha}_1,\boldsymbol{\alpha}_2,\boldsymbol{\alpha}_3)=\begin{pmatrix}1&1&1\\1&1&-1\\1&-2&0\end{pmatrix},\quad \boldsymbol{P}^{-1}=\frac{1}{6}\begin{pmatrix}2&2&2\\1&1&-2\\3&-3&0\end{pmatrix}.$$

$$\boldsymbol{A}^n=\boldsymbol{P\Lambda}^n\boldsymbol{P}^{-1}=\frac{1}{6}\begin{pmatrix}2+0.7^n+3\times0.5^n & 2+0.7^n-3\times0.5^n & 2-2\times0.7^n\\ 2+0.7^n-3\times0.5^n & 2+0.7^n+3\times0.5^n & 2-2\times0.7^n\\ 2-2\times0.7^n & 2-2\times0.7^n & 2+4\times0.7^n\end{pmatrix}.$$

于是,

$$\boldsymbol{X}_n=\boldsymbol{A}^n\boldsymbol{X}_0=\begin{pmatrix}10+2\times0.7^n+3\times0.5^n\\10+2\times0.7^n-3\times0.5^n\\10-4\times0.7^n\end{pmatrix}.$$

由上式可以得到第 n 年从事农、工、商人员的人数情况,且当 $n\to\infty$时,$\boldsymbol{X}_n$ 趋近于 $\boldsymbol{X}^*=(10,10,10)^{\mathrm{T}}$.即经过很多年后,从事农、工、商人员的数目都趋近于 10 万人.

习题 5.4

1. 设 $\boldsymbol{A}=\begin{pmatrix}1&-2&2\\-2&4&-4\\2&-4&4\end{pmatrix}$，求正交矩阵 $\boldsymbol{P}$ 及对角矩阵 $\boldsymbol{\Lambda}$，使 $\boldsymbol{P}^{-1}\boldsymbol{A}\boldsymbol{P}=\boldsymbol{\Lambda}$.

2. 设 $\boldsymbol{A}=\begin{pmatrix}2&0&0\\0&3&a\\0&a&3\end{pmatrix}$，有正交矩阵 $\boldsymbol{C}$，使 $\boldsymbol{C}^{\mathrm{T}}\boldsymbol{A}\boldsymbol{C}=\begin{pmatrix}1&0&0\\0&2&0\\0&0&5\end{pmatrix}$，求常数 a 与矩阵 $\boldsymbol{C}$.

3. 设 3 阶实对称矩阵 $\boldsymbol{A}$ 的特征值是 1，2，3，矩阵 $\boldsymbol{A}$ 对应于特征值 1，2 的特征向量分别是 $\boldsymbol{\alpha}_1=(-1,-1,1)^{\mathrm{T}}$，$\boldsymbol{\alpha}_2=(1,-2,-1)^{\mathrm{T}}$.

   (1) 求 $\boldsymbol{A}$ 对应于特征值 3 的特征向量； (2) 求矩阵 $\boldsymbol{A}$.

4. 设 $\boldsymbol{A}$ 是 3 阶实矩阵，且有 3 个相互正交的特征向量.证明：$\boldsymbol{A}$ 是实对称矩阵.

5. 设 $\boldsymbol{A}$ 是 n 阶实对称矩阵，$\boldsymbol{A}^2=\boldsymbol{A}$，证明：存在正交矩阵 $\boldsymbol{T}$，使得

$$\boldsymbol{T}^{-1}\boldsymbol{A}\boldsymbol{T}=\mathrm{diag}(1,1,\cdots,1,0,\cdots,0).$$

6. 令 $\boldsymbol{A}=\begin{pmatrix}0.4&-0.3\\0.4&1.2\end{pmatrix}$，证明：$\lim\limits_{k\to\infty}\boldsymbol{A}^k=\begin{pmatrix}-0.5&-0.75\\1&1.5\end{pmatrix}$.

复习题五

1. 求矩阵 $\boldsymbol{A}=\begin{pmatrix}1&3&1&2\\0&-1&1&3\\0&0&3&5\\0&0&0&3\end{pmatrix}$ 的特征值与特征向量.

2. 求方阵 $\boldsymbol{A}=\begin{pmatrix}a&a&\cdots&a\\a&a&\cdots&a\\\vdots&\vdots&&\vdots\\a&a&\cdots&a\end{pmatrix}$ $(a\neq0)$ 的特征值和特征向量.

3. 设 $\boldsymbol{A}=\begin{pmatrix}-1&2&2\\2&-1&-2\\2&-2&-1\end{pmatrix}$.

   (1) 求 $\boldsymbol{A}$ 的特征值；

   (2) 求 $\boldsymbol{I}+\boldsymbol{A}^{-1}$ 的特征值.

4. 设 $\boldsymbol{A}=\begin{pmatrix}7&4&-1\\4&7&-1\\-4&-4&x\end{pmatrix}$ 的特征值为 $\lambda_1=3$（二重），$\lambda_2=12$，求 x 的值，并求 $\boldsymbol{A}$ 的特征向量.

5. 设 3 阶矩阵 $\boldsymbol{A}$ 的特征值为 $\lambda_1=1,\lambda_2=2,\lambda_3=3$,对应的特征向量依次为

$$\boldsymbol{\xi}_1=(1,1,1)^{\mathrm{T}},\boldsymbol{\xi}_2=(1,2,4)^{\mathrm{T}},\boldsymbol{\xi}_3=(1,3,9)^{\mathrm{T}},$$

向量 $\boldsymbol{\beta}=(1,1,3)^{\mathrm{T}}$.

(1) 将 $\boldsymbol{\beta}$ 用 $\boldsymbol{\xi}_1,\boldsymbol{\xi}_2,\boldsymbol{\xi}_3$ 线性表出;

(2) 求 $\boldsymbol{A}^n\boldsymbol{\beta}$($n$ 为正整数).

6. 设矩阵 $\boldsymbol{A}$ 与 $\boldsymbol{B}$ 相似,其中 $\boldsymbol{A}=\begin{pmatrix}-2&0&0\\2&x&2\\3&1&1\end{pmatrix},\boldsymbol{B}=\begin{pmatrix}-1&0&0\\0&2&0\\0&0&y\end{pmatrix}$.

(1) 求 x 与 y 的值;

(2) 求可逆矩阵 $\boldsymbol{P}$,使 $\boldsymbol{P}^{-1}\boldsymbol{AP}=\boldsymbol{B}$.

7. 设 n 阶矩阵 $\boldsymbol{A}$ 有 n 个特征值 $0,1,2,\cdots,n-1$,且矩阵 $\boldsymbol{B}\sim\boldsymbol{A}$,求 $\det(\boldsymbol{I}+\boldsymbol{B})$.

8. 设 $\boldsymbol{A}=\begin{pmatrix}2&2&0\\8&2&a\\0&0&6\end{pmatrix}\sim\boldsymbol{\Lambda}$(对角矩阵),求常数 a,并求可逆矩阵 $\boldsymbol{P}$,使$\boldsymbol{P}^{-1}\boldsymbol{AP}=\boldsymbol{\Lambda}$.

9. 求齐次线性方程组$\begin{cases}2x_1+x_2-x_3+x_4-3x_5=0,\\x_1+x_2-x_3+x_5=0\end{cases}$的解空间的一组标准正交基.

10. 如果实对称矩阵 $\boldsymbol{A}$ 满足关系式 $\boldsymbol{A}^2+6\boldsymbol{A}+8\boldsymbol{I}=\boldsymbol{O}$,证明:$\boldsymbol{A}+3\boldsymbol{I}$ 是正交矩阵.

11. 若实矩阵 $\boldsymbol{A}$ 满足 $\boldsymbol{A}^{\mathrm{T}}=-\boldsymbol{A}$,则称 $\boldsymbol{A}$ 为反称实矩阵.证明:反称实矩阵的特征值为 0 或纯虚数.

12. 已知 3 阶实对称矩阵 $\boldsymbol{A}$ 的特征值为 $1,1,-2$,且$(1,1,-1)^{\mathrm{T}}$ 是对应于-2 的特征向量,求 $\boldsymbol{A}$.

13. 设有 3 阶矩阵 $\boldsymbol{A}$ 与 3 维向量 $\boldsymbol{X}$ 使 $\boldsymbol{X},\boldsymbol{AX},\boldsymbol{A}^2\boldsymbol{X}$ 线性无关,且

$$\boldsymbol{A}^3\boldsymbol{X}=3\boldsymbol{AX}-2\boldsymbol{A}^2\boldsymbol{X}.$$

(1) 记 $\boldsymbol{P}=(\boldsymbol{X},\boldsymbol{AX},\boldsymbol{A}^2\boldsymbol{X})$,求 3 阶矩阵 $\boldsymbol{B}$,使 $\boldsymbol{A}=\boldsymbol{PBP}^{-1}$;

(2) 求 $\det(\boldsymbol{A}+\boldsymbol{I})$.

14. 设 $\boldsymbol{\xi}=\begin{pmatrix}1\\1\\-1\end{pmatrix}$是 $\boldsymbol{A}=\begin{pmatrix}a&-1&2\\5&b&3\\-1&0&-2\end{pmatrix}$的特征向量,求 $\boldsymbol{A}$,并证明 $\boldsymbol{A}$ 的任一特征向量均能由 $\boldsymbol{\xi}$ 线性表出.

15. 设 $\boldsymbol{A}=\begin{pmatrix}3&2&2\\2&3&2\\2&2&3\end{pmatrix},\boldsymbol{P}=\begin{pmatrix}0&1&0\\1&0&1\\0&0&1\end{pmatrix},\boldsymbol{B}=\boldsymbol{P}^{-1}\boldsymbol{A}^*\boldsymbol{P}$,求 $\boldsymbol{B}+2\boldsymbol{I}$ 的特征值和特征向量.

16. 设 $\boldsymbol{A}\sim\mathrm{diag}(4,3,6)$.求 $\det(\boldsymbol{A}^2-\boldsymbol{I})$.

17. 3 阶矩阵 $\boldsymbol{A}$ 有特征值$-1,1,2$.证明:$\boldsymbol{B}=(\boldsymbol{A}^*+\boldsymbol{I})^2$ 可相似对角化,并求 $\boldsymbol{B}$ 的相似对角矩阵.

18. 某生产线每年一月份进行熟练工与非熟练工的人数统计,然后将$\dfrac{1}{6}$熟练工支援其他生产部门,其缺额由招收新的非熟练工补充.新、老非熟练工经培训及年终考核有$\dfrac{2}{5}$成为熟练工.设第 n 年一月份统计的熟练工和非熟练工所占百分比分别为 x_n

和 y_n，记为向量 $\begin{pmatrix} x_n \\ y_n \end{pmatrix}$.

(1) 求 $\begin{pmatrix} x_{n+1} \\ y_{n+1} \end{pmatrix}$ 与 $\begin{pmatrix} x_n \\ y_n \end{pmatrix}$ 的关系并写成矩阵形式 $\begin{pmatrix} x_{n+1} \\ y_{n+1} \end{pmatrix} = \boldsymbol{A}\begin{pmatrix} x_n \\ y_n \end{pmatrix}$；

(2) 验证 $\boldsymbol{\eta}_1 = \begin{pmatrix} 4 \\ 1 \end{pmatrix}$，$\boldsymbol{\eta}_2 = \begin{pmatrix} -1 \\ 1 \end{pmatrix}$ 是 $\boldsymbol{A}$ 的两个线性无关的特征向量，并求出相应的特征值；

(3) 当 $\begin{pmatrix} x_1 \\ y_1 \end{pmatrix} = \begin{pmatrix} \frac{1}{2} \\ \frac{1}{2} \end{pmatrix}$ 时，求 $\begin{pmatrix} x_{n+1} \\ y_{n+1} \end{pmatrix}$.

思考题五

1. 命题"若 $\frac{1}{3}$ 不是矩阵 $\boldsymbol{A}$ 的特征值，则 $3\boldsymbol{I}-\boldsymbol{A}$ 为可逆矩阵"是否成立？为什么？

2. 设矩阵 $\boldsymbol{A}\sim\boldsymbol{B}$，

   (1) $\det\boldsymbol{A}$ 与 $\det\boldsymbol{B}$ 有何关系？

   (2) $\boldsymbol{A}$ 与 $\boldsymbol{B}$ 的特征向量有何关系？

   (3) $\mathrm{tr}\boldsymbol{A}$ 与 $\mathrm{tr}\boldsymbol{B}$ 有何关系？

   (4) $\boldsymbol{A}^k$ 与 $\boldsymbol{B}^k$ 有何关系(k 为正整数)？

   (5) $f(\boldsymbol{A})$与 $f(\boldsymbol{B})$有何关系($f(x)$为多项式)？

3. 设 $\boldsymbol{A},\boldsymbol{B}$ 为 n 阶矩阵，在什么情况下，$\boldsymbol{A}\sim\boldsymbol{B}\Leftrightarrow\boldsymbol{A}$ 与 $\boldsymbol{B}$ 有相同的特征值？

4. 能否用初等变换将 $\boldsymbol{A}$ 化为与之相似的对角矩阵？

5. 设 $\boldsymbol{A}$ 是 $m\times n$ 矩阵，证明方程组 $\boldsymbol{A}^{\mathrm{T}}\boldsymbol{A}\boldsymbol{X}=\boldsymbol{A}^{\mathrm{T}}\boldsymbol{b}$ 的解 $\boldsymbol{X}^*$ 满足
$$\|\boldsymbol{A}\boldsymbol{X}^*-\boldsymbol{b}\|^2\leqslant\|\boldsymbol{A}\boldsymbol{X}-\boldsymbol{b}\|^2,\ \forall\,\boldsymbol{X}\in\mathbf{R}^n.$$

6. 设 $\mathbf{R}^p$ 中的向量 $\boldsymbol{X}_1,\boldsymbol{X}_2,\cdots,\boldsymbol{X}_N$ 均值为 $\mathbf{0}$，即 $\boldsymbol{X}_1+\boldsymbol{X}_2+\cdots+\boldsymbol{X}_N=\mathbf{0}$.令 $\boldsymbol{X}=(\boldsymbol{X}_1,\boldsymbol{X}_2,\cdots,\boldsymbol{X}_N)$，记 $\boldsymbol{X}_1,\boldsymbol{X}_2,\cdots,\boldsymbol{X}_N$ 的协方差矩阵为 $\boldsymbol{S}=\frac{1}{N-1}\boldsymbol{X}\boldsymbol{X}^{\mathrm{T}}$.设 $\boldsymbol{P}$ 为 p 阶正交矩阵，$\boldsymbol{Y}_k=\boldsymbol{P}^{-1}\boldsymbol{X}_k=\boldsymbol{P}^{\mathrm{T}}\boldsymbol{X}_k$，$k=1,2,\cdots,N$.证明

   (1) $\boldsymbol{Y}_1,\boldsymbol{Y}_2,\cdots,\boldsymbol{Y}_N$ 的均值为 $\mathbf{0}$；

   (2) $\boldsymbol{Y}_1,\boldsymbol{Y}_2,\cdots,\boldsymbol{Y}_N$ 的协方差矩阵为 $\boldsymbol{P}^{\mathrm{T}}\boldsymbol{S}\boldsymbol{P}$；

   (3) $\boldsymbol{S}$ 的特征值全为非负实数.

自测题五

第六章　二次型与二次曲面

二次型的研究与解析几何中化二次曲面的方程为标准形的问题有密切联系，其理论与方法在数学、物理学和工程中都有广泛的应用.本章着重讨论实二次型的标准形与正定性，空间曲线与曲面(特别是二次曲面)的方程与图形，最后将二次型的理论与方法用于研究二次曲面的方程.

§6.1　实二次型及其标准形

一、二次型及其矩阵表示

在平面解析几何中，二次方程

$$ax^2+2bxy+cy^2=d$$

表示一条二次曲线.为了便于研究该曲线的几何性质，我们可以选择适当的角度 θ，作坐标变换

$$\begin{cases}x=x'\cos\theta-y'\sin\theta,\\ y=x'\sin\theta+y'\cos\theta,\end{cases}$$

将二次方程化为只含平方项的标准方程

$$a'x'^2+b'y'^2=d.$$

由 a' 和 b' 的符号很快能判断出此二次曲线表示的是椭圆或者双曲线.

上述二次方程的左端是一个二次齐次多项式，从代数学的观点来看，就是通过一个可逆线性变换将一个二次齐次多项式化为只含平方项的多项式.这样的问题，在许多理论问题或实际应用问题中常会遇到.现在我们把这类问题一般化，讨论 n 个变量的二次齐次多项式的问题.

定义 1　n **元二次齐次多项式**

$$\begin{aligned}f(x_1,x_2,\cdots,x_n)=a_{11}x_1^2+2a_{12}x_1x_2&+\cdots+2a_{1n}x_1x_n+\\ a_{22}x_2^2&+\cdots+2a_{2n}x_2x_n+\\ &\cdots+\\ &a_{nn}x_n^2\end{aligned}$$

称为 n 元二次型，简称为二次型.

若二次型中的系数 $a_{ij}\in\mathbf{R}(i\leqslant j,i,j=1,2,\cdots,n)$，则称二次型 f 为**实二次型**；若 $a_{ij}\in\mathbf{C}$，则称二次型 f 为**复二次型**.本章只讨论实二次型.

若令 $a_{ij}=a_{ji}(i,j=1,2,\cdots,n)$，则二次型可记为

$$\begin{aligned}f(x_1,x_2,\cdots,x_n)=&a_{11}x_1^2+a_{12}x_1x_2+\cdots+a_{1n}x_1x_n+\\&a_{21}x_2x_1+a_{22}x_2^2+\cdots+a_{2n}x_2x_n+\\&\cdots+\\&a_{n1}x_nx_1+a_{n2}x_nx_2+\cdots+a_{nn}x_n^2\\=&\sum_{i=1}^{n}\sum_{j=1}^{n}a_{ij}x_ix_j,\end{aligned}$$

令

$$\boldsymbol{A}=\begin{pmatrix}a_{11}&a_{12}&\cdots&a_{1n}\\a_{21}&a_{22}&\cdots&a_{2n}\\\vdots&\vdots&&\vdots\\a_{n1}&a_{n2}&\cdots&a_{nn}\end{pmatrix},\quad \boldsymbol{X}=\begin{pmatrix}x_1\\x_2\\\vdots\\x_n\end{pmatrix},$$

则二次型可表示为

$$f(\boldsymbol{X})=\boldsymbol{X}^{\mathrm{T}}\boldsymbol{A}\boldsymbol{X}\quad(\boldsymbol{A}^{\mathrm{T}}=\boldsymbol{A}).$$

这一形式称为二次型 $f(x_1,x_2,\cdots,x_n)$ 的矩阵形式，实对称矩阵 $\boldsymbol{A}$ 称为**二次型 $f(\boldsymbol{X})$ 的矩阵**.

概念解析
二次型与对称矩阵

显然，二次型与其矩阵是互相惟一确定的.以后在实二次型的矩阵表达式 $f(\boldsymbol{X})=\boldsymbol{X}^{\mathrm{T}}\boldsymbol{A}\boldsymbol{X}$ 中都假定 $\boldsymbol{A}$ 是实对称矩阵.

二次型 $f(\boldsymbol{X})=\boldsymbol{X}^{\mathrm{T}}\boldsymbol{A}\boldsymbol{X}$ 的矩阵 $\boldsymbol{A}$ 的秩称为**二次型 $f(\boldsymbol{X})$ 的秩**.

例如，二次型

$$\begin{aligned}f(x_1,x_2,x_3)&=2x_1^2-x_2^2+4x_1x_2-6x_1x_3+x_2x_3\\&=(x_1,x_2,x_3)\begin{pmatrix}2&2&-3\\2&-1&\frac{1}{2}\\-3&\frac{1}{2}&0\end{pmatrix}\begin{pmatrix}x_1\\x_2\\x_3\end{pmatrix},\end{aligned}$$

这个二次型的矩阵是 $\boldsymbol{A}=\begin{pmatrix}2&2&-3\\2&-1&\frac{1}{2}\\-3&\frac{1}{2}&0\end{pmatrix}$.

由于 $\det\boldsymbol{A}=\frac{5}{2}$，故 $\boldsymbol{A}$ 的秩为 3，所以 $f(x_1,x_2,x_3)$ 的秩也是 3.

对于 n 元二次型 $f(x_1,x_2,\cdots,x_n)$，变换

$$\begin{cases} x_1=c_{11}y_1+c_{12}y_2+\cdots+c_{1n}y_n, \\ x_2=c_{21}y_1+c_{22}y_2+\cdots+c_{2n}y_n, \\ \cdots\cdots\cdots\cdots \\ x_n=c_{n1}y_1+c_{n2}y_2+\cdots+c_{nn}y_n \end{cases}$$

称为从 $y_1,y_2,\cdots,y_n$ 到 $x_1,x_2,\cdots,x_n$ 的**线性变换**.若线性变换的系数矩阵可逆,则称为**可逆线性变换**.

令 $\boldsymbol{X}=\begin{pmatrix} x_1 \\ x_2 \\ \vdots \\ x_n \end{pmatrix},\boldsymbol{C}=\begin{pmatrix} c_{11} & c_{12} & \cdots & c_{1n} \\ c_{21} & c_{22} & \cdots & c_{2n} \\ \vdots & \vdots & & \vdots \\ c_{n1} & c_{n2} & \cdots & c_{nn} \end{pmatrix},\boldsymbol{Y}=\begin{pmatrix} y_1 \\ y_2 \\ \vdots \\ y_n \end{pmatrix}$,则线性变换可记为

$$\boldsymbol{X}=\boldsymbol{CY}.$$

将 n 元二次型 $f(\boldsymbol{X})=\boldsymbol{X}^{\mathrm{T}}\boldsymbol{AX}$ 作可逆线性变换 $\boldsymbol{X}=\boldsymbol{CY}$,则

$$f(\boldsymbol{X})=(\boldsymbol{CY})^{\mathrm{T}}\boldsymbol{A}(\boldsymbol{CY})=\boldsymbol{Y}^{\mathrm{T}}(\boldsymbol{C}^{\mathrm{T}}\boldsymbol{AC})\boldsymbol{Y}.$$

令 $\boldsymbol{B}=\boldsymbol{C}^{\mathrm{T}}\boldsymbol{AC}$,则

$$f(\boldsymbol{X})=\boldsymbol{Y}^{\mathrm{T}}\boldsymbol{BY}=g(\boldsymbol{Y}).$$

二次型 $f(\boldsymbol{X})=\boldsymbol{X}^{\mathrm{T}}\boldsymbol{AX}$ 通过线性变换 $\boldsymbol{X}=\boldsymbol{CY}$ 后变成一个新二次型 $g(\boldsymbol{Y})=\boldsymbol{Y}^{\mathrm{T}}\boldsymbol{BY}$,这两个二次型的系数矩阵 $\boldsymbol{A}$ 与 $\boldsymbol{B}$ 的关系是

$$\boldsymbol{B}=\boldsymbol{C}^{\mathrm{T}}\boldsymbol{AC}.$$

定义 2　设 $\boldsymbol{A},\boldsymbol{B}$ 为 n 阶方阵,若存在可逆矩阵 $\boldsymbol{C}$,使得

$$\boldsymbol{B}=\boldsymbol{C}^{\mathrm{T}}\boldsymbol{AC},$$

则称 $\boldsymbol{A}$ 与 $\boldsymbol{B}$ 合同.

概念解析
矩阵等价、
矩阵相似、
矩阵合同

矩阵之间的合同关系具有以下性质:

1°　反身性　任何 n 阶矩阵 $\boldsymbol{A}$ 都与自身合同;

2°　对称性　若 $\boldsymbol{A}$ 与 $\boldsymbol{B}$ 合同,则 $\boldsymbol{B}$ 与 $\boldsymbol{A}$ 合同;

3°　传递性　若 $\boldsymbol{A}$ 与 $\boldsymbol{B}$ 合同且 $\boldsymbol{B}$ 与 $\boldsymbol{C}$ 合同,则 $\boldsymbol{A}$ 与 $\boldsymbol{C}$ 合同.

这些性质的证明留给读者.

可逆线性变换 $\boldsymbol{X}=\boldsymbol{CY}$ 把二次型 $f(\boldsymbol{X})=\boldsymbol{X}^{\mathrm{T}}\boldsymbol{AX}$ 变为二次型 $g(\boldsymbol{Y})=\boldsymbol{Y}^{\mathrm{T}}\boldsymbol{BY}$,这两个二次型的矩阵 $\boldsymbol{A}$ 与 $\boldsymbol{B}$ 合同,即 $\boldsymbol{B}=\boldsymbol{C}^{\mathrm{T}}\boldsymbol{AC}$,故 $\boldsymbol{A}$ 与 $\boldsymbol{B}$ 的秩相同.因此 $f(\boldsymbol{X})$ 与 $g(\boldsymbol{Y})$ 的秩相同.所以**可逆线性变换不改变二次型的秩**.

例 1　设矩阵 $\boldsymbol{A}=\begin{pmatrix} 1 & 0 \\ 0 & -1 \end{pmatrix},\boldsymbol{B}=\begin{pmatrix} -2 & 0 \\ 0 & 1 \end{pmatrix}$,求实可逆矩阵 $\boldsymbol{C}$,使 $\boldsymbol{C}^{\mathrm{T}}\boldsymbol{AC}=\boldsymbol{B}$.

解　矩阵 $\boldsymbol{A}$ 对应的二次型是

$$f(x_1,x_2)=\boldsymbol{X}^{\mathrm{T}}\boldsymbol{AX}=x_1^2-x_2^2,$$

矩阵 $\boldsymbol{B}$ 对应的二次型是

$$g(y_1,y_2)=\boldsymbol{Y}^{\mathrm{T}}\boldsymbol{B}\boldsymbol{Y}=-2y_1^2+y_2^2.$$

作可逆线性变换

$$\begin{cases}x_1=0y_1+y_2,\\ x_2=\sqrt{2}\,y_1+0y_2,\end{cases}$$

即令矩阵

$$\boldsymbol{C}=\begin{pmatrix}0 & 1\\ \sqrt{2} & 0\end{pmatrix},\quad \boldsymbol{X}=\begin{pmatrix}x_1\\ x_2\end{pmatrix},\quad \boldsymbol{Y}=\begin{pmatrix}y_1\\ y_2\end{pmatrix},$$

且 $\boldsymbol{X}=\boldsymbol{C}\boldsymbol{Y}$,则 $f(x_1,x_2)$ 与 $g(y_1,y_2)$ 的矩阵之间的关系为 $\boldsymbol{C}^{\mathrm{T}}\boldsymbol{A}\boldsymbol{C}=\boldsymbol{B}$.

二、 用配方法化二次型为标准形

在各种二次型中,平方和形式

$$d_1y_1^2+d_2y_2^2+\cdots+d_ny_n^2$$

无疑是最简单的.下面我们将介绍,任何一个二次型 $f(\boldsymbol{X})=\boldsymbol{X}^{\mathrm{T}}\boldsymbol{A}\boldsymbol{X}$ 都可以通过可逆线性变换 $\boldsymbol{X}=\boldsymbol{C}\boldsymbol{Y}$ 化为平方和形式,这种平方和形式的二次型称为**标准形**.

定理 1　任何一个二次型都可以通过可逆线性变换化为标准形.

利用配方法和对变量个数 n 使用归纳法可证明这个定理(证明从略).下面通过具体例子说明怎样用配方法化二次型为标准形.

例 2　用配方法化二次型 $f(x_1,x_2,x_3)=x_1^2+2x_2^2+5x_3^2+2x_1x_2+2x_1x_3+6x_2x_3$ 为标准形.

解　$$\begin{aligned}f(x_1,x_2,x_3)&=(x_1^2+x_2^2+x_3^2+2x_1x_2+2x_1x_3+2x_2x_3)+x_2^2+4x_3^2+4x_2x_3\\&=(x_1+x_2+x_3)^2+(x_2+2x_3)^2,\end{aligned}$$

作线性变换

$$\begin{cases}y_1=x_1+x_2+\ \,x_3,\\ y_2=\qquad\ \ x_2+2x_3,\\ y_3=\qquad\qquad\quad x_3,\end{cases}$$

则 $f(x_1,x_2,x_3)$ 的标准形为

$$f=y_1^2+y_2^2.$$

若用 y_1,y_2,y_3 表示 x_1,x_2,x_3,则上述线性变换又可表示为

$$\begin{cases}x_1=y_1-y_2+\ \,y_3,\\ x_2=\qquad\ \ y_2-2y_3,\\ x_3=\qquad\qquad\quad y_3,\end{cases}$$

记

$$Y=\begin{pmatrix}y_1\\y_2\\y_3\end{pmatrix},\quad C=\begin{pmatrix}1&-1&1\\0&1&-2\\0&0&1\end{pmatrix},\quad X=\begin{pmatrix}x_1\\x_2\\x_3\end{pmatrix},$$

则上式又可记为 $\boldsymbol{X}=\boldsymbol{CY}$,即二次型 $f(x_1,x_2,x_3)$通过可逆线性变换 $\boldsymbol{X}=\boldsymbol{CY}$ 变为标准形 $f=y_1^2+y_2^2$.

例 3 用配方法化二次型 $f(x_1,x_2,x_3)=2x_1x_2+2x_1x_3-6x_2x_3$ 为标准形.

解 作线性变换

$$\begin{cases}x_1=y_1+y_2,\\x_2=y_1-y_2,\\x_3=y_3,\end{cases}$$

则

$$\begin{aligned}f&=2(y_1+y_2)(y_1-y_2)+2(y_1+y_2)y_3-6(y_1-y_2)y_3\\&=2y_1^2-2y_2^2-4y_1y_3+8y_2y_3\\&=2(y_1^2+y_3^2-2y_1y_3)-2y_2^2-2y_3^2+8y_2y_3\\&=2(y_1-y_3)^2-2(y_2^2+4y_3^2-4y_2y_3)+6y_3^2\\&=2(y_1-y_3)^2-2(y_2-2y_3)^2+6y_3^2,\end{aligned}$$

再作线性变换

$$\begin{cases}z_1=y_1-y_3,\\z_2=y_2-2y_3,\\z_3=y_3,\end{cases}$$

则

$$f=2z_1^2-2z_2^2+6z_3^2. \tag{6.1}$$

如果再令

$$\begin{cases}t_1=\sqrt{2}z_1,\\t_2=\sqrt{6}z_3,\\t_3=\sqrt{2}z_2,\end{cases}$$

则

$$f=t_1^2+t_2^2-t_3^2. \tag{6.2}$$

式(6.1)与式(6.2)所表示的二次型都是 $f(x_1,x_2,x_3)$的标准形.由此可见,一个二次型的标准形不是惟一的.式(6.2)这样的标准形称为**规范形**.

n 元二次型的规范形的一般形式为

$$y_1^2+\cdots+y_p^2-y_{p+1}^2-\cdots-y_r^2\quad(r\leqslant n).$$

定理 2 任何一个二次型的规范形是惟一的.

我们将这个定理的证明思路叙述如下:

二次型 $f(\boldsymbol{X})=\boldsymbol{X}^{\mathrm{T}}\boldsymbol{AX}$ 可以通过可逆线性变换化为标准形.经过适当的调整,将

正项集中在前面，负项集中在后面，表示为如下形式：

$$f(\boldsymbol{X})=d_1y_1^2+\cdots+d_py_p^2-d_{p+1}y_{p+1}^2-\cdots-d_ry_r^2,$$

其中 $r\leqslant n, d_i>0(i=1,2,\cdots,r)$.

再令

$$z_i=\sqrt{d_i}y_i \quad (i=1,2,\cdots,r),$$

则

$$f(\boldsymbol{X})=z_1^2+\cdots+z_p^2-z_{p+1}^2-\cdots-z_r^2.$$

由于可逆线性变换不改变二次型的秩，故标准形中系数不为零的平方项的项数 r 是惟一确定的.在理论上还可以进一步证明，标准形中正项项数 p 与负项项数 $r-p$ 也是惟一确定的，故任一二次型的规范形是惟一的.

二次型的标准形中，正项项数 p 称为**正惯性指数**，负项项数 $r-p$ 称为**负惯性指数**，而正负惯性指数的差 $2p-r$ 称为**符号差**.

可逆线性变换不改变二次型的秩与正负惯性指数，而秩与惯性指数在标准形中都是一目了然的，这正是我们要用可逆线性变换化二次型为标准形的目的之一.

例 4 设二次型

$$f(x_1,x_2,x_3)=x_1^2+ax_2^2+x_3^2+2x_1x_2-2x_2x_3-2ax_1x_3$$

的正负惯性指数都是 1，求 $f(x_1,x_2,x_3)$ 的规范形及常数 a.

解 $f(x_1,x_2,x_3)$ 的规范形为

$$y_1^2-y_2^2.$$

因为 $f(x_1,x_2,x_3)$ 的正负惯性指数都是 1，所以 $f(x_1,x_2,x_3)$ 的秩为 2，矩阵

$$\boldsymbol{A}=\begin{pmatrix}1&1&-a\\1&a&-1\\-a&-1&1\end{pmatrix}$$

的秩也为 2，故

$$\det\boldsymbol{A}=\begin{vmatrix}1&1&-a\\1&a&-1\\-a&-1&1\end{vmatrix}=-(a-1)^2(a+2)=0.$$

解得 $a=1$ 或 $a=-2$.

若 $a=1$，则 $R(\boldsymbol{A})=1$，与 $R(\boldsymbol{A})=2$ 矛盾，所以 $a=-2$.

三、用正交变换化二次型为标准形

若线性变换 $\boldsymbol{X}=\boldsymbol{CY}$ 中的系数矩阵 $\boldsymbol{C}$ 是正交矩阵，则称这个线性变换为**正交变换**.

对 n 维实向量 $\boldsymbol{\alpha}=(a_1,a_2,\cdots,a_n)^{\mathrm{T}}$，$\boldsymbol{\beta}=(b_1,b_2,\cdots,b_n)^{\mathrm{T}}$，设 $\boldsymbol{A}$ 为 n 阶正交矩阵，作正交变换

$$\boldsymbol{X}=\boldsymbol{A\alpha},\quad \boldsymbol{Y}=\boldsymbol{A\beta},$$

则

$$(\boldsymbol{X},\boldsymbol{Y})=(\boldsymbol{A\alpha},\boldsymbol{A\beta})=(\boldsymbol{A\alpha})^{\mathrm{T}}(\boldsymbol{A\beta})=\boldsymbol{\alpha}^{\mathrm{T}}\boldsymbol{A}^{\mathrm{T}}\boldsymbol{A\beta}=\boldsymbol{\alpha}^{\mathrm{T}}\boldsymbol{\beta}=(\boldsymbol{\alpha},\boldsymbol{\beta}).$$

即正交变换保持向量内积不变，因此也就保持向量的长度与夹角不变.于是，在正交变换下，几何图形的形状不会发生改变.而这个特征是一般可逆线性变换所不具备的，这也是我们着重讨论正交变换的目的之一.

设 $f(\boldsymbol{X})=\boldsymbol{X}^{\mathrm{T}}\boldsymbol{AX}$ 是实二次型，则 $\boldsymbol{A}$ 为实对称矩阵，由 §5.4定理 3 可知，存在正交矩阵 $\boldsymbol{C}$，使 $\boldsymbol{C}^{\mathrm{T}}\boldsymbol{AC}=\operatorname{diag}(\lambda_1,\lambda_2,\cdots,\lambda_n)$，其中 $\lambda_1,\lambda_2,\cdots,\lambda_n$ 是 $\boldsymbol{A}$ 的全部特征值.

作正交变换 $\boldsymbol{X}=\boldsymbol{CY}$，则

$$f(\boldsymbol{X})=\boldsymbol{Y}^{\mathrm{T}}\boldsymbol{C}^{\mathrm{T}}\boldsymbol{ACY}=\lambda_1y_1^2+\lambda_2y_2^2+\cdots+\lambda_ny_n^2.$$

于是，我们已经证明了如下定理：

定理 3　任何一个实二次型都可以通过正交变换化为标准形.

由以上推导可知，用正交变换 $\boldsymbol{X}=\boldsymbol{CY}$ 化二次型 $f(\boldsymbol{X})=\boldsymbol{X}^{\mathrm{T}}\boldsymbol{AX}$ 为标准形的主要工作，在于求正交矩阵 $\boldsymbol{C}$，使 $\boldsymbol{C}^{\mathrm{T}}\boldsymbol{AC}=\operatorname{diag}(\lambda_1,\lambda_2,\cdots,\lambda_n)$.这项工作在第五章中已经做了详细的讨论.

用正交变换化二次型 $f(\boldsymbol{X})=\boldsymbol{X}^{\mathrm{T}}\boldsymbol{AX}$ 为标准形，平方项的系数刚好是矩阵 $\boldsymbol{A}$ 的全部特征值，若不计特征值的排列顺序，则这样的标准形是惟一的.

典型例题精讲
用正交变换法化二次型为标准形

例 5　用正交变换化二次型

$$f(x_1,x_2,x_3)=x_1^2-2x_2^2-2x_3^2-4x_1x_2+4x_1x_3+8x_2x_3$$

为标准形.

解　$f(x_1,x_2,x_3)$的矩阵为

$$\boldsymbol{A}=\begin{pmatrix}1&-2&2\\-2&-2&4\\2&4&-2\end{pmatrix},$$

$$\det(\lambda\boldsymbol{I}-\boldsymbol{A})=\begin{vmatrix}\lambda-1&2&-2\\2&\lambda+2&-4\\-2&-4&\lambda+2\end{vmatrix}=(\lambda-2)^2(\lambda+7),$$

特征值 $\lambda_1=2$(2 重)，$\lambda_2=-7$.

对于 $\lambda_1=2$，线性方程组$(\lambda_1\boldsymbol{I}-\boldsymbol{A})\boldsymbol{X}=\boldsymbol{0}$的基础解系为 $\boldsymbol{\alpha}_1=(-2,1,0)^{\mathrm{T}}$，$\boldsymbol{\alpha}_2=(2,0,1)^{\mathrm{T}}$.将 $\boldsymbol{\alpha}_1,\boldsymbol{\alpha}_2$ 正交化，有

$$\boldsymbol{\beta}_1=\boldsymbol{\alpha}_1=(-2,1,0)^{\mathrm{T}},$$

$$\boldsymbol{\beta}_2=\boldsymbol{\alpha}_2-\frac{(\boldsymbol{\alpha}_2,\boldsymbol{\beta}_1)}{(\boldsymbol{\beta}_1,\boldsymbol{\beta}_1)}\boldsymbol{\beta}_1=\left(\frac{2}{5},\frac{4}{5},1\right)^{\mathrm{T}}=\frac{1}{5}(2,4,5)^{\mathrm{T}},$$

再将 $\boldsymbol{\beta}_1,\boldsymbol{\beta}_2$ 单位化，有

$$\boldsymbol{\gamma}_1=\frac{1}{\|\boldsymbol{\beta}_1\|}\boldsymbol{\beta}_1=\frac{1}{\sqrt{5}}(-2,1,0)^{\mathrm{T}},$$

$$\boldsymbol{\gamma}_2=\frac{1}{\|\boldsymbol{\beta}_2\|}\boldsymbol{\beta}_2=\frac{1}{3\sqrt{5}}(2,4,5)^{\mathrm{T}}.$$

对于 $\lambda_2=-7$,线性方程组$(\lambda_2\boldsymbol{I}-\boldsymbol{A})\boldsymbol{X}=\boldsymbol{0}$的基础解系为 $\boldsymbol{\alpha}_3=(1,2,-2)^{\mathrm{T}}$,将 $\boldsymbol{\alpha}_3$ 单位化,有

$$\boldsymbol{\gamma}_3=\frac{1}{3}(1,2,-2)^{\mathrm{T}}.$$

令

$$\boldsymbol{X}=\begin{pmatrix}x_1\\x_2\\x_3\end{pmatrix},\quad \boldsymbol{C}=\begin{pmatrix}-\frac{2}{\sqrt{5}} & \frac{2}{3\sqrt{5}} & \frac{1}{3}\\ \frac{1}{\sqrt{5}} & \frac{4}{3\sqrt{5}} & \frac{2}{3}\\ 0 & \frac{5}{3\sqrt{5}} & -\frac{2}{3}\end{pmatrix},\quad \boldsymbol{Y}=\begin{pmatrix}y_1\\y_2\\y_3\end{pmatrix},$$

则 $\boldsymbol{X}=\boldsymbol{CY}$ 是正交变换,且 $f(x_1,x_2,x_3)=2y_1^2+2y_2^2-7y_3^2$.

习题 6.1

1. 写出二次型 $f(x_1,x_2,x_3)=\sum\limits_{i=1}^{3}(a_{i1}x_1+a_{i2}x_2+a_{i3}x_3)^2$ 的矩阵.

2. 用配方法化下列二次型为标准形:

(1) $x_1^2+4x_1x_2-3x_2x_3$; (2) $x_1^2+x_2^2+x_3^2+x_4^2+2x_1x_2+2x_2x_3+2x_3x_4$;

(3) $2x_1x_2+2x_1x_3-6x_2x_3$.

3. 确定下面二次型的秩与符号差:

$$x_1x_{2n}+x_2x_{2n-1}+\cdots+x_nx_{n+1}.$$

4. 用正交变换化下列二次型为标准形:

(1) $3x_1^2+3x_3^2+4x_1x_2+8x_1x_3+4x_2x_3$; (2) $x_1^2+x_2^2-x_3^2+4x_1x_3+4x_2x_3$.

5. 已知二次型

$$f(x_1,x_2,x_3)=2x_1^2+3x_2^2+3x_3^2+2ax_2x_3\quad(a>0)$$

通过正交变换化为标准形 $f=y_1^2+2y_2^2+5y_3^2$,求参数 a 及所用的正交变换矩阵 $\boldsymbol{C}$.

6. 设 n 元二次型 $f=\boldsymbol{X}^{\mathrm{T}}\boldsymbol{AX}$,$\boldsymbol{A}$ 的特征值 $\lambda_1\leqslant\lambda_2\leqslant\cdots\leqslant\lambda_n$,证明:对任意 n 维实向量 $\boldsymbol{X}$,有

$$\lambda_1\boldsymbol{X}^{\mathrm{T}}\boldsymbol{X}\leqslant\boldsymbol{X}^{\mathrm{T}}\boldsymbol{AX}\leqslant\lambda_n\boldsymbol{X}^{\mathrm{T}}\boldsymbol{X}.$$

7. 设二次型 $f(\boldsymbol{X})=f(x_1,x_2,x_3)=9x_1^2+4x_2^2+3x_3^2$,求 $f(\boldsymbol{X})$在约束条件 $\boldsymbol{X}^{\mathrm{T}}\boldsymbol{X}=1$ 下的最大值和最小值.

8. 设 $\boldsymbol{A}$ 是对称矩阵,且对任意 n 维向量 $\boldsymbol{X}$,均有 $\boldsymbol{X}^{\mathrm{T}}\boldsymbol{AX}=0$,证明:$\boldsymbol{A}=\boldsymbol{O}$.

9. 证明：若 $\boldsymbol{A}, \boldsymbol{B}$ 均为三阶实对称矩阵，且对一切 $\boldsymbol{X}$ 有 $\boldsymbol{X}^{\mathrm{T}}\boldsymbol{A}\boldsymbol{X}=\boldsymbol{X}^{\mathrm{T}}\boldsymbol{B}\boldsymbol{X}$，则 $\boldsymbol{A}=\boldsymbol{B}$.

10. 设 $\boldsymbol{C}$ 为可逆矩阵，$\boldsymbol{C}^{\mathrm{T}}\boldsymbol{A}\boldsymbol{C}=\operatorname{diag}(d_1,d_2,\cdots,d_n)$，问：对角矩阵的对角元是否一定是 $\boldsymbol{A}$ 的特征值？若成立，证明之；若不成立，举出反例.

11. 设 n 阶实对称矩阵 $\boldsymbol{A}$ 的秩为 $r(r<n)$，证明：存在可逆矩阵 $\boldsymbol{C}$，使得 $\boldsymbol{C}^{\mathrm{T}}\boldsymbol{A}\boldsymbol{C}=\operatorname{diag}(d_1,d_2,\cdots,d_r,0,\cdots,0)$，其中 $d_i\neq 0(i=1,2,\cdots,r)$.

§ 6.2　正定二次型

二次型

$$f(x_1,x_2,\cdots,x_n)=x_1^2+x_2^2+\cdots+x_n^2 \tag{6.3}$$

具有如下特性：对任意一组不全为零的实数 $a_1,a_2,\cdots,a_n$，都有

$$f(a_1,a_2,\cdots,a_n)=a_1^2+a_2^2+\cdots+a_n^2>0.$$

而二次型

$$g(x_1,x_2,\cdots,x_n)=x_1^2+\cdots+x_p^2-x_{p+1}^2-\cdots-x_n^2$$

则不具备这样的性质.

典型例题精讲
正定矩阵的判定

定义 1　若任一非零实向量 $\boldsymbol{X}$，都使二次型 $f(\boldsymbol{X})=\boldsymbol{X}^{\mathrm{T}}\boldsymbol{A}\boldsymbol{X}>0$，则称 $f(\boldsymbol{X})$ 为正定二次型，$f(\boldsymbol{X})$ 的矩阵 $\boldsymbol{A}$ 称为正定矩阵.

换句话说，若任意一组不全为零的实数 $a_1,a_2,\cdots,a_n$，都使 $f(a_1,a_2,\cdots,a_n)>0$，则二次型 $f(x_1,x_2,\cdots,x_n)$ 是正定二次型.例如，式(6.3)所示的二次型就是正定二次型.对于一般的二次型，下面的定理可以判断它是否正定.

定理 1　二次型 $f(\boldsymbol{X})=\boldsymbol{X}^{\mathrm{T}}\boldsymbol{A}\boldsymbol{X}$ 为正定二次型的充要条件是对称矩阵 $\boldsymbol{A}$ 的特征值全为正数.

证　设 $\boldsymbol{A}$ 的特征值为 $\lambda_1,\lambda_2,\cdots,\lambda_n$，则通过正交变换 $\boldsymbol{X}=\boldsymbol{C}\boldsymbol{Y}$ 可将 $f(\boldsymbol{X})$ 化为

$$f(\boldsymbol{X})=\lambda_1 y_1^2+\lambda_2 y_2^2+\cdots+\lambda_n y_n^2=g(\boldsymbol{Y}).$$

充分性：若 $\lambda_1,\lambda_2,\cdots,\lambda_n$ 全为正数，则对任一非零实向量 $\boldsymbol{Y}\neq\boldsymbol{0}$，均有 $g(\boldsymbol{Y})>0$.故对任一非零实向量 $\boldsymbol{X}$，可得非零实向量 $\boldsymbol{Y}=\boldsymbol{C}^{-1}\boldsymbol{X}$，使

$$f(\boldsymbol{X})=g(\boldsymbol{Y})>0,$$

故 $f(\boldsymbol{X})$ 是正定二次型.

必要性：用反证法.设 $\boldsymbol{A}$ 的某个特征值 $\lambda_i\leqslant 0$，不妨设 $\lambda_1\leqslant 0$，则对于

$$\boldsymbol{Y}=(1,0,\cdots,0)^{\mathrm{T}},$$

有 $\boldsymbol{X}=\boldsymbol{C}\boldsymbol{Y}\neq\boldsymbol{0}$，而

$$f(\boldsymbol{X})=g(\boldsymbol{Y})=\lambda_1\leqslant 0,$$

这与 $f(\boldsymbol{X})$ 是正定二次型矛盾，故 $\lambda_1,\lambda_2,\cdots,\lambda_n$ 全为正数.

由此可得：

推论1　二次型 $f(\boldsymbol{X})=\boldsymbol{X}^{\mathrm{T}}\boldsymbol{A}\boldsymbol{X}$ 是正定二次型的充要条件是 $f(\boldsymbol{X})$ 的正惯性指数为 n.

事实上,二次型 $f(\boldsymbol{X})$ 通过正交变换可化为标准形

$$\lambda_1 y_1^2+\lambda_2 y_2^2+\cdots+\lambda_n y_n^2,$$

于是,由定理1可得推论1.

因为可逆线性变换不改变二次型的正负惯性指数,所以可逆线性变换也不会改变二次型的正定性.

若 n 元二次型 $f(\boldsymbol{X})=\boldsymbol{X}^{\mathrm{T}}\boldsymbol{A}\boldsymbol{X}$ 的正惯性指数为 n,则其规范形为

$$g(\boldsymbol{Y})=y_1^2+y_2^2+\cdots+y_n^2=\boldsymbol{Y}^{\mathrm{T}}\boldsymbol{I}\boldsymbol{Y}, \tag{6.4}$$

故 $\boldsymbol{A}$ 与 $\boldsymbol{I}$ 合同.

反之,若 $\boldsymbol{A}$ 与 $\boldsymbol{I}$ 合同,则 $f(\boldsymbol{X})$ 的规范形必然是式(6.4).于是可得下面的推论:

推论2　二次型 $f(\boldsymbol{X})=\boldsymbol{X}^{\mathrm{T}}\boldsymbol{A}\boldsymbol{X}$ 是正定二次型的充要条件是对称矩阵 $\boldsymbol{A}$ 与单位矩阵 $\boldsymbol{I}$ 合同.

有时需要直接从二次型 $f(\boldsymbol{X})=\boldsymbol{X}^{\mathrm{T}}\boldsymbol{A}\boldsymbol{X}$ 的矩阵 $\boldsymbol{A}$ 判断 $f(\boldsymbol{X})$ 是否为正定二次型.为此,我们先引入顺序主子式的概念.

定义2　对于 n 阶矩阵 $\boldsymbol{A}=(a_{ij})_{n\times n}$,子式

$$P_k=\begin{vmatrix} a_{11} & a_{12} & \cdots & a_{1k} \\ a_{21} & a_{22} & \cdots & a_{2k} \\ \vdots & \vdots & & \vdots \\ a_{k1} & a_{k2} & \cdots & a_{kk} \end{vmatrix} \quad (k=1,2,\cdots,n)$$

称为 $\boldsymbol{A}$ 的顺序主子式.

有了这个概念,我们不加证明地给出下面的定理:

定理2　二次型 $f(\boldsymbol{X})=\boldsymbol{X}^{\mathrm{T}}\boldsymbol{A}\boldsymbol{X}$ 是正定二次型的充要条件是对称矩阵 $\boldsymbol{A}$ 的所有顺序主子式全大于零.

例1　二次型 $f(x_1,x_2,x_3)=x_1^2+4x_2^2+4x_3^2+2tx_1x_2-2x_1x_3+4x_2x_3$,当 t 取何值时,f 为正定二次型?

解　f 的矩阵为 $\boldsymbol{A}=\begin{pmatrix} 1 & t & -1 \\ t & 4 & 2 \\ -1 & 2 & 4 \end{pmatrix}$,$\boldsymbol{A}$ 的顺序主子式为

$$P_1=1,$$

$$P_2=\begin{vmatrix} 1 & t \\ t & 4 \end{vmatrix}=4-t^2,$$

$$P_3=\begin{vmatrix} 1 & t & -1 \\ t & 4 & 2 \\ -1 & 2 & 4 \end{vmatrix}=-4t^2-4t+8=-4(t-1)(t+2).$$

由于 $P_1=1>0$,故 f 正定的充要条件是 $P_2>0$ 且 $P_3>0$,即

$$\begin{cases}4-t^2>0,\\-4(t-1)(t+2)>0,\end{cases}$$

解得$-2<t<1$.故当$-2<t<1$时,f正定.

因为正定二次型$f(\boldsymbol{X})=\boldsymbol{X}^{\mathrm{T}}\boldsymbol{A}\boldsymbol{X}$的矩阵$\boldsymbol{A}$称为正定矩阵,所以$f(\boldsymbol{X})$正定的充要条件是$\boldsymbol{A}$为正定矩阵.与二次型的正定性判断相平行,可得下面的结论:

定理 3　对于实对称矩阵 $\boldsymbol{A}$,下列命题等价:

1°　**$\boldsymbol{A}$ 是正定矩阵;**

2°　**$\boldsymbol{A}$ 的特征值全为正数;**

3°　**$\boldsymbol{A}$ 与单位矩阵 $\boldsymbol{I}$ 合同;**

4°　**$\boldsymbol{A}$ 的顺序主子式全大于零.**

例 2　证明:正定矩阵$\boldsymbol{A}$的逆矩阵$\boldsymbol{A}^{-1}$也是正定矩阵.

由于我们定义的正定矩阵$\boldsymbol{A}$首先是一个实对称矩阵,而$(\boldsymbol{A}^{-1})^{\mathrm{T}}=(\boldsymbol{A}^{\mathrm{T}})^{-1}=\boldsymbol{A}^{-1}$,故$\boldsymbol{A}^{-1}$也是一个实对称矩阵.

下面我们用三种不同的方法来证明这个$\boldsymbol{A}^{-1}$是正定矩阵.

证一　因为$\boldsymbol{A}$是正定矩阵,所以$\boldsymbol{A}$的特征值$\lambda_1,\lambda_2,\cdots,\lambda_n$全为正数,且存在正交矩阵$\boldsymbol{C}$,使$\boldsymbol{C}^{-1}\boldsymbol{A}\boldsymbol{C}=\operatorname{diag}(\lambda_1,\lambda_2,\cdots,\lambda_n)$,于是

$$\boldsymbol{C}^{-1}\boldsymbol{A}^{-1}\boldsymbol{C}=(\boldsymbol{C}^{-1}\boldsymbol{A}\boldsymbol{C})^{-1}=\operatorname{diag}\left(\frac{1}{\lambda_1},\frac{1}{\lambda_2},\cdots,\frac{1}{\lambda_n}\right),$$

所以$\boldsymbol{A}^{-1}$的特征值$\frac{1}{\lambda_1},\frac{1}{\lambda_2},\cdots,\frac{1}{\lambda_n}$全为正数,故$\boldsymbol{A}^{-1}$为正定矩阵.

证二　因为$\boldsymbol{A}$是正定矩阵,所以$\boldsymbol{A}$与单位矩阵$\boldsymbol{I}$合同,即存在可逆矩阵$\boldsymbol{P}$,使

$$\boldsymbol{A}=\boldsymbol{P}^{\mathrm{T}}\boldsymbol{I}\boldsymbol{P}=\boldsymbol{P}^{\mathrm{T}}\boldsymbol{P},$$

所以

$$\boldsymbol{A}^{-1}=(\boldsymbol{P}^{\mathrm{T}}\boldsymbol{P})^{-1}=\boldsymbol{P}^{-1}(\boldsymbol{P}^{\mathrm{T}})^{-1}=\boldsymbol{P}^{-1}(\boldsymbol{P}^{-1})^{\mathrm{T}}=\boldsymbol{P}^{-1}\boldsymbol{I}(\boldsymbol{P}^{-1})^{\mathrm{T}},$$

于是,$\boldsymbol{A}^{-1}$与单位矩阵$\boldsymbol{I}$合同.

证三　设$f(\boldsymbol{X})=\boldsymbol{X}^{\mathrm{T}}\boldsymbol{A}^{-1}\boldsymbol{X}$,作可逆线性变换$\boldsymbol{X}=\boldsymbol{A}\boldsymbol{Y}$,得

$$\boldsymbol{X}^{\mathrm{T}}\boldsymbol{A}^{-1}\boldsymbol{X}=\boldsymbol{Y}^{\mathrm{T}}\boldsymbol{A}^{\mathrm{T}}\boldsymbol{A}^{-1}\boldsymbol{A}\boldsymbol{Y}=\boldsymbol{Y}^{\mathrm{T}}\boldsymbol{A}\boldsymbol{Y},$$

可逆线性变换不改变二次型的正定性,而$\boldsymbol{Y}^{\mathrm{T}}\boldsymbol{A}\boldsymbol{Y}$是正定二次型,故$\boldsymbol{X}^{\mathrm{T}}\boldsymbol{A}^{-1}\boldsymbol{X}$也是正定二次型,因此矩阵$\boldsymbol{A}^{-1}$是正定矩阵.

与正定二次型相对应,我们还可以讨论负定二次型、半正定二次型与半负定二次型.

定义 3　对于二次型 $f(\boldsymbol{X})=\boldsymbol{X}^{\mathrm{T}}\boldsymbol{A}\boldsymbol{X}$ 及任一非零实向量 $\boldsymbol{X}$,

1°　**若 $f(\boldsymbol{X})=\boldsymbol{X}^{\mathrm{T}}\boldsymbol{A}\boldsymbol{X}<0$,则称 $f(\boldsymbol{X})$ 是负定二次型;**

2°　**若 $f(\boldsymbol{X})=\boldsymbol{X}^{\mathrm{T}}\boldsymbol{A}\boldsymbol{X}\geqslant 0$,则称 $f(\boldsymbol{X})$ 是半正定二次型;**

3°　**若 $f(\boldsymbol{X})=\boldsymbol{X}^{\mathrm{T}}\boldsymbol{A}\boldsymbol{X}\leqslant 0$,则称 $f(\boldsymbol{X})$ 是半负定二次型;**

4°　**不是正定、半正定、负定、半负定的二次型称为不定二次型.**

与正定二次型的判断相对应,有下面的结论:

定理 4 对于二次型 $f(\boldsymbol{X})=\boldsymbol{X}^{\mathrm{T}}\boldsymbol{A}\boldsymbol{X}$,下列命题等价:

1° $f(\boldsymbol{X})$为负定二次型;

2° $f(\boldsymbol{X})$的特征值全为负数;

3° $f(\boldsymbol{X})$的负惯性指数为 n;

4° $f(\boldsymbol{X})$的矩阵 $\boldsymbol{A}$ 的顺序主子式满足$(-1)^k P_k>0\quad(k=1,2,\cdots,n)$.

事实上,由正定二次型与负定二次型的定义可知,$f(\boldsymbol{X})=\boldsymbol{X}^{\mathrm{T}}\boldsymbol{A}\boldsymbol{X}$ 为负定二次型的充要条件是$-f(\boldsymbol{X})=-\boldsymbol{X}^{\mathrm{T}}\boldsymbol{A}\boldsymbol{X}$ 为正定二次型.

值得注意的是,$f(\boldsymbol{X})=\boldsymbol{X}^{\mathrm{T}}\boldsymbol{A}\boldsymbol{X}$ 是负定二次型的充要条件不是顺序主子式全小于零,而是按照子式阶数的奇偶性呈现出奇负偶正的特点.

例 3 判断二次型 $f(x_1,x_2,x_3)=-5x_1^2-6x_2^2-4x_3^2+4x_1x_2+4x_1x_3$ 是否为负定二次型.

解 f 的矩阵为

$$\boldsymbol{A}=\begin{pmatrix}-5&2&2\\2&-6&0\\2&0&-4\end{pmatrix}.$$

因为

$$(-1)P_1=-|-5|>0,$$

$$(-1)^2P_2=\begin{vmatrix}-5&2\\2&-6\end{vmatrix}=26>0,$$

$$(-1)^3P_3=-\begin{vmatrix}-5&2&2\\2&-6&0\\2&0&-4\end{vmatrix}=80>0,$$

所以 f 是负定二次型.

例 4 设矩阵 $\boldsymbol{A}=\begin{pmatrix}1&0&1\\0&2&0\\1&0&1\end{pmatrix}$,$\boldsymbol{B}=(k\boldsymbol{I}+\boldsymbol{A})^2$.求对角矩阵 $\boldsymbol{\Lambda}$,使 $\boldsymbol{B}\sim\boldsymbol{\Lambda}$,并确定 k 为何值时,$\boldsymbol{B}$ 为正定矩阵.

解

$$\det(\lambda\boldsymbol{I}-\boldsymbol{A})=\begin{vmatrix}\lambda-1&0&-1\\0&\lambda-2&0\\-1&0&\lambda-1\end{vmatrix}=\lambda(\lambda-2)^2.$$

$\boldsymbol{A}$ 的特征值为$\lambda_1=2$(2 重),$\lambda_2=0$.因为 $\boldsymbol{A}$ 为实对称矩阵,所以存在正交矩阵 $\boldsymbol{P}$,使

$$\boldsymbol{P}^{\mathrm{T}}\boldsymbol{A}\boldsymbol{P}=\boldsymbol{D}=\begin{pmatrix}2&0&0\\0&2&0\\0&0&0\end{pmatrix},$$

$$\boldsymbol{A}=(\boldsymbol{P}^{\mathrm{T}})^{-1}\boldsymbol{D}\boldsymbol{P}^{-1}=\boldsymbol{P}\boldsymbol{D}\boldsymbol{P}^{\mathrm{T}},$$

于是

$$\boldsymbol{B}=(k\boldsymbol{I}+\boldsymbol{A})^2=(k\boldsymbol{P}\boldsymbol{P}^{\mathrm{T}}+\boldsymbol{P}\boldsymbol{D}\boldsymbol{P}^{\mathrm{T}})^2$$

$$
\begin{aligned}
&=[\boldsymbol{P}(k\boldsymbol{I}+\boldsymbol{D})\boldsymbol{P}^{\mathrm{T}}][\boldsymbol{P}(k\boldsymbol{I}+\boldsymbol{D})\boldsymbol{P}^{\mathrm{T}}]\\
&=\boldsymbol{P}(k\boldsymbol{I}+\boldsymbol{D})^2\boldsymbol{P}^{\mathrm{T}}\\
&=\boldsymbol{P}\begin{pmatrix}(k+2)^2 & & \\ & (k+2)^2 & \\ & & k^2\end{pmatrix}\boldsymbol{P}^{\mathrm{T}}.
\end{aligned}
$$

令 $\boldsymbol{\Lambda}=\begin{pmatrix}(k+2)^2 & & \\ & (k+2)^2 & \\ & & k^2\end{pmatrix}$，则 $\boldsymbol{B}\sim\boldsymbol{\Lambda}$.

由此可知，当 $k\neq-2$ 且 $k\neq0$ 时，$\boldsymbol{B}$ 的特征值全为正实数，此时 $\boldsymbol{B}$ 为正定矩阵.

习题 6.2

1. 下列二次型是否为正定二次型？
   (1) $5x_1^2+x_2^2+5x_3^2+4x_1x_2-8x_1x_3-4x_2x_3$；
   (2) $-5x_1^2-6x_2^2-4x_3^2+4x_1x_2+4x_1x_3$；
   (3) $2x_1^2+5x_2^2+4x_3^2+4x_1x_2-4x_1x_3-8x_2x_3$.
2. 证明：实对称矩阵 $\boldsymbol{A}$ 负定的充要条件是存在可逆矩阵 $\boldsymbol{C}$，使 $\boldsymbol{A}=-\boldsymbol{C}^{\mathrm{T}}\boldsymbol{C}$.
3. 设 $\boldsymbol{A}$ 是正定矩阵，$\boldsymbol{C}$ 是可逆矩阵，证明：$\boldsymbol{C}^{\mathrm{T}}\boldsymbol{A}\boldsymbol{C}$ 是正定矩阵.
4. 证明：若 $\boldsymbol{A},\boldsymbol{B}$ 是 n 阶正定矩阵，则 $k\boldsymbol{A}+l\boldsymbol{B}$ 也是正定矩阵（其中 $k\geqslant0,l\geqslant0,k+l>0$）.
5. 设 $\boldsymbol{A}$ 是正定矩阵，证明 $\boldsymbol{A}$ 的伴随矩阵 $\boldsymbol{A}^*$ 也是正定矩阵.
6. t 取何值时，下列二次型是正定二次型？
   (1) $x_1^2+x_2^2+5x_3^2+2tx_1x_2-2x_1x_3+4x_2x_3$；
   (2) $x_1^2+4x_2^2+x_3^2+2tx_1x_2+10x_1x_3+6x_2x_3$.
7. 证明：如果 $\boldsymbol{A}=(a_{ij})_{n\times n}$ 是正定矩阵，则 $a_{ii}>0(i=1,2,\cdots,n)$；如果 $\boldsymbol{A}=(a_{ij})_{n\times n}$ 是负定矩阵，则 $a_{ii}<0(i=1,2,\cdots,n)$.
8. 对于 n 元二次型 $\boldsymbol{X}^{\mathrm{T}}\boldsymbol{A}\boldsymbol{X}$，证明：
   (1) $\boldsymbol{X}^{\mathrm{T}}\boldsymbol{A}\boldsymbol{X}$ 是半正定二次型的充要条件是 $\boldsymbol{X}^{\mathrm{T}}\boldsymbol{A}\boldsymbol{X}$ 的正惯性指数与秩相等，且秩小于 n；
   (2) $\boldsymbol{X}^{\mathrm{T}}\boldsymbol{A}\boldsymbol{X}$ 是半负定二次型的充要条件是 $\boldsymbol{X}^{\mathrm{T}}\boldsymbol{A}\boldsymbol{X}$ 的负惯性指数与秩相等，且秩小于 n.
9. 设 $\boldsymbol{A}$ 是 n 阶正定矩阵，$\boldsymbol{I}$ 是 n 阶单位矩阵，证明：$\det(\boldsymbol{A}+\boldsymbol{I})>1$.
10. 证明：若 $\boldsymbol{A}$ 是 n 阶正定矩阵，则存在正定矩阵 $\boldsymbol{B}$，使得 $\boldsymbol{A}=\boldsymbol{B}^2$.
11. 设 $\boldsymbol{A}$ 是 n 阶实对称矩阵，且 $\boldsymbol{A}^2=\boldsymbol{A}$，$R(\boldsymbol{A})=r(0<r<n)$.
    (1) 证明：$\boldsymbol{A}+\boldsymbol{I}$ 是正定矩阵；
    (2) 计算：$\det(\boldsymbol{I}+\boldsymbol{A}+\cdots+\boldsymbol{A}^k)$.

§6.3 曲面与空间曲线

前面我们研究了二次型，本节开始研究在空间 $\mathbf{R}^3$ 中三元二次方程表示什么曲面，最后利用二次型有关理论对三元二次方程进行化简，同时还介绍空间曲线的一般方程.

一、 曲面

在空间 $\mathbf{R}^3$ 中，满足三元方程

$$F(x,y,z)=0$$

的有序数组 (x,y,z) 所对应的点的集合

$$S=\{(x,y,z)\mid F(x,y,z)=0\}$$

在空间 $\mathbf{R}^3$ 中表示曲面.

如果空间曲面 S 与三元方程 $F(x,y,z)=0$ 有下述关系：

1. 曲面上的任何一点的坐标 (x,y,z) 都满足方程；
2. 满足方程的 (x,y,z) 必是曲面 S 上某点的坐标，

那么方程 $F(x,y,z)=0$ 称为曲面 S 的方程，曲面 S 就称为方程 $F(x,y,z)=0$ 的图形(图 6.1).

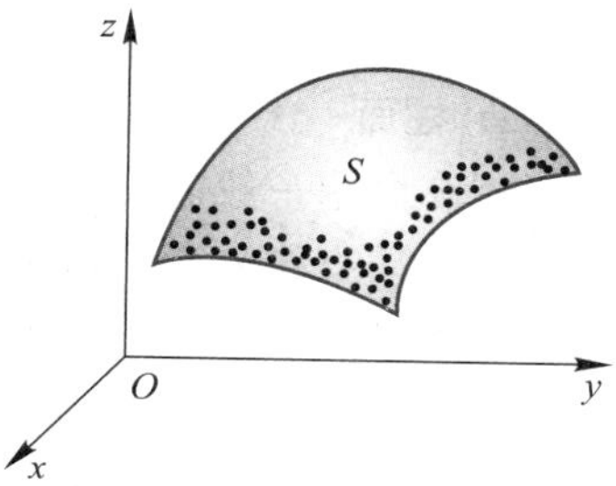

图 6.1

在空间解析几何中，关于曲面的研究，有下面两个基本问题：

1. 已知曲面 S，建立它的方程；
2. 已知方程 $F(x,y,z)=0$，研究它所表示的曲面的形状及性质.

下面我们举例说明如何解决这两个基本问题.

例 1 求以点 $M_0(x_0,y_0,z_0)$ 为球心、R 为半径的球面的方程.

解 设 $M(x,y,z)$ 是球面上任一点，则 M_0 与 M 的距离为 R，

$$\sqrt{(x-x_0)^2+(y-y_0)^2+(z-z_0)^2}=R,$$

两边平方得

$$(x-x_0)^2+(y-y_0)^2+(z-z_0)^2=R^2.$$

显然，坐标满足方程的点都在球面上，所以这个方程就是以 (x_0,y_0,z_0) 为球心、R 为半径的球面方程(图 6.2).

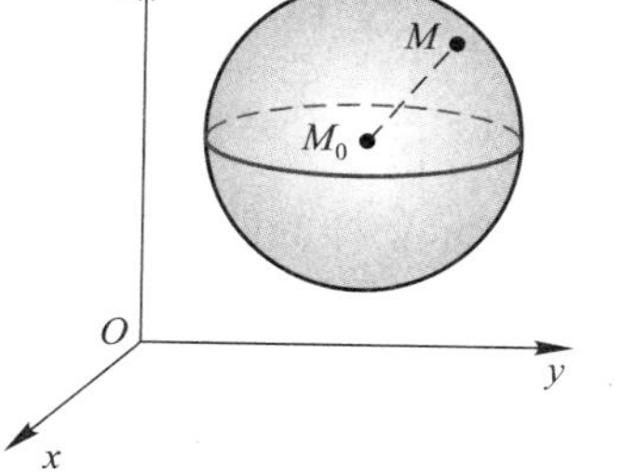

图 6.2

一般来说，三元二次方程

$$x^2+y^2+z^2+Ax+By+Cz+D=0$$

经过配方后都可以化为

$$(x-x_0)^2+(y-y_0)^2+(z-z_0)^2=E.$$

当 $E>0$ 时，表示实球面；

当 $E=0$ 时，表示点球面；

当 $E<0$ 时，表示虚球面，也就是方程不表示任何曲面.

例如，

$$x^2+2x+y^2+z^2-2z-2=0$$

配方后可以化成

$$(x+1)^2+y^2+(z-1)^2=4.$$

这个方程表示球心在$(-1,0,1)$，半径为 2 的球面.

例 2 已知方程 $x^2+y^2=R^2$，研究它表示怎样的曲面.

解 方程 $x^2+y^2=R^2$ 在 Oxy 平面上表示圆，但在空间直角坐标系中，它表示一个曲面.因为方程不含竖坐标 z，所以不管 z 是多少，只要点的坐标 x，y 满足方程，点就在曲面上.因此，凡是通过 Oxy 平面的圆上的点且平行于 z 轴的直线 l 都在曲面上，所以这曲面可以看成平行于 z 轴的直线沿 Oxy 平面上的圆$x^2+y^2=R^2$ 移动一周而成的，这曲面就是圆柱面，故方程 $x^2+y^2=R^2$ 表示圆柱面(图 6.3).

下面讨论两类特殊的曲面：柱面与旋转面.

1. 柱面

现在介绍一般的柱面及其方程.

若一动直线 l 沿已知曲线 c 移动，且始终与某一直线 l' 平行，则这样形成的曲面称为**柱面**.曲线 c 称为柱面的**准线**，而直线 l 称为柱面的**母线**(图 6.4).

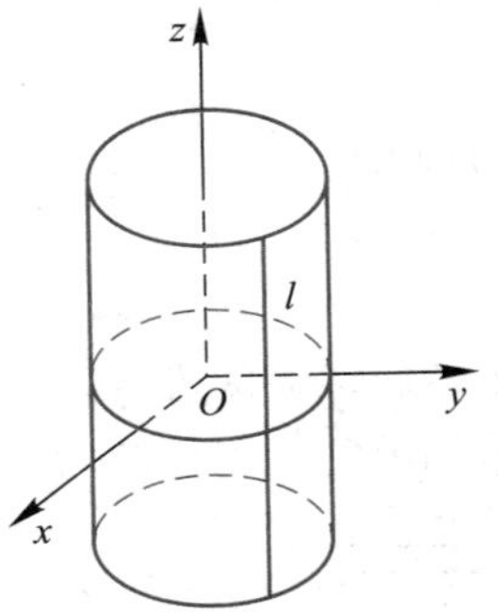

图 6.3

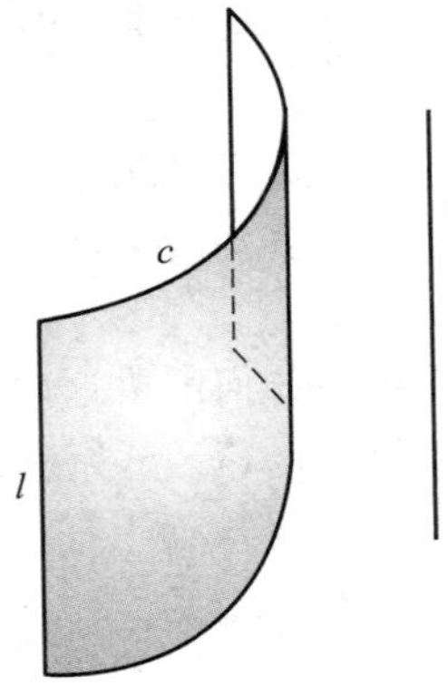

图 6.4

在例 2 中 Oxy 平面上的圆称为圆柱面的准线，平行于 z 轴的直线 l 称为圆柱面的母线.

例 3 方程

(1) $\dfrac{x^2}{a^2}+\dfrac{y^2}{b^2}=1$； (2) $\dfrac{x^2}{a^2}-\dfrac{y^2}{b^2}=1$； (3) $x^2=2py$

分别表示怎样的曲面?

解 (1) 与方程 $x^2+y^2=R^2$ 类似地分析，方程$\dfrac{x^2}{a^2}+\dfrac{y^2}{b^2}=1$ 表示以 Oxy 平面上的椭圆为准线，以平行于 z 轴的直线为母线的柱面，称为**椭圆柱面**.

(2) 方程$\dfrac{x^2}{a^2}-\dfrac{y^2}{b^2}=1$ 表示以 Oxy 平面上的双曲线为准线，以平行于 z 轴的直线为母线的柱面，称为**双曲柱面**(图 6.5).

(3) 方程 $x^2=2py$ 表示以 Oxy 平面上的抛物线为准线，以平行于 z 轴的直线为母线的柱面，称为**抛物柱面**（图 6.6）.

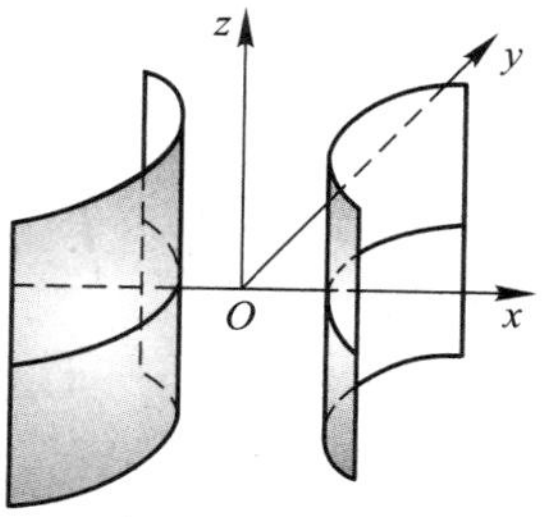

图 6.5

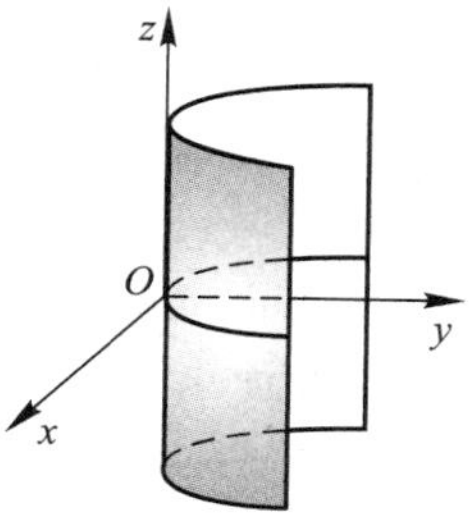

图 6.6

一般说来，在空间直角坐标系中，方程 $F(x,y)=0$ 表示柱面，它的母线平行于 z 轴，它的准线是 Oxy 平面上的曲线 $c:F(x,y)=0$. 这个方程的特点是缺少变量 z，其母线就与 z 轴平行.

类似地，方程 $F(y,z)=0$ 表示母线平行于 x 轴的柱面，方程 $F(x,z)=0$ 表示母线平行于 y 轴的柱面.

一般说来，若曲面方程中缺少一个变量，则该曲面是一个柱面，且这个柱面的母线与这个变量对应的坐标轴平行.

例 4 试讨论下列图形的特点：

(1) $\dfrac{x^2}{a^2}+\dfrac{z^2}{c^2}=1$； (2) $\dfrac{y^2}{b^2}-\dfrac{z^2}{c^2}=1$； (3) $y^2=2px$.

解 (1) 表示椭圆柱面，其准线是 Oxz 平面上的椭圆，母线平行于 y 轴；

(2) 表示双曲柱面，其准线是 Oyz 平面上的双曲线，母线平行于 x 轴；

(3) 表示抛物柱面，其准线是 Oxy 平面上的抛物线，母线平行于 z 轴.

2. 旋转曲面

一条空间曲线 c 绕一条定直线 l 旋转一周所产生的曲面称为**旋转曲面**. 曲线 c 称为该曲面的**母线**，定直线 l 称为**旋转轴**.

下面着重讨论坐标面上的曲线绕坐标轴旋转所产生的曲面.

设曲线 c 是 Oyz 平面上的一条曲线：

$$c:\begin{cases} f(y,z)=0, \\ x=0, \end{cases}$$

将 c 绕 z 轴旋转一周得旋转曲面 S，设 $P_0(0,y_0,z_0)$ 是曲线 c 上任意一点，$P(x,y,z)$ 是 c 绕 z 轴旋转任一角度时 P_0 所处的位置. 因为 $P_0(0,y_0,z_0)$ 在 c 上，所以

$$f(y_0,z_0)=0,$$

又由图 6.7 可见

$$O_1P=O_1P_0=|y_0|,\ z=z_0,$$

而 $O_1P=\sqrt{x^2+y^2}$，故

$$x^2+y^2=y_0^2, y_0=\pm\sqrt{x^2+y^2},$$

代入式 $f(y_0,z_0)=0$ 可得点 P 的坐标应满足

$$f(\pm\sqrt{x^2+y^2},z)=0.$$

这个方程就是 Oyz 平面上的曲线 $f(y,z)=0$ 绕 z 轴旋转一周所形成的旋转曲面方程.

同理,曲线 c 绕 y 轴旋转一周所成的旋转面方程应为

$$f(y,\pm\sqrt{x^2+z^2})=0.$$

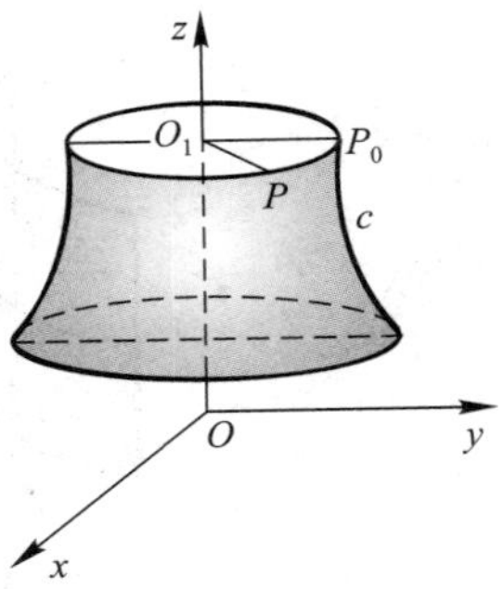

图 6.7

例 5 求 Oyz 平面上的曲线 $c:\begin{cases}y=kz,\\x=0\end{cases}$ 绕 z 轴旋转一周所形成的旋转曲面的方程.

解 根据旋转面方程产生的方法,得 $\pm\sqrt{x^2+y^2}=kz$,即

$$x^2+y^2=k^2z^2,$$

这个方程所表示的曲面称为**圆锥面**(图 6.8).

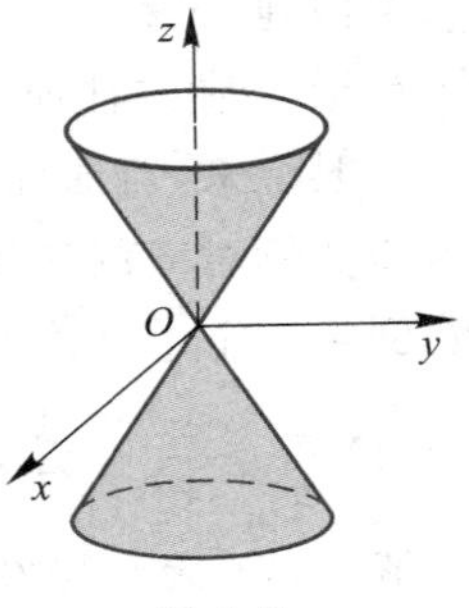

图 6.8

当 $k=1$ 时,圆锥面方程为 $x^2+y^2=z^2$,这时锥面关于 z 轴的张角为 $\frac{\pi}{4}$.

有时已知某个旋转曲面的方程,要讨论这个曲面是由什么样的曲线绕哪一条坐标轴旋转而成的.

例 6 研究曲面 $S:z=x^2+y^2$ 的形状.

解 方程 $z=x^2+y^2$ 可记为

$$z-(\pm\sqrt{x^2+y^2})^2=0,$$

故 S 可看作是 Oyz 平面上的曲线 $\begin{cases}z=y^2,\\x=0\end{cases}$ 绕 z 轴旋转一周所形成的曲面. 也可以看作是 Oxz 平面上的曲线 $\begin{cases}z=x^2,\\y=0\end{cases}$ 绕 z 轴旋转一周所形成的曲面(图 6.9),这样的曲面称为**旋转抛物面**.

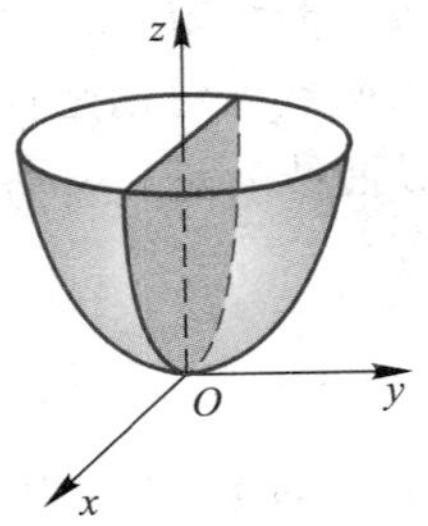

图 6.9

Oxz 平面上的曲线 $c:\begin{cases}f(x,z)=0,\\y=0\end{cases}$ 绕 z 轴旋转所形成的曲面方程为

$$f(\pm\sqrt{x^2+y^2},z)=0.$$

绕 x 轴旋转所形成的曲面方程为

$$f(x,\pm\sqrt{y^2+z^2})=0.$$

读者可仿此讨论 Oxy 平面上的曲线 $c:\begin{cases}f(x,y)=0,\\z=0\end{cases}$ 绕 x 轴或 y 轴旋转所形成的曲面方程.

二、空间曲线

1. 空间曲线的方程

空间曲线可以看做是两个曲面的交线.设 $F_1(x,y,z)=0$ 与 $F_2(x,y,z)=0$ 分别是曲面 S_1 与 S_2 的方程,将这两个方程联立起来

$$\begin{cases}F_1(x,y,z)=0,\\F_2(x,y,z)=0,\end{cases}\tag{6.5}$$

就得到 S_1 与 S_2 的交线 c 的方程.式(6.5)称为曲线 c 的**一般式方程**.

若 S_1 与 S_2 是两个相交平面,则 c 是一条直线.

例 7 方程组 $\begin{cases}x^2+y^2=1,\\2x+2y+3z=6\end{cases}$ 表示怎样的空间曲线?

解 $x^2+y^2=1$ 是一个圆柱面,其准线是 Oxy 平面上的圆 $x^2+y^2=1$,母线与 z 轴平行.$2x+2y+3z=6$ 即 $\dfrac{x}{3}+\dfrac{y}{3}+\dfrac{z}{2}=1$,这是一个在 x,y,z 轴上的截距分别为 3,3,2 的平面.这样一个圆柱面与平面的交线就是方程组表示的空间曲线(图 6.10).

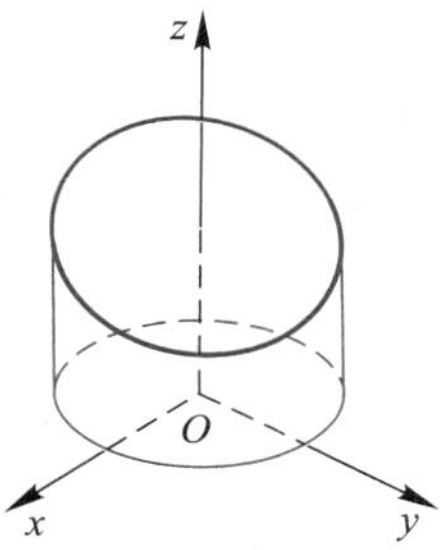

图 6.10

空间曲线也可以用参数式表示.将曲线上动点的坐标 x,y,z 都用一个参变量 t 表示,可得

$$\begin{cases}x=x(t),\\y=y(t),\\z=z(t),\end{cases}$$

这就是**曲线的参数方程**.

例 8 方程 $\begin{cases}x=a\cos t,\\y=a\sin t,\\z=bt\end{cases}$ 所表示的曲线如图 6.11 所示,这条曲线称为**圆柱螺线**.

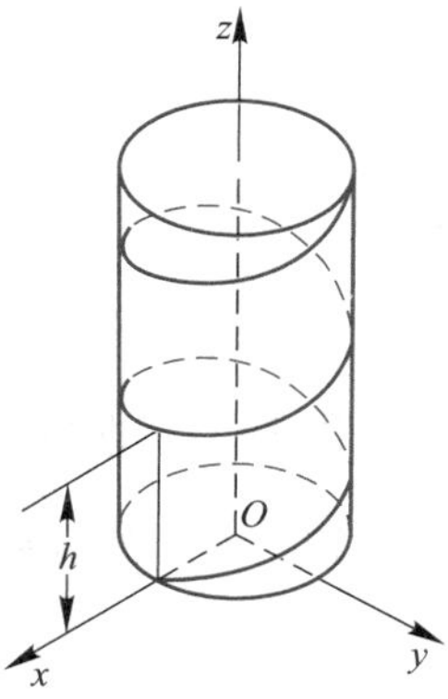

图 6.11

由例 8 的方程可知,$x^2+y^2=a^2$ 是一个圆柱面方程.例 8 中的曲线在这个方程所示的圆柱面上.图 6.11 中所示的 h 称为圆柱螺线的螺距,$h=2\pi b$.

2. 空间曲线在坐标面上的投影

以空间曲线 c 为准线,作母线平行于 z 轴的柱面 S,S 与 Oxy 平面的交线 c' 就是 c 在 Oxy 平面上的**投影**.曲面 S 称为**投影柱面**(图 6.12).

同样可以讨论空间曲线 c 在 Oyz,Oxz 平面上的投影.

例 9 求曲线 $c:\begin{cases}x^2+y^2+z^2=a^2,\\x^2+y^2-ax=0\end{cases}$ 在 Oxy 平面上的投影.

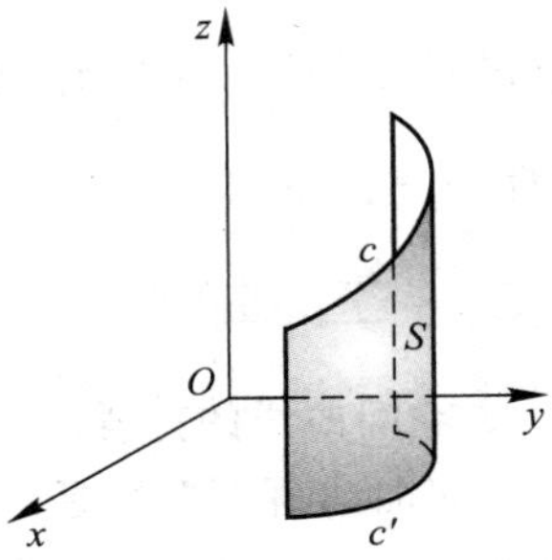

图 6.12

解 曲面 $x^2+y^2-ax=0$ 可写为

$$\left(x-\frac{a}{2}\right)^2+y^2=\frac{a^2}{4},$$

这是一个母线与 z 轴平行的圆柱面,它就是投影柱面.c 是球面与圆柱面的交线,这里 c 由 Oxy 平面上方与下方相互对称的两部分组成,它们在 Oxy 平面上的投影都是圆柱面与 Oxy 平面的交线,这条交线为

$$c':\begin{cases}\left(x-\dfrac{a}{2}\right)^2+y^2=\dfrac{a^2}{4},\\z=0.\end{cases}$$

在 Oxy 平面上,这是一个以 $\left(\frac{a}{2},0\right)$ 为圆心,以 $\frac{a}{2}$ 为半径的圆(图 6.13).

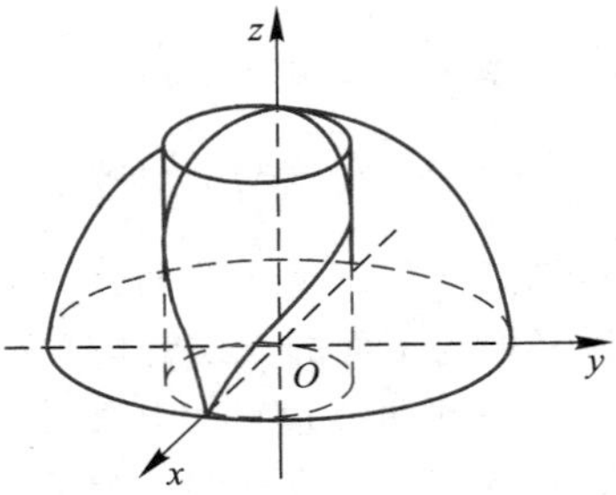

图 6.13

一般地,为求曲线

$$c:\begin{cases}F_1(x,y,z)=0,\\F_2(x,y,z)=0\end{cases}$$

在 Oxy 平面的投影,可由方程组消去 z,得

$$F(x,y)=0,$$

这就是投影柱面所满足的方程.再与 $z=0$ 联立,得

$$c':\begin{cases}F(x,y)=0,\\z=0.\end{cases}$$

这就是 c 在 Oxy 平面上的投影曲线.

例 10 求曲线 $c:\begin{cases}2x^2+y^2+z^2=16,\\x^2-y^2+z^2=0\end{cases}$ 在 Oxy 平面上的投影.

解 由 c 的方程消去 z,可得

$$x^2+2y^2=16,$$

于是 c 在 Oxy 平面上的投影为

$$c':\begin{cases}x^2+2y^2=16,\\z=0.\end{cases}$$

例 11 求曲线 $c:\begin{cases}x^2+y^2+z^2=4,\\x^2+y^2=3z\end{cases}$ 在 Oyz 平面上的投影.

解 由 c 的方程消去 x,可得

$$z^2+3z-4=0,$$

这个方程表示两个平面

$$\pi_1:z=1,\qquad \pi_2:z=-4,$$

π_2 显然不合题意,应舍去.故 c 在 Oyz 平面上的投影为

$$c':\begin{cases}z=1,\\x=0,\end{cases}\quad |y|\leqslant\sqrt{3}.$$

由于 c 是球面 $x^2+y^2+z^2=4$ 与旋转抛物面 $x^2+y^2=3z$ 的交线,它是平面 $z=1$ 上的圆,故 c 在 Oyz 平面上的投影应为一线段,该线段在平面 $z=1$ 与 $x=0$ 的交线上,其纵坐标 $y\in[-\sqrt{3},\sqrt{3}]$.

习题 6.3

1. 设动点到二定点 $M_1(0,0,a)$ 与 $M_2(0,0,-a)$ 的距离平方和为定数 $4a^2$,求动点的轨迹方程,并指出方程表示空间的什么图形.
2. 设动点与两定点 $A(1,3,2)$,$B(0,0,1)$ 等距,又与另两定点 $C(3,0,3)$,$D(0,-2,0)$ 等距,求动点的轨迹,并指出方程表示空间的什么图形.
3. 求下列旋转曲面的方程:

   (1) $\begin{cases}x^2+\dfrac{y^2}{9}=1,\\z=0\end{cases}$ 绕 x 轴,y 轴旋转一周; (2) $\begin{cases}y^2+z^2=9,\\x=0\end{cases}$ 绕 z 轴旋转一周.
4. 下列曲面中,哪些是旋转曲面?是怎样产生的?

   (1) $x^2+y^2=4$; (2) $\dfrac{x^2}{4}-\dfrac{y^2}{9}=1$; (3) $x^2+y^2=2z$;

   (4) $\dfrac{x^2}{25}+\dfrac{y^2}{4}+\dfrac{z^2}{4}=1$; (5) $(z-a)^2=x^2+y^2$.
5. 设一柱面的母线平行于 x 轴,且过曲线 $\begin{cases}2x^2+y^2+z^2=16,\\x^2-y^2+z^2=0,\end{cases}$ 求柱面方程.
6. 下列方程各表示什么曲线?

   (1) $\begin{cases}x^2+y^2+z^2-25=0,\\x^2+y^2=16;\end{cases}$ (2) $\begin{cases}x=\cos t,\\y=\sin t,\\z=-1.\end{cases}$
7. 分别写出 Oyz 平面上以原点为圆心的单位圆的直角坐标方程和参数方程.

8. 求曲线$\begin{cases}x^2+y^2+z^2=4,\\ y=x\end{cases}$在各坐标面上的投影.

9. 求直线 l：$\frac{x-1}{0}=\frac{y}{1}=\frac{z}{1}$绕 y 轴旋转一周所得曲面的方程.

§ 6.4 二次曲面

一般二次方程

$$a_{11}x^2+a_{22}y^2+a_{33}z^2+2a_{12}xy+2a_{13}xz+2a_{23}yz+b_1x+b_2y+b_3z+c=0$$

所表示的曲面称为**二次曲面**.

如前面介绍的椭圆柱面$\frac{x^2}{a^2}+\frac{z^2}{c^2}=1$与旋转抛物面 $z=x^2+y^2$ 都是特殊的二次曲面.

在通常情况下，从一般二次方程讨论曲面的几何特征是比较困难的，但是，通过适当的坐标变换(正交变换或平移变换)，可以将一般二次方程化为形式比较简单的标准方程.下面先讨论三类典型的二次曲面的标准方程，再通过具体例子介绍怎样把一般二次方程化为二次曲面的标准方程.

一、 椭球面

方程

$$\frac{x^2}{a^2}+\frac{y^2}{b^2}+\frac{z^2}{c^2}=1 \quad (a,b,c>0)$$

所确定的曲面称为**椭球面**.它可以看作是球面

$$x'^2+y'^2+z'^2=1$$

经变换

$$x=ax', \quad y=by', \quad z=cz'$$

所得到的，即是球心在坐标原点的球面在坐标轴方向按不完全相同的比例放大或缩小后所变成的.

下面从二次曲面在空间的范围、对称性以及平面与曲面相交所产生的截痕等三方面讨论椭球面的几何特征.

(1) 范围

$$|x|\leqslant a, \quad |y|\leqslant b, \quad |z|\leqslant c,$$

即椭球面在 $x=\pm a$，$y=\pm b$，$z=\pm c$ 六个平面所围成的长方体内.

(2) 对称性　曲面关于坐标原点、三个坐标轴以及三个坐标面都是对称的.

(3) 截痕形状　用平面 $z=z_0(-c<z_0<c)$去截椭球面所得截痕为

$$\begin{cases}\frac{x^2}{a^2}+\frac{y^2}{b^2}=1-\frac{z_0^2}{c^2},\\ z=z_0,\end{cases}$$

这是平面 $z=z_0$ 上的椭圆.

同样,用平面 $x=x_0, y=y_0$ 去截椭球面所得截痕分别为椭圆

$$\begin{cases}\dfrac{y^2}{b^2}+\dfrac{z^2}{c^2}=1-\dfrac{x_0^2}{a^2},\\ x=x_0,\end{cases}\quad \begin{cases}\dfrac{x^2}{a^2}+\dfrac{z^2}{c^2}=1-\dfrac{y_0^2}{b^2},\\ y=y_0,\end{cases}$$

椭球面的图形如图 6.14 所示.

当 $a=b$(或 $a=c$,或 $b=c$)时,曲面是一个旋转椭球面.

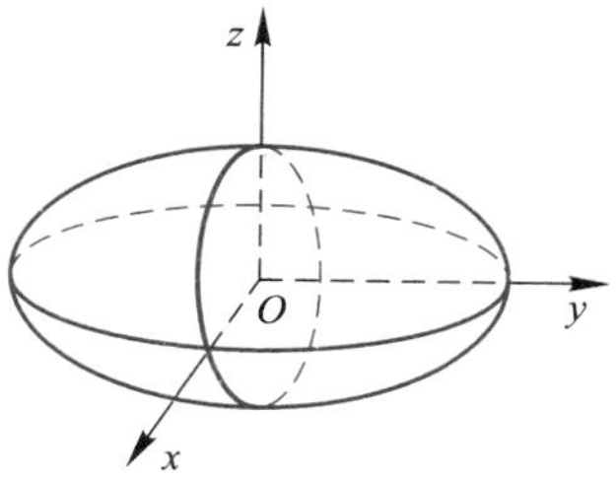

图 6.14

二、抛物面

1. 椭圆抛物面

方程

$$z=\frac{x^2}{2p}+\frac{y^2}{2q}\quad (pq>0)$$

所确定的曲面称为**椭圆抛物面**.其几何特征如下:

(1) 范围　若 p, q 同为正数,则曲面在 Oxy 平面上方;若 p, q 同为负数,则曲面在 Oxy 平面下方.

(2) 对称性　曲面关于 z 轴以及 Oyz, Oxz 平面对称.

(3) 截痕形状　用平面 $z=z_0$(z_0 与 p, q 同号)去截曲面所得的截痕为

$$\begin{cases}\dfrac{x^2}{2pz_0}+\dfrac{y^2}{2qz_0}=1,\\ z=z_0,\end{cases}$$

这是平面 $z=z_0$ 上的椭圆.

用平面 $x=x_0$ 与 $y=y_0$ 去截曲面,所得截痕分别是

$$\begin{cases}z=\dfrac{x_0^2}{2p}+\dfrac{y^2}{2q},\\ x=x_0\end{cases}\quad 与\quad \begin{cases}z=\dfrac{x^2}{2p}+\dfrac{y_0^2}{2q},\\ y=y_0,\end{cases}$$

它们是平面 $x=x_0$ 与 $y=y_0$ 上的抛物线.

椭圆抛物面的图形如图 6.15 所示.

当 $p=q$ 时,曲面是旋转抛物面.

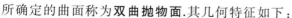

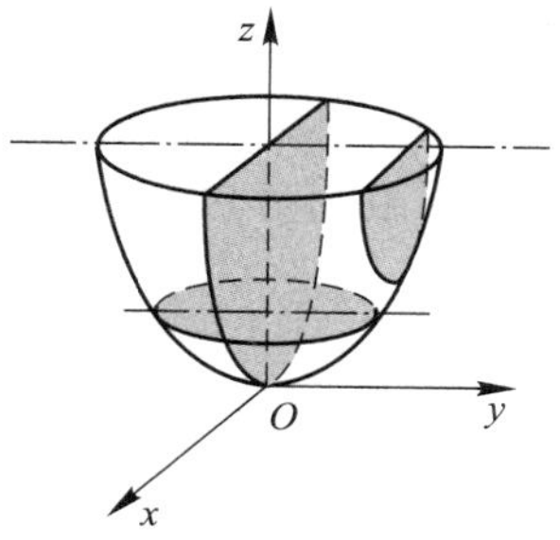

图 6.15

2. 双曲抛物面

方程

$$z=\frac{x^2}{2p}-\frac{y^2}{2q}\quad (pq>0)$$

所确定的曲面称为**双曲抛物面**.其几何特征如下:

(1) 范围　$x, y, z\in\mathbf{R}$,曲面可向各方向无限延伸.

(2) 对称性　曲面关于 z 轴和 Oyz, Oxz 平面对称.

(3) 截痕形状　用平面 $z=z_0\neq 0$ 截曲面所得截痕为双曲线

$$\begin{cases}\dfrac{x^2}{2pz_0}-\dfrac{y^2}{2qz_0}=1,\\ z=z_0;\end{cases}$$

用 $z=0$ 去截曲面，截痕为两条相交直线

$$\begin{cases}\dfrac{x}{\sqrt{|p|}}+\dfrac{y}{\sqrt{|q|}}=0,\\ z=0\end{cases}\quad 与\quad \begin{cases}\dfrac{x}{\sqrt{|p|}}-\dfrac{y}{\sqrt{|q|}}=0,\\ z=0;\end{cases}$$

用平面 $x=x_0$ 与 $y=y_0$ 截曲面所得截痕分别为

$$\begin{cases}z=\dfrac{x_0^2}{2p}-\dfrac{y^2}{2q},\\ x=x_0\end{cases}\quad 与\quad \begin{cases}z=\dfrac{x^2}{2p}-\dfrac{y_0^2}{2q},\\ y=y_0,\end{cases}$$

它们是平面 $x=x_0$ 与 $y=y_0$ 上的抛物线.

双曲抛物面的图形如图 6.16 所示，由于曲面的形状恰似一个马鞍，所以又称为**马鞍面**.

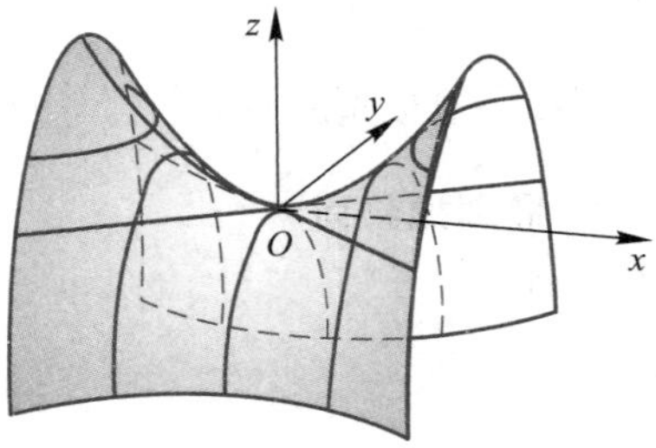

图 6.16

三、双曲面

1. 单叶双曲面

方程

$$\frac{x^2}{a^2}+\frac{y^2}{b^2}-\frac{z^2}{c^2}=1\quad (a,b,c>0)$$

所表示的曲面称为**单叶双曲面**.其几何特征如下：

(1) 范围　因为$\dfrac{x^2}{a^2}+\dfrac{y^2}{b^2}\geqslant 1$，所以曲面在椭圆柱面$\dfrac{x^2}{a^2}+\dfrac{y^2}{b^2}=1$ 的外部.

(2) 对称性　曲面关于三条坐标轴、三个坐标面以及坐标原点都对称.

(3) 截痕形状　用平面 $z=z_0$ 截曲面所得截痕为

$$\begin{cases}\dfrac{x^2}{a^2}+\dfrac{y^2}{b^2}=1+\dfrac{z_0^2}{c^2},\\ z=z_0,\end{cases}$$

这是平面 $z=z_0$ 上的椭圆.

用平面 $x=x_0$ 与 $y=y_0$ 去截曲面：

当 $|x_0|\neq a$，$|y_0|\neq b$ 时，交线分别是双曲线：

$$\begin{cases}\dfrac{y^2}{b^2}-\dfrac{z^2}{c^2}=1-\dfrac{x_0^2}{a^2},\\ x=x_0\quad (|x_0|\neq a)\end{cases}\quad 与\quad \begin{cases}\dfrac{x^2}{a^2}-\dfrac{z^2}{c^2}=1-\dfrac{y_0^2}{b^2},\\ y=y_0\quad (|y_0|\neq b).\end{cases}$$

当 $|x_0|=a$ 或 $|y_0|=b$ 时，交线是两条相交直线：

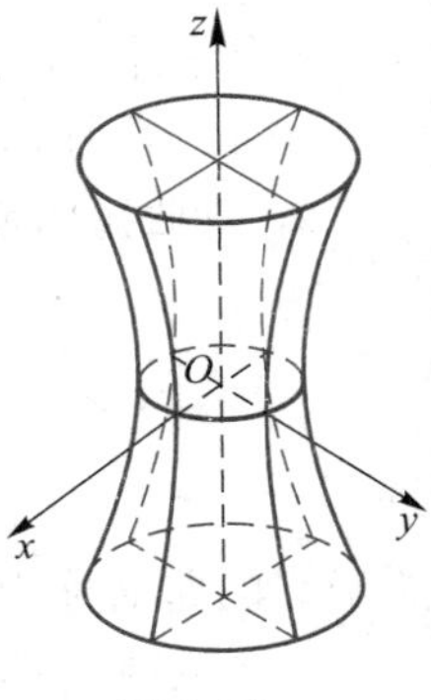

图 6.17

$$\begin{cases} z=\pm\dfrac{c}{b}y, \\ x=\pm a \end{cases} \quad 或 \quad \begin{cases} z=\pm\dfrac{c}{a}x, \\ y=\pm b. \end{cases}$$

单叶双曲面的图形如图 6.17 所示.图 6.18 给出当 $x_0<a$，$x_0=a$ 及$x_0>a$三种情况所截曲面的情形.

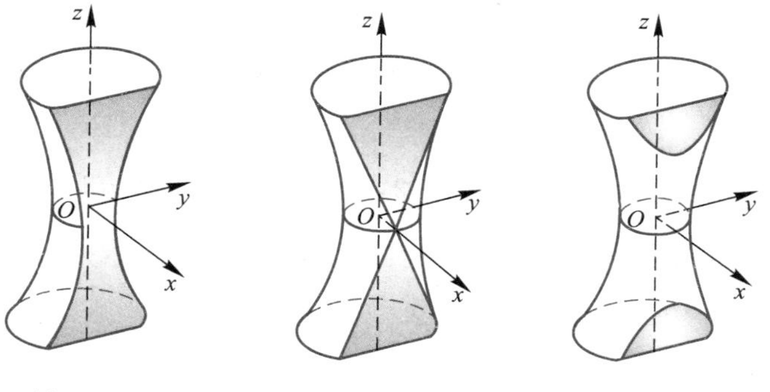

图 6.18

2. 双叶双曲面

方程

$$\frac{x^2}{a^2}+\frac{y^2}{b^2}-\frac{z^2}{c^2}=-1 \quad (a,b,c>0)$$

所确定的曲面 S 称为**双叶双曲面**.其几何特征如下：

（1）范围　因为$|z|\geqslant c$，所以曲面在两平行平面 $z=\pm c$ 之外.

（2）对称性　曲面关于三条坐标轴、三个坐标面以及原点对称.

（3）截痕形状　用平面 $z=z_0$（$|z_0|>c$）截曲面所得截痕为

$$\begin{cases} \dfrac{x^2}{a^2}+\dfrac{y^2}{b^2}=\dfrac{z_0^2}{c^2}-1, \\ z=z_0, \end{cases}$$

这是平面 $z=z_0$ 上的椭圆；

用平面 $x=x_0$，$y=y_0$ 截曲面所得截痕分别为

$$\begin{cases} \dfrac{z^2}{c^2}-\dfrac{y^2}{b^2}=1+\dfrac{x_0^2}{a^2}, \\ x=x_0 \end{cases} \quad 与 \quad \begin{cases} \dfrac{z^2}{c^2}-\dfrac{x^2}{a^2}=1+\dfrac{y_0^2}{b^2}, \\ y=y_0, \end{cases}$$

它们是平面 $x=x_0$，$y=y_0$ 上的双曲线.

双叶双曲面的图形如图6.19所示.

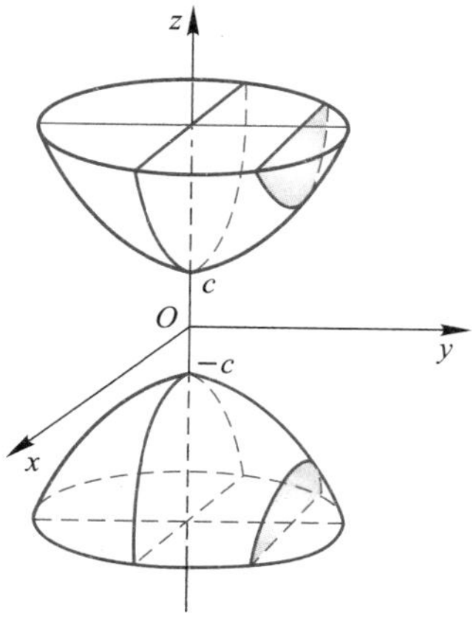

图 6.19

例 1　设 $f(x_1,x_2,x_3)=3x_1^2+2x_2^2+x_3^2-4x_1x_2-4x_2x_3$，用正交变换化二次型 $f(x_1,x_2,x_3)$为标准形，并判断 $f(x_1,x_2,x_3)=5$ 表示什么曲面.

解　$f(x_1,x_2,x_3)=3x_1^2+2x_2^2+x_3^2-4x_1x_2-4x_2x_3$ 的矩阵为

$$A=\begin{pmatrix}3&-2&0\\-2&2&-2\\0&-2&1\end{pmatrix},$$

$$\det(\lambda \boldsymbol{I}-\boldsymbol{A})=\begin{vmatrix}\lambda-3&2&0\\2&\lambda-2&2\\0&2&\lambda-1\end{vmatrix}=(\lambda-5)(\lambda-2)(\lambda+1).$$

将 $\lambda_1=5,\lambda_2=2,\lambda_3=-1$ 分别代入齐次线性方程组 $(\lambda \boldsymbol{I}-\boldsymbol{A})\boldsymbol{X}=\boldsymbol{0}$，解得所对应的特征向量分别是

$$\boldsymbol{\alpha}_1=(2,-2,1)^{\mathrm{T}},\quad \boldsymbol{\alpha}_2=(2,1,-2)^{\mathrm{T}},\quad \boldsymbol{\alpha}_3=(1,2,2)^{\mathrm{T}},$$

将 $\boldsymbol{\alpha}_1,\boldsymbol{\alpha}_2,\boldsymbol{\alpha}_3$ 标准正交化得

$$\boldsymbol{\beta}_1=\left(\frac{2}{3},-\frac{2}{3},\frac{1}{3}\right)^{\mathrm{T}},\quad \boldsymbol{\beta}_2=\left(\frac{2}{3},\frac{1}{3},-\frac{2}{3}\right)^{\mathrm{T}},\quad \boldsymbol{\beta}_3=\left(\frac{1}{3},\frac{2}{3},\frac{2}{3}\right)^{\mathrm{T}},$$

取正交矩阵

$$\boldsymbol{C}=(\boldsymbol{\beta}_1,\boldsymbol{\beta}_2,\boldsymbol{\beta}_3)=\begin{pmatrix}\frac{2}{3}&\frac{2}{3}&\frac{1}{3}\\-\frac{2}{3}&\frac{1}{3}&\frac{2}{3}\\\frac{1}{3}&-\frac{2}{3}&\frac{2}{3}\end{pmatrix},$$

作正交变换 $\boldsymbol{X}=\boldsymbol{C}\boldsymbol{Y}$，即 $\begin{cases}x_1=\frac{2}{3}y_1+\frac{2}{3}y_2+\frac{1}{3}y_3,\\x_2=-\frac{2}{3}y_1+\frac{1}{3}y_2+\frac{2}{3}y_3,\\x_3=\frac{1}{3}y_1-\frac{2}{3}y_2+\frac{2}{3}y_3,\end{cases}$ 得标准形

$$f=5y_1^2+2y_2^2-y_3^2.$$

$f=5$，即

$$y_1^2+\frac{y_2^2}{\frac{5}{2}}-\frac{y_3^2}{5}=1.$$

因为正交变换不改变几何图形的形状，所以这是单叶双曲面方程.

在曲面本身的研究或曲面在其他方面的应用中，经常涉及几个曲面相交所产生的曲线或几个曲面围成的空间区域.

例 2 试画出曲面 $z=1-x^2$ 与 $z=3x^2+y^2$ 交线的草图并确定其交线在 Oxy 平面上的投影曲线.

解 其交线如图 6.20 所示.

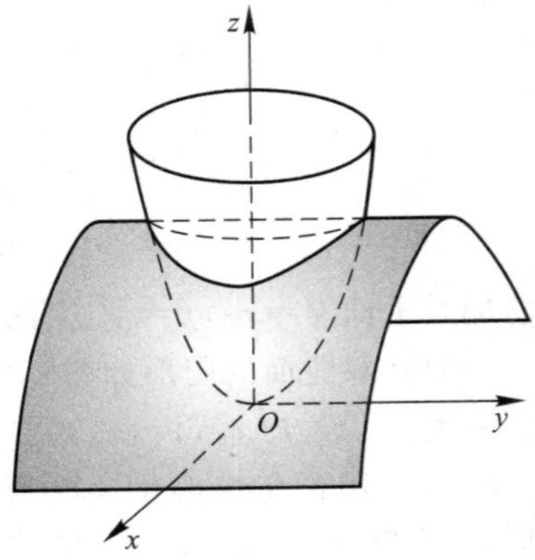

图 6.20

将 $z=1-x^2$ 代入方程 $z=3x^2+y^2$ 得投影柱面方程：

$$4x^2+y^2=1,$$

两曲面交线在 Oxy 平面上的投影曲线为

$$\begin{cases}4x^2+y^2=1,\\ z=0,\end{cases}$$

这是 Oxy 平面上的一个椭圆.

应用实例一：几何应用

设

$$f(x_1,x_2,x_3)=a_{11}x_1^2+a_{22}x_2^2+a_{33}x_3^2+2a_{12}x_1x_2+2a_{13}x_1x_3+2a_{23}x_2x_3+b_1x_1+b_2x_2+b_3x_3+c, \tag{6.6}$$

则方程 $f(x_1,x_2,x_3)=0$ 在几何空间中表示一个二次曲面.

令

$$\boldsymbol{A}=\begin{pmatrix}a_{11}&a_{12}&a_{13}\\a_{21}&a_{22}&a_{23}\\a_{31}&a_{32}&a_{33}\end{pmatrix},\quad \boldsymbol{X}=\begin{pmatrix}x_1\\x_2\\x_3\end{pmatrix},\quad \boldsymbol{b}=\begin{pmatrix}b_1\\b_2\\b_3\end{pmatrix}.$$

则式(6.6)可记为

$$f(\boldsymbol{X})=\boldsymbol{X}^{\mathrm{T}}\boldsymbol{A}\boldsymbol{X}+\boldsymbol{b}^{\mathrm{T}}\boldsymbol{X}+c \tag{6.7}$$

1. 作正交变换 $\boldsymbol{X}=\boldsymbol{C}\boldsymbol{Y}$，其中 $\boldsymbol{Y}=(y_1,y_2,y_3)^{\mathrm{T}}$，则

$$f(X)=\lambda_1y_1^2+\lambda_2y_2^2+\lambda_3y_3^2+b'_1y_1+b'_2y_2+b'_3y_3+c, \tag{6.8}$$

其中 $\lambda_1,\lambda_2,\lambda_3$ 是矩阵 $\boldsymbol{A}$ 的特征值.

2. 对式(6.8)配平方，在几何上就是作坐标平移变换，将式(6.8)化为标准形.化成标准形后的方程所表示的几何图形与式(6.6)所表示的几何图形是相同的.根据 $\lambda_1,\lambda_2,\lambda_3$ 和 d 的不同关系，一共有 17 种不同的情况，我们常见的有以下两类：

(1) $\lambda_1z_1^2+\lambda_2z_2^2+\lambda_3z_3^2=d\,(\lambda_1\lambda_2\lambda_3\neq 0)$.

根据 $\lambda_1,\lambda_2,\lambda_3$ 与 d 的不同情况，可能是椭球面或双曲面.

(2) $\lambda_1z_1^2+\lambda_2z_2^2=az_3\,(\lambda_1\lambda_2\neq 0,a\neq 0)$.

根据 λ_1,λ_2,a 的不同符号，为不同类型的抛物面.

其他标准形可根据不同的几何意义进行讨论.

实例 将二次曲面方程

$$x_1^2+4x_2^2+x_3^2+2x_1x_2+4x_1x_3+2x_2x_3+\sqrt{3}x_1-6\sqrt{3}x_2+\sqrt{3}x_3+\frac{1}{2}=0$$

用正交变换与坐标平移变换化为标准形.

解 设

$$A=\begin{pmatrix}1&1&2\\1&4&1\\2&1&1\end{pmatrix},\quad X=\begin{pmatrix}x_1\\x_2\\x_3\end{pmatrix},\quad b=\begin{pmatrix}\sqrt{3}\\-6\sqrt{3}\\\sqrt{3}\end{pmatrix}.$$

则曲面方程的左端可表为

$$f(X)=X^{\mathrm{T}}AX+b^{\mathrm{T}}X+\frac{1}{2}.$$

$$\det(\lambda I-A)=(\lambda+1)(\lambda-2)(\lambda-5),$$

A 的特征值为 $\lambda_1=-1,\lambda_2=2,\lambda_3=5$，求出 $\lambda_1,\lambda_2,\lambda_3$ 的特征向量并单位化，有

$$\alpha_1=\begin{pmatrix}\frac{1}{\sqrt{2}}\\0\\-\frac{1}{\sqrt{2}}\end{pmatrix},\quad \alpha_2=\begin{pmatrix}\frac{1}{\sqrt{3}}\\-\frac{1}{\sqrt{3}}\\\frac{1}{\sqrt{3}}\end{pmatrix},\quad \alpha_3=\begin{pmatrix}\frac{1}{\sqrt{6}}\\\frac{2}{\sqrt{6}}\\\frac{1}{\sqrt{6}}\end{pmatrix},$$

令 $C=\begin{pmatrix}\frac{1}{\sqrt{2}}&\frac{1}{\sqrt{3}}&\frac{1}{\sqrt{6}}\\0&-\frac{1}{\sqrt{3}}&\frac{2}{\sqrt{6}}\\-\frac{1}{\sqrt{2}}&\frac{1}{\sqrt{3}}&\frac{1}{\sqrt{6}}\end{pmatrix}$，$Y=\begin{pmatrix}y_1\\y_2\\y_3\end{pmatrix}$，作正交变换 $X=CY$，则 $f(X)=-y_1^2+2y_2^2+5y_3^2+8y_2-5\sqrt{2}y_3+\frac{1}{2}$.将 $f(X)$配平方，

$$f(X)=-y_1^2+2(y_2+2)^2+5\left(y_3-\frac{\sqrt{2}}{2}\right)^2-10.$$

令

$$\begin{cases}z_1=y_1,\\z_2=y_2+2,\\z_3=y_3-\frac{\sqrt{2}}{2},\end{cases}$$

则曲面方程 $f(X)=0$ 化为$-z_1^2+2z_2^2+5z_3^2=10$，即

$$-\frac{z_1^2}{10}+\frac{z_2^2}{5}+\frac{z_3^2}{2}=1.$$

这是一个单叶双曲面的方程.

应用实例二：相对论——洛伦兹变换

数学中最重要的概念之一是不变性的概念.这种思想对我们来说已不是新的了.

例如，我们知道一个物体的对称性是用保持该物体不变的等距变换来衡量的.

在狭义相对论中我们还可以举出另外一个例子.狭义相对论的基本假设如下：

(1) 对于两个以常速度相对运动的观察者来说，每一个物理定律都同等地有效.

(2) 光速是一个物理常数 c，两个以常速度相对运动的观察者都会观察到光在真空中沿直线以速率 c 运动(实验表明，c 近似于 300 000 km/s).

考虑两个以常速度相对运动的观察者.每一观察者设置一个直角坐标系.假定在一个被两个观察者一致称为 $t=0$ 的时刻，这两个坐标系瞬时地重合.然后坐标系随着各自的观察者运动.

第一个观察者注意到，在时间 t 内，光从 $(0,0,0)$ 运动到了 (x,y,z).他得出光速 c 是由 $(x^2+y^2+z^2)^{\frac{1}{2}}=ct$ 或者 $x^2+y^2+z^2-c^2t^2=0$ 给出的.

第二个观察者注意到，在他的坐标系中，光在时间 t' 内由 $(0,0,0)$ 运动到了 (x',y',z').他得出光速 c 由 $x'^2+y'^2+z'^2-c^2t'^2=0$ 给出.

由基本假设，上述两个方程中的常数 c 相同.这两个方程给出了两个坐标系间的一个关系：

$$x^2+y^2+z^2-c^2t^2=x'^2+y'^2+z'^2-c^2t'^2. \tag{6.9}$$

设 $\sigma:(x,y,z,t)\to(x',y',z',t')$ 是联系第一个观察者的量值与第二个观察者的对应量值的变换，则二次型 $Q=x^2+y^2+z^2-c^2t^2$ 在变换 σ 下不变.

因而，出现一个有趣的问题：我们能够找到一个变换 σ 保持 Q 不变吗？特别地，σ 能够取为线性变换吗？

我们只限于注意这种情况：第二个观察者以速率 v 在 x 轴方向上相对于第一个观察者运动(图 6.21).此时坐标平面 $y=0$ 与 $y'=0$ 永远重合；平面 $z=0$ 与 $z'=0$ 也是这样.于是，我们总可以假定 $y=y'$ 及 $z=z'$.条件(6.9)就简化为

$$x^2-c^2t^2=x'^2-c^2t'^2. \tag{6.10}$$

设 σ 是一个线性变换，它把 (x,t) 映到 (x',t')，且使条件(6.10)满足.首先注意到 $x'=0$ 蕴涵着 $x-vt=0$，因为第二个观察者的坐标原点 O' 以速率 v 相对于第一个观察者运动.由此可见，对于某个(可能与 v 有关的)常数 γ，有

$$x'=\gamma(x-vt). \tag{6.11}$$

根据坐标系的取法(图 6.21)，可以假定 γ 是正的(考虑当 $t=0$ 时的量值).我们再用线性关系

$$t'=ax+bt \tag{6.12}$$

完成 σ 的定义，这里 a 与 b 是待定的常数.

把式(6.11)、式(6.12)代入式(6.10)，我们得知二次型 $x^2-c^2t^2$ 恒等于

$$\gamma^2(x-vt)^2-c^2(ax+bt)^2,$$

比较 x^2，xt 及 t^2 项的系数，我们得到

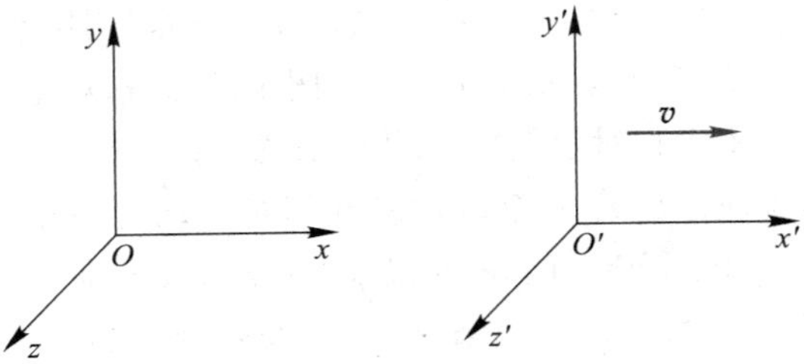

图 6.21　两个观察者的参考系

$$\begin{cases}1=\gamma^2-a^2c^2,\\0=-\gamma^2v-abc^2,\\-c^2=\gamma^2v^2-b^2c^2.\end{cases}$$

由上述三个式子可以求出

$$\gamma=\gamma(v)=\frac{1}{\sqrt{1-v^2/c^2}},$$

$$a=a(v)=\pm\frac{v/c^2}{\sqrt{1-v^2/c^2}},$$

$$b=b(v)=\pm\frac{1}{\sqrt{1-v^2/c^2}}.$$

注意 γ,a,b 都是与 v 有关的常数，且

$$\gamma(-v)=\gamma(v),a(-v)=-a(v),b(-v)=b(v).$$

为了保证这些常数是实的，必须 $|v|<c$. 只剩下要确定 a 与 b 的符号了.线性变换 σ 用矩阵形式给出为

$$\begin{pmatrix}x'\\t'\end{pmatrix}=\boldsymbol{L}(v)\begin{pmatrix}x\\t\end{pmatrix},\quad \boldsymbol{L}(v)=\begin{pmatrix}\gamma&-\gamma v\\a&b\end{pmatrix}\tag{6.13}$$

（参看式(6.11)和式(6.12)）.对于第一个观察者而言，一个被他用 (x,t) 度量的事件被第二个观察者用 (x',t') 度量，坐标通过式(6.13)相联系.而对第二个观察者而言，第一个观察者以速度 $-v$ 运动，所以他将按照

$$\begin{pmatrix}x\\t\end{pmatrix}=\boldsymbol{L}(-v)\begin{pmatrix}x'\\t'\end{pmatrix}$$

来计算量值之间的关系.于是可得

$$\boldsymbol{L}(v)\boldsymbol{L}(-v)=\boldsymbol{I}.\tag{6.14}$$

因此

$$\begin{pmatrix}\gamma&-\gamma v\\a&b\end{pmatrix}\begin{pmatrix}\gamma&\gamma v\\-a&b\end{pmatrix}=\begin{pmatrix}1&0\\0&1\end{pmatrix}.$$

容易求得

$$b=\gamma=\frac{1}{\sqrt{1-v^2/c^2}},\quad a=\frac{-v/c^2}{\sqrt{1-v^2/c^2}}.$$

线性变换

$$\begin{pmatrix}x'\\t'\end{pmatrix}=\boldsymbol{L}(v)\begin{pmatrix}x\\t\end{pmatrix},\quad \boldsymbol{L}(v)=\gamma(v)\begin{pmatrix}1 & -v\\-v/c^2 & 1\end{pmatrix},\quad |v|<c$$

称为**洛伦兹变换**.它们是联系以常速度 v 相对运动的观察者的量值的线性变换,并且满足相对论的基本假设.特别地,$x^2-c^2t^2$ 在洛伦兹变换下不变.

矩阵的集合$\{\boldsymbol{L}(v)$,对所有使$|v|<c$ 的 $v\}$在矩阵乘法下成为一个群,称为**洛伦兹群**.由式(6.14)有$[\boldsymbol{L}(v)]^{-1}=\boldsymbol{L}(-v)$.此外,可以证明

$$\boldsymbol{L}(v)\boldsymbol{L}(v')=\boldsymbol{L}(v''),$$

其中 $v''=\dfrac{v+v'}{1+\dfrac{vv'}{c^2}}$.这就是狭义相对论中速度叠加的法则.

应用实例三:市政建设规则

某市在下一年度计划修复长度为 x(单位:10^2 km)的公共道路和桥梁,并改善面积为 y(单位:10^2 km^2)的公园和休闲区.市政府需要决定如何在这两个项目之间分配资金、设备和劳动力等资源.假设同时进行两个项目比只进行其中一个项目更具有成本效益,且 x 和 y 满足约束条件 $4x^2+9y^2\leqslant 36$.

图 6.22 中阴影可行集中的每个点(x,y)表示一个可行的市政工程建设计划,约束曲线上的点(x,y)满足 $4x^2+9y^2=36$,表示资源利用最大化.

在选择公共工程计划时,市政府通常需要充分考虑该市居民的意见.经济学家有时使用函数 $q(x,y)=xy$ 来衡量各种工作计划的价值或者效用.使 $q(x,y)$ 为常数的点集(x,y)称为无差异曲线.图 6.23 中显示了三条无差异曲线.对于该市居民来说,无差异曲线上的每个点对应的市政工程建设计划具有相同的价值.求使效用函数 q 最大化的工程建设计划.

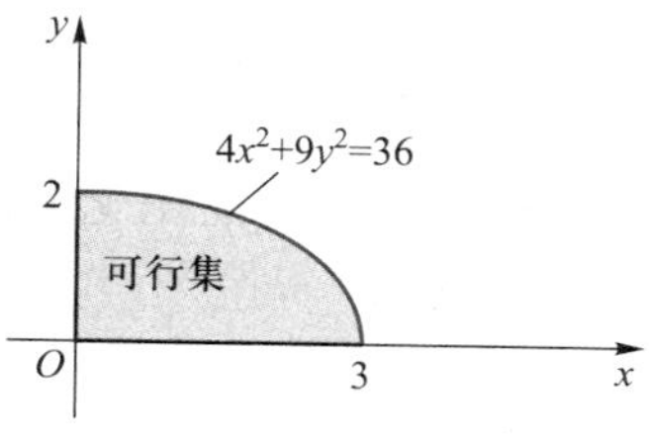

图 6.22

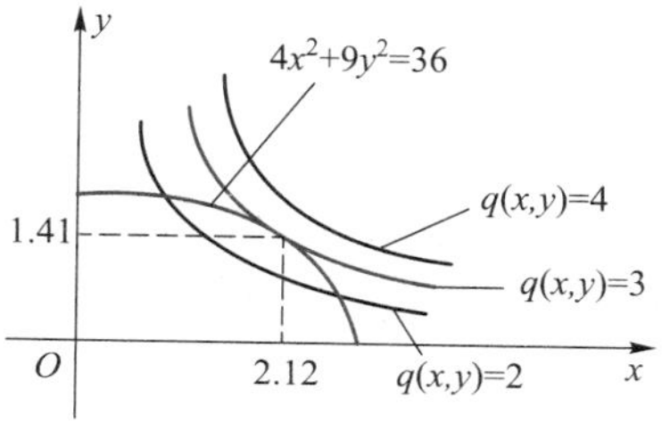

图 6.23

解 二次型在单位向量约束下更易求出最大值和最小值.显然满足约束方程 $4x^2+9y^2=36$ 的点(x,y)并不是单位向量,因此首先进行变量替换,化为单位向量.将约束方程进行变形,有$\left(\frac{x}{3}\right)^2+\left(\frac{y}{2}\right)^2=1$.令 $x_1=\frac{x}{3}$,$y_1=\frac{y}{2}$,则 $x_1^2+y_1^2=1$.因此,效用函数

$$q(x,y)=q(3x_1,2y_1)=(3x_1)(2y_1)=6x_1y_1.$$

令 $\boldsymbol{X}=\begin{pmatrix}x_1\\y_1\end{pmatrix}$,则该市政规划问题就变为当 $\boldsymbol{X}^{\mathrm{T}}\boldsymbol{X}=1$ 时,最大化

$$Q(\boldsymbol{X})=6x_1y_1.$$

事实上,二次型 $Q(\boldsymbol{X})=\boldsymbol{X}^{\mathrm{T}}\boldsymbol{A}\boldsymbol{X}$ 的矩阵 $\boldsymbol{A}=\begin{pmatrix}0&3\\3&0\end{pmatrix}$.经计算可得 $\boldsymbol{A}$ 的特征值为 $\lambda_1=3$,$\lambda_2=-3$.λ_1,λ_2 对应的单位特征向量

$$\boldsymbol{\alpha}_1=\begin{pmatrix}\frac{1}{\sqrt{2}}\\\frac{1}{\sqrt{2}}\end{pmatrix},\boldsymbol{\alpha}_2=\begin{pmatrix}-\frac{1}{\sqrt{2}}\\\frac{1}{\sqrt{2}}\end{pmatrix}.$$

因此,不难得到 $Q(\boldsymbol{X})=q(3x_1,2y_1)$的最大值为 3,最大值点 $x_1=\frac{1}{\sqrt{2}}$,$y_1=\frac{1}{\sqrt{2}}$.因此,

$$x=3x_1=\frac{3}{\sqrt{2}}\approx 2.12,y=2y_1=\sqrt{2}\approx 1.41.$$

故最优的市政规划是建设约 212 km 的公共道路和桥梁,并改善 141 km^2 的公园和休闲区.

应用实例四:图像去模糊问题

图像去模糊问题的数学模型为 $\boldsymbol{g}=\boldsymbol{H}\boldsymbol{f}+\boldsymbol{n}$,其中 $\boldsymbol{H}$ 代表 $N\times N$ 模糊矩阵,N 维向量 $\boldsymbol{f}$,$\boldsymbol{n}$,$\boldsymbol{g}$ 分别代表真实图像、噪声和观测到的模糊带噪声图像.图 6.24(a)表示模糊带噪声图像.图像去模糊问题就是在已知 $\boldsymbol{g}$ 和 $\boldsymbol{H}$ 后求出 $\boldsymbol{f}$.最小二乘方法考虑如下优化问题:

$$\min_{\boldsymbol{f}}\|\boldsymbol{H}\boldsymbol{f}-\boldsymbol{g}\|^2.$$

该优化问题的极小值,可通过求解 $\boldsymbol{H}^{\mathrm{T}}\boldsymbol{H}\boldsymbol{f}=\boldsymbol{H}^{\mathrm{T}}\boldsymbol{g}$ 得到(参见思考题五第 5 题).但是,该方程组的系数矩阵 $\boldsymbol{H}^{\mathrm{T}}\boldsymbol{H}$ 只是一个半正定矩阵,常常是不可逆的,这就难以保证方程组解的惟一性.此外,由于去模糊问题中噪声的影响,上述优化模型并不是原问题的真实表达,直接求解通常得不到想要的解(图 6.24(b)).事实上,正则化方法可以有效克服这个难题.考虑经典的吉洪诺夫(Tikhonov)正则化模型

$$\min_{\boldsymbol{f}}\|\boldsymbol{H}\boldsymbol{f}-\boldsymbol{g}\|^2+\alpha\|\boldsymbol{f}\|^2,\alpha>0.$$

不难证明,方程组$(\boldsymbol{H}^{\mathrm{T}}\boldsymbol{H}+\alpha\boldsymbol{I})\boldsymbol{f}=\boldsymbol{H}^{\mathrm{T}}\boldsymbol{g}$ 的系数矩阵是正定矩阵,因此该方程组有惟一解$(\boldsymbol{H}^{\mathrm{T}}\boldsymbol{H}+\alpha\boldsymbol{I})^{-1}\boldsymbol{H}^{\mathrm{T}}\boldsymbol{g}$,且该惟一解是上述优化问题的惟一极小值点(参见思考题六第

5 题).图 6.24(b),(c),(d)分别展示 α 取 0,0.001,0.02 时的去模糊效果.可见,直接求解($\alpha=0$)并不能得到稳定有效的解,且 α 的选取对复原图像影响较大.事实上,随着数学理论和图像处理技术的发展,新的图像去模糊算法不断涌现,当前流行的深度学习也广泛应用于图像去模糊问题,并具有很好的效果.

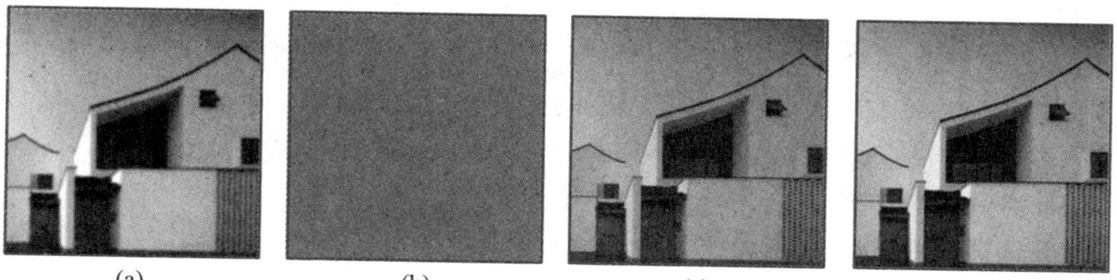

图 6.24

习题 6.4

1. 求旋转抛物面 $y^2+z^2=x$ 与平面 $x+2y-z=0$ 的交线在三个坐标面上的投影曲线方程.
2. 下列方程表示什么曲面?画出其草图,对其中的旋转面,说明是怎样产生的:

   (1) $x^2+y^2+z^2=4y$;　(2) $3z=\sqrt{x^2+y^2}$;　(3) $x^2+y^2-2x=0$;

   (4) $4x^2+y^2-2y-z+1=0$;(5) $\dfrac{x^2}{4}-y^2+z^2=1$;　(6) $x^2-4y^2=0$.
3. 下列方程表示什么曲线?画出其草图:

   (1) $\begin{cases}x^2+y^2+z^2=16,\\ y=2;\end{cases}$　(2) $\begin{cases}\dfrac{x^2}{4}+y^2=1-\dfrac{z}{2},\\ x=2;\end{cases}$　(3) $\begin{cases}9x^2+4y^2-z^2=0,\\ z=3.\end{cases}$
4. 画出下列各曲面所围立体的草图:

   (1) 平面 $y=0,z=0,3x+y=6,3x+2y=12$ 和 $x+y+z=6$;

   (2) 抛物柱面 $2y^2=x$ 及平面 $z=0,\dfrac{x}{4}+\dfrac{y}{2}+\dfrac{z}{2}=1$;

   (3) 第Ⅰ卦限内,圆柱面 $x^2+y^2=a^2,z^2+x^2=a^2$ 及坐标面.
5. 用正交变换化方程 $3x_1^2+3x_2^2+2x_1x_2=1$ 为标准形,并讨论在 $\mathbf{R}^2$ 与 $\mathbf{R}^3$ 中这个方程分别表示什么样的图形.
6. 设 $f(x_1,x_2,x_3)=x_1^2+tx_2^2+4x_3^2-4x_1x_2+4x_2x_3$,且 $f(x_1,x_2,x_3)=1$ 为椭球面方程,试讨论 t 应取何值?

复习题六

1. 证明:秩为 r 的对称矩阵可以表示成 r 个秩等于 1 的对称矩阵之和.
2. 用配方法化下面二次型为标准形:

$$f(x_1,x_2,x_3,x_4)=x_1x_2+x_1x_3+x_1x_4+x_2x_3+x_2x_4-x_3x_4.$$

3. 设 $\boldsymbol{A},\boldsymbol{B}$ 都是实对称矩阵，证明：存在正交矩阵 $\boldsymbol{C}$ 使 $\boldsymbol{C}^{\mathrm{T}}\boldsymbol{A}\boldsymbol{C}=\boldsymbol{B}$ 的充要条件是 $\boldsymbol{A}$ 与 $\boldsymbol{B}$ 有相同的特征值.

4. 设二次型 $f=x_1^2+x_2^2+x_3^2+2\lambda x_1x_2+2x_1x_3+2\mu x_2x_3$ 经正交变换 $\boldsymbol{X}=\boldsymbol{C}\boldsymbol{Y}$ 化为 $f=y_2^2+2y_3^2$，其中 $\boldsymbol{X}=(x_1,x_2,x_3)^{\mathrm{T}},\boldsymbol{Y}=(y_1,y_2,y_3)^{\mathrm{T}}$，$\boldsymbol{C}$ 是 3 阶正交矩阵，求常数 λ,μ.

5. 设二次型 $f=3x_1^2+3x_2^2+5x_3^2+4x_1x_3-4x_2x_3$.

(1) 写出二次型的矩阵表示式；

(2) 用正交变换化二次型为平方和.

6. 设实对称矩阵 $\boldsymbol{A}=(a_{ij})_{n\times n}$ 是正定矩阵，$b_1,b_2,\cdots,b_n$ 是任意 n 个非零实数.证明：$\boldsymbol{B}=(a_{ij}b_ib_j)_{n\times n}$ 也是正定矩阵.

7. 设 $\boldsymbol{A}$ 为 n 阶对称矩阵.证明：$\boldsymbol{A}$ 满秩的充要条件是存在实矩阵 $\boldsymbol{B}$，使 $\boldsymbol{A}\boldsymbol{B}+\boldsymbol{B}^{\mathrm{T}}\boldsymbol{A}$ 为正定矩阵.

8. 设二次型 $f=x_1^2+4x_2^2+4x_3^2+2\lambda x_1x_2-2x_1x_3+4x_2x_3+5x_4^2$，问 λ 取何值时，f 为正定二次型？

9. 设 $\boldsymbol{A},\boldsymbol{B}$ 是同阶正定矩阵，证明：$\det(\lambda\boldsymbol{A}-\boldsymbol{B})=0$ 的根都是正根.

10. 设 $\boldsymbol{A}$ 是 n 阶正定矩阵，$\boldsymbol{X}=(x_1,x_2,\cdots,x_n)^{\mathrm{T}}$，$\boldsymbol{X}^{\mathrm{T}}\boldsymbol{B}\boldsymbol{X}=\boldsymbol{X}^{\mathrm{T}}\boldsymbol{A}\boldsymbol{X}+x_n^2$.证明：$\det\boldsymbol{B}>\det\boldsymbol{A}$.

11. 设 $\boldsymbol{A}$ 为 n 阶实对称矩阵，且其正负惯性指数都不为零.证明：存在非零向量 $\boldsymbol{X}_1,\boldsymbol{X}_2$ 和 $\boldsymbol{X}_3$，使得 $\boldsymbol{X}_1^{\mathrm{T}}\boldsymbol{A}\boldsymbol{X}_1>0,\boldsymbol{X}_2^{\mathrm{T}}\boldsymbol{A}\boldsymbol{X}_2=0$ 和 $\boldsymbol{X}_3^{\mathrm{T}}\boldsymbol{A}\boldsymbol{X}_3<0$.

12. 设 $\boldsymbol{A}$ 是奇数阶实对称矩阵，$\det\boldsymbol{A}>0$.证明：存在非零向量 $\boldsymbol{X}_0$，使得 $\boldsymbol{X}_0^{\mathrm{T}}\boldsymbol{A}\boldsymbol{X}_0>0$.

13. 设 $f(x_1,x_2,\cdots,x_n)=(x_1+a_1x_2)^2+(x_2+a_2x_3)^2+\cdots+(x_{n-1}+a_{n-1}x_n)^2+(x_n+a_nx_1)^2$，其中 $a_1,a_2,\cdots,a_n$ 均为实数，问：$a_1,a_2,\cdots,a_n$ 满足何条件时，二次型 $f(x_1,x_2,\cdots,x_n)$ 正定？

14. 设 $\boldsymbol{D}=\begin{pmatrix}\boldsymbol{A} & \boldsymbol{C}\\ \boldsymbol{C}^{\mathrm{T}} & \boldsymbol{B}\end{pmatrix}$ 为正定矩阵，其中 $\boldsymbol{A},\boldsymbol{B}$ 分别为 m 阶和 n 阶对称矩阵，$\boldsymbol{C}$ 为 $m\times n$ 矩阵.

(1) 计算 $\boldsymbol{P}^{\mathrm{T}}\boldsymbol{D}\boldsymbol{P}$，其中 $\boldsymbol{P}=\begin{pmatrix}\boldsymbol{I}_m & -\boldsymbol{A}^{-1}\boldsymbol{C}\\ \boldsymbol{O} & \boldsymbol{I}_n\end{pmatrix}$；

(2) 判断矩阵 $\boldsymbol{B}-\boldsymbol{C}^{\mathrm{T}}\boldsymbol{A}^{-1}\boldsymbol{C}$ 是否为正定矩阵，并证明你的结论.

15. 求圆 $\begin{cases}x^2+y^2+z^2=10y,\\ x+2y+2z-19=0\end{cases}$ 的圆心和半径.

16. 求球面 $x^2+y^2+z^2=a^2$ 与锥面 $x^2+y^2-z^2=0$ 的交线在三个坐标面上的投影曲线.

17. 证明：两柱面 $x^2+z^2=R^2,y^2+z^2=R^2$ 的交线在两个平面上.

18. 写出下列各组曲面的交线在指定平面上的投影曲线方程：

(1) $4x^2+9y^2=36z$ 与 $z=4$ 在 Oxy 平面上；

(2) $x^2+y^2+z^2=100$ 与 $z=2x$ 在 Oxy,Oyz 平面上；

(3) $x^2+y^2+z^2=a^2$ 与 $x^2+y^2-z^2=0$ 在 Oxy 平面上；

(4) $x^2+y^2+z^2=a^2$ 与 $x^2+y^2-ax=0$ 在 Oxz 平面上；

(5) $x^2+y^2+z^2=100$ 与 $x^2+y^2-64=0$ 在 Oxy 平面上.

19. 已知二次曲面方程 $x^2+ay^2+z^2+2bxy+2xz+2yz=4$ 可以经过正交变换

$$\begin{pmatrix} x \\ y \\ z \end{pmatrix}=\boldsymbol{C}\begin{pmatrix} \xi \\ \eta \\ \zeta \end{pmatrix}$$

化为椭圆柱面方程 $\eta^2+4\zeta^2=4$，求 a,b 的值和正交矩阵 $\boldsymbol{C}$.

20. 令 $\boldsymbol{A}=\begin{pmatrix} 3 & 2 & 1 \\ 2 & 3 & 1 \\ 1 & 1 & 4 \end{pmatrix}$. 求二次型 $\boldsymbol{X}^{\mathrm{T}}\boldsymbol{A}\boldsymbol{X}$ 在约束条件 $\boldsymbol{X}^{\mathrm{T}}\boldsymbol{X}=1$ 下的最大值和最大值点.

思考题六

1. 可否用初等变换将实对称矩阵 $\boldsymbol{A}$ 化为与之合同的对角矩阵 $\boldsymbol{\Lambda}$，即 $\boldsymbol{C}^{\mathrm{T}}\boldsymbol{A}\boldsymbol{C}=\boldsymbol{\Lambda}$？并同时求出可逆矩阵 $\boldsymbol{C}$？
2. 设 $\boldsymbol{A}$ 是实对称矩阵，$\boldsymbol{B}$ 是正定矩阵. 问：是否存在可逆矩阵 $\boldsymbol{C}$，使得 $\boldsymbol{A}$ 和 $\boldsymbol{B}$ 同时合同于对角矩阵，即 $\boldsymbol{C}^{\mathrm{T}}\boldsymbol{A}\boldsymbol{C}$ 和 $\boldsymbol{C}^{\mathrm{T}}\boldsymbol{B}\boldsymbol{C}$ 都是对角矩阵？说明理由.
3. 两个同阶实对称矩阵是否可以同时合同于对角矩阵？
4. 讨论：对任意 $m\times n$ 矩阵 $\boldsymbol{A}$，$\boldsymbol{A}^{\mathrm{T}}\boldsymbol{A}$ 的有定性. 进一步地，讨论所得结论与 $R(\boldsymbol{A})=n$ 的关系，或可进一步得到什么结论？
5. 设 $\boldsymbol{A}$ 是 n 阶矩阵，$\boldsymbol{b}$ 是 n 维列向量，$\alpha>0$，证明方程组 $(\boldsymbol{A}^{\mathrm{T}}\boldsymbol{A}+\alpha\boldsymbol{I})\boldsymbol{X}=\boldsymbol{A}^{\mathrm{T}}\boldsymbol{b}$ 存在惟一解，且该解是函数

$$f(\boldsymbol{X})=\|\boldsymbol{A}\boldsymbol{X}-\boldsymbol{b}\|^2+\alpha\|\boldsymbol{X}\|^2,\ \boldsymbol{X}\in\mathbf{R}^n$$

的惟一最小值点.

自测题六

*第七章　线性空间与线性变换

在第四章中，我们把有序数组称为向量，并且讨论了向量的线性相关性、向量组的极大无关组与秩等重要概念.在本章中，我们将这些概念推广，在更广泛的意义下讨论向量及有关性质，这就是线性空间的内容.在线性空间中，事物之间的联系表现为元素之间的对应关系，而线性变换就是反映线性空间的元素间最基本的线性联系.在某种意义上，线性代数就是研究线性空间与线性变换的学科.

§7.0　引例

自然语言处理(NLP)是指用计算机对自然语言的形、音、义等信息进行处理，即对字、词、句、段、篇章的输入、输出、识别、分析、理解、生成等操作和加工，其融合了语言学、计算机科学、人工智能，试图“让机器可以理解自然语言”.由于语言涉及人类对世界的认知，到目前为止都还只是人类独有的特权(按人类的理解)，因此自然语言处理被誉为人工智能皇冠上的明珠，有着非常广泛的应用前景，比如现有的机器翻译、垃圾邮件过滤、情感分析、智能问答、自动客服等.

自然语言处理跟线性代数有什么关系呢？因为在当前结构体系下，计算机很难处理词、句、文档等非结构化的信息，所以在对自然语言识别、分析等处理前，往往需要先将非结构化的“词”转换为列向量，比如著名的 word2vector 模型.在后续任务中就对这些列向量进行处理.图 7.1 展示了一个文本分类的简单处理流程.

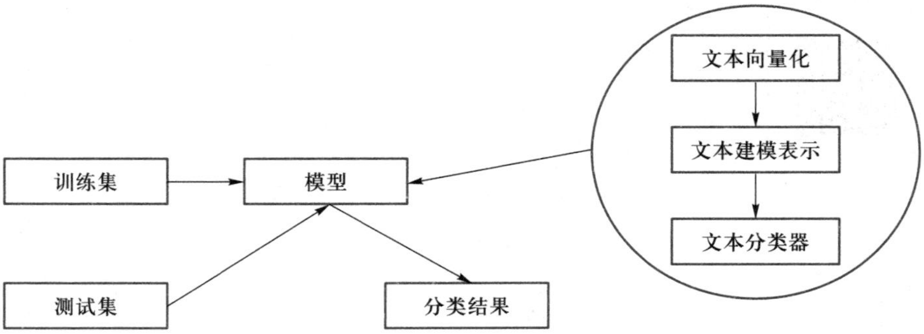

图 7.1

如何将字、词等从其原有的空间中转换到容易计算和分析的列向量空间 $\mathbf{R}^n$ 与本章要讨论的空间概念密切相关.

§7.1 线性空间的概念

一、线性空间

如果数集 $\boldsymbol{P}$ 中任意两个数作某一运算后的结果仍在 $\boldsymbol{P}$ 中，我们就称数集 $\boldsymbol{P}$ 对这个运算是**封闭**的.对加、减、乘、除四则运算封闭的数集 $\boldsymbol{P}$ 称为**数域**.

最常见的数域是有理数域 $\mathbf{Q}$，实数域 $\mathbf{R}$，复数域 $\mathbf{C}$.除了这三个常见的数域外，还有其他很多数域，例如

$$Q(\sqrt{2})=\{a+b\sqrt{2}\mid a,b\in\mathbf{Q}\},$$

不难验证，$Q(\sqrt{2})$ 也是一个数域.而全体整数组成的集合 $\mathbf{Z}$ 对于除法运算不封闭，故 $\mathbf{Z}$ 不是数域.

在解析几何中，我们讨论过向量的加法“＋”与数乘“·”运算.设

$$V=\{从原点出发的 3 维向量全体\},$$

$\mathbf{R}$ 为实数域，则 $V,\mathbf{R},+,\cdot$ 所组成的系统$(V,\mathbf{R},+,\cdot)$具有以下特点：

1. 加法运算在 V 中封闭.即对任意的 $\boldsymbol{\alpha},\boldsymbol{\beta}\in V$，存在惟一的 $\boldsymbol{\gamma}\in V$ 与之对应，使 $\boldsymbol{\gamma}=\boldsymbol{\alpha}+\boldsymbol{\beta}$.

2. 数乘运算在 V 中封闭.即对任意的 $k\in\mathbf{R},\boldsymbol{\alpha}\in V$，存在惟一的 $\boldsymbol{\delta}\in V$ 与之对应，使 $\boldsymbol{\delta}=k\cdot\boldsymbol{\alpha}$(简记为 $k\boldsymbol{\alpha}$).

3. 加法“＋”与数乘“·”还满足以下八条运算规则：

1° $\boldsymbol{\alpha}+\boldsymbol{\beta}=\boldsymbol{\beta}+\boldsymbol{\alpha}$；

2° $(\boldsymbol{\alpha}+\boldsymbol{\beta})+\boldsymbol{\gamma}=\boldsymbol{\alpha}+(\boldsymbol{\beta}+\boldsymbol{\gamma})$；

3° 存在零元素 $\mathbf{0}\in V$，对任意的 $\boldsymbol{\alpha}\in V$，都有 $\boldsymbol{\alpha}+\mathbf{0}=\boldsymbol{\alpha}$；

4° 对任意的 $\boldsymbol{\alpha}\in V$，存在 $\boldsymbol{\alpha}$ 的负元素 $\boldsymbol{\beta}\in V$，使 $\boldsymbol{\alpha}+\boldsymbol{\beta}=\mathbf{0}$；

5° $1\boldsymbol{\alpha}=\boldsymbol{\alpha}$；

6° $k(l\boldsymbol{\alpha})=(kl)\boldsymbol{\alpha}$；

7° $k(\boldsymbol{\alpha}+\boldsymbol{\beta})=k\boldsymbol{\alpha}+k\boldsymbol{\beta}$；

8° $(k+l)\boldsymbol{\alpha}=k\boldsymbol{\alpha}+l\boldsymbol{\alpha}$，

其中，$\boldsymbol{\alpha},\boldsymbol{\beta},\boldsymbol{\gamma}\in V,k,l\in\mathbf{R}$.

值得注意的是，规则 8°中，左端 $k+l$ 的“＋”是普通数的加法，而右端 $k\boldsymbol{\alpha}+l\boldsymbol{\alpha}$ 的“＋”，是向量与向量的加法.虽然同一个记号表达了不同的意义，但是只要我们注意到了这一点，在具体问题中是不会发生混淆的.

对于次数小于 n 的实系数多项式全体及零多项式所组成的集合

$$R_n[x]=\{a_0+a_1x+\cdots+a_{n-1}x^{n-1}\mid a_i\in\mathbf{R},i=0,1,\cdots,n-1\},$$

实数域 $\mathbf{R}$ 以及多项式的加法"+",数与多项式的乘法"·"所组成的系统$(R_n[x],\mathbf{R},+,\cdot)$也具有"+"与"·"在 $R_n[x]$ 中封闭,且满足前面所列八条运算规则的特点.

在第四章中,n 维实向量的全体

$$\mathbf{R}^n=\{(a_1,a_2,\cdots,a_n)\mid a_i\in\mathbf{R},i=1,2,\cdots,n\}$$

对于 n 维向量的加法"+"与数乘"·",系统$(\mathbf{R}^n,\mathbf{R},+,\cdot)$也具有"+"与"·"在 $\mathbf{R}^n$ 中封闭,且满足前述八条运算规则的特点.

我们还可以举出许多具有以上特点的系统.舍去这些系统中具体元素的意义,将其运算的本质特点抽象出来,我们给出以下关于线性空间的定义:

定义 1　设 V 是一个非空集合,P 是一个数域.如果在 V 中定义了一个运算"+",称为加法;在 P 与 V 之间定义了一个运算"·",称为数乘."+""·"在 V 中封闭,且满足前面所述的八条运算规则,则称系统$(V,P,+,\cdot)$为线性空间.

如果所论及的运算"+"与"·"在上下文中是清楚的,在不需要强调运算"+"与"·"的时候,我们也称 V 为数域 P 上的线性空间,并将线性空间$(V,P,+,\cdot)$简记为 $V(P)$.有时又称 V 为线性空间.在我们称 V 为线性空间的时候,一定要注意这只是一个简称,不要忘记相应的数域 P 与运算"+""·"及八条运算规则.

由定义 1 可知,前面所列举的系统$(V,\mathbf{R},+,\cdot)$,$(R_n[x],\mathbf{R},+,\cdot)$以及$(\mathbf{R}^n,\mathbf{R},+,\cdot)$都是线性空间.下面再看几个例子.

例 1　设

$$\mathbf{R}^{m\times n}=\{m\text{ 行 }n\text{ 列的实矩阵全体}\},$$

P 为有理数域 $\mathbf{Q}$,对于矩阵的加法"+"与数乘"·",容易验证"+"与"·"在 $\mathbf{R}^{m\times n}$ 中封闭,且满足八条运算规则,所以系统$(\mathbf{R}^{m\times n},\mathbf{Q},+,\cdot)$构成线性空间.

例 2　设

$$C[a,b]=\{\text{区间}[a,b]\text{上的连续函数全体}\},$$

P 为实数域 $\mathbf{R}$,对于函数的加法"+"以及实数与函数的乘法"·",系统$(C[a,b],\mathbf{R},+,\cdot)$构成线性空间.

例 3　设 V 为复数域 $\mathbf{C}$,P 为实数域 $\mathbf{R}$,对于复数的加法"+"与乘法"·",系统$(\mathbf{C},\mathbf{R},+,\cdot)$是线性空间.

设 V 为实数域 $\mathbf{R}$,P 为复数域 $\mathbf{C}$,对于复数的加法"+"与乘法"·",因为乘法运算在 V 中不封闭,所以$(\mathbf{R},\mathbf{C},+,\cdot)$不是线性空间.

以上各例的运算都是我们以前所熟悉的.事实上,线性空间的运算也可以是相当抽象的.

例 4　设

$$\mathbf{R}_+=\{\text{所有正实数}\},\quad P=\text{实数域 }\mathbf{R},$$

定义加法"$\oplus$"与数乘"$\circ$"如下:

$$a\oplus b=ab\quad(a,b\in\mathbf{R}_+),$$
$$k\circ a=a^k\quad(k\in\mathbf{R},a\in\mathbf{R}_+).$$

这样定义的运算满足以下条件：

（1）加法的封闭性：

$$\forall a,b\in \mathbf{R}_+,\quad a\oplus b=ab\in \mathbf{R}_+;$$

（2）数乘的封闭性：

$$\forall k\in \mathbf{R},a\in \mathbf{R}_+,\quad k\circ a=a^k\in \mathbf{R}_+;$$

（3）八条运算规则：

1° $a\oplus b=ab=ba=b\oplus a$；

2° $(a\oplus b)\oplus c=(ab)\oplus c=(ab)c=a(bc)=a\oplus(b\oplus c)$；

3° 存在零元素 $1\in \mathbf{R}_+$，$\forall a\in \mathbf{R}_+$，$a\oplus 1=a1=a$；

4° $\forall a\in \mathbf{R}_+$，存在负元素 $a^{-1}\in \mathbf{R}_+$，使 $a\oplus a^{-1}=aa^{-1}=1$；

5° $1\circ a=a^1=a$；

6° $k\circ(l\circ a)=k\circ a^l=(a^l)^k=a^{kl}=(kl)\circ a$；

7° $k\circ(a\oplus b)=k\circ(ab)=(ab)^k=a^kb^k=a^k\oplus b^k=(k\circ a)\oplus(k\circ b)$；

8° $(k+l)\circ a=a^{k+l}=a^ka^l=a^k\oplus a^l=(k\circ a)\oplus(l\circ a)$.

所以系统$(\mathbf{R}_+,\mathbf{R},\oplus,\circ)$构成线性空间.

若将例 4 的加法与数乘规定为普通实数的加法“+”与乘法“·”，则乘法运算在 $\mathbf{R}_+$ 中不封闭，于是$(\mathbf{R}_+,\mathbf{R},+,\cdot)$不是线性空间.

例 5 设 S 是双向无穷数列组成的集合，S 的元素为

$$\{y_k\}=\{\cdots,y_{-2},y_{-1},y_0,y_1,y_2,\cdots\}.$$

设$\{z_k\}$是 S 的另一个元素，规定 S 的加法“+”与数乘“·”如下：

$$\{y_k\}+\{z_k\}=\{\cdots,y_{-2}+z_{-2},y_{-1}+z_{-1},y_0+z_0,y_1+z_1,y_2+z_2,\cdots\},$$

$$\lambda\cdot\{y_k\}=\{\cdots,\lambda y_{-2},\lambda y_{-1},\lambda y_0,\lambda y_1,\lambda y_2,\cdots\}.$$

容易验证，S 对以上规定的加法与数乘构成实数域上的线性空间.

S 的元素来自工程技术，在任何时刻都可采样的信号，如电信号、光信号、机械信号等，可用$\{y_k\}$这样的元素描述.我们将 S 这样的线性空间称为**信号空间**.

由以上各例可见，线性空间所包含的内容十分广泛.线性空间中的元素也称为向量，这种向量可以是第三章中那种既有大小、又有方向的向量，也可以是 n 维向量$(a_1,a_2,\cdots,a_n)$，还可以是函数、矩阵、复数等.同时还看到，对于同一个集合 V，由于所取的数域 P 不同，或者所定义的加法与数乘运算不同，有的可以构成线性空间，有的却不能构成线性空间.

线性空间$(V,P,+,\cdot)$称为**数域 P 上的线性空间**.实数域上的线性空间称为**实线性空间**；复数域上的线性空间称为**复线性空间**.

线性空间具有以下性质：

（1）零元素是惟一的；

（2）任一元素的负元素是惟一的（$\boldsymbol{\alpha}$ 的负元素记为$-\boldsymbol{\alpha}$）；

（3）$0\boldsymbol{\alpha}=\mathbf{0}$，$(-1)\boldsymbol{\alpha}=-\boldsymbol{\alpha}$，$k\mathbf{0}=\mathbf{0}$；

(4) 若 $k\boldsymbol{\alpha}=\mathbf{0}$,则 $k=0$ 或 $\boldsymbol{\alpha}=\mathbf{0}$.

我们只证明其中的性质(1),而将其余性质的证明留给读者.

证 (1) 设 $\mathbf{0}_1,\mathbf{0}_2$ 都是线性空间$(V,P,+,\cdot)$的零元素,则 $\forall\boldsymbol{\alpha}\in V$,

$$\boldsymbol{\alpha}+\mathbf{0}_1=\boldsymbol{\alpha},\quad \boldsymbol{\alpha}+\mathbf{0}_2=\boldsymbol{\alpha},$$

于是

$$\mathbf{0}_1=\mathbf{0}_1+\mathbf{0}_2=\mathbf{0}_2+\mathbf{0}_1=\mathbf{0}_2.$$

二、 子空间

设$(V,P,+,\cdot)$是一个线性空间,$W\subset V$,则有时$(W,P,+,\cdot)$也可以构成一个线性空间.例如,对于全体 n 阶实矩阵的集合 $\mathbf{R}^{n\times n}$ 以及矩阵的加法与数乘.$(\mathbf{R}^{n\times n},\mathbf{R},+,\cdot)$是线性空间.对于 $\mathbf{R}^{n\times n}$ 的子集合 $W=\{\boldsymbol{A}\mid\boldsymbol{A}\in\mathbf{R}^{n\times n},\boldsymbol{A}^{\mathrm{T}}=\boldsymbol{A}\}$,容易验证:$(W,\mathbf{R},+,\cdot)$也是一个线性空间.

定义 2 设$(V,P,+,\cdot)$是线性空间,$W\subset V$,若$(W,P,+,\cdot)$也是线性空间,则称$(W,P,+,\cdot)$为$(V,P,+,\cdot)$的线性子空间.

线性子空间简称为**子空间**,故有时也称 W 为 V 的子空间.

如果$(V,P,+,\cdot)$是线性空间,$W\subset V$,那么对系统$(W,P,+,\cdot)$而言,运算"+"与"·"所应满足的八条运算规则中,1°,2°,5°,6°,7°,8°显然满足.如果"+"与"·"在 W 中封闭,那么由 $\boldsymbol{\alpha}\in W$ 可得$(-1)\boldsymbol{\alpha}=-\boldsymbol{\alpha}\in W$,于是规则 4°成立.又因 $\boldsymbol{\alpha}+(-\boldsymbol{\alpha})=\mathbf{0}\in W$,于是规则 3°成立.所以对于$(W,P,+,\cdot)$,只要"+"与"·"在 W 中封闭,$(W,P,+,\cdot)$就是线性空间,因而也就是$(V,P,+,\cdot)$的子空间.由此可得

定理 设 $W\subset V$,则系统$(W,P,+,\cdot)$是线性空间$(V,P,+,\cdot)$的子空间的充要条件是"+"与"·"在 W 中封闭.

例 6 设$(V,P,+,\cdot)$是一个线性空间,$V_1=V$,$V_2=\{\mathbf{0}\}$,则 V_1 与 V_2 都是 V 的子空间.这两个特殊的子空间称为 V 的**平凡子空间**,V 的其他子空间称为**非平凡子空间**.

例 7 设 $\boldsymbol{\alpha}_1=(1,2,3,4)$,$\boldsymbol{\alpha}_2=(0,2,1,3)$,

$$L(\boldsymbol{\alpha}_1,\boldsymbol{\alpha}_2)=\{k_1\boldsymbol{\alpha}_1+k_2\boldsymbol{\alpha}_2\mid k_1,k_2\in\mathbf{R}\}.$$

任取 $\boldsymbol{\beta}_1,\boldsymbol{\beta}_2\in L(\boldsymbol{\alpha}_1,\boldsymbol{\alpha}_2)$,即

$$\boldsymbol{\beta}_1=l_1\boldsymbol{\alpha}_1+l_2\boldsymbol{\alpha}_2,\quad \boldsymbol{\beta}_2=t_1\boldsymbol{\alpha}_1+t_2\boldsymbol{\alpha}_2,$$

则

$$\boldsymbol{\beta}_1+\boldsymbol{\beta}_2=(l_1+t_1)\boldsymbol{\alpha}_1+(l_2+t_2)\boldsymbol{\alpha}_2\in L(\boldsymbol{\alpha}_1,\boldsymbol{\alpha}_2),$$
$$\lambda\cdot\boldsymbol{\beta}_1=(\lambda l_1)\boldsymbol{\alpha}_1+(\lambda l_2)\boldsymbol{\alpha}_2\in L(\boldsymbol{\alpha}_1,\boldsymbol{\alpha}_2).$$

所以 $L(\boldsymbol{\alpha}_1,\boldsymbol{\alpha}_2)$是 $\mathbf{R}^4$ 的子空间.

一般地,设 $V(P)$是线性空间,$\boldsymbol{\alpha}_1,\boldsymbol{\alpha}_2,\cdots,\boldsymbol{\alpha}_r\in V$,则

$$L(\boldsymbol{\alpha}_1,\boldsymbol{\alpha}_2,\cdots,\boldsymbol{\alpha}_r)=\{k_1\boldsymbol{\alpha}_1+k_2\boldsymbol{\alpha}_2+\cdots+k_r\boldsymbol{\alpha}_r\mid k_i\in P,i=1,2,\cdots,r\}$$

是 V 的子空间,称为由 $\boldsymbol{\alpha}_1,\boldsymbol{\alpha}_2,\cdots,\boldsymbol{\alpha}_r$ **生成的子空间**.

例 8 设

$$W=\{(s,t,0)\mid s,t\in\mathbf{R}\},$$

则 W 又可表示为

$$W=\{s\boldsymbol{\alpha}_1+t\boldsymbol{\alpha}_2\mid\boldsymbol{\alpha}_1=(1,0,0),\boldsymbol{\alpha}_2=(0,1,0),s,t\in\mathbf{R}\},$$

所以 W 是由 $\boldsymbol{\alpha}_1=(1,0,0)$ 与 $\boldsymbol{\alpha}_2=(0,1,0)$ 所生成的 $\mathbf{R}^3$ 的子空间.

例 9 设 W_1 是过坐标原点的直线 $l_1:\dfrac{x}{3}=\dfrac{y}{2}=z$ 上的向量全体组成的集合，W_2 是不过坐标原点的直线 $l_2:\begin{cases}x+y+z=1,\\x-y+z=1\end{cases}$ 上的向量全体组成的集合.

l_1 上任意二向量 $\boldsymbol{\alpha}_1$ 与 $\boldsymbol{\alpha}_2$ 的和 $\boldsymbol{\alpha}_1+\boldsymbol{\alpha}_2$ 仍在 l_1 上，任一实数 λ 与 l_1 上的任一向量 $\boldsymbol{\alpha}$ 的乘积 $\lambda\boldsymbol{\alpha}$ 仍在 l_1 上，所以 W_1 是 $\mathbf{R}^3$ 的子空间.

l_2 上的向量 $\boldsymbol{\alpha}$ 与其负向量 $-\boldsymbol{\alpha}$ 的和 $\boldsymbol{\alpha}+(-\boldsymbol{\alpha})=\mathbf{0}$，因为 l_2 不经过原点，所以 $\mathbf{0}$ 不在 l_2 上，故 W_2 不是 $\mathbf{R}^3$ 的子空间.

例 10 设 V_1,V_2 是线性空间 V 的子空间，则

$$V_1\cap V_2=\{\boldsymbol{\alpha}\mid\boldsymbol{\alpha}\in V_1\ 且\ \boldsymbol{\alpha}\in V_2\},$$
$$V_1+V_2=\{\boldsymbol{\alpha}_1+\boldsymbol{\alpha}_2\mid\boldsymbol{\alpha}_1\in V_1,\boldsymbol{\alpha}_2\in V_2\}$$

分别称为 V_1 与 V_2 的**交**与**和**.

请读者自己证明，$V_1\cap V_2$ 与 V_1+V_2 都是 V 的子空间.

根据向量组生成子空间的定义以及子空间的和的定义可知：设 $\boldsymbol{\alpha}_1,\boldsymbol{\alpha}_2,\cdots,\boldsymbol{\alpha}_r$ 与 $\boldsymbol{\beta}_1,\boldsymbol{\beta}_2,\cdots,\boldsymbol{\beta}_s$ 是数域 P 上线性空间 V 的两个向量组，则

$$L(\boldsymbol{\alpha}_1,\boldsymbol{\alpha}_2,\cdots,\boldsymbol{\alpha}_r)+L(\boldsymbol{\beta}_1,\boldsymbol{\beta}_2,\cdots,\boldsymbol{\beta}_s)=L(\boldsymbol{\alpha}_1,\boldsymbol{\alpha}_2,\cdots,\boldsymbol{\alpha}_r,\boldsymbol{\beta}_1,\boldsymbol{\beta}_2,\cdots,\boldsymbol{\beta}_s).$$

下面介绍有用的矩阵列空间和行空间以及 $\mathbf{R}^n$ 的正交子空间的概念.

定义 3 **设向量 $\boldsymbol{\alpha}\in\mathbf{R}^n$，$W$ 是 $\mathbf{R}^n$ 的一个子空间，如果对于任意的 $\boldsymbol{\gamma}\in W$，都有 $(\boldsymbol{\alpha},\boldsymbol{\gamma})=0$，就称 $\boldsymbol{\alpha}$ 与子空间 W 正交，记作 $\boldsymbol{\alpha}\perp W$.**

定义 4 **设 V 和 W 是 $\mathbf{R}^n$ 的两个子空间，如果对于任意的 $\boldsymbol{\alpha}\in V,\boldsymbol{\beta}\in W$，都有 $(\boldsymbol{\alpha},\boldsymbol{\beta})=0$，就称 V 和 W 正交，记作 $V\perp W$.**

例如，$\mathbf{R}^3$ 中 Oxy 平面上的全体向量和 z 轴上的全体向量，分别是 $\mathbf{R}^3$ 的二维和一维子空间，它们是两个正交的子空间.但是过原点互相垂直的两个平面上的全体向量构成的两个子空间不是正交的子空间(因为它们交线上的非零向量自身的内积不等于零).

定义 5 **矩阵 $\boldsymbol{A}$ 的列(行)向量组生成的子空间，称为矩阵 $\boldsymbol{A}$ 的列(行)空间.**

若 $\boldsymbol{A}$ 为 $m\times n$ 矩阵，则 $\boldsymbol{A}$ 的列向量组 $\boldsymbol{\beta}_1,\boldsymbol{\beta}_2,\cdots,\boldsymbol{\beta}_n\in\mathbf{R}^m$，行向量组 $\boldsymbol{\alpha}_1,\boldsymbol{\alpha}_2,\cdots,\boldsymbol{\alpha}_m\in\mathbf{R}^n$，于是 $\boldsymbol{A}$ 的列空间为 $L(\boldsymbol{\beta}_1,\boldsymbol{\beta}_2,\cdots,\boldsymbol{\beta}_n)$ 是 $\mathbf{R}^m$ 的一个子空间，$\boldsymbol{A}$ 的行空间为 $L(\boldsymbol{\alpha}_1,\boldsymbol{\alpha}_2,\cdots,\boldsymbol{\alpha}_m)$ 是 $\mathbf{R}^n$ 的一个子空间.

第四章讲过，非齐次线性方程组 $\boldsymbol{AX}=\boldsymbol{b}$ 有解的充要条件之一为"$\boldsymbol{b}$ 是 $\boldsymbol{A}$ 的列向量组的线性组合".根据矩阵列空间的定义，这个充要条件也可叙述为"$\boldsymbol{b}$ 属于 $\boldsymbol{A}$ 的列

空间".

齐次线性方程组 $\boldsymbol{AX}=\boldsymbol{0}$,即

$$\begin{cases}a_{11}x_1+a_{12}x_2+\cdots+a_{1n}x_n=0,\\ a_{21}x_1+a_{22}x_2+\cdots+a_{2n}x_n=0,\\ \cdots\cdots\cdots\cdots\\ a_{m1}x_1+a_{m2}x_2+\cdots+a_{mn}x_n=0\end{cases}$$

的每个解向量与系数矩阵 $\boldsymbol{A}$ 的每个行向量都正交,因此解空间与 $\boldsymbol{A}$ 的行空间是正交的.

定义 6 $\mathbf{R}^n$ 中与子空间 V 正交的全部向量所构成的集合

$$W=\{\boldsymbol{\alpha}\mid\boldsymbol{\alpha}\perp V,\boldsymbol{\alpha}\in\mathbf{R}^n\}$$

称为 V 的正交补,记作 $W=V^{\perp}$.

容易证明,$\mathbf{R}^n$ 的子空间 V 的正交补 $V^{\perp}$ 是 $\mathbf{R}^n$ 的一个子空间(留作习题).

例如,$\boldsymbol{AX}=\boldsymbol{0}$ 的解空间是由与 $\boldsymbol{A}$ 的行向量都正交的全部向量构成的,因此解空间是 $\boldsymbol{A}$ 的行空间的正交补.这是 $\boldsymbol{AX}=\boldsymbol{0}$ 解空间的一个基本性质.

习题 7.1

1. 下列各系统$(V,P,+,\cdot)$是否构成线性空间?

(1) $V=\{(a,b,a,b,\cdots,a,b)\mid a,b\in\mathbf{R}\}$,$P=$实数域 $\mathbf{R}$,"$+$"与"$\cdot$"为 $\mathbf{R}^n$ 中的加法与数乘;

(2) $V=\{(a_1,a_2,\cdots,a_n)\mid\sum\limits_{i=1}^{n}a_i=1,a_i\in\mathbf{R}\}$,$P=$有理数域 $\mathbf{Q}$,"$+$"与"$\cdot$"为 $\mathbf{R}^n$ 中的加法与数乘;

(3) $V=\{$全体 3 阶实对称矩阵$\}$,$P=$实数域 $\mathbf{R}$,"$+$"与"$\cdot$"为矩阵的加法与数乘;

(4) $V=\{$全体 n 阶实可逆矩阵$\}$,$P=$实数域 $\mathbf{R}$,"$+$"与"$\cdot$"为矩阵的加法与数乘;

(5) $V=\{f(x)\mid f(x)=a_0+a_1x+\cdots+a_nx^n,a_n\neq0,a_i\in\mathbf{R}\}$,$P=$有理数域 $\mathbf{Q}$,"$+$"与"$\cdot$"为多项式的加法与数乘.

2. 下列各集合 W 是否构成 $\mathbf{R}^n$ 的子空间?

(1) $W=\{(a_1,a_2,\cdots,a_n)\mid a_1+a_2=0,a_i\in\mathbf{R}\}$;

(2) $W=\{(a_1,a_2,\cdots,a_n)\mid a_1+a_2\neq0,a_i\in\mathbf{R}\}$;

(3) $W=\{k_1\boldsymbol{\alpha}_1+k_2\boldsymbol{\alpha}_2\mid\boldsymbol{\alpha}_1,\boldsymbol{\alpha}_2\in\mathbf{R}^n,k_1,k_2\in\mathbf{R}$,当 k_1,k_2 不全为零时,$k_1\boldsymbol{\alpha}_1+k_2\boldsymbol{\alpha}_2\neq\boldsymbol{0}\}$.

3. 证明:在线性空间$(V,P,+,\cdot)$中,若 $k\boldsymbol{\alpha}=\boldsymbol{0}$,则 $k=0$ 或 $\boldsymbol{\alpha}=\boldsymbol{0}(k\in P,\boldsymbol{\alpha}\in V)$.

4. 证明:线性空间 V 的子空间 V_1 与 V_2 的交 $V_1\cap V_2$ 和 V_1+V_2 都是 V 的子空间.

5. 设 W 为线性空间 V 的一个子空间.证明 W 的正交补 $W^{\perp}$ 是 V 的一个子空间.

§7.2 线性空间的基、维数与坐标

在第四章所讨论的 $\mathbf{R}^n$ 中向量的线性组合、线性相关、线性无关等概念，只涉及线性运算的加法与数乘，这些概念都可以推广到线性空间中来.

例如，在线性空间 $(R_n[x],\mathbf{R},+,\cdot)$ 中，

$$a_0+a_1x+\cdots+a_{n-1}x^{n-1}$$

是 $1,x,\cdots,x^{n-1}$ 的一个线性组合. $R_n[x]$ 的零元素是多项式零. 由多项式理论可知，只有当 $a_0=a_1=\cdots=a_{n-1}=0$ 时，才有

$$a_0+a_1x+\cdots+a_{n-1}x^{n-1}=0,$$

于是，在线性空间 $R_n[x]$ 中，$1,x,\cdots,x^{n-1}$ 是线性无关的.

一、基与维数

$\mathbf{R}^n$ 中向量组的极大无关组与秩的概念推广到线性空间中，就是基与维数的概念.

定义 1　在线性空间 V 中，若有 n 个向量 $\boldsymbol{\alpha}_1,\boldsymbol{\alpha}_2,\cdots,\boldsymbol{\alpha}_n$ 线性无关，而 V 中任意 $n+1$ 个向量线性相关，则称 $\boldsymbol{\alpha}_1,\boldsymbol{\alpha}_2,\cdots,\boldsymbol{\alpha}_n$ 为 V 的一组基，n 称为线性空间 V 的维数，记为 $\dim V=n$.

维数为 n 的线性空间称为 n **维线性空间**.

可以证明：

(1) $\boldsymbol{\alpha}_1,\boldsymbol{\alpha}_2,\cdots,\boldsymbol{\alpha}_n$ 是线性空间 V 的一组基的充要条件是 $\boldsymbol{\alpha}_1,\boldsymbol{\alpha}_2,\cdots,\boldsymbol{\alpha}_n$ 线性无关，且 V 中任一向量可由 $\boldsymbol{\alpha}_1,\boldsymbol{\alpha}_2,\cdots,\boldsymbol{\alpha}_n$ 线性表出.

(2) n 维线性空间 V 中任意 n 个线性无关的向量都是 V 的一组基.

例 1　设

$$P_n[x]=\{a_0+a_1x+\cdots+a_{n-1}x^{n-1}\mid a_i\in P,i=0,1,\cdots,n-1\},$$

对于多项式的加法"+"与数乘"·"，$(P_n[x],P,+,\cdot)$ 是线性空间. 在这个线性空间中，$1,x,\cdots,x^{n-1}$ 是线性无关的，且系数在 P 上的任一次数不大于 $n-1$ 的多项式都可由它们线性表出，所以 $1,x,\cdots,x^{n-1}$ 是 $P_n[x]$ 的一组基，$P_n[x]$ 是 n 维线性空间.

例 2　求线性空间 $\mathbf{R}^{2\times3}$ 的一组基与维数.

解　在 $\mathbf{R}^{2\times3}$ 中，令

$$\boldsymbol{E}_{11}=\begin{pmatrix}1&0&0\\0&0&0\end{pmatrix},\quad \boldsymbol{E}_{12}=\begin{pmatrix}0&1&0\\0&0&0\end{pmatrix},\quad \boldsymbol{E}_{13}=\begin{pmatrix}0&0&1\\0&0&0\end{pmatrix},$$

$$\boldsymbol{E}_{21}=\begin{pmatrix}0&0&0\\1&0&0\end{pmatrix},\quad \boldsymbol{E}_{22}=\begin{pmatrix}0&0&0\\0&1&0\end{pmatrix},\quad \boldsymbol{E}_{23}=\begin{pmatrix}0&0&0\\0&0&1\end{pmatrix},$$

设

$$k_{11}\boldsymbol{E}_{11}+k_{12}\boldsymbol{E}_{12}+\cdots+k_{23}\boldsymbol{E}_{23}=\boldsymbol{O},$$

即

$$\begin{pmatrix} k_{11} & k_{12} & k_{13} \\ k_{21} & k_{22} & k_{23} \end{pmatrix} = \begin{pmatrix} 0 & 0 & 0 \\ 0 & 0 & 0 \end{pmatrix},$$

于是 $k_{11}=k_{12}=\cdots=k_{23}=0$，由此可知 $\boldsymbol{E}_{11},\boldsymbol{E}_{12},\cdots,\boldsymbol{E}_{23}$ 线性无关.

任取

$$\boldsymbol{A}=\begin{pmatrix} a_{11} & a_{12} & a_{13} \\ a_{21} & a_{22} & a_{23} \end{pmatrix} \in \mathbf{R}^{2\times 3},$$

则

$$\boldsymbol{A}=a_{11}\boldsymbol{E}_{11}+a_{12}\boldsymbol{E}_{12}+\cdots+a_{23}\boldsymbol{E}_{23},$$

即 $\mathbf{R}^{2\times 3}$ 中任一向量可由 $\boldsymbol{E}_{11},\boldsymbol{E}_{12},\cdots,\boldsymbol{E}_{23}$ 线性表出.故 $\boldsymbol{E}_{11},\boldsymbol{E}_{12},\cdots,\boldsymbol{E}_{23}$ 是 $\mathbf{R}^{2\times 3}$ 的一组基，$\mathbf{R}^{2\times 3}$ 的维数是 6.

线性空间 V 的子空间 W 也有基与维数的概念.

由于在有限维的线性空间 V 的子空间 W 中不可能有比 V 有更多数目的线性无关的向量组，所以，任何一个线性子空间的维数不能超过整个空间的维数.即

$$\dim(W)\leqslant\dim(V).$$

借助维数与基的定义，容易证明：

性质　设 W 是线性空间 V 的子空间，若 $\dim(W)=\dim(V)$，则 $W=V$.

该性质的证明留作习题.

在线性空间 V 中，由向量组 $\boldsymbol{\alpha}_1,\boldsymbol{\alpha}_2,\cdots,\boldsymbol{\alpha}_s$ 生成的子空间 $L(\boldsymbol{\alpha}_1,\boldsymbol{\alpha}_2,\cdots,\boldsymbol{\alpha}_s)$ 的维数等于 $\boldsymbol{\alpha}_1,\boldsymbol{\alpha}_2,\cdots,\boldsymbol{\alpha}_s$ 的秩，$\boldsymbol{\alpha}_1,\boldsymbol{\alpha}_2,\cdots,\boldsymbol{\alpha}_s$ 的极大无关组为 $L(\boldsymbol{\alpha}_1,\boldsymbol{\alpha}_2,\cdots,\boldsymbol{\alpha}_s)$ 的基.

对于矩阵 $\boldsymbol{A}$，

$$\dim(\boldsymbol{A}\text{ 的列空间})=\dim(\boldsymbol{A}\text{ 的行空间})=R(\boldsymbol{A}).$$

例 3　$W=\{\boldsymbol{\alpha}\mid \boldsymbol{A\alpha}=\boldsymbol{0},\boldsymbol{A}\in\mathbf{R}^{m\times n},\boldsymbol{\alpha}\in\mathbf{R}^n\}$，$W\subset\mathbf{R}^n$，$W$ 即为齐次线性方程组 $\boldsymbol{AX}=\boldsymbol{0}$ 的解集合.由线性方程组的理论可知，若 $\boldsymbol{\alpha}_1,\boldsymbol{\alpha}_2\in W$，$k\in\mathbf{R}$，则

$$\boldsymbol{\alpha}_1+\boldsymbol{\alpha}_2\in W,\quad k\boldsymbol{\alpha}_1\in W,$$

故 W 是 $\mathbf{R}^n$ 的子空间.这个子空间的基就是 $\boldsymbol{AX}=\boldsymbol{0}$ 的基础解系，维数为 $n-R(\boldsymbol{A})$.所以

$$\dim(\boldsymbol{A}\text{ 的列(行)空间})+\dim(\boldsymbol{AX}=\boldsymbol{0}\text{ 的解空间})=n.$$

这是 $\boldsymbol{AX}=\boldsymbol{0}$ 解空间的又一个基本性质.

例 4　设 $W=\{(x,y,z)\mid \frac{x}{3}=\frac{y}{2}=z\}$，$W$ 是 $\mathbf{R}^3$ 的子空间，求 W 的基与维数.

解　W 的元素即直线 $\frac{x}{3}=\frac{y}{2}=z$ 上的向量，该直线上任一向量都可由 $\boldsymbol{\alpha}=(3,2,1)$ 线性表出.故 $\boldsymbol{\alpha}$ 是 W 的基，W 是 $\mathbf{R}^3$ 的 1 维子空间.

事实上，过原点的任一直线上的向量全体组成的集合是 $\mathbf{R}^3$ 的 1 维子空间，而过原

点的任一平面上的向量全体组成的集合是 $\mathbf{R}^3$ 的 2 维子空间.

定理 1 设 V 是 n 维线性空间,W 是 V 的 m 维子空间,且 $\boldsymbol{\alpha}_1,\boldsymbol{\alpha}_2,\cdots,\boldsymbol{\alpha}_m$ 是 W 的一组基,则 $\boldsymbol{\alpha}_1,\boldsymbol{\alpha}_2,\cdots,\boldsymbol{\alpha}_m$ 可以扩充为 V 的基,即在 $\boldsymbol{\alpha}_1,\boldsymbol{\alpha}_2,\cdots,\boldsymbol{\alpha}_m$ 的基础上可以添加 $n-m$ 个向量成为 V 的一组基.

二、坐标

在解析几何中,坐标是研究向量的有力工具,在线性空间中,同样可以利用坐标来研究向量.

定义 2 设 $\boldsymbol{\alpha}_1,\boldsymbol{\alpha}_2,\cdots,\boldsymbol{\alpha}_n$ 是线性空间$(V,P,+,\cdot)$的一组基,对任一$\boldsymbol{\alpha}\in V$,存在惟一的一组数 $a_1,a_2,\cdots,a_n\in P$,使

$$\boldsymbol{\alpha}=a_1\boldsymbol{\alpha}_1+a_2\boldsymbol{\alpha}_2+\cdots+a_n\boldsymbol{\alpha}_n,$$

有序数组$(a_1,a_2,\cdots,a_n)$称为 $\boldsymbol{\alpha}$ 在基 $\boldsymbol{\alpha}_1,\boldsymbol{\alpha}_2,\cdots,\boldsymbol{\alpha}_n$ 下的坐标.

例 5 在线性空间 $P_4[x]$中,$1,x,x^2,x^3$ 是一组基,$f(x)=a_0+a_1x+a_2x^2+a_3x^3$ 在这组基下的坐标是(a_0,a_1,a_2,a_3).

例 6 在 $\mathbf{R}^3$ 中,$\boldsymbol{\alpha}_1=(1,0,0)$,$\boldsymbol{\alpha}_2=(0,1,0)$,$\boldsymbol{\alpha}_3=(0,0,1)$是一组基.设 $\boldsymbol{\alpha}=(0,2,-3)$,则

$$\boldsymbol{\alpha}=0\boldsymbol{\alpha}_1+2\boldsymbol{\alpha}_2-3\boldsymbol{\alpha}_3,$$

$\boldsymbol{\alpha}$ 在 $\boldsymbol{\alpha}_1,\boldsymbol{\alpha}_2,\boldsymbol{\alpha}_3$ 下的坐标是$(0,2,-3)$.

同样,$\boldsymbol{\alpha}'_1=(1,0,0)$,$\boldsymbol{\alpha}'_2=(1,1,0)$,$\boldsymbol{\alpha}'_3=(1,1,1)$也是 $\mathbf{R}^3$ 的一组基.为求出$\boldsymbol{\alpha}=(0,2,-3)$在 $\boldsymbol{\alpha}'_1,\boldsymbol{\alpha}'_2,\boldsymbol{\alpha}'_3$下的坐标,可设

$$\boldsymbol{\alpha}=x_1\boldsymbol{\alpha}'_1+x_2\boldsymbol{\alpha}'_2+x_3\boldsymbol{\alpha}'_3,$$

即

$$(0,2,-3)=(x_1,0,0)+(x_2,x_2,0)+(x_3,x_3,x_3)=(x_1+x_2+x_3,x_2+x_3,x_3),$$

亦即

$$\begin{cases}x_1+x_2+x_3=0,\\ \qquad x_2+x_3=2,\\ \qquad\qquad x_3=-3,\end{cases}$$

解得 $x_1=-2,x_2=5,x_3=-3$.$\boldsymbol{\alpha}$ 在 $\boldsymbol{\alpha}'_1,\boldsymbol{\alpha}'_2,\boldsymbol{\alpha}'_3$下的坐标是$(-2,5,-3)$.

可见同一个向量在不同基下的坐标一般是不相同的.

例 7 在线性空间 $\mathbf{R}^{2\times2}$中,试证明:

$$\boldsymbol{A}_1=\begin{pmatrix}1&1\\1&1\end{pmatrix},\quad \boldsymbol{A}_2=\begin{pmatrix}1&1\\-1&-1\end{pmatrix},\quad \boldsymbol{A}_3=\begin{pmatrix}1&-1\\1&-1\end{pmatrix},\quad \boldsymbol{A}_4=\begin{pmatrix}-1&1\\1&-1\end{pmatrix}$$

是一组基,并求 $\boldsymbol{A}=\begin{pmatrix}1&2\\3&4\end{pmatrix}$ 在 $\boldsymbol{A}_1,\boldsymbol{A}_2,\boldsymbol{A}_3,\boldsymbol{A}_4$ 下的坐标.

解 设 $k_1\boldsymbol{A}_1+k_2\boldsymbol{A}_2+k_3\boldsymbol{A}_3+k_4\boldsymbol{A}_4=\boldsymbol{O}$,即

$$\begin{pmatrix}k_1 & k_1\\ k_1 & k_1\end{pmatrix}+\begin{pmatrix}k_2 & k_2\\ -k_2 & -k_2\end{pmatrix}+\begin{pmatrix}k_3 & -k_3\\ k_3 & -k_3\end{pmatrix}+\begin{pmatrix}-k_4 & k_4\\ k_4 & -k_4\end{pmatrix}=\begin{pmatrix}0 & 0\\ 0 & 0\end{pmatrix},$$

亦即

$$\begin{cases}k_1+k_2+k_3-k_4=0,\\ k_1+k_2-k_3+k_4=0,\\ k_1-k_2+k_3+k_4=0,\\ k_1-k_2-k_3-k_4=0,\end{cases}$$

此方程组的系数行列式

$$\begin{vmatrix}1 & 1 & 1 & -1\\ 1 & 1 & -1 & 1\\ 1 & -1 & 1 & 1\\ 1 & -1 & -1 & -1\end{vmatrix}=\begin{vmatrix}4 & 0 & 0 & 0\\ 1 & 1 & -1 & 1\\ 1 & -1 & 1 & 1\\ 1 & -1 & -1 & -1\end{vmatrix}$$

$$=4\begin{vmatrix}1 & -1 & 1\\ -1 & 1 & 1\\ -1 & -1 & -1\end{vmatrix}=16,$$

所以方程组只有惟一零解 $k_1=k_2=k_3=k_4=0$,所以 $\boldsymbol{A}_1,\boldsymbol{A}_2,\boldsymbol{A}_3,\boldsymbol{A}_4$ 线性无关.又因为 $\mathbf{R}^{2\times 2}$ 的维数是 4,所以 $\boldsymbol{A}_1,\boldsymbol{A}_2,\boldsymbol{A}_3,\boldsymbol{A}_4$ 是 $\mathbf{R}^{2\times 2}$ 的一组基.

设 $\boldsymbol{A}=x_1\boldsymbol{A}_1+x_2\boldsymbol{A}_2+x_3\boldsymbol{A}_3+x_4\boldsymbol{A}_4$,即

$$\begin{pmatrix}1 & 2\\ 3 & 4\end{pmatrix}=\begin{pmatrix}x_1 & x_1\\ x_1 & x_1\end{pmatrix}+\begin{pmatrix}x_2 & x_2\\ -x_2 & -x_2\end{pmatrix}+\begin{pmatrix}x_3 & -x_3\\ x_3 & -x_3\end{pmatrix}+\begin{pmatrix}-x_4 & x_4\\ x_4 & -x_4\end{pmatrix},$$

$$\begin{cases}x_1+x_2+x_3-x_4=1,\\ x_1+x_2-x_3+x_4=2,\\ x_1-x_2+x_3+x_4=3,\\ x_1-x_2-x_3-x_4=4,\end{cases}$$

解此方程组得 $x_1=\dfrac{5}{2},x_2=-1,x_3=-\dfrac{1}{2},x_4=0$.$\boldsymbol{A}$ 在 $\boldsymbol{A}_1,\boldsymbol{A}_2,\boldsymbol{A}_3,\boldsymbol{A}_4$ 下的坐标是 $\left(\dfrac{5}{2},-1,-\dfrac{1}{2},0\right)$.

建立了坐标以后,就可以把 n 维线性空间 V 的任何一个向量 $\boldsymbol{\alpha}$ 与线性空间 $\mathbf{R}^n$ 的向量 $(a_1,a_2,\cdots,a_n)$ 联系起来,并且还可以将 V 中的运算与 $\mathbf{R}^n$ 中的运算联系起来.

设 $\boldsymbol{\alpha}_1,\boldsymbol{\alpha}_2,\cdots,\boldsymbol{\alpha}_n$ 是实线性空间 V 的基,$\boldsymbol{\alpha},\boldsymbol{\beta}\in V$.

$$\boldsymbol{\alpha}=a_1\boldsymbol{\alpha}_1+a_2\boldsymbol{\alpha}_2+\cdots+a_n\boldsymbol{\alpha}_n,$$
$$\boldsymbol{\beta}=b_1\boldsymbol{\alpha}_1+b_2\boldsymbol{\alpha}_2+\cdots+b_n\boldsymbol{\alpha}_n,$$

则有

$$\boldsymbol{\alpha} \quad \leftrightarrow \quad (a_1, a_2, \cdots, a_n), \tag{7.1}$$

$$\boldsymbol{\beta} \quad \leftrightarrow \quad (b_1, b_2, \cdots, b_n). \tag{7.2}$$

又因为

$$\boldsymbol{\alpha}+\boldsymbol{\beta}=(a_1+b_1)\boldsymbol{\alpha}_1+(a_2+b_2)\boldsymbol{\alpha}_2+\cdots+(a_n+b_n)\boldsymbol{\alpha}_n,$$

$$k\boldsymbol{\alpha}=(ka_1)\boldsymbol{\alpha}_1+(ka_2)\boldsymbol{\alpha}_2+\cdots+(ka_n)\boldsymbol{\alpha}_n,$$

所以

$$\boldsymbol{\alpha}+\boldsymbol{\beta} \quad \leftrightarrow \quad (a_1, a_2, \cdots, a_n)+(b_1, b_2, \cdots, b_n), \tag{7.3}$$

$$k\boldsymbol{\alpha} \quad \leftrightarrow \quad k(a_1, a_2, \cdots, a_n). \tag{7.4}$$

由式(7.1),(7.2),(7.3),(7.4)可见,在 n 维实线性空间 V 中取定一组基后,V 中的向量与 $\mathbf{R}^n$ 的向量之间存在一一对应的关系.若 V 中的向量 $\boldsymbol{\alpha}$ 与 $\boldsymbol{\beta}$ 在 $\mathbf{R}^n$ 中分别对应 $\boldsymbol{\alpha}'=(a_1, a_2, \cdots, a_n)$,$\boldsymbol{\beta}'=(b_1, b_2, \cdots, b_n)$,则 $\boldsymbol{\alpha}+\boldsymbol{\beta}$ 与 $k\boldsymbol{\alpha}$ 在 $\mathbf{R}^n$ 中分别对应 $\boldsymbol{\alpha}'+\boldsymbol{\beta}'$ 与 $k\boldsymbol{\alpha}'$,我们称这种对应关系保持运算关系不变,同时称 V 与 $\mathbf{R}^n$ **同构**.

任何一个 n 维实线性空间 V 都与 $\mathbf{R}^n$ 同构,而同构关系保持线性运算关系不变,因此,V 中抽象的线性运算就可以转化为 $\mathbf{R}^n$ 中的线性运算,并且 $\mathbf{R}^n$ 中凡是只涉及线性运算的性质都适用于 V.

三、 基变换与坐标变换

n 维线性空间中任意 n 个线性无关的向量都可以作为 V 的一组基,不同的基之间有什么关系呢?

设 $\boldsymbol{\alpha}_1, \boldsymbol{\alpha}_2, \cdots, \boldsymbol{\alpha}_n$ 是 V 的一组基,$\boldsymbol{\alpha}_1', \boldsymbol{\alpha}_2', \cdots, \boldsymbol{\alpha}_n'$ 是 V 的另一组基,为便于叙述与区别,我们将前者称为**旧基**,后者称为**新基**.新旧基之间有如下关系:

$$\begin{cases} \boldsymbol{\alpha}_1'=a_{11}\boldsymbol{\alpha}_1+a_{21}\boldsymbol{\alpha}_2+\cdots+a_{n1}\boldsymbol{\alpha}_n, \\ \boldsymbol{\alpha}_2'=a_{12}\boldsymbol{\alpha}_1+a_{22}\boldsymbol{\alpha}_2+\cdots+a_{n2}\boldsymbol{\alpha}_n, \\ \qquad\cdots\cdots\cdots\cdots \\ \boldsymbol{\alpha}_n'=a_{1n}\boldsymbol{\alpha}_1+a_{2n}\boldsymbol{\alpha}_2+\cdots+a_{nn}\boldsymbol{\alpha}_n, \end{cases} \tag{7.5}$$

记

$$\boldsymbol{A}=\begin{pmatrix} a_{11} & a_{12} & \cdots & a_{1n} \\ a_{21} & a_{22} & \cdots & a_{2n} \\ \vdots & \vdots & & \vdots \\ a_{n1} & a_{n2} & \cdots & a_{nn} \end{pmatrix},$$

利用矩阵乘法,式(7.5)可记为

$$(\boldsymbol{\alpha}_1', \boldsymbol{\alpha}_2', \cdots, \boldsymbol{\alpha}_n')=(\boldsymbol{\alpha}_1, \boldsymbol{\alpha}_2, \cdots, \boldsymbol{\alpha}_n)\boldsymbol{A}, \tag{7.6}$$

式(7.5),(7.6)表示出新旧基之间的关系,称为**基变换式**.矩阵 $\boldsymbol{A}$ 称为从基 $\boldsymbol{\alpha}_1, \boldsymbol{\alpha}_2, \cdots, \boldsymbol{\alpha}_n$ 到基 $\boldsymbol{\alpha}_1', \boldsymbol{\alpha}_2', \cdots, \boldsymbol{\alpha}_n'$ 的**过渡矩阵**.不难证明:过渡矩阵是可逆的.

由式(7.6)可得

$$(\boldsymbol{\alpha}_1,\boldsymbol{\alpha}_2,\cdots,\boldsymbol{\alpha}_n)=(\boldsymbol{\alpha}_1',\boldsymbol{\alpha}_2',\cdots,\boldsymbol{\alpha}_n')\boldsymbol{A}^{-1},$$

所以从基 $\boldsymbol{\alpha}_1',\boldsymbol{\alpha}_2',\cdots,\boldsymbol{\alpha}_n'$ 到基 $\boldsymbol{\alpha}_1,\boldsymbol{\alpha}_2,\cdots,\boldsymbol{\alpha}_n$ 的过渡矩阵是 $\boldsymbol{A}^{-1}$.

例 8 在 n 维线性空间中，若从基 $\boldsymbol{\alpha}_1,\boldsymbol{\alpha}_2,\cdots,\boldsymbol{\alpha}_n$ 到基 $\boldsymbol{\beta}_1,\boldsymbol{\beta}_2,\cdots,\boldsymbol{\beta}_n$ 的过渡矩阵是 $\boldsymbol{A}$，从基 $\boldsymbol{\beta}_1,\boldsymbol{\beta}_2,\cdots,\boldsymbol{\beta}_n$ 到基 $\boldsymbol{\gamma}_1,\boldsymbol{\gamma}_2,\cdots,\boldsymbol{\gamma}_n$ 的过渡矩阵是 $\boldsymbol{B}$，则从 $\boldsymbol{\alpha}_1,\boldsymbol{\alpha}_2,\cdots,\boldsymbol{\alpha}_n$ 到 $\boldsymbol{\gamma}_1,\boldsymbol{\gamma}_2,\cdots,\boldsymbol{\gamma}_n$ 的过渡矩阵是 $\boldsymbol{AB}$.

证　由题意得

$$(\boldsymbol{\beta}_1,\boldsymbol{\beta}_2,\cdots,\boldsymbol{\beta}_n)=(\boldsymbol{\alpha}_1,\boldsymbol{\alpha}_2,\cdots,\boldsymbol{\alpha}_n)\boldsymbol{A},$$
$$(\boldsymbol{\gamma}_1,\boldsymbol{\gamma}_2,\cdots,\boldsymbol{\gamma}_n)=(\boldsymbol{\beta}_1,\boldsymbol{\beta}_2,\cdots,\boldsymbol{\beta}_n)\boldsymbol{B},$$

因此

$$(\boldsymbol{\gamma}_1,\boldsymbol{\gamma}_2,\cdots,\boldsymbol{\gamma}_n)=[(\boldsymbol{\alpha}_1,\boldsymbol{\alpha}_2,\cdots,\boldsymbol{\alpha}_n)\boldsymbol{A}]\boldsymbol{B}=(\boldsymbol{\alpha}_1,\boldsymbol{\alpha}_2,\cdots,\boldsymbol{\alpha}_n)(\boldsymbol{AB}),$$

所以从基 $\boldsymbol{\alpha}_1,\boldsymbol{\alpha}_2,\cdots,\boldsymbol{\alpha}_n$ 到基 $\boldsymbol{\gamma}_1,\boldsymbol{\gamma}_2,\cdots,\boldsymbol{\gamma}_n$ 的过渡矩阵是 $\boldsymbol{AB}$.

线性空间 $\mathbf{R}^n$ 的例子在 §4.3 我们已经列举，下面我们再看一个例子：

例 9 在线性空间 $P_3[x]$ 中，求从基 $1,x,x^2$ 到基 $f_1=-1-2x+2x^2$，$f_2=-2-x+2x^2$，$f_3=3+2x-3x^2$ 的过渡矩阵.

解 $\begin{cases}f_1=-1-2x+2x^2,\\ f_2=-2-x+2x^2,\\ f_3=3+2x-3x^2,\end{cases}$ 即 $(f_1,f_2,f_3)=(1,x,x^2)\begin{pmatrix}-1&-2&3\\-2&-1&2\\2&2&-3\end{pmatrix}$，从基 $1,x,x^2$ 到基 f_1,f_2,f_3 的过渡矩阵为 $\begin{pmatrix}-1&-2&3\\-2&-1&2\\2&2&-3\end{pmatrix}$.

在 n 维线性空间中，同一个向量 $\boldsymbol{\alpha}$ 在不同基下的坐标一般是不相同的，它们之间有下面的关系：

定理 2　设在 n 维线性空间中，向量 $\boldsymbol{\alpha}$ 在基 $\boldsymbol{\alpha}_1,\boldsymbol{\alpha}_2,\cdots,\boldsymbol{\alpha}_n$ 与基 $\boldsymbol{\alpha}_1',\boldsymbol{\alpha}_2',\cdots,\boldsymbol{\alpha}_n'$ 下的坐标分别是 $(a_1,a_2,\cdots,a_n)$ 与 $(a_1',a_2',\cdots,a_n')$，从基 $\boldsymbol{\alpha}_1,\boldsymbol{\alpha}_2,\cdots,\boldsymbol{\alpha}_n$ 到基 $\boldsymbol{\alpha}_1',\boldsymbol{\alpha}_2',\cdots,\boldsymbol{\alpha}_n'$ 的过渡矩阵是 $\boldsymbol{A}$，则有下面的坐标变换式：

$$\begin{pmatrix}a_1\\a_2\\\vdots\\a_n\end{pmatrix}=\boldsymbol{A}\begin{pmatrix}a_1'\\a_2'\\\vdots\\a_n'\end{pmatrix},\quad 或\quad \begin{pmatrix}a_1'\\a_2'\\\vdots\\a_n'\end{pmatrix}=\boldsymbol{A}^{-1}\begin{pmatrix}a_1\\a_2\\\vdots\\a_n\end{pmatrix}. \tag{7.7}$$

证　因为

$$\boldsymbol{\alpha}=(\boldsymbol{\alpha}_1,\boldsymbol{\alpha}_2,\cdots,\boldsymbol{\alpha}_n)\begin{pmatrix}a_1\\a_2\\\vdots\\a_n\end{pmatrix}=(\boldsymbol{\alpha}_1',\boldsymbol{\alpha}_2',\cdots,\boldsymbol{\alpha}_n')\begin{pmatrix}a_1'\\a_2'\\\vdots\\a_n'\end{pmatrix}$$

$$=(\boldsymbol{\alpha}_1,\boldsymbol{\alpha}_2,\cdots,\boldsymbol{\alpha}_n)\boldsymbol{A}\begin{pmatrix}a_1'\\a_2'\\\vdots\\a_n'\end{pmatrix},$$

由坐标的惟一性得

$$\begin{pmatrix}a_1\\a_2\\\vdots\\a_n\end{pmatrix}=\boldsymbol{A}\begin{pmatrix}a_1'\\a_2'\\\vdots\\a_n'\end{pmatrix},\quad 或\quad \begin{pmatrix}a_1'\\a_2'\\\vdots\\a_n'\end{pmatrix}=\boldsymbol{A}^{-1}\begin{pmatrix}a_1\\a_2\\\vdots\\a_n\end{pmatrix}.$$

例 10 对于线性空间 $P_3[x]$的两组基

$$\boldsymbol{\alpha}_1=-1-2x+2x^2,\ \boldsymbol{\alpha}_2=-2-x+2x^2,\ \boldsymbol{\alpha}_3=3+2x-3x^2;$$

$$\boldsymbol{\beta}_1=1+x+x^2,\ \boldsymbol{\beta}_2=1+2x+3x^2,\ \boldsymbol{\beta}_3=2+x^2,$$

(1) 求从基 $\boldsymbol{\alpha}_1,\boldsymbol{\alpha}_2,\boldsymbol{\alpha}_3$ 到基 $\boldsymbol{\beta}_1,\boldsymbol{\beta}_2,\boldsymbol{\beta}_3$ 的过渡矩阵;

(2) 求坐标变换公式.

解 (1) 由

$$(\boldsymbol{\alpha}_1,\boldsymbol{\alpha}_2,\boldsymbol{\alpha}_3)=(1,x,x^2)\boldsymbol{A},$$
$$(\boldsymbol{\beta}_1,\boldsymbol{\beta}_2,\boldsymbol{\beta}_3)=(1,x,x^2)\boldsymbol{B},$$

其中

$$\boldsymbol{A}=\begin{pmatrix}-1&-2&3\\-2&-1&2\\2&2&-3\end{pmatrix},\quad \boldsymbol{B}=\begin{pmatrix}1&1&2\\1&2&0\\1&3&1\end{pmatrix},$$

得

$$(\boldsymbol{\beta}_1,\boldsymbol{\beta}_2,\boldsymbol{\beta}_3)=(\boldsymbol{\alpha}_1,\boldsymbol{\alpha}_2,\boldsymbol{\alpha}_3)\boldsymbol{A}^{-1}\boldsymbol{B}.$$

从基 $\boldsymbol{\alpha}_1,\boldsymbol{\alpha}_2,\boldsymbol{\alpha}_3$ 到基 $\boldsymbol{\beta}_1,\boldsymbol{\beta}_2,\boldsymbol{\beta}_3$ 的过渡矩阵为 $\boldsymbol{A}^{-1}\boldsymbol{B}=\begin{pmatrix}2&4&3\\9&20&8\\7&15&7\end{pmatrix}$.

(2) 坐标变换公式为

$$\begin{pmatrix}a_1\\a_2\\a_3\end{pmatrix}=\begin{pmatrix}2&4&3\\9&20&8\\7&15&7\end{pmatrix}\begin{pmatrix}a_1'\\a_2'\\a_3'\end{pmatrix}.$$

下面以 $\mathbf{R}^2$ 为例对基变换与坐标变换作几何解释.

在 $\mathbf{R}^2$ 中,任何两个线性无关的向量都可以作为 $\mathbf{R}^2$ 的基.例如,$\boldsymbol{\alpha}_1=(1,0)$,$\boldsymbol{\alpha}_2=(0,1)$可以作为 $\mathbf{R}^2$ 的基.这两个向量相互正交,且长度都是 1.以这两个向量的方向作为坐标轴 Ox 与 Oy 的正向,以它们的长度作为 x 轴与 y 轴的单位,就可以构成一个直角坐标系.$\mathbf{R}^2$ 中任一向量如 $\boldsymbol{\alpha}=(2,3)$,可由 $\boldsymbol{\alpha}_1,\boldsymbol{\alpha}_2$ 线性表出,

$$\boldsymbol{\alpha}=2\boldsymbol{\alpha}_1+3\boldsymbol{\alpha}_2.$$

$\boldsymbol{\alpha}$ 在基 $\boldsymbol{\alpha}_1,\boldsymbol{\alpha}_2$ 下的坐标是(2,3).如果将 $\boldsymbol{\alpha}$ 作平行移动,使其起点与坐标原点重合,则其终点在 Oxy 坐标系下的坐标也是(2,3)(如图 7.2).

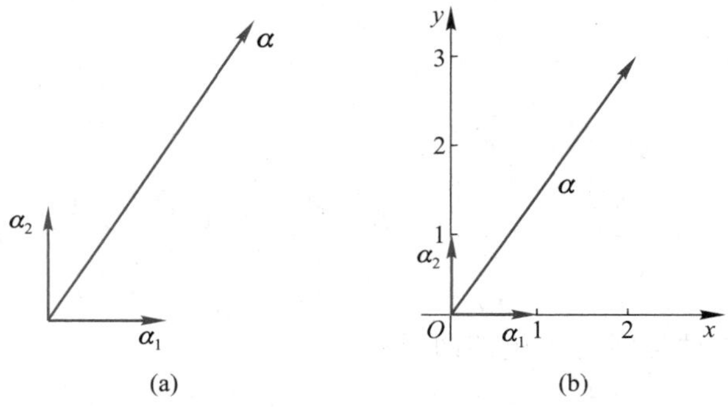

图 7.2

同样,$\boldsymbol{\beta}_1=(1,1),\boldsymbol{\beta}_2=(-1,2)$ 也是 $\mathbf{R}^2$ 的基.这两个向量不正交,长度也不相等.以这两个向量的方向作为坐标轴 Ox',Oy' 的正向,以它们的长度分别作为 Ox',Oy' 的单位,也可以构成一个坐标系.这种坐标系称为**仿射坐标系**.仿射坐标系的坐标轴可以不垂直,每个坐标轴上的单位长度也可以不相等.$\boldsymbol{\alpha}=(2,3)$ 也可以由 $\boldsymbol{\beta}_1,\boldsymbol{\beta}_2$ 线性表出,

$$\boldsymbol{\alpha}=\frac{7}{3}\boldsymbol{\beta}_1+\frac{1}{3}\boldsymbol{\beta}_2.$$

$\boldsymbol{\alpha}$ 在 $\boldsymbol{\beta}_1,\boldsymbol{\beta}_2$ 下的坐标是 $\left(\frac{7}{3},\frac{1}{3}\right)$.$\boldsymbol{\alpha},\boldsymbol{\beta}_1,\boldsymbol{\beta}_2$ 的关系如图 7.3 所示.

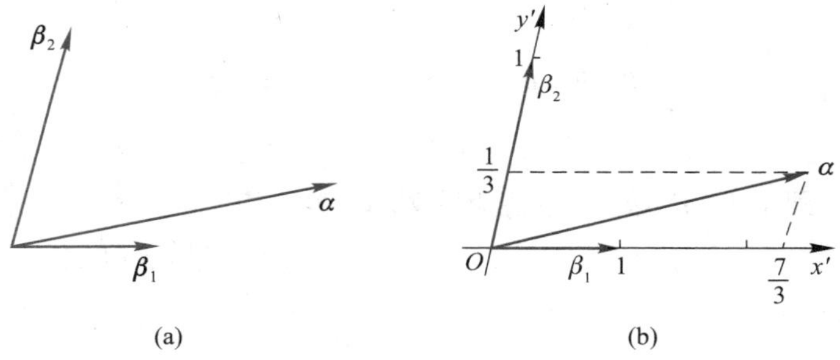

图 7.3

将仿射坐标系 $Ox'y'$ 转变为直角坐标系 Oxy,也就是将基 $\boldsymbol{\beta}_1,\boldsymbol{\beta}_2$ 换为 $\boldsymbol{\alpha}_1,\boldsymbol{\alpha}_2$,这就是前面所说的基变换的几何背景.

因为

$$\begin{cases}\boldsymbol{\beta}_1=\ \ \ \boldsymbol{\alpha}_1+\boldsymbol{\alpha}_2,\\ \boldsymbol{\beta}_2=-\boldsymbol{\alpha}_1+2\boldsymbol{\alpha}_2,\end{cases}$$

所以从 $\boldsymbol{\alpha}_1,\boldsymbol{\alpha}_2$ 到 $\boldsymbol{\beta}_1,\boldsymbol{\beta}_2$ 的过渡矩阵为 $\boldsymbol{A}=\begin{pmatrix}1 & -1\\ 1 & 2\end{pmatrix}$,相应的坐标变换式为

$$\begin{pmatrix}x\\ y\end{pmatrix}=\boldsymbol{A}\begin{pmatrix}x'\\ y'\end{pmatrix}.$$

对于 $\boldsymbol{\alpha}=(2,3)$,$\boldsymbol{\alpha}$ 在两组基下的坐标分别为

$$(x,y)=(2,3),\quad (x',y')=\left(\frac{7}{3},\frac{1}{3}\right).$$

而

$$\boldsymbol{A}\begin{pmatrix}x'\\ y'\end{pmatrix}=\begin{pmatrix}1 & -1\\ 1 & 2\end{pmatrix}\begin{pmatrix}\frac{7}{3}\\ \frac{1}{3}\end{pmatrix}=\begin{pmatrix}2\\ 3\end{pmatrix}=\begin{pmatrix}x\\ y\end{pmatrix},$$

与前面关于 $\mathbf{R}^n$ 中基变换与坐标变换的讨论是一致的.

习题 7.2

1. 确定习题 7.1 第 1 题中各线性空间的维数与一组基.
2. 确定习题 7.1 第 2 题中各子空间的维数与一组基.
3. 求 $x_1+x_2+\cdots+x_n=0$ 的解空间的维数与一组基.
4. 设 $\mathbf{R}_+=\{$所有正实数$\}$,定义 $a\oplus b=ab$,$k\circ a=a^k$,$k\in\mathbf{R}$.确定线性空间 $(\mathbf{R}_+,\mathbf{R},\oplus,\circ)$的维数与一组基.
5. 证明:

   (1) $\boldsymbol{\alpha}_1,\boldsymbol{\alpha}_2,\cdots,\boldsymbol{\alpha}_n$ 是线性空间 V 的一组基的充要条件是 $\boldsymbol{\alpha}_1,\boldsymbol{\alpha}_2,\cdots,\boldsymbol{\alpha}_n$ 线性无关且 V 中任一向量都可由 $\boldsymbol{\alpha}_1,\boldsymbol{\alpha}_2,\cdots,\boldsymbol{\alpha}_n$ 线性表出;

   (2) n 维线性空间中任意 n 个线性无关的向量都是 V 的一组基.
6. 设 W 是线性空间 V 的子空间,且 $\dim(W)=\dim(V)$,证明:$W=V$.
7. 在 $\mathbf{R}^3$ 中求向量 $\boldsymbol{\alpha}=(1,2,1)$在基 $\boldsymbol{\alpha}_1=(1,1,1)$,$\boldsymbol{\alpha}_2=(1,1,-1)$,$\boldsymbol{\alpha}_3=(1,-1,-1)$下的坐标.
8. 在 $\mathbf{R}^n$ 中求向量 $\boldsymbol{\alpha}=(a_1,a_2,\cdots,a_n)$在基 $\boldsymbol{\alpha}_1=(1,1,\cdots,1)$,$\boldsymbol{\alpha}_2=(1,1,\cdots,1,0)$,$\cdots$,$\boldsymbol{\alpha}_n=(1,0,\cdots,0)$下的坐标.
9. 设 $\boldsymbol{E}_{ij}$ 是第 i 行、第 j 列处的元为数 1,而其余元为零的 2 阶方阵.

   (1) 证明:$\boldsymbol{E}_{11},\boldsymbol{E}_{22},\boldsymbol{E}_{12}+\boldsymbol{E}_{21},\boldsymbol{E}_{12}-\boldsymbol{E}_{21}$ 是 $\mathbf{R}^{2\times 2}$ 的一组基;

   (2) 求 $\boldsymbol{A}=\begin{pmatrix}a_{11} & a_{12}\\ a_{21} & a_{22}\end{pmatrix}$ 在这组基下的坐标.
10. 设 $c_1\boldsymbol{\alpha}+c_2\boldsymbol{\beta}+c_3\boldsymbol{\gamma}=\boldsymbol{0}$,且 $c_1,c_3\neq 0$.证明:$L(\boldsymbol{\alpha},\boldsymbol{\beta})=L(\boldsymbol{\beta},\boldsymbol{\gamma})$.

11. 在 P^4 中，求向量 $\boldsymbol{\alpha}_1,\boldsymbol{\alpha}_2,\boldsymbol{\alpha}_3,\boldsymbol{\alpha}_4$ 生成的子空间的基与维数.设

(1) $\boldsymbol{\alpha}_1=(2,1,3,1),\boldsymbol{\alpha}_2=(1,2,0,1),\boldsymbol{\alpha}_3=(-1,1,-3,0),\boldsymbol{\alpha}_4=(1,1,1,1)$；

(2) $\boldsymbol{\alpha}_1=(2,1,3,-1),\boldsymbol{\alpha}_2=(-1,1,-3,1),\boldsymbol{\alpha}_3=(4,5,3,-1),\boldsymbol{\alpha}_4=(1,5,-3,1)$.

12. 求由向量 $\boldsymbol{\alpha}_1,\boldsymbol{\alpha}_2$ 生成的子空间 $L(\boldsymbol{\alpha}_1,\boldsymbol{\alpha}_2)$ 与 $\boldsymbol{\beta}_1,\boldsymbol{\beta}_2$ 生成的子空间的 $L(\boldsymbol{\beta}_1,\boldsymbol{\beta}_2)$ 的交与和的基与维数.

(1) $\boldsymbol{\alpha}_1=(1,2,1,0),\boldsymbol{\alpha}_2=(-1,1,1,1),\boldsymbol{\beta}_1=(2,-1,0,1),\boldsymbol{\beta}_2=(1,-1,3,7)$；

(2) $\boldsymbol{\alpha}_1=(1,1,0,0),\boldsymbol{\alpha}_2=(1,0,1,1),\boldsymbol{\beta}_1=(0,0,1,1),\boldsymbol{\beta}_2=(0,1,1,0)$.

13. 在 $\mathbf{R}^4$ 中，求一非零向量 $\boldsymbol{\alpha}$，使 $\boldsymbol{\alpha}$ 在下面两组基下有相同的坐标：

$$\begin{cases}\boldsymbol{\alpha}_1=(1,0,0,0),\\ \boldsymbol{\alpha}_2=(0,1,0,0),\\ \boldsymbol{\alpha}_3=(0,0,1,0),\\ \boldsymbol{\alpha}_4=(0,0,0,1);\end{cases}\qquad \begin{cases}\boldsymbol{\eta}_1=(2,1,-1,1),\\ \boldsymbol{\eta}_2=(0,3,1,0),\\ \boldsymbol{\eta}_3=(5,3,2,1),\\ \boldsymbol{\eta}_4=(6,6,1,3).\end{cases}$$

14. 已知 $1,x,x^2,x^3$ 是线性空间 $P_4[x]$ 的一组基.

(1) 证明：$1,1+x,(1+x)^2,(1+x)^3$ 也是 $P_4[x]$ 的一组基；

(2) 求由基 $1,x,x^2,x^3$ 到 $1,1+x,(1+x)^2,(1+x)^3$ 的过渡矩阵；

(3) 求由基 $1,1+x,(1+x)^2,(1+x)^3$ 到基 $1,x,x^2,x^3$ 的过渡矩阵；

(4) 求 $a_0+a_1x+a_2x^2+a_3x^3$ 在基 $1,1+x,(1+x)^2,(1+x)^3$ 下的坐标.

15. 设 $\boldsymbol{\beta}_1=(-1,1),\boldsymbol{\beta}_2=(-1,-2)$ 是直角坐标系 Oxy 中的两个向量，以 $\boldsymbol{\beta}_1,\boldsymbol{\beta}_2$ 的方向为仿射坐标系 $Ox'y'$ 中坐标轴 Ox' 与 Oy' 的正向，以 $\boldsymbol{\beta}_1,\boldsymbol{\beta}_2$ 的长度为 Ox' 与 Oy' 的单位长度.求向量 $\boldsymbol{\beta}=(-2,5)$ 在 $Ox'y'$ 下的坐标.

§7.3 欧氏空间

在讨论向量空间 $\mathbf{R}^n$ 时，我们曾经利用内积把 $\mathbf{R}^3$ 中向量的长度与夹角等概念引入 $\mathbf{R}^n$ 中，现在我们同样可以利用内积把向量的长度与夹角引入实线性空间 $(V,\mathbf{R},+,\cdot)$，并讨论 $V(\mathbf{R})$ 中向量组的规范正交化问题.

一、内积

定义 1 设 $(V,\mathbf{R},+,\cdot)$ 是线性空间，若 V 中任意两个元素 $\boldsymbol{\alpha},\boldsymbol{\beta}$ 可进行某种运算，将这种运算记为 $(\boldsymbol{\alpha},\boldsymbol{\beta})$，其运算结果是一个实数，且运算满足以下条件：

(1) $(\boldsymbol{\alpha},\boldsymbol{\beta})=(\boldsymbol{\beta},\boldsymbol{\alpha})$；

(2) $(\boldsymbol{\alpha}+\boldsymbol{\beta},\boldsymbol{\gamma})=(\boldsymbol{\alpha},\boldsymbol{\gamma})+(\boldsymbol{\beta},\boldsymbol{\gamma})$；

(3) $(k\boldsymbol{\alpha},\boldsymbol{\beta})=k(\boldsymbol{\alpha},\boldsymbol{\beta}),k\in\mathbf{R}$；

(4) $(\boldsymbol{\alpha},\boldsymbol{\alpha})\geqslant 0$，当且仅当 $\boldsymbol{\alpha}=\mathbf{0}$ 时等号成立，

则称 $(\boldsymbol{\alpha},\boldsymbol{\beta})$ 为线性空间 $(V,\mathbf{R},+,\cdot)$ 的一个内积.

定义了内积的实线性空间称为**欧氏空间**.

例 1 设 $\boldsymbol{\alpha},\boldsymbol{\beta}\in\mathbf{R}^n$，$\boldsymbol{\alpha}=(a_1,a_2,\cdots,a_n)$，$\boldsymbol{\beta}=(b_1,b_2,\cdots,b_n)$，则 $(\boldsymbol{\alpha},\boldsymbol{\beta})=a_1b_1+a_2b_2+\cdots+a_nb_n$ 为 $\mathbf{R}^n$ 的一个内积，这是我们在第五章所熟悉的内积.

设 $\boldsymbol{A}$ 是 n 阶正定矩阵，规定 $\boldsymbol{\alpha}$ 与 $\boldsymbol{\beta}$ 的运算如下：

$$(\boldsymbol{\alpha},\boldsymbol{\beta})=\boldsymbol{\alpha}\boldsymbol{A}\boldsymbol{\beta}^{\mathrm{T}},$$

则由矩阵的乘法可知，$\boldsymbol{\alpha}\boldsymbol{A}\boldsymbol{\beta}^{\mathrm{T}}$ 是一个实数，且

(1) $(\boldsymbol{\alpha},\boldsymbol{\beta})=\boldsymbol{\alpha}\boldsymbol{A}\boldsymbol{\beta}^{\mathrm{T}}=\boldsymbol{\beta}\boldsymbol{A}\boldsymbol{\alpha}^{\mathrm{T}}=(\boldsymbol{\beta},\boldsymbol{\alpha})$；

(2) $(\boldsymbol{\alpha}+\boldsymbol{\beta},\boldsymbol{\gamma})=(\boldsymbol{\alpha}+\boldsymbol{\beta})\boldsymbol{A}\boldsymbol{\gamma}^{\mathrm{T}}=\boldsymbol{\alpha}\boldsymbol{A}\boldsymbol{\gamma}^{\mathrm{T}}+\boldsymbol{\beta}\boldsymbol{A}\boldsymbol{\gamma}^{\mathrm{T}}=(\boldsymbol{\alpha},\boldsymbol{\gamma})+(\boldsymbol{\beta},\boldsymbol{\gamma})$；

(3) $(k\boldsymbol{\alpha},\boldsymbol{\beta})=(k\boldsymbol{\alpha})\boldsymbol{A}\boldsymbol{\beta}^{\mathrm{T}}$

$\qquad=k(\boldsymbol{\alpha}\boldsymbol{A}\boldsymbol{\beta}^{\mathrm{T}}),k\in\mathbf{R}$；

(4) $(\boldsymbol{\alpha},\boldsymbol{\alpha})=\boldsymbol{\alpha}\boldsymbol{A}\boldsymbol{\alpha}^{\mathrm{T}}\geqslant 0$，当且仅当 $\boldsymbol{\alpha}=\mathbf{0}$ 时等号成立，

所以 $(\boldsymbol{\alpha},\boldsymbol{\beta})=\boldsymbol{\alpha}\boldsymbol{A}\boldsymbol{\beta}^{\mathrm{T}}$ 也是 $\mathbf{R}^n$ 的一个内积.

对于不同的内积，$(\mathbf{R}^n,\mathbf{R},+,\cdot)$ 构成不同的欧氏空间.

例 2 $(C[a,b],\mathbf{R},+,\cdot)$ 是一个线性空间，对任意的 $f(x),g(x)\in C[a,b]$，规定 $f(x),g(x)$ 的运算

$$(f(x),g(x))=\int_a^b f(x)g(x)\mathrm{d}x,$$

则

(1) $(f(x),g(x))=\int_a^b f(x)g(x)\mathrm{d}x=\int_a^b g(x)f(x)\mathrm{d}x=(g(x),f(x))$；

(2) $$\begin{aligned}(f(x)+g(x),h(x))&=\int_a^b[f(x)+g(x)]h(x)\mathrm{d}x\\&=\int_a^b f(x)h(x)\mathrm{d}x+\int_a^b g(x)h(x)\mathrm{d}x\\&=(f(x),h(x))+(g(x),h(x));\end{aligned}$$

(3) 对任意 $k\in\mathbf{R}$，$$\begin{aligned}(kf(x),g(x))&=\int_a^b kf(x)g(x)\mathrm{d}x\\&=k\int_a^b f(x)g(x)\mathrm{d}x\\&=k(f(x),g(x));\end{aligned}$$

(4) $(f(x),f(x))=\int_a^b f^2(x)\mathrm{d}x\geqslant 0$，当且仅当 $f(x)=0$ 时等号成立，

所以 $(f(x),g(x))=\int_a^b f(x)g(x)\mathrm{d}x$ 是线性空间 $(C[a,b],\mathbf{R},+,\cdot)$ 的一个内积.

二、内积的性质

有了内积概念，可以定义欧氏空间 $(V,\mathbf{R},+,\cdot)$ 的向量长度.

设 $(V,\mathbf{R},+,\cdot)$ 是欧氏空间，则

$$\|\boldsymbol{\alpha}\|=\sqrt{(\boldsymbol{\alpha},\boldsymbol{\alpha})},\ \boldsymbol{\alpha}\in V$$

称为向量 $\boldsymbol{\alpha}$ 的**模**(**长度**，**范数**).

在欧氏空间中，有以下两个重要不等式：

1. 柯西不等式

$$|(\boldsymbol{\alpha},\boldsymbol{\beta})|\leqslant\|\boldsymbol{\alpha}\|\ \|\boldsymbol{\beta}\|$$

或

$$(\boldsymbol{\alpha},\boldsymbol{\beta})^2\leqslant(\boldsymbol{\alpha},\boldsymbol{\alpha})(\boldsymbol{\beta},\boldsymbol{\beta}).$$

这个不等式的证明与§5.3中相应不等式的证明完全一致.有了这个不等式，就可以定义欧氏空间中两个向量的**夹角**：

$$\langle\boldsymbol{\alpha},\boldsymbol{\beta}\rangle=\arccos\frac{(\boldsymbol{\alpha},\boldsymbol{\beta})}{\|\boldsymbol{\alpha}\|\ \|\boldsymbol{\beta}\|}.$$

2. 三角不等式

$$\|\boldsymbol{\alpha}+\boldsymbol{\beta}\|\leqslant\|\boldsymbol{\alpha}\|+\|\boldsymbol{\beta}\|.$$

例 3 设 $a,b,c\in\mathbf{R}_+$ 且 $a+b+c=1$，证明$\dfrac{1}{a}+\dfrac{1}{b}+\dfrac{1}{c}\geqslant 9$.

证 设 $\boldsymbol{\alpha}=(\sqrt{a},\sqrt{b},\sqrt{c}),\boldsymbol{\beta}=\left(\dfrac{1}{\sqrt{a}},\dfrac{1}{\sqrt{b}},\dfrac{1}{\sqrt{c}}\right)$，则

$$(\boldsymbol{\alpha},\boldsymbol{\beta})^2\leqslant\|\boldsymbol{\alpha}\|^2\ \|\boldsymbol{\beta}\|^2,$$

即

$$(1+1+1)^2\leqslant(a+b+c)\left(\frac{1}{a}+\frac{1}{b}+\frac{1}{c}\right)=\frac{1}{a}+\frac{1}{b}+\frac{1}{c}.$$

所以$\dfrac{1}{a}+\dfrac{1}{b}+\dfrac{1}{c}\geqslant 9$.

例 4 设 $f(x),g(x)\in C[a,b]$，证明：

$$\left(\int_a^b f(x)g(x)\mathrm{d}x\right)^2\leqslant\int_a^b f^2(x)\mathrm{d}x\int_a^b g^2(x)\mathrm{d}x\ .$$

这个题目在微积分中是一个技巧性比较强的题目，若利用柯西不等式，则是一个直接结果.

证 设 $(f(x),g(x))=\displaystyle\int_a^b f(x)g(x)\mathrm{d}x$，则 $(f(x),g(x))$ 是欧氏空间 $(C[a,b],\mathbf{R},+,\cdot)$ 的一个内积，由柯西不等式可得

$$\begin{aligned}(f(x),g(x))^2&=\left(\int_a^b f(x)g(x)\mathrm{d}x\right)^2\\&\leqslant(f(x),f(x))(g(x),g(x))\\&=\int_a^b f^2(x)\mathrm{d}x\int_a^b g^2(x)\mathrm{d}x.\end{aligned}$$

三、标准正交基

定义 2 设 $\boldsymbol{\alpha}_1,\boldsymbol{\alpha}_2,\cdots,\boldsymbol{\alpha}_n$ 是欧氏空间 $V(\mathbf{R})$ 的一组基，且满足

(1) $(\boldsymbol{\alpha}_i,\boldsymbol{\alpha}_j)=0(i\neq j)$；

(2) $\| \boldsymbol{\alpha}_i \| = 1(i=1,2,\cdots,n)$,

则称 $\boldsymbol{\alpha}_1, \boldsymbol{\alpha}_2, \cdots, \boldsymbol{\alpha}_n$ 为欧氏空间 $V(\mathbf{R})$ 的一组标准(规范)正交基.

例 5 在线性空间 $R_3[x]$ 中,规定 $f(x), g(x)$ 的内积如下:

$$(f(x), g(x)) = \int_{-1}^{1} f(x)g(x)\mathrm{d}x,$$

将 $1, x, x^2$ 化为 $R_3[x]$ 的标准正交基.

解 将线性无关向量组化为标准正交向量组的方法同 $\mathbf{R}^n$ 中的施密特正交化方法是一致的.

令
$$\beta_1 = 1,$$

$$\beta_2 = x - \frac{(x,1)}{(1,1)} \cdot 1 = x - \frac{\int_{-1}^{1} x\mathrm{d}x}{\int_{-1}^{1} \mathrm{d}x} = x,$$

$$\beta_3 = x^2 - \frac{(x^2,1)}{(1,1)} \cdot 1 - \frac{(x^2,x)}{(x,x)} \cdot x$$

$$= x^2 - \frac{\int_{-1}^{1} x^2\mathrm{d}x}{\int_{-1}^{1} \mathrm{d}x} - \frac{\int_{-1}^{1} x^3\mathrm{d}x}{\int_{-1}^{1} x^2\mathrm{d}x} \cdot x = x^2 - \frac{1}{3},$$

$$\gamma_1 = \frac{1}{\| \beta_1 \|}\beta_1 = \frac{1}{\sqrt{\int_{-1}^{1} \mathrm{d}x}} \cdot 1 = \frac{\sqrt{2}}{2},$$

$$\gamma_2 = \frac{1}{\| \beta_2 \|}\beta_2 = \frac{1}{\sqrt{\int_{-1}^{1} x^2\mathrm{d}x}} \cdot x = \frac{\sqrt{6}}{2}x,$$

$$\gamma_3 = \frac{1}{\| \beta_3 \|}\beta_3 = \frac{1}{\sqrt{\int_{-1}^{1} \left(x^2 - \frac{1}{3}\right)^2 \mathrm{d}x}} \cdot \left(x^2 - \frac{1}{3}\right) = \frac{\sqrt{10}}{4}(3x^2 - 1).$$

$\gamma_1, \gamma_2, \gamma_3$ 是 $R_3[x]$ 的一组标准正交基.

习题 7.3

1. 证明欧氏空间中勾股定理成立,即若 $\boldsymbol{\alpha} \perp \boldsymbol{\beta}$,则 $\| \boldsymbol{\alpha} + \boldsymbol{\beta} \|^2 = \| \boldsymbol{\alpha} \|^2 + \| \boldsymbol{\beta} \|^2$.
2. 设 $\boldsymbol{\alpha}, \boldsymbol{\beta}$ 是 n 维欧氏空间 V 中两个不同的向量,且 $\| \boldsymbol{\alpha} \| = \| \boldsymbol{\beta} \| = 1$. 证明:$(\boldsymbol{\alpha}, \boldsymbol{\beta}) \neq 1$.
3. 在线性空间 $R_3[x]$ 中,规定内积 $(f(x), g(x)) = \int_a^b f(x)g(x)\mathrm{d}x$,问:$1, x, x^2 - \frac{1}{3}$ 是否是 $R_3[x]$ 的一组正交基?

§ 7.4 线性变换

线性空间 V 的元素之间的联系可以用 V 到自身的映射来表现.线性空间 V 到自身的映射称为**变换**,而线性变换是线性空间中最简单也是最基本的一种变换.

一、线性变换的概念与性质

定义 1　设 V 是数域 P 上的线性空间,σ 是 V 的一个变换,且 σ 满足

1° $\sigma(\boldsymbol{\alpha}+\boldsymbol{\beta})=\sigma(\boldsymbol{\alpha})+\sigma(\boldsymbol{\beta})$, $\quad \forall \boldsymbol{\alpha},\boldsymbol{\beta}\in V$;

2° $\sigma(k\boldsymbol{\alpha})=k\sigma(\boldsymbol{\alpha})$, $\quad \forall k\in P,\boldsymbol{\alpha}\in V$,

则称 σ 是线性空间 V 的线性变换.

例 1　在线性空间 $\mathbf{R}^3$ 中,规定 σ 如下:

$$\sigma(a_1,a_2,a_3)=(0,a_1,a_2),$$

则 σ 显然是 $\mathbf{R}^3$ 的一个变换.对 $\mathbf{R}^3$ 的任意两个向量 $\boldsymbol{\alpha}=(a_1,a_2,a_3)$,$\boldsymbol{\beta}=(b_1,b_2,b_3)$ 及任意的 $k\in\mathbf{R}$,

(1) $\sigma(\boldsymbol{\alpha}+\boldsymbol{\beta})=\sigma(a_1+b_1,a_2+b_2,a_3+b_3)=(0,a_1+b_1,a_2+b_2)$
$\qquad =(0,a_1,a_2)+(0,b_1,b_2)=\sigma(\boldsymbol{\alpha})+\sigma(\boldsymbol{\beta})$;

(2) $\sigma(k\boldsymbol{\alpha})=\sigma(ka_1,ka_2,ka_3)=(0,ka_1,ka_2)=k(0,a_1,a_2)=k\sigma(\boldsymbol{\alpha})$.

所以 σ 是 $\mathbf{R}^3$ 的线性变换.

例 2　在线性空间 $\mathbf{R}^3$ 中,规定 τ 如下:

$$\tau(a_1,a_2,a_3)=(a_1^2,a_2^2,a_3^2),$$

则 τ 是 $\mathbf{R}^3$ 的一个变换.对 $\mathbf{R}^3$ 中两个向量 $\boldsymbol{\alpha}=(a_1,a_2,a_3)$,$\boldsymbol{\beta}=(b_1,b_2,b_3)$,

$$\begin{aligned}\tau(\boldsymbol{\alpha}+\boldsymbol{\beta})&=\tau(a_1+b_1,a_2+b_2,a_3+b_3)\\&=((a_1+b_1)^2,(a_2+b_2)^2,(a_3+b_3)^2);\\ \tau(\boldsymbol{\alpha})+\tau(\boldsymbol{\beta})&=(a_1^2,a_2^2,a_3^2)+(b_1^2,b_2^2,b_3^2)\\&=(a_1^2+b_1^2,a_2^2+b_2^2,a_3^2+b_3^2).\end{aligned}$$

在一般情况下

$$\tau(\boldsymbol{\alpha}+\boldsymbol{\beta})\neq\tau(\boldsymbol{\alpha})+\tau(\boldsymbol{\beta}).$$

τ 不是 $\mathbf{R}^3$ 的线性变换.

例 3　在线性空间 $R_n[x]$中,规定 σ 如下:

$$\sigma(f(x))=f'(x),$$

则 σ 是 $R_n[x]$的变换.对任意的 $f(x),g(x)\in R_n[x]$以及 $k\in\mathbf{R}$,

(1) $\sigma(f(x)+g(x))=f'(x)+g'(x)=\sigma(f(x))+\sigma(g(x))$;

(2) $\sigma(kf(x))=kf'(x)=k\sigma(f(x))$,

所以在 $R_n[x]$中,求导运算是线性变换.

例 4 在数域 P 上的线性空间 V 中，规定 τ 为

$$\tau(\boldsymbol{\alpha})=k\boldsymbol{\alpha},$$

其中 k 为 P 中一常数，$\boldsymbol{\alpha}$ 为 V 中任意向量.则容易验证 τ 是 V 的线性变换.这个线性变换称为**数乘变换**.

当 $k=0$ 时，$\tau(\boldsymbol{\alpha})=0\boldsymbol{\alpha}=\mathbf{0}$.即 τ 将 V 中的所有向量都变成零向量，这个特殊的数乘变换 τ 称为**零变换**，记为 0.

当 $k=1$ 时，$\tau(\boldsymbol{\alpha})=1\boldsymbol{\alpha}=\boldsymbol{\alpha}$.这个特殊的数乘变换称为**恒等变换**.

例 5 旋转变换——$\mathbf{R}^2$（Oxy 平面上以原点为起点的全体向量）中每个向量绕原点按逆时针方向旋转 θ 角的变换 R_θ 是 $\mathbf{R}^2$ 的一个线性变换（图 7.4）.即 $\forall\,\boldsymbol{\alpha}=(x,y)\in\mathbf{R}^2$，

$$R_\theta(x,y)=R_\theta(\boldsymbol{\alpha})=\boldsymbol{\alpha}'=(x',y'), \tag{7.8}$$

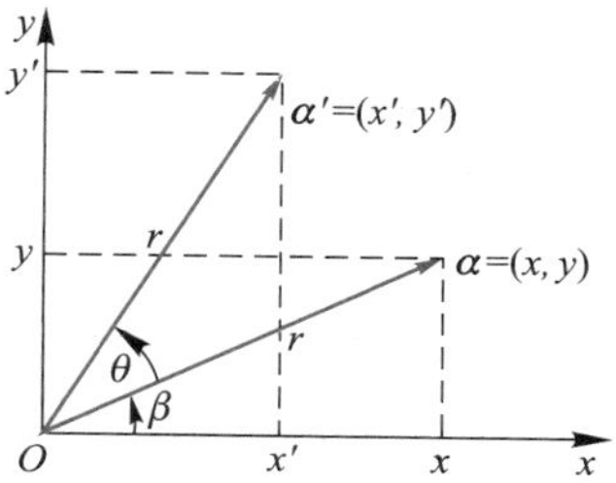

图 7.4

其中 $|\boldsymbol{\alpha}|=r$，而

$$\begin{aligned}x'&=r\cos(\beta+\theta)=r\cos\beta\cos\theta-r\sin\beta\sin\theta\\&=x\cos\theta-y\sin\theta,\\y'&=r\sin(\beta+\theta)=r\sin\beta\cos\theta+r\cos\beta\sin\theta\\&=y\cos\theta+x\sin\theta.\end{aligned}$$

于是，$\forall\,\boldsymbol{\alpha}_1=(x_1,y_1),\boldsymbol{\alpha}_2=(x_2,y_2)\in\mathbf{R}^2$ 和 $\forall\,\lambda,\mu\in\mathbf{R}$，由式(7.8)即得

$$\begin{aligned}&R_\theta(\lambda\boldsymbol{\alpha}_1+\mu\boldsymbol{\alpha}_2)\\&=R_\theta(\lambda x_1+\mu x_2,\lambda y_1+\mu y_2)\\&=((\lambda x_1+\mu x_2)\cos\theta-(\lambda y_1+\mu y_2)\sin\theta,(\lambda x_1+\mu x_2)\sin\theta+(\lambda y_1+\mu y_2)\cos\theta)\\&=\lambda(x_1\cos\theta-y_1\sin\theta,x_1\sin\theta+y_1\cos\theta)+\mu(x_2\cos\theta-y_2\sin\theta,x_2\sin\theta+y_2\cos\theta)\\&=\lambda R_\theta(x_1,y_1)+\mu R_\theta(x_2,y_2)=\lambda R_\theta(\boldsymbol{\alpha}_1)+\mu R_\theta(\boldsymbol{\alpha}_2).\end{aligned}$$

故 R_θ 是 $\mathbf{R}^2$ 的一个线性变换.

不难发现，线性变换 σ 具有以下性质：

(1) $\sigma(\mathbf{0})=\mathbf{0},\sigma(-\boldsymbol{\alpha})=-\sigma(\boldsymbol{\alpha})$；

(2) $\sigma(k_1\boldsymbol{\alpha}_1+k_2\boldsymbol{\alpha}_2+\cdots+k_s\boldsymbol{\alpha}_s)=k_1\sigma(\boldsymbol{\alpha}_1)+k_2\sigma(\boldsymbol{\alpha}_2)+\cdots+k_s\sigma(\boldsymbol{\alpha}_s)$；

(3) 若 $\boldsymbol{\alpha}_1,\boldsymbol{\alpha}_2,\cdots,\boldsymbol{\alpha}_s$ 线性相关，则 $\sigma(\boldsymbol{\alpha}_1),\sigma(\boldsymbol{\alpha}_2),\cdots,\sigma(\boldsymbol{\alpha}_s)$ 也线性相关.

值得注意的是，线性变换可能将线性无关的向量组变为线性相关的向量组.例如，在例 3 中，$1,x,x^2,\cdots,x^{n-1}$ 是 $R_n[x]$ 中 n 个线性无关的向量，

$$\sigma(1)=0,\ \sigma(x)=1,\ \sigma(x^2)=2x,\ \cdots,\ \sigma(x^{n-1})=(n-1)x^{n-2},$$

而 $\sigma(1),\sigma(x),\cdots,\sigma(x^{n-1})$ 是线性相关的.

这是因为 σ 作为 V 到自身的映射未必是一一映射.若 σ 是 V 到自身的一一映射，则称 σ 为**可逆线性变换**.此时有下面的性质：

(4) 若 σ 是可逆线性变换，则 $\boldsymbol{\alpha}_1,\boldsymbol{\alpha}_2,\cdots,\boldsymbol{\alpha}_s$ 线性相关的充要条件是 $\sigma(\boldsymbol{\alpha}_1),\sigma(\boldsymbol{\alpha}_2),\cdots,\sigma(\boldsymbol{\alpha}_s)$ 线性相关.

二、线性变换的运算

定义 2　设 σ,τ 是数域 P 上线性空间 $V(P)$ 的线性变换，$k\in P$，规定

1°　$(\sigma+\tau)\boldsymbol{\alpha}=\sigma(\boldsymbol{\alpha})+\tau(\boldsymbol{\alpha})$；

2°　$(k\sigma)\boldsymbol{\alpha}=k\sigma(\boldsymbol{\alpha})$；

3°　$(\sigma\tau)\boldsymbol{\alpha}=\sigma(\tau(\boldsymbol{\alpha}))$.

以上运算分别称为**线性变换的加法、数乘与乘法**.$\sigma+\tau,k\sigma,\sigma\tau$ 也是线性变换.

例 6　在 $\mathbf{R}^2$ 中，线性变换 σ 与 τ 分别是

$$\sigma(a,b)=(b,-a),\tau(a,b)=(a,-b),$$

计算 $2\sigma-3\tau,\tau\sigma$.

解　$(2\sigma-3\tau)(a,b)=2\sigma(a,b)-3\tau(a,b)$

$$=2(b,-a)-3(a,-b)=(2b-3a,-2a+3b).$$

$$(\tau\sigma)(a,b)=\tau(\sigma(a,b))=\tau(b,-a)=(b,a).$$

线性变换的加法与数乘满足以下运算规则：

1°　$\sigma+\tau=\tau+\sigma$；

2°　$(\sigma+\tau)+\varphi=\sigma+(\tau+\varphi)$；

3°　$\sigma+0=\sigma$；

4°　$\sigma+(-\sigma)=0$；

5°　$1\sigma=\sigma$；

6°　$k(l\sigma)=(kl)\sigma$；

7°　$k(\sigma+\tau)=k\sigma+k\tau$；

8°　$(k+l)\sigma=k\sigma+l\sigma$，

其中 σ,τ,φ 是线性空间 V 中任意的线性变换，3°中的 0 表示零变换，4°中的 $-\sigma$ 表示 σ 的负变换，$-\sigma=(-1)\sigma$，k,l 是数域 P 中任意的数.

例 7　设 $W=\{$数域 P 上线性空间 V 的所有线性变换$\}$，则对于线性变换的加法"+"与数乘"·"，系统 $(W,P,+,\cdot)$ 构成线性空间.

线性变换的乘法满足以下运算规则：

9°　$(\sigma\tau)\varphi=\sigma(\tau\varphi)$；

10°　$\sigma(\tau+\varphi)=\sigma\tau+\sigma\varphi$；

11°　$(\sigma+\tau)\varphi=\sigma\varphi+\tau\varphi$.

一般地，$\sigma\sigma$ 记为 σ^2，$\sigma\tau\neq\tau\sigma$.

三、线性变换的矩阵

由前面的讨论可见，线性变换加法、数乘以及乘法所满足的运算规则与矩阵的相应运算所满足的运算规则是完全相同的，这一点并非偶然，因为线性变换与矩阵之间有着密切的关系.

定义 3　设 $\boldsymbol{\alpha}_1,\boldsymbol{\alpha}_2,\cdots,\boldsymbol{\alpha}_n$ 是线性空间 $V(P)$ 的一组基，σ 是 $V(P)$ 的线性变换

$$
\begin{cases}
\sigma(\boldsymbol{\alpha}_1)=a_{11}\boldsymbol{\alpha}_1+a_{21}\boldsymbol{\alpha}_2+\cdots+a_{n1}\boldsymbol{\alpha}_n,\\
\sigma(\boldsymbol{\alpha}_2)=a_{12}\boldsymbol{\alpha}_1+a_{22}\boldsymbol{\alpha}_2+\cdots+a_{n2}\boldsymbol{\alpha}_n,\\
\cdots\cdots\cdots\cdots\\
\sigma(\boldsymbol{\alpha}_n)=a_{1n}\boldsymbol{\alpha}_1+a_{2n}\boldsymbol{\alpha}_2+\cdots+a_{nn}\boldsymbol{\alpha}_n,
\end{cases}
\tag{7.9}
$$

则矩阵

$$
\boldsymbol{A}=\begin{pmatrix} a_{11} & a_{12} & \cdots & a_{1n}\\ a_{21} & a_{22} & \cdots & a_{2n}\\ \vdots & \vdots & & \vdots\\ a_{n1} & a_{n2} & \cdots & a_{nn}\end{pmatrix}
$$

称为 σ 在基 $\boldsymbol{\alpha}_1,\boldsymbol{\alpha}_2,\cdots,\boldsymbol{\alpha}_n$ 下的矩阵.

利用矩阵的乘法,式(7.9)可记为

$$
(\sigma(\boldsymbol{\alpha}_1),\sigma(\boldsymbol{\alpha}_2),\cdots,\sigma(\boldsymbol{\alpha}_n))=(\boldsymbol{\alpha}_1,\boldsymbol{\alpha}_2,\cdots,\boldsymbol{\alpha}_n)\boldsymbol{A},
$$

或简记为

$$
\sigma(\boldsymbol{\alpha}_1,\boldsymbol{\alpha}_2,\cdots,\boldsymbol{\alpha}_n)=(\boldsymbol{\alpha}_1,\boldsymbol{\alpha}_2,\cdots,\boldsymbol{\alpha}_n)\boldsymbol{A}.
$$

由于 $\boldsymbol{\alpha}_1,\boldsymbol{\alpha}_2,\cdots,\boldsymbol{\alpha}_n$ 是 $V(P)$ 的基,所以矩阵 $\boldsymbol{A}$ 的各个列向量作为$\sigma(\boldsymbol{\alpha}_1)$,$\sigma(\boldsymbol{\alpha}_2),\cdots,\sigma(\boldsymbol{\alpha}_n)$在基 $\boldsymbol{\alpha}_1,\boldsymbol{\alpha}_2,\cdots,\boldsymbol{\alpha}_n$ 下的坐标是惟一确定的.这就是说,线性变换在确定的基下对应惟一的矩阵 $\boldsymbol{A}$.反之,对于给定的矩阵 $\boldsymbol{A}$ 和确定的基 $\boldsymbol{\alpha}_1,\boldsymbol{\alpha}_2,\cdots,\boldsymbol{\alpha}_n$,通过式(7.9)也可以惟一确定一个线性变换.所以在一组确定的基下,线性变换与其矩阵之间是一一对应的.

例 8 在 $\mathbf{R}^3$ 中,求线性变换

$$
\sigma(a_1,a_2,a_3)=(a_1+a_2,a_2+a_3,a_3+a_1)
$$

在基 $\boldsymbol{\alpha}_1=(1,0,0),\boldsymbol{\alpha}_2=(0,1,0),\boldsymbol{\alpha}_3=(0,0,1)$下的矩阵.

解 $\sigma(\boldsymbol{\alpha}_1)=(1,0,1)=1\cdot\boldsymbol{\alpha}_1+0\cdot\boldsymbol{\alpha}_2+1\cdot\boldsymbol{\alpha}_3$,

$\sigma(\boldsymbol{\alpha}_2)=(1,1,0)=1\cdot\boldsymbol{\alpha}_1+1\cdot\boldsymbol{\alpha}_2+0\cdot\boldsymbol{\alpha}_3$,

$\sigma(\boldsymbol{\alpha}_3)=(0,1,1)=0\cdot\boldsymbol{\alpha}_1+1\cdot\boldsymbol{\alpha}_2+1\cdot\boldsymbol{\alpha}_3$,

故 σ 在 $\boldsymbol{\alpha}_1,\boldsymbol{\alpha}_2,\boldsymbol{\alpha}_3$ 下的矩阵为

$$
\boldsymbol{A}=\begin{pmatrix}1&1&0\\0&1&1\\1&0&1\end{pmatrix}.
$$

例 9 在 $R_n[x]$中,求线性变换 $\sigma(f(x))=f'(x)$在基 $1,x,x^2,\cdots,x^{n-1}$下的矩阵.

解

$$
\begin{aligned}
\sigma(1)&=0\cdot1+0\cdot x+0\cdot x^2+\cdots+0\cdot x^{n-2}+0\cdot x^{n-1},\\
\sigma(x)&=1\cdot1+0\cdot x+0\cdot x^2+\cdots+0\cdot x^{n-2}+0\cdot x^{n-1},\\
\sigma(x^2)&=0\cdot1+2\cdot x+0\cdot x^2+\cdots+0\cdot x^{n-2}+0\cdot x^{n-1},\\
&\cdots\\
\sigma(x^{n-1})&=0\cdot1+0\cdot x+0\cdot x^2+\cdots+(n-1)\cdot x^{n-2}+0\cdot x^{n-1}.
\end{aligned}
$$

所以 σ 在基 $1,x,x^2,\cdots,x^{n-1}$ 下的矩阵是

$$\boldsymbol{A}=\begin{pmatrix}0&1&0&\cdots&0\\0&0&2&\cdots&0\\\vdots&\vdots&\vdots&&\vdots\\0&0&0&\cdots&n-1\\0&0&0&\cdots&0\end{pmatrix}.$$

定理 1 **设 σ,τ 是线性空间 $V(P)$ 的线性变换，$\boldsymbol{\alpha}_1,\boldsymbol{\alpha}_2,\cdots,\boldsymbol{\alpha}_n$ 是 $V(P)$ 的一组基，σ,τ 在这组基下的矩阵分别是 $\boldsymbol{A},\boldsymbol{B}$，则在这一组基下，**

1° $\sigma+\tau$ 的矩阵是 $\boldsymbol{A}+\boldsymbol{B}$；

2° $k\sigma$ 的矩阵是 $k\boldsymbol{A}$；

3° $\sigma\tau$ 的矩阵是 $\boldsymbol{AB}$；

4° σ 是可逆线性变换的充要条件是 $\boldsymbol{A}$ 为可逆矩阵.

证 1°
$$\sigma(\boldsymbol{\alpha}_1,\boldsymbol{\alpha}_2,\cdots,\boldsymbol{\alpha}_n)=(\boldsymbol{\alpha}_1,\boldsymbol{\alpha}_2,\cdots,\boldsymbol{\alpha}_n)\boldsymbol{A},$$
$$\tau(\boldsymbol{\alpha}_1,\boldsymbol{\alpha}_2,\cdots,\boldsymbol{\alpha}_n)=(\boldsymbol{\alpha}_1,\boldsymbol{\alpha}_2,\cdots,\boldsymbol{\alpha}_n)\boldsymbol{B},$$
$$\begin{aligned}(\sigma+\tau)(\boldsymbol{\alpha}_1,\boldsymbol{\alpha}_2,\cdots,\boldsymbol{\alpha}_n)&=\sigma(\boldsymbol{\alpha}_1,\boldsymbol{\alpha}_2,\cdots,\boldsymbol{\alpha}_n)+\tau(\boldsymbol{\alpha}_1,\boldsymbol{\alpha}_2,\cdots,\boldsymbol{\alpha}_n)\\&=(\boldsymbol{\alpha}_1,\boldsymbol{\alpha}_2,\cdots,\boldsymbol{\alpha}_n)\boldsymbol{A}+(\boldsymbol{\alpha}_1,\boldsymbol{\alpha}_2,\cdots,\boldsymbol{\alpha}_n)\boldsymbol{B}\\&=(\boldsymbol{\alpha}_1,\boldsymbol{\alpha}_2,\cdots,\boldsymbol{\alpha}_n)(\boldsymbol{A}+\boldsymbol{B}),\end{aligned}$$

所以 $\sigma+\tau$ 在基 $\boldsymbol{\alpha}_1,\boldsymbol{\alpha}_2,\cdots,\boldsymbol{\alpha}_n$ 下的矩阵是 $\boldsymbol{A}+\boldsymbol{B}$.

2°,3°,4°的证明留给读者.

同一个线性变换在不同基下的矩阵一般是不相同的，这些矩阵之间的关系由以下定理给出：

定理 2 **设 $\boldsymbol{\alpha}_1,\boldsymbol{\alpha}_2,\cdots,\boldsymbol{\alpha}_n$ 与 $\boldsymbol{\beta}_1,\boldsymbol{\beta}_2,\cdots,\boldsymbol{\beta}_n$ 是线性空间 V 的两组基，从 $\boldsymbol{\alpha}_1,\boldsymbol{\alpha}_2,\cdots,\boldsymbol{\alpha}_n$ 到 $\boldsymbol{\beta}_1,\boldsymbol{\beta}_2,\cdots,\boldsymbol{\beta}_n$ 的过渡矩阵是 $\boldsymbol{P}$，线性变换 σ 在这两组基下的矩阵分别是 $\boldsymbol{A}$ 与 $\boldsymbol{B}$，则 $\boldsymbol{B}=\boldsymbol{P}^{-1}\boldsymbol{AP}$.**

证 由已知条件，
$$\sigma(\boldsymbol{\alpha}_1,\boldsymbol{\alpha}_2,\cdots,\boldsymbol{\alpha}_n)=(\boldsymbol{\alpha}_1,\boldsymbol{\alpha}_2,\cdots,\boldsymbol{\alpha}_n)\boldsymbol{A},$$
$$\sigma(\boldsymbol{\beta}_1,\boldsymbol{\beta}_2,\cdots,\boldsymbol{\beta}_n)=(\boldsymbol{\beta}_1,\boldsymbol{\beta}_2,\cdots,\boldsymbol{\beta}_n)\boldsymbol{B},$$
$$(\boldsymbol{\beta}_1,\boldsymbol{\beta}_2,\cdots,\boldsymbol{\beta}_n)=(\boldsymbol{\alpha}_1,\boldsymbol{\alpha}_2,\cdots,\boldsymbol{\alpha}_n)\boldsymbol{P},$$

所以

$$\sigma(\boldsymbol{\beta}_1,\boldsymbol{\beta}_2,\cdots,\boldsymbol{\beta}_n)=(\boldsymbol{\alpha}_1,\boldsymbol{\alpha}_2,\cdots,\boldsymbol{\alpha}_n)\boldsymbol{PB}.\tag{7.10}$$

又

$$\sigma(\boldsymbol{\beta}_1,\boldsymbol{\beta}_2,\cdots,\boldsymbol{\beta}_n)=\sigma(\boldsymbol{\alpha}_1,\boldsymbol{\alpha}_2,\cdots,\boldsymbol{\alpha}_n)\boldsymbol{P}=(\boldsymbol{\alpha}_1,\boldsymbol{\alpha}_2,\cdots,\boldsymbol{\alpha}_n)\boldsymbol{AP}.\tag{7.11}$$

比较式(7.10),式(7.11)得

$$\boldsymbol{PB}=\boldsymbol{AP},$$

$\boldsymbol{P}$ 是过渡矩阵因而可逆，所以

$$\boldsymbol{B}=\boldsymbol{P}^{-1}\boldsymbol{A}\boldsymbol{P}.$$

由定理 2 可知，一个线性变换在不同基下的矩阵是相似的.

设 $\boldsymbol{\alpha}_1,\boldsymbol{\alpha}_2,\cdots,\boldsymbol{\alpha}_n$ 是线性空间 $V(P)$ 的一组基，σ 是 $V(P)$ 的一个线性变换，若 $\boldsymbol{\alpha}\in V(P)$，且

$$\boldsymbol{\alpha}=x_1\boldsymbol{\alpha}_1+x_2\boldsymbol{\alpha}_2+\cdots+x_n\boldsymbol{\alpha}_n,$$

则

$$\sigma(\boldsymbol{\alpha})=x_1\sigma(\boldsymbol{\alpha}_1)+x_2\sigma(\boldsymbol{\alpha}_2)+\cdots+x_n\sigma(\boldsymbol{\alpha}_n).$$

因此，对于 σ 来讲，如果知道了 σ 关于 $V(P)$ 的基的像 $\sigma(\boldsymbol{\alpha}_1),\sigma(\boldsymbol{\alpha}_2),\cdots,\sigma(\boldsymbol{\alpha}_n)$，那么任一个向量 $\boldsymbol{\alpha}$ 的像 $\sigma(\boldsymbol{\alpha})$ 就知道了.下面的定理又进一步说明一个线性变换完全被它在一组基上的像所确定.

定理 3　**设 $\boldsymbol{\alpha}_1,\boldsymbol{\alpha}_2,\cdots,\boldsymbol{\alpha}_n$ 是 $V(P)$ 的一组基，若 $V(P)$ 的两个线性变换 σ 和 τ 关于这组基的像相同，即**

$$\sigma(\boldsymbol{\alpha}_i)=\tau(\boldsymbol{\alpha}_i),\quad i=1,2,\cdots,n,$$

则 $\sigma=\tau$.

证　$\sigma=\tau$ 的意义是每个向量在它们的作用下的像相同，即对于任意的 $\boldsymbol{\alpha}\in V$，有 $\sigma(\boldsymbol{\alpha})=\tau(\boldsymbol{\alpha})$.设任一个 $\boldsymbol{\alpha}$ 为

$$\boldsymbol{\alpha}=x_1\boldsymbol{\alpha}_1+x_2\boldsymbol{\alpha}_2+\cdots+x_n\boldsymbol{\alpha}_n,$$

那么

$$\begin{aligned}\sigma(\boldsymbol{\alpha})&=x_1\sigma(\boldsymbol{\alpha}_1)+x_2\sigma(\boldsymbol{\alpha}_2)+\cdots+x_n\sigma(\boldsymbol{\alpha}_n)\\&=x_1\tau(\boldsymbol{\alpha}_1)+x_2\tau(\boldsymbol{\alpha}_2)+\cdots+x_n\tau(\boldsymbol{\alpha}_n)=\tau(\boldsymbol{\alpha}).\end{aligned}$$

自然地，反过来的问题是：给定 $\mathbf{R}^n$ 的基 $\boldsymbol{\alpha}_1,\boldsymbol{\alpha}_2,\cdots,\boldsymbol{\alpha}_n$，对于任给的 n 个向量 $\boldsymbol{\beta}_1,\boldsymbol{\beta}_2,\cdots,\boldsymbol{\beta}_n$，是否存在惟一的线性变换 σ，使得 $\sigma(\boldsymbol{\alpha}_i)=\boldsymbol{\beta}_i$，$i=1,2,\cdots,n$？（见本章的思考题七.）

习题 7.4

1. 下列各变换中，哪些是线性变换？

   (1) 在线性空间 V 中，$\sigma(\boldsymbol{\xi})=\boldsymbol{\xi}+\boldsymbol{\alpha}$（$\boldsymbol{\alpha}$ 为 V 中一个固定的向量）；

   (2) 在线性空间 V 中，$\sigma(\boldsymbol{\xi})=\boldsymbol{\alpha}$（$\boldsymbol{\alpha}$ 为 V 中一个固定的向量）；

   (3) 在 $\mathbf{R}^3$ 中，$\sigma(x_1,x_2,x_3)=(x_1^2,x_2+x_3,x_3^2)$；

   (4) 在 $\mathbf{R}^3$ 中，$\sigma(x_1,x_2,x_3)=(2x_1-x_2,x_2+x_3,x_3)$；

   (5) 在 $\mathbf{R}^{n\times n}$ 中，$\sigma(\boldsymbol{A})=\boldsymbol{BAC}$（$\boldsymbol{B},\boldsymbol{C}$ 是 $\mathbf{R}^{n\times n}$ 中两个固定的矩阵）.

2. 证明：$\sigma(x_1,x_2)=(x_2,-x_1)$，$\tau(x_1,x_2)=(x_1,-x_2)$ 是 $\mathbf{R}^2$ 的两个线性变换，并求 $\sigma+\tau$，$\sigma\tau$，$\tau\sigma$.

3. 求下列线性变换在给定基下的矩阵：

(1) $\sigma(x_1,x_2,x_3)=(2x_1-x_2,x_2+x_3,x_3)$，基 $\boldsymbol{\alpha}_1=(1,0,0),\boldsymbol{\alpha}_2=(0,1,0),\boldsymbol{\alpha}_3=(0,0,1)$；

(2) 设 $\mathbf{R}^3$ 中线性变换 σ 在基 $\boldsymbol{\eta}_1=(-1,1,1),\boldsymbol{\eta}_2=(1,0,-1),\boldsymbol{\eta}_3=(0,1,1)$ 下的矩阵是

$$\boldsymbol{A}=\begin{pmatrix}1&0&1\\1&1&0\\-1&2&1\end{pmatrix},$$

求 σ 在 $\boldsymbol{\alpha}_1=(1,0,0),\boldsymbol{\alpha}_2=(0,1,0),\boldsymbol{\alpha}_3=(0,0,1)$ 下的矩阵；

(3) 在 $\mathbf{R}^3$ 中，设 $\boldsymbol{\eta}_1=(-1,0,2),\boldsymbol{\eta}_2=(0,1,1),\boldsymbol{\eta}_3=(3,-1,0)$，$\sigma$ 定义如下：

$$\begin{cases}\sigma(\boldsymbol{\eta}_1)=(-5,0,3),\\\sigma(\boldsymbol{\eta}_2)=(0,-1,6),\\\sigma(\boldsymbol{\eta}_3)=(-5,-1,9),\end{cases}$$

求 σ 在基 $\boldsymbol{\alpha}_1=(1,0,0),\boldsymbol{\alpha}_2=(0,1,0),\boldsymbol{\alpha}_3=(0,0,1)$ 下的矩阵；

(4) 在 $\mathbf{R}^{2\times2}$ 中定义线性变换

$$\sigma(\boldsymbol{A})=\begin{pmatrix}a&b\\c&d\end{pmatrix}\boldsymbol{A},\quad \tau(\boldsymbol{A})=\boldsymbol{A}\begin{pmatrix}a&b\\c&d\end{pmatrix},$$

求 $\sigma,\tau,\sigma+\tau,\sigma\tau$ 在基 $\boldsymbol{E}_{11},\boldsymbol{E}_{12},\boldsymbol{E}_{21},\boldsymbol{E}_{22}$(同习题 7.2 第 9 题)下的矩阵.

4. 设 σ 是线性空间 V 的线性变换，W 是 V 的子空间，$\sigma(W)=\{\sigma(\boldsymbol{\alpha})\mid\boldsymbol{\alpha}\in W\}$，证明：$\sigma(W)$ 也是 V 的子空间.

5. 在线性空间 $R_{n+1}[x]$ 中，$\sigma(f(x))=f'(x)$，对于基 $1,x,\dfrac{x^2}{2!},\cdots,\dfrac{x^n}{n!}$，求 $\sigma,\sigma^2,\cdots,\sigma^n$ 的矩阵.

复习题七

1. 下列各集合对于给定的加法与数乘运算，是否构成实数域 $\mathbf{R}$ 上的线性空间？

(1) $V=\{$主对角线上各元之和为零的实 n 阶矩阵全体$\}$，对于矩阵的加法与数乘；

(2) $V=\{n$ 阶实可逆矩阵全体$\}$，对于矩阵的加法与数乘；

(3) $V=\left\{f(x)\,\middle|\,\int_0^1 f(x)\mathrm{d}x=0\right\}$，对于通常函数的加法与数乘.

2. 设 $P^{n\times n}=\{$数域 P 上的 n 阶方阵全体$\}$，对于矩阵的加法与数乘，下列哪些集合可构成 $P^{n\times n}$ 的子空间？

(1) $V_1=\{\boldsymbol{A}\mid\det\boldsymbol{A}=1,\boldsymbol{A}\in P^{n\times n}\}$； (2) $V_2=\{\boldsymbol{O}\mid\boldsymbol{O}$ 是 $P^{n\times n}$ 的零矩阵$\}$；

(3) $V_3=\{\boldsymbol{I}\mid\boldsymbol{I}$ 是 n 阶单位矩阵$\}$； (4) $V_4=\{\boldsymbol{A}\mid\boldsymbol{A}^{\mathrm{T}}=\boldsymbol{A},\boldsymbol{A}\in P^{n\times n}\}$；

(5) $V_5=\{\boldsymbol{A}\mid\boldsymbol{A}^{\mathrm{T}}\boldsymbol{A}=\boldsymbol{I}\}$； (6) $V_6=\{\boldsymbol{A}\mid a_{ii}=0,i=1,2,\cdots,n\}$.

3. 设 $\boldsymbol{\alpha}_1=(7,-5,2,4)$,$\boldsymbol{\alpha}_2=(3,1,6,-2)$,求 $\boldsymbol{\alpha}_3,\boldsymbol{\alpha}_4$,使 $\boldsymbol{\alpha}_1,\boldsymbol{\alpha}_2,\boldsymbol{\alpha}_3,\boldsymbol{\alpha}_4$ 构成 $\mathbf{R}^4$ 的基.

4. 在 $\mathbf{R}^4$ 中,求齐次线性方程组

$$\begin{cases}2x_1+x_2-2x_3+3x_4=0,\\ x_1+x_2+x_3-x_4=0,\\ 3x_1+2x_2-x_3+2x_4=0\end{cases}$$

解空间的基与维数.

5. 已知 $\mathbf{R}^3$ 的两组基为

$$\boldsymbol{\alpha}_1=\begin{pmatrix}1\\1\\1\end{pmatrix},\quad \boldsymbol{\alpha}_2=\begin{pmatrix}1\\0\\-1\end{pmatrix},\quad \boldsymbol{\alpha}_3=\begin{pmatrix}1\\0\\1\end{pmatrix};$$

$$\boldsymbol{\beta}_1=\begin{pmatrix}1\\2\\1\end{pmatrix},\quad \boldsymbol{\beta}_2=\begin{pmatrix}2\\3\\4\end{pmatrix},\quad \boldsymbol{\beta}_3=\begin{pmatrix}3\\4\\3\end{pmatrix}.$$

(1) 求由基 $\boldsymbol{\alpha}_1,\boldsymbol{\alpha}_2,\boldsymbol{\alpha}_3$ 到基 $\boldsymbol{\beta}_1,\boldsymbol{\beta}_2,\boldsymbol{\beta}_3$ 的过渡矩阵;

(2) 求 $\mathbf{R}^3$ 中任一向量 $\boldsymbol{\alpha}$ 在这两组基下的坐标之间的关系.

6. 在 $\mathbf{R}^{2\times 2}$ 中取两组基:

$$\boldsymbol{E}_1=\begin{pmatrix}1&0\\0&0\end{pmatrix},\boldsymbol{E}_2=\begin{pmatrix}0&1\\0&0\end{pmatrix},\boldsymbol{E}_3=\begin{pmatrix}0&0\\1&0\end{pmatrix},\boldsymbol{E}_4=\begin{pmatrix}0&0\\0&1\end{pmatrix};$$

$$\boldsymbol{F}_1=\begin{pmatrix}3&1\\-1&1\end{pmatrix},\boldsymbol{F}_2=\begin{pmatrix}1&3\\1&1\end{pmatrix},\boldsymbol{F}_3=\begin{pmatrix}3&0\\-2&1\end{pmatrix},\boldsymbol{F}_4=\begin{pmatrix}1&1\\0&2\end{pmatrix}.$$

求:(1) 由基 $\boldsymbol{E}_1,\boldsymbol{E}_2,\boldsymbol{E}_3,\boldsymbol{E}_4$ 到基 $\boldsymbol{F}_1,\boldsymbol{F}_2,\boldsymbol{F}_3,\boldsymbol{F}_4$ 的过渡矩阵;

(2) 向量 $\boldsymbol{M}=\begin{pmatrix}a_1&a_2\\a_3&a_4\end{pmatrix}$ 在基 $\{\boldsymbol{E}_i\}$ 和基 $\{\boldsymbol{F}_i\}$ 下的坐标;

(3) 求一非零向量 $\boldsymbol{X}\in\mathbf{R}^{2\times 2}$,使 $\boldsymbol{X}$ 在两组基下的坐标相等.

7. 设 $\boldsymbol{\alpha}_1,\boldsymbol{\alpha}_2,\boldsymbol{\alpha}_3$ 和 $\boldsymbol{\beta}_1,\boldsymbol{\beta}_2,\boldsymbol{\beta}_3$ 是 $\mathbf{R}^3$ 的两组基,$\boldsymbol{\beta}_1=2\boldsymbol{\alpha}_1+\boldsymbol{\alpha}_2+3\boldsymbol{\alpha}_3$,$\boldsymbol{\beta}_2=\boldsymbol{\alpha}_1+\boldsymbol{\alpha}_2+2\boldsymbol{\alpha}_3$,$\boldsymbol{\beta}_3=-\boldsymbol{\alpha}_1+\boldsymbol{\alpha}_2+\boldsymbol{\alpha}_3$,线性变换 σ 在基 $\boldsymbol{\alpha}_1,\boldsymbol{\alpha}_2,\boldsymbol{\alpha}_3$ 下的矩阵

$$\boldsymbol{A}=\begin{pmatrix}5&7&-5\\0&4&-1\\2&8&3\end{pmatrix}.$$

(1) 求 σ 在基 $-\boldsymbol{\alpha}_2,2\boldsymbol{\alpha}_1,\boldsymbol{\alpha}_3$ 下的矩阵;

(2) 求 σ 在基 $\boldsymbol{\beta}_1,\boldsymbol{\beta}_2,\boldsymbol{\beta}_3$ 下的矩阵.

8. 设 $\boldsymbol{\alpha}_1,\boldsymbol{\alpha}_2,\cdots,\boldsymbol{\alpha}_s$ 是线性空间 V 的一组向量,T 是 V 的一个线性变换,证明:

$$T(L(\boldsymbol{\alpha}_1,\boldsymbol{\alpha}_2,\cdots,\boldsymbol{\alpha}_s))=L(T\boldsymbol{\alpha}_1,T\boldsymbol{\alpha}_2,\cdots,T\boldsymbol{\alpha}_s).$$

9. 在 $R_4[x]$ 中定义内积为 $(f,g)=\int_{-1}^{1}f(x)g(x)\mathrm{d}x$，将 $1,x,x^2,x^3$ 化为 $R_4[x]$ 的标准正交基.

思考题七

1. 对于第四章复习题中第 21 题，能否推广到线性空间 V 上的线性变换 σ 情形？即是否有：设 σ 是线性空间 V 上的线性变换，如果 $\sigma^{k-1}(\boldsymbol{\alpha})\neq\mathbf{0}$，但 $\sigma^{k}(\boldsymbol{\alpha})=\mathbf{0}$，那么 $\boldsymbol{\alpha}$，$\sigma(\boldsymbol{\alpha}),\sigma^2(\boldsymbol{\alpha}),\cdots,\sigma^{k-1}(\boldsymbol{\alpha})$ 线性无关（k 为大于 1 的正整数）？
2. 给定 $\mathbf{R}^n$ 的基 $\boldsymbol{\alpha}_1,\boldsymbol{\alpha}_2,\cdots,\boldsymbol{\alpha}_n$，对于任给的 n 个向量 $\boldsymbol{\beta}_1,\boldsymbol{\beta}_2,\cdots,\boldsymbol{\beta}_n$，是否存在惟一的线性变换 σ，使得 $\sigma(\boldsymbol{\alpha}_i)=\boldsymbol{\beta}_i,i=1,2,\cdots,n$？
3. 证明：对于可逆线性变换 σ，$\boldsymbol{\alpha}_1,\boldsymbol{\alpha}_2,\cdots,\boldsymbol{\alpha}_s$ 线性相关的充要条件是 $\sigma(\boldsymbol{\alpha}_1),\sigma(\boldsymbol{\alpha}_2),\cdots,\sigma(\boldsymbol{\alpha}_s)$ 线性相关. 对于一般的线性变换，结论是如何的？
4. 在 $\mathbf{R}^2$ 中构造一个线性变换 σ，使之为 $\mathbf{R}^2$ 中每个向量关于过原点的直线 l 相对称的变换.

自测题七

前沿应用案例

反卷积
（线性方程组求解）

图像编辑修改
（线性方程组求解）

搜索引擎的秘密
（特征值与特征向量）

主成分分析
（特征值与特征向量）

房价预测
（最小二乘法）

部分习题参考答案